周 斌 ○ 编著

消費心理學

第 2 版

前　言

　　社會主義市場經濟是一種競爭的經濟，它天然地具有促使商品生產高度繁榮和保持市場商品一定程度過剩的客觀要求與內在動力。在這種市場機制下，工商企業只有最大限度地滿足消費者的物質與精神生活需求，不斷提高商品和服務的使用價值和經濟價值，使自己的生產與服務得到消費者的認可與接受，才能在市場競爭中長盛不衰。因此，研究消費者並進而贏得消費者，是市場經濟條件下工商企業必須高度重視的重要課題。而計劃經濟體制實際上是一種短缺經濟形態，它天然地限制市場競爭和消費者的自主選擇，這種「計劃」往往落後於人們的實際消費需求，更難以起到引導消費的作用。

　　工商企業怎樣才能在市場經濟條件下最大限度地贏得消費者呢？關鍵就在於掌握消費者的心理與行為規律，努力使企業的市場行銷策略和手段適應消費者的心理與行為活動特點，這就需要學習、研究消費心理學。消費心理學作為研究市場行銷活動中消費者心理與行為活動產生、發展與變化規律的科學，在市場經濟條件下，對工商企業的生產經營活動有著重要的指導作用，也在實踐中得到了廣泛的應用。

　　筆者認為，消費心理學不應當只是一門理論學科，更應當是與市場行銷實踐融合在一起的應用學科。實際上，相比而言，市場行銷學科比心理學科更關心消費心理學的學科發展。因此，消費心理學不僅是心理學的分支學科，還應當是市場行銷學的主要學科，同時，它也應當具有與「消費行為學」相類似的、更為廣泛的學科基礎。基於這樣的認識，筆者原打算將本教材取名為「心理行銷學」，但考慮到與教學課程計劃銜接，仍沿用了「消費心理學」這一名稱。

　　在編寫過程中，筆者閱讀了一些西方學者的有關著作，感到至少有三個方面值得我們借鑑：一是從實踐出發，通過分析客觀的市場消費現象去分析消費者心理與行為規律，並以此指導行銷活動，而不是從心理學、社會學等學科理論出

發，去推斷消費行為現象或僅為理論研究累積資料；二是善於從紛繁複雜的因素中提煉出理論模型，以更為直觀的方式反應各因素之間的相互關係；三是大膽採用一些最新研究成果，儘管這些成果只是局部的、尚缺乏實踐檢驗的，但它至少提供了一種分析問題的新思路。

　　本書強調理論與實際相結合、科學性與實用性相結合的原則，注重對現實的市場行銷活動中所發生的各種行為現象進行總結和理論概括，反應消費心理學理論在行銷實踐中的運用，從而體現消費心理學的應用性特徵。本書在介紹西方消費心理學理論的同時，注重突出中國消費者心理與行為的特殊性，盡量引用中國研究者的研究成果與行銷案例，注重使教材內容「中國化」。並努力結合21世紀以來中國消費環境的變化，反應消費心理的時代特色和發展趨勢，尤其反應網路時代新的消費現象，盡量體現消費心理的地域特徵與時間特徵。在教材結構和寫作風格上，力求體系完整、論證嚴謹、資料翔實、雅俗共賞，比較全面、系統和準確地闡述了消費心理學的基本內容及其應用。

　　中國消費心理學的研究起步較晚，在學科體系和對實際工作的指導性等方面還存在諸多不完善的地方。本書雖努力在這些方面有所創新和改進，但由於筆者學識有限，不足之處在所難免，懇請讀者批評指正。相信在廣大同仁的共同努力下，中國消費心理學的學科建設工作將不斷取得新進展，從而更好地為社會主義市場經濟服務。

　　在編寫過程中，筆者參閱和吸收了許多國內外學者的教材、論著以及網路資料，從簡潔和篇幅考慮，本教材對引用的案例、圖表等資料的來源沒有一一列出，在此向有關作者與出版者表示深深的歉意和衷心的感謝。

周　斌

目　錄

第一章　消費心理學概述 …………………………………………（1）

　　第一節　消費心理學的研究對象 ……………………………（1）
　　第二節　消費心理學的產生與發展 …………………………（16）

第二章　消費者的一般心理過程 ……………………………………（19）

　　第一節　消費者心理活動的認識過程 ………………………（19）
　　第二節　消費者心理活動的情感過程 ………………………（48）
　　第三節　消費者心理活動的意志過程 ………………………（52）

第三章　消費者的需要和動機 ………………………………………（57）

　　第一節　消費者的需要 ………………………………………（57）
　　第二節　消費者的動機 ………………………………………（69）

第四章　消費者的態度 ………………………………………………（83）

　　第一節　消費者的態度概述 …………………………………（83）
　　第二節　消費者態度的轉變 …………………………………（89）

第五章　消費者的個性、自我概念與生活方式 ……………………（111）

　　第一節　消費者的個性與消費心理 …………………………（111）
　　第二節　消費者的自我概念與消費心理 ……………………（118）
　　第三節　消費者的生活方式與消費心理 ……………………（123）

第六章　影響消費心理的社會因素 …………………………………（127）

　　第一節　社會文化與消費心理 ………………………………（127）

第二節　社會階層與消費心理 ·················· (136)

　　第三節　參照群體與消費心理 ·················· (141)

第七章　商品生產與消費心理 ·················· (150)

　　第一節　新產品設計與消費心理 ················ (150)

　　第二節　商品命名、商標設計與消費心理 ········ (167)

　　第三節　商品包裝與消費心理 ·················· (178)

第八章　商品價格與消費心理 ···················· (186)

　　第一節　商品價格的心理功能 ·················· (186)

　　第二節　消費者的價格心理 ···················· (192)

　　第三節　商品定價的心理策略和方法 ············ (205)

第九章　消費者的決策 ·························· (225)

　　第一節　消費者決策的內容 ···················· (225)

　　第二節　消費者決策的過程 ···················· (239)

第十章　網路消費心理 ·························· (280)

　　第一節　網路消費者的特徵分析 ················ (280)

　　第二節　消費者網路購買的行為過程 ············ (293)

　　第三節　網路口碑傳播 ························ (303)

　　第四節　移動互聯網與消費心理 ················ (316)

參考文獻 ······································ (325)

第一章
消費心理學概述

社會上流傳著「商場如戰場」的說法，但在商戰中不能只盯著競爭者而撇開消費者。實際上爭取到消費者的認同才是贏得競爭優勢的關鍵。而要爭取到消費者就必須瞭解消費者，瞭解他們的消費心理與行為習慣。對於市場行銷者而言，形成一種從消費者心理的角度去認識問題、思考問題的商業意識與思維習慣是十分重要的。

消費心理學是心理學的一門應用學科。消費心理學運用心理學的一般原理，通過對消費活動中各種心理現象的分析研究，來探索和揭示支配消費者購買行為的心理活動及其變化規律，具有一定的理論性和較強的實用性。研究和學習消費心理學，對於促進中國社會主義市場經濟的發展，滿足廣大群眾不斷增長的物質、文化生活需要，提高經營水平，搞好市場行銷工作都有著十分重要的意義。

第一節　消費心理學的研究對象

一、消費心理學的相關概念

消費心理學的研究對象主要是消費者，要明確消費者的含義，必須掌握與消費者相關的消費與消費品的概念。

（一）消費

消費是指人類為了某種目的而消耗各種資源的過程。消費是社會經濟活動的出發點和歸宿，它和生產、分配、交換一起構成社會經濟活動的整體，是社會經濟活動中一個十分重要的領域。消費既包括生產性消費，也包括生活性消費。

1. 生產性消費

生產性消費是在物質資料生產過程中生產資料和勞動力的使用和耗費。

2. 生活性消費

生活性消費是指人們為了滿足自身需要而消耗各種物質產品、精神產品和勞動服務的行為和過程。

消費心理學研究生活性消費中的心理與行為現象，並不關心滿足生產與經營需要的生產性消費。《消費者權益保護法》的消費者也特指生活性消費，而不包括生產性消費（農民購買直接用於農業生產的生產資料除外）。

思考一下：對銷售活動而言，生產資料市場與消費者市場哪一個難度更大？為什麼？

（二）消費者

狹義的消費者是指購買、使用各種消費品或服務的個人（自然人）。廣義的消費者是指購買、使用各種產品或服務的個人與組織。在消費心理學和經營實踐中，可以從不同的角度來分析消費者。

1. 從消費品角度分析消費者

對於某一消費品，在同一時空範圍內，消費者可以做出不同的反應——即時消費、未來消費或永不消費。按照這三種不同的反應，可以把消費者分為：

（1）現實消費者，即通過現實的市場交換行為，獲得某種消費品，並從中受益的人。

（2）潛在消費者，即在目前對某種消費品尚無需要或購買動機，但在將來某一時刻有可能轉變為現實消費者的人。

小案例：某島國上鞋子的潛在消費者

某鞋廠銷售經理讓兩位推銷員去開拓一個太平洋島國市場。其中一位到了島國以後，看見當地的人都沒穿鞋，他想，看來人們都不需要鞋，於是就回去了。他告訴經理：島國沒有市場。另外一位推銷員，看到當地的人沒有穿鞋，他想這太好了，這裡有很大的市場。之后，他就引導人們穿鞋，他給人們講穿鞋的好處：穿著鞋不會扎破腳、穿著鞋跑得快、穿著鞋不會得腳氣病等。當地居民不信，他就和他們賽跑，結果他贏了。他告訴人們，他之所以跑得快是因為他穿了鞋。他讓人們試一試，人們一穿還真如他所說，所以人們就互相轉告，爭著買他的鞋子。他回去告訴經理：島國市場很大。同樣的市場、同樣的顧客，卻有不同的行銷結果，為什麼？那是因為第二個推銷員看到了巨大的潛在需求，懂得引導

消費者的需求，激發他們的購買動機，從而將潛在消費者轉化為現實消費者。

資料來源：http://www.doc88.com/p-5177305987363.html.

思考一下：對於市場行銷者而言，現實消費者和潛在消費者哪個更重要呢？

（3）永不消費者，指當時或未來都不會對某種消費品產生消費需要和購買願望的人。

作為一個消費者，在同一時點上，面對不同的消費品，可以同時以不同的身分出現。例如，某個消費者面對甲商品是現實消費者，面對乙商品是潛在消費者，而面對丙商品是永不消費者。因此，從消費品角度分析消費者，消費者是一個動態行為的執行者。

2. 從消費單位角度分析消費者

從消費單位的角度可以把消費者劃分為個體消費者、家庭消費者和集團消費者。

（1）個體或家庭消費是指為滿足個體或家庭對某種消費品的需要而進行的購買或使用，這與消費者個人的需求、願望和貨幣支付能力密切相關。

（2）集團消費或稱組織消費，是指為滿足社會團體對某種消費品的需要而進行的購買或使用，通常不反應消費者個人（如團體中某個成員）的願望與需要，也與個人貨幣支付能力沒有直接關係。如企業工會給職工購買的生活用品。

從消費單位角度分析，消費者是一個廣義的參與消費活動的個人或團體。作為某一消費者個人，可以同時成為家庭消費者或集團消費者中的某一成員。消費心理學側重研究個體消費者。

小資料：消費者為什麼要「團購」？

團體採購（簡稱「團購」）是近年來興起的一種消費者購買商品的方式，指一定數量的消費者以團體的形式向廠商一次性購買商品。通過團購形式組織起來的消費者因為人數眾多，不但可以低於市場的價格從商家購買商品，同時也可以獲得更好的商品質量和售後服務的保障。

團購消費發軔於 2002 年年初，最初是由一些網友自發在網上聯合起來,集體與銷售商砍價。經過一段時間的發展，目前，這種消費形式不僅受到了消費者的喜愛，也受到了商家的喜愛。

團購未必是最有效的消費方式，畢竟消費是一個相對獨立自由的個性化行

為。但事實說明，在每一次具體的團購消費行為中，消費者確確實實得到了實惠，尤其在價格方面。而且「團購」改變了消費者的弱勢地位，增加了與廠商談判的砝碼，廠商對消費者的意見更為重視。同時，團購促進了消費者之間的交流，擴展了信息渠道，如果廠家、經銷商耍手段，就會被「團購」裡的「偵察兵」發現，沒有商家敢在質量上瞞天過海而「犯眾怒」。

資料來源：吳國慶.「團購」行為特點及影響分析［J］. 商業研究，2003（23）.

3. 從消費者扮演角色分析消費者

在現實生活中，同一消費品或服務的購買決策者、購買者、使用者可能是同一個人，也可能是不同的人。比如，大多數成人個人用品，很可能是由使用者自己決策和購買的，而大多數兒童用品的使用者、購買者與決策者則很有可能是分離的。在整個消費過程中，不同類型的購買參與者扮演著不同的角色。如果把產品的購買決策、實際購買和使用視為一個統一的過程，那麼，處於這一過程任一階段的人，都可稱為消費者。

在日常的購買決策中，消費者可能會扮演下列一種角色或幾種角色。

（1）發起者：首先提出或有意購買某一產品或服務的人。

（2）影響者：其看法或建議對最終購買決策具有一定影響的人。

（3）決定者：在是否購買、為何買、哪裡買等方面作出部分或全部決定的人。

（4）購買者：實際購買產品或服務的人。

（5）使用者：實際消費或使用產品、服務的人。

企業有必要區分和認識以上角色，盡量使自己的經營適應目標市場消費過程中起重要作用的各種角色，尤其是起決定作用的角色。因為這些角色對於設計產品、確定信息和安排促銷方式及預算是有關聯意義的。例如，健康用品「腦白金」就很好地區分了購買者與使用者。它抓住人們特別是經濟獨立以後的年輕人都願意通過一份恰當的禮品對父母表示一片孝心的心理，將產品定位於「老人禮品」，廣告策劃以子女對父母的孝敬為主題，從而使「腦白金」在人們心中樹立起孝敬老人的「禮品」形象，其廣告語「今年過節不收禮，收禮只收腦白金」進一步刺激了子女的購買慾望。又如，某自行車品牌以少年使用者為廣告訴求對象，抓住他們渴求自主、獨立的心理，打出「獨立——從掌握第一輛自行車開始」的主題廣告，因為儘管少年消費者並不是決策者或購買者，但他們對父母的決策會有很大的影響作用。

諾維·諾德思克是丹麥一家胰島素製造商。在過去，諾維和其他製造商一樣將胰島素直接賣給醫生，醫生自然成為該產品的唯一消費購買者和消費影響者。后來由於市場環境所迫，通過對患者（即使用者）的研究，諾維在 1985 年成功推出了諾維筆。諾維筆是第一款使用起來非常方便的胰島素注射的解決方案，它消除了使用胰島素注射器過程中的不便和擔心。諾維筆看起來就像一支鋼筆，包含了一個胰島素容器，非常方便攜帶，一管的劑量差不多可以用一個星期。這支筆採用了整合的觸動裝置，即使是盲人也能很容易地控制胰島素劑量。這樣，患者就可以隨身帶著它，而不需要擔心針頭和注射器帶來的麻煩與尷尬。這樣，透過轉換消費者角色的思路，諾維成功推出了新的產品設計並打開了市場。

小案例：廣告沒有打動「購買者」

某公司曾推出「開心洗髮水」，將目標消費者設定為 15~18 歲的年輕女孩，電視廣告女主角看起來像一個高中生，十分俏麗可愛，廣告主題曲《開心女孩》也廣受歡迎。然而，廣告叫好不一定產品叫座，開心洗髮水的銷路始終不理想。據分析，原因之一是 15~18 歲的年輕女孩通常都沒有離家在外過獨立的生活，而家中洗髮水的購買者通常是媽媽。女孩即使想去買，也不太可能有決策權。因而開心洗髮水的廣告只打動了「使用者」而非「購買者」，所以對銷售構成了障礙。

資料來源：葛玲. 當好店鋪的老闆（下卷）[EB/OL]. http://www.17k.com/chapter/268018/6140076.html.

小案例：捆綁飛鏢玩具的促銷

某兒童玩具廠為在暑期加大一種智力玩具的銷量，煞費苦心地在產品上捆綁了一種時下在小學生中非常流行的飛鏢玩具，以期博得他們的青睞。但結果令廠方非常失望：銷售額還不如上一個月。後來廠方通過調查發現，原來有許多家長認為這種飛鏢玩具的安全性有問題。

資料來源：佚名. 從幾個小案例看消費品的銷售促銷 [MEB/OL]. http://www.guanggao001.com/news/8238980.html.

思考一下：在家庭消費中，哪些購買是丈夫決策的？哪些是妻子決策的？哪些又是共同決策的？

(三) 消費品

一般的產品可被分為工業品和消費品。工業品是用於製造其他產品或服務、用於促進企業經營以及向其他消費者轉售的產品。消費品是用來滿足消費者個人需求的產品。消費心理學研究的是與消費品有關的因素對消費心理與行為的影響作用。

消費品是人們用來使用或消費，以滿足某種慾望和需要的產品。在日常生活中，消費品的花色品種繁多，我們必須根據不同標準對消費品進行分類後，才能有效地研究它們各自的不同特徵及其對消費者需求和購買行為的影響。傳統的分類方法是按照商品自然、物理的屬性或具體功能對商品分類。也有一些從用戶角度出發的分類，如把商品分為搜索性商品（標準化的商品）、體驗性商品（必須親自體驗的商品）、信任性商品（用後很長時間也不易判斷質量）、享樂型產品（情感滿足）和功利型產品（實用）。

1. 根據商品的購買方式

(1) 簡便品

簡便品一般指售價低、不需要挑選、能迅速購買的商品和服務，主要包括日用品、衝動型商品和應急商品。消費者購買此類商品主要講求方便、實惠。

日用品是指經常購買或使用的低價值商品和服務，如香菸、報紙、肥皂、洗髮水等。

衝動型商品是指消費者事先沒有購買的心理準備，因看到廣告宣傳或實物，或經過觸摸或受其他消費者影響，而引起購買慾望導致購買行為的商品和服務，如兒童玩具、糖果點心、遊樂場的遊樂項目等。

應急商品是指人們平時不會購買或沒有購買的需求，而在需求突然出現時，需要急速購買的商品和服務，如雨傘、急救藥品、車胎修補等。

對於簡便品，尤其是日用品，消費者往往經常地、有規律地購買，很少花時間去挑選，事先也不多作規劃。衝動型商品是由消費者的衝動性購買產生的，消費者從產生購買慾望到實現購買的過程是很短暫的。消費者購買應急商品往往目標明確、購買迅速，通常在最短的時間、最近的地點實現購買。

(2) 選購品

選購品一般指需要經過挑選比較後才購買的商品和服務，如服裝、家具、家用電器等。消費者在購買選購品時一般要對幾種品牌或商店進行款式、適用性、價格、售后服務等的比較，他們也願意花費一些精力以獲取自己期望的消費。銷

售人員在接待顧客時，要明白「挑剔才是真買主」的道理，耐心做好商品的介紹與服務工作。

（3）特殊品

當消費者廣泛地尋求某一特殊商品而又不願意為此接受替代品時，這種商品即為特殊品。如「老字號」商品、勞力士錶、名牌化妝品、名牌女士皮包等。

對於特殊品，消費者往往有一定的品牌偏好，主要是根據自己對品牌的喜愛和熟悉程度來決策，一般不需要比較和選擇，只需花時間找到該商品的經銷商即可。特殊品的經銷商們經常運用突出地位感的精選廣告保持其商品的特有形象，分銷也經常被限定在某一地區的一個或很少的幾個銷售商店裡。所以，品牌和服務質量非常重要。

（4）非尋求品

非尋求品是指不為其潛在的消費者所瞭解或雖然瞭解也並不積極問津，但必要時又十分需要的商品。新產品在通過廣告和分銷增加其知名度以前都屬於非尋求品。

一些商品永遠都是非尋求品，特別是我們不願意想起或不喜歡為它們花錢的商品。保險、喪葬用品、百科全書等物品都是傳統的非尋求品，都需要有鼓動性強的人員銷售和有說服力的廣告。對於非尋求品，消費者在感情上一般持對立態度或表現冷淡，但當有需要時購買指向卻十分明確。銷售人員總是盡力地接近那些潛在的消費者，因為消費者大多不會主動地去尋找這類產品。

不同種類商品與消費者購買習慣的關係，如表 1−1 所示：

表 1−1　　　　　　　商品與消費者購買習慣的關係

購買習慣＼商品類型	方便品	選購品	特殊品
購買次數	多	稍少	少
購買中努力程度	無須努力	比較努力	相當努力
主要選擇標準	實用、方便	效用、美觀	先進、獨特
價格考慮	便宜	稍高或高	較高或高
質量要求	過得去	高	最高的
購買距離	近或附近	稍遠或近	不考慮
對商店期望	清潔、愉快、來去方便	安靜、寬敞、選擇余地大	高級感、專業化

2. 根據商品的使用頻率和商品形態分類

（1）耐用品

耐用品即通常可以長期使用的有形物品，如汽車、房屋、電冰箱、電視機等。對於耐用品，由於其價格比較昂貴，使用週期長，消費者在購買時通常採取謹慎的態度，受產品因素和市場行銷因素的影響較大，這就需要企業提供更多的行銷服務和滿意的質量保證。

（2）非耐用品

非耐用品指通常只能使用一次或幾次的、易消耗的有形物品，如肥皂、食品、牙膏、紙張、一次性餐具等。對於非耐用品，由於價格較低、容易消耗，消費者經常購買，因此容易產生偏愛情感，會重複購買同一品牌的商品。

（3）虛擬商品

虛擬商品指無實物性質，網上發布時默認無法選擇物流運輸的商品。如可由虛擬貨幣或現實貨幣交易買賣的虛擬商品或者虛擬社會服務等。

虛擬商品包括：網路游戲點卡、網遊裝備、QQ號碼、Q幣、文件資料的下載幣等；移動/聯通/電信充值卡；IP卡/網路電話/軟件序列號；網店裝修/圖片儲存空間；電子書，網路軟件；輔助論壇功能商品等。

（4）服務

消費活動不僅表現在物質商品消費方面，還包括精神產品以及各種以勞務或設施的形式直接向人們提供的、能滿足人們某種需要的服務消費，如旅遊、醫療、娛樂、保險、美容、洗理、住宿、修理、學習等。在服務消費中，消費者的消費過程和購買過程往往是緊密地聯繫在一起的。

由於購買有形產品時要伴隨某些輔助性服務（如安裝），在購買服務時通常也包括輔助產品（如餐廳的食物），因此，對產品和服務加以嚴格區分是困難的，每次購買也都會包含不同比例的產品和服務。一般來說，對產品和服務的區分主要是從有形和無形這一點出發的。相對於現成的、看得見的有形產品來說，服務是指無形的並且不發生實物所有權轉移的交易活動。例如，人們去咖啡店裡消費的時候，所買的大部分東西其實是這個交易中無形的部分：優雅的環境、浪漫的氛圍、社交、侍者的服務等，而所喝的咖啡實際上只是其中的一部分，甚至是很小的一部分。這時，消費者接受非物質性的有償勞務及其他無形產品；或者享受服務者所提供的物質設施與環境條件，但並不能擁有它們。

隨著社會經濟的發展和人們消費水平的提高，人們對這種服務消費的需要也

會越來越多。而且，消費者對服務會有很強烈的選擇意向。

消費心理學側重研究有形商品的消費，但有關服務的行為學研究也是消費心理學研究的重要分支，如旅遊心理學、酒店消費心理學等。

小資料：服務消費中的「感性消費」

感性消費是人們在消費中獲得的除物質性滿足外的心理上和精神上的滿足。現代生活中的消費者購買產品越來越多的是出於對商品象徵意義和象徵功能的考慮，人們更加重視通過消費獲得個性的滿足，精神的愉悅、舒適及優越感等。這種「感性消費」與原來人們所遵循的單純從經濟性出發的「理性消費」的差距越來越大。比如，在家中喝一杯咖啡，價格充其量 20 元；進一家小咖啡廳，則至少需要 50 元；而進高檔次咖啡廳，同樣是一杯咖啡，在良好的服務、優雅的環境和優美的音樂旋律之下，則至少要花費 100 元。這從經濟實惠的角度來講，是不可思議的。

普通的咖啡店只能讓顧客知道：這是一家環境尚可，可以進來喝咖啡的地方。但「星巴克」能在給人享用香濃咖啡的同時，讓一種與眾不同的感覺和氣氛深入人心：田園式的即磨咖啡、鬧中取靜的閒適氛圍、空氣中彌漫著咖啡香、懷舊的樂曲以及透過落地窗照射進來的柔和陽光……「星巴克」，這個 100 多年前的一部小說中的主人公的名字，開啓了一個從喝罐裝速溶咖啡到只喝煮咖啡的新生活文化時代。

資料來源：佚名. 消費者行為三大定律［EB/OL］. http://www.docin.com/p-1127852280.html.

二、消費心理學的研究對象、研究任務與研究內容

（一）消費心理學的研究對象

人們在商品或勞務的消費活動過程中，都有一定的心理活動。消費心理就是指消費者在消費活動中所發生的各種心理現象的總稱。但消費心理學並不只是研究消費者內在的心理活動過程，它還研究其外在的行為過程。

消費心理學的研究對象就是消費者獲得信息、購買商品、享受商品價值等消費活動中的心理與行為過程，以及各種因素對消費者心理與行為過程的影響作用，把握消費心理的規律性，並提出相應的市場行銷策略與方法。

（二）消費心理學的研究任務

消費心理學的研究任務有三個方面：

（1）揭示和描述消費心理的表現，即通過科學的方法發現和證實消費者存在哪些行為。這個任務也就是觀察現象，描述事實，即所謂「知其然」。

（2）揭示消費心理的規律性，即說明消費者某種消費行為產生的原因。即所謂「知其所以然」，把已觀察到的已知事實組織起來，聯繫起來，提出一定的假說去說明這些事實發生的原因及其相互關係。

（3）預測和引導消費心理，這點尤其重要。企業市場行銷活動的任務不僅是滿足消費者的現實需求，更重要的是發現他們的潛在需求，通過行銷努力，使其轉化為現實需求。在這個過程中，企業還必須做到創新，即通過科學的預測，瞭解消費心理的規律，設計符合他們需求、需要的新產品，去創造需求。

（三）消費心理學的研究內容

消費者的消費行為及其心理活動不僅直接受消費者個人心理特點的制約，還受到各種錯綜複雜的社會因素、自然因素、商品因素、市場因素的影響。因而，消費心理學還要研究這些影響因素與消費心理的關係。只有這樣，才能全面、準確地揭示和瞭解消費心理的全貌，掌握其變化規律，從而才能有針對性地採取正確的市場行銷策略。圖1-1顯示了消費心理學的概念體系。

具體地說，消費心理學要研究這樣幾個方面的問題：

（1）研究影響消費者消費行為的心理活動基礎。消費心理學通過研究消費者的心理活動過程和個性心理，掌握消費者心理活動的一般規律以及消費者在需要、動機、態度、興趣、習慣、能力、性格、氣質等方面的基本特點或發展規律，有助於我們認識支配消費者購買行為的各種內部原因，並有助於我們掌握消費者購買活動的一般規律。

小案例：越貴越買

一對外國大使夫婦，在中國一家商店選購首飾時，大使太太對一只八萬元的翡翠戒指很感興趣，愛不釋手，但因價格昂貴而猶豫不決。這時一個善於「察言觀色」的營業員走過來介紹說：「某國總統夫人來店時也曾看過這只戒指，而且非常喜歡，但由於價格太貴，沒有買。」大使夫婦聽完後，為了證明自己比那位總統夫人更有錢，就毅然決然地買下了這只戒指。

資料來源：推銷實務概述［EB/OL］. http://www.docin.com/p-107753711.html.

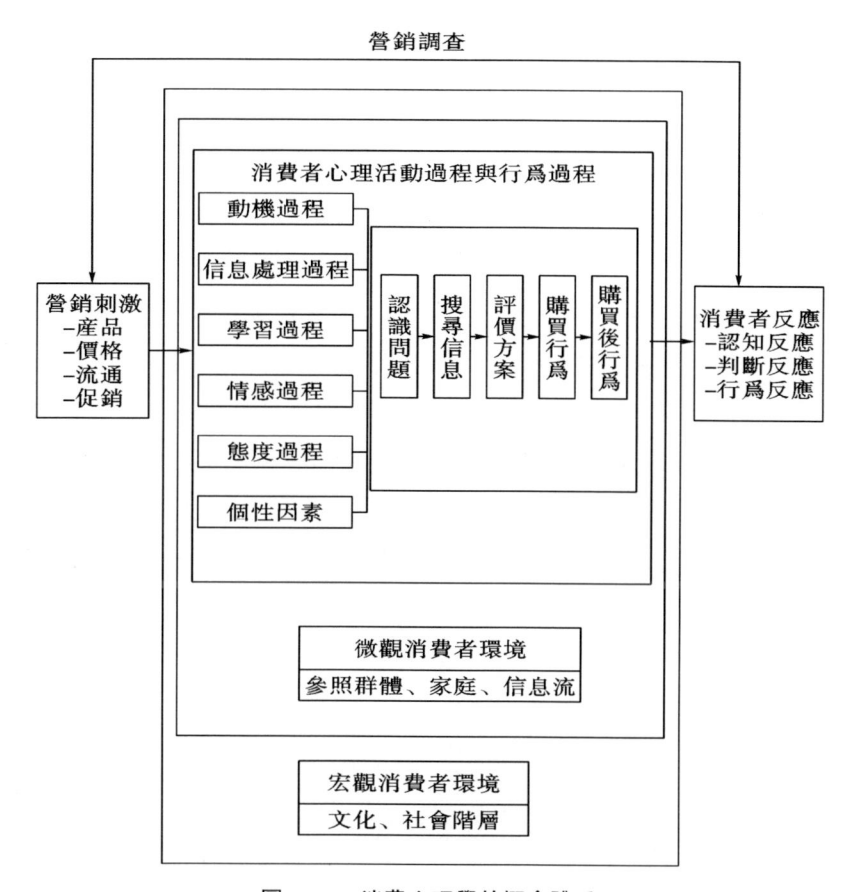

圖1-1　消費心理學的概念體系

消費者的決策心理也是消費心理學的重要內容。6W2H 模式通過對消費者決策問題的分析，形成了消費市場與消費者購買行為分析框架（詳見第十章）。

思考一下：如果你準備開發（或投資）一種新產品（或服務項目），你覺得應當從哪些方面對消費者心理進行分析和研究？

（2）研究影響消費心理活動的各種影響因素。消費心理學要研究各種外界環境因素和個體因素對消費心理的影響作用，如：影響某一消費者消費行為的因素有哪些？這些因素會對該消費行為產生何種影響？等等。同時，相似的影響因素背景會構成具有一定共性特徵的消費者群體，研究特定消費者群體的消費心理，有助於細分市場並合理制定行銷策略。

從理論上說，對市場進行細分的依據應當是消費者的需求，但從實際操作來

看，往往是根據影響或反應消費者需求的因素對市場進行細分的，這些因素十分繁多，但大體可以分為四大類，即人口因素、地理因素、心理因素、行為因素等方面（Kotler, 2001）。如性別、年齡、收入、職業、文化與習慣、地理環境、心理素質、購買行為特徵等。美國學者哈利（Haley, 1963）最早提出了利益細分方法，認為消費者尋求的利益對其購買行為所起的決定性作用比人口特徵或其他細分變量所起的作用要更直接、更精確和更具可預測性。如在牙膏市場上將消費者分為四種：注重防蛀的焦慮型市場、注重潔齒的社交型市場、注重口味和外觀的感覺型市場、注重價格的經濟型市場。但實際上，利益細分方法只是更關注於「客戶為什麼購買」這一問題，仍然是一種行為性指標，而且每種追求利益的群體同時都有其特定的人口統計特徵和心理特徵。如表1-2所示。

表1-2　　　　　　　　　哈利關於牙膏市場的細分

利益細分市場	人口統計	行　為	心　理	偏好的品牌
醫用(防蛀)	大家庭	大量使用者	疑心病症患者,保守	黑人牙膏
社會(潔白牙齒)	青少年、年輕人、成年人	抽菸者	高度愛好交際、積極	歐樂-B
味覺(氣味好)	兒童	留蘭香味喜歡者	高度自我介入、享樂主義	高露潔
經濟(低價)	男人	大量使用者	高度自主,注重價值	降價中的品牌

陳靜宇（2003）提出一個包含價值型指標、特徵型指標和行為型指標的消費者價值細分模型，即「價值—特徵—行為三維市場細分模型」。其中：

（1）價值型指標，採用客戶當前價值和潛在價值兩個指標，並依據圖1-2對消費者進行細分。然后，企業可以確定對不同價值特徵的客戶進行資源配置的基本策略。

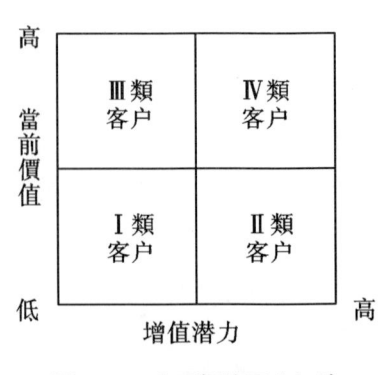

圖1-2　客戶價值區分矩陣

趙保國（2006）將客戶價值和客戶忠誠度分為兩個維度，並將二者所代表的值看成兩個連續區間，從而將客戶群體分為如圖1-3所示的四類：

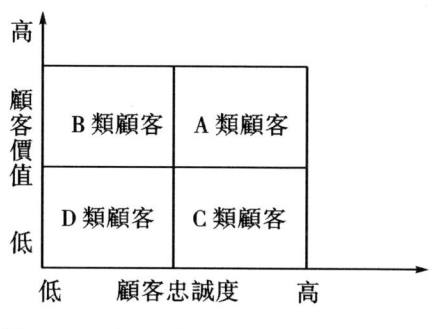

```
高
顧
客    B類顧客   A類顧客
價
值
        D類顧客   C類顧客
低
    低    顧客忠誠度    高
```

圖1-3 基於忠誠—價值的客戶細分模型

（2）特徵型指標，是指描述客戶類別特徵的指標，如傳統市場細分模型中的人口統計特徵、地理區域因素等指標。在進行了價值細分以後，運用特徵型指標可以明確不同價值客戶的特徵屬性，從而對潛在客戶進行類別判定並測算市場規模等。

（3）行為型指標，是反應客戶消費行為與需求差異的指標，它有助於明確不同價值客戶市場的需求特徵，從而有針對性地提供定制化的行銷策略。

應當看到，互聯網的應用正大大地促進著個性化行銷的發展，而個性化行銷注重的是滿足單個消費者與眾不同的需求。在許多產品需求日趨飽和的情況下，強調以消費者為中心和個性化行銷的C2B電子商務模式，對於最大限度滿足消費者個性化需求和增加內需就顯得尤其重要。同時，現代數據庫技術和統計分析方法已能準確地記錄並預測每個顧客的具體需求，並為每個顧客提供個性化的服務，由此理論界也提出了市場細分到個人的「超市場細分理論」。但「超市場細分理論」是有條件的，如：目標客戶具有較高價值；企業的產品必須具有高附加值；數據庫應當是動態更新的。

小資料：「品友互動」的數字廣告人群類目體系（Digital Advertising Audience Taxonomy，DAAT）

品友互動是中國最大的RTB（即時競價）廣告公司和最大的DSP（廣告需求方平臺）。品友互動運用人群定向技術對消費者進行人群屬性定向。定向技術的一個理念就是，消費者的行為是一個直接、準確地反應消費者需求和屬性的指

標。品友互動使用基於 Cookie 的人群分析模型，根據每個用戶的各種網路行為（瀏覽、點擊、搜索、網購等行為）及相關網上資料，採用人群屬性細分標籤來還原描述每一個人的屬性。

在品友互動的人群數據庫中，人群屬性細分標籤達 5,000 個以上，涵蓋地域、人口屬性、個人關注和購買傾向四大類。例如，人口屬性又可按性別、年齡、職業、月收入、學歷、關鍵人生階段 6 個維度進一步細分，最多可達 7 層，並在每個標籤上標註概率。而它們掌握的 Cookie 數據更是多達數億個。「有這麼多標籤，可以清晰界定目標用戶屬性，也便於廣告客戶迅速找出自己的目標用戶」。

DAAT 可以以樹狀結構多方位、多層次地揭示人群屬性的內在相關性，並根據使用者的需求靈活處理類目間的交叉關係。比如，一個喜歡戶外旅遊的人，系統可以合理地推斷他（她）對於酒店住宿、當地交通、戶外用品等商品的興趣。

資料來源：中國數字廣告人群類目體系（DAAT）［EB/OL］. http://www.docin.com/p-1357151966.html.

（3）研究商品因素與消費心理的關係。商品是消費者購買活動的主要目標，商品因素對消費者的心理活動產生著直接的影響。這種影響不僅來自於商品的用途、質量、性能，也來自於商品的設計、命名、商標或牌號、包裝、價格以及商品廣告等。消費心理學要研究商品的各種因素對消費心理的影響作用以及消費者對商品各個方面的心理要求，探討如何制定符合消費者心理特點的商品策略和廣告策略。

小案例：「空調一年半之內不保修」

在全國空調器市場產大於銷的形勢下，某品牌空調器公司在廠家「售後保修」的大合唱中獨出心裁，唱出了「一年半之內不保修」的「反調」。這是它們針對消費者心理活動而制定的「攻心」策略。誰買空調器都希望舒適省心，買回來如果發現問題，即使保修也會覺得「添堵」，不順心。而該品牌空調器承諾：如果在使用中出現機器故障，一年半之內隨時免費調換整機、免費重新安裝。這可免去了用戶的心病。消費者吃了「定心丸」，欣然購買，放心使用，從而贏得了許多消費者。

（4）研究消費心理與市場行銷活動的關係。消費者的行為與市場行銷活動是相互影響、相互制約的。一方面，市場行銷策略，對消費者的行為活動會產生很大的影響；另一方面，消費者的行為特點及心理傾向，也會對市場行銷活動產生制約作用。因而，必須針對消費者不同的消費心理特點採取相應的市場行銷策略，才會取得良好的效果。在這裡，消費心理學主要研究商店的位置、外觀設計、營業設施、購物環境設計、商品陳列、櫃臺服務、行銷措施等方面與消費心理的相互關係。

小案例：「春節回家‧金六福」大型傳播行銷活動

在春運開始前，金六福就在全國各大中城市的繁華路段、車站、機場、碼頭、城市廣場，開展以「春節回家」為主題的戶外廣告活動。廣告中大紅的底色、倒立的「福」字，以及圍在酒瓶上的紅圍巾，無一不在傳遞著金六福的本土文化特色。「春節回家‧金六福」主題推廣的傳播圍繞著「春節回家」的概念，構建了一個全方位的傳播網。總之，金六福的「春節回家」傳播網讓億萬遊子在決定回家的那一刻起就無法迴避廣告的情感訴求，完全被籠罩在金六福的「春節回家」氛圍當中。

在零售終端，凡購買金六福的消費者，都配送「春節回家‧金六福」的手提袋，起到流動廣告的作用。在批發市場、各零售點也都掛上了「春節回家‧金六福」的橫幅，按統一標準實施金六福的小型海報。「發短信，贏機票」消費者互動活動也是「春節回家‧金六福」主題推廣內容之一，同步在全國揭開序幕。活動期間，消費者只要編輯發送短信「春節回家‧金六福」就有機會獲得千元機票「飛」回家。活動開始後，平均每天收到互動短信萬餘條。

在金六福「春節回家‧金六福」主題推廣中，金六福打了兩張牌，一張是民俗文化牌，另一張則是平民情感牌，這兩張牌不僅觀察入微，更深入民心。在金六福的廣告中，平靜而充滿濃鬱鄉土風情的農村小鎮、喜氣洋洋的春節氣息、村口等待的老父親、久離家鄉的遊子……一切的景象都是那麼熟悉，令人回味。金六福的民俗情感訴求獲得了空前的成功，其核心就在於抓住了人心。

資料來源：張發松. 知人心者得天下——看金六福與可口可樂春節行銷［J］. 農產品市場周刊，2006（5）.

思考一下：簽名售書的心理作用有哪些？

應當指出的是，人的行為與心理是密切聯繫的。行為是心理活動的外在表現，行為是在一定的心理活動指導下進行的；而心理是調節、控制行為的內部過程，人的心理又往往通過行為表現出來。心理學就是根據人的行為來推斷其內部心理活動或特點；同時，又通過準確地把握人的心理活動，來研究和掌握人的行為。正因為心理與行為的關係如此密切，消費心理學在研究消費活動中消費者的消費行為時，就不能不涉及消費者的各種心理現象及其規律性。根據《現代漢語辭典》的解釋，「行為」的含義為「受思想支配而表現在外面的活動」。這一定義強調行為是外顯的可以觀察的活動。但是，從人的行為發生的過程來看，內隱的心理過程與外顯的行為過程實際是一個連續的過程，難以明確劃分。行為不僅是人們可以直接觀察的外顯活動，而且包括了情感、態度、思維等雖不能被直接觀察但卻能夠為現代科學間接測量的內隱過程。心理學認為，在任何一次消費活動中，都既包含著消費者的心理活動，又包含著消費者的行為。而消費心理活動是消費行為的基礎，在消費行為過程中消費者所有的表情、動作和行為，都是複雜的心理活動的自然流露。因此，消費者的心理活動規律、購買行為的特點及其發展規律都是消費心理學研究的重要內容。

可見，消費心理學與消費者行為學在研究對象與研究內容上是基本一致的，它們都研究消費心理與行為，都注重與行銷實際相結合。但消費者行為學更傾向於對整個消費行為過程進行研究；而且，由於消費者行為學是行為科學在行銷活動中的應用，行為科學的多學科性使得消費者行為學對於消費行為影響因素的研究更為廣泛和深入。

第二節　消費心理學的產生與發展

一、消費心理學產生、發展的歷史條件

消費心理學的產生一方面是商品經濟產生和發展的客觀要求，另一方面也是心理學等相關學科日益擴展和深化的產物。

（一）消費心理學產生、發展的社會背景

消費者心理與行為是客觀存在的現象，但人們對消費者心理與行為的重視和研究卻是隨著商品經濟的發展而逐漸加深的。

在小商品生產條件下，由於手工工具和以家庭為單位的小規模勞動的限制，

生產力發展緩慢，可供交換的剩餘產品數量十分有限，市場範圍極其狹小，小生產者和商人不需要考慮如何擴大商品銷路，促進成交，因而客觀上沒有專門研究消費者心理與行為的需要。

在19世紀末20世紀初，世界上各個主要資本主義國家在經過工業革命以後，勞動生產率大大提高，其社會生產力的增長速度開始超過市場需要的增長速度，市場上商品急遽增多，市場競爭越來越激烈。為了在競爭中站住腳，戰勝競爭對手，占領更多的市場，生產廠家和商品行銷者需要擴大商品的銷路，因而迫切需要研究市場，研究和揣摩消費者的心理及購買行為，探究消費者的需要和願望，使產品找到暢銷的途徑，這就為消費心理學的產生和研究創造了極為有利的社會歷史條件。隨著消費社會的發展，企業的經營觀念也越來越關注消費者的心理。從20世紀60年代起，企業的經營觀念已從生產取向（production orientation）、推銷取向（sale orientation）發展為「以消費者為中心」的行銷取向（marketing orientation），市場行銷觀念的改變也推動了消費心理學的研究。

(二) 消費心理學產生的理論條件

一般而論，消費心理學是來源於心理學原理應用於商業實踐的結果。1879年，德國心理學家馮特在萊比錫創立了第一個心理學實驗室，標誌著心理學從哲學中獨立出來。之後，心理學領域出現了眾多流派，如結構學派、功能學派、行為學派、格式塔學派等。各種學術觀點的激烈爭論促成了認知理論、學習理論、態度改變理論、個性理論、心理學分析方法等各種理論和方法的創立。正是這些理論和方法為消費心理學的產生奠定了堅實的科學基礎。特別是社會心理學領域的開闢和迅速發展，既為消費心理學的產生打下了堅實的理論基礎，又為消費心理學的發展提供了有效的科學研究手段。

同時，應用心理學方面開展的研究，特別是工業心理學的研究，推動了消費心理學的產生。20世紀初，西方資本主義工業企業因管理的需要，促進了工業心理學的深入研究。工業心理學發展到相當階段之後，便開始研究商品的廣告宣傳及推銷等活動中的消費心理問題。

二、消費心理學發展歷史簡介

人們對於消費心理的關注和某些消費心理的經驗描述已有著十分悠久的歷史。中國春秋末期的著名自由商人范蠡已從分析消費需要入手，以計然七策經營商業；荀子提出的「養人之欲，給人以求」，講的就是滿足人的消費需要。

西方哲人亞里士多德則十分關注人們各種形式的「閒暇」消費以及由此對個體和社會產生的影響。同樣，亞當‧斯密所信奉的「看不見的手」的經濟原理，也是建立在對個體消費者行為的觀察和某些假設之上的。但直到19世紀末20世紀初才出現對消費心理的專門研究，而消費心理學發展成一門獨立的學科也才只有幾十年的歷史。消費心理學和心理學一樣，是一門「古老而年輕」的學科。

最早從事這方面研究的是美國經濟學家威布倫（Veblen），他在1899年出版的《悠閒者階層的理論》一書中，明確闡述了過度需求中的炫耀心理。美國著名心理學家斯科特（Scott）於1903年出版了《廣告理論》一書，這不僅是第一部有關消費心理學的著作，而且也是消費心理學的一個組成部分——廣告心理學誕生的標誌，還是心理學與工業相結合的第一部著作。自此至20世紀60年代前後，一些學者為建構消費心理學體系付出了艱辛而卓越的勞動。1960年，美國心理學會消費者心理學分會成立，這被人們認為是消費者心理學（或消費者行為學）成為系統的獨立的學科的標誌。

之後，消費心理學的科學理論體系在不斷創新的過程中得到豐富和完善。主要表現在：消費心理學理論由一般表象研究轉向深入的理論探討；逐步重視從宏觀經濟的高度來研究消費心理；對消費心理由簡單的數量關係研究轉向對行為因果關係的探討；消費心理與社會問題的互動性研究；消費心理學的研究逐步引入現代研究方法；消費心理學逐步轉向多學科交織、滲透和互補性的研究。除了傳統的定性分析以外，還運用統計分析技術、信息技術及動態分析等現代科學的研究成果，建立了精確的消費心理與行為模型，對消費心理現象進行定量分析，從因果關係、動態發展及數量變化上揭示各變量之間的內在聯繫，從而把消費心理學的研究推向了一個新的階段，使消費心理學的研究內容更加全面，理論分析更加深入，學科體系也更加完善，消費心理學在實踐中也得到了越來越廣泛的應用。

20多年來，中國出版了數十種消費者心理行為研究的書籍，行業性消費者心理與行為研究的著作也陸續出現，但是，多數著作存在所謂的「兩張皮」現象，即：普通心理學＋行業知識，具有中國特色的消費心理學研究成果並不多，在許多領域都存在著空白。

第二章
消費者的一般心理過程

消費者的購買行為是受其內在的心理活動支配的。心理學將人的心理現象概括為心理過程和個性心理兩個部分。消費者的心理活動過程是指支配消費者購買行為的心理活動的整個過程，它包括認識過程、情感過程、意志過程三個方面。儘管由於個性心理差異的緣故，消費者的心理活動過程千差萬別，但也存在著一般性的心理活動規律，而這正是本章所要討論的問題。

第一節　消費者心理活動的認識過程

消費者購買商品的心理活動一般是從認識過程開始的。這個過程主要是通過感覺、知覺、記憶、想像、思維等心理活動來完成的。它是對外界事物的屬性、品質及其相互關係的反應過程。因而，認識過程是消費者購買行為的基礎和前提。同對其他事物的認識過程一樣，消費者對商品的認識過程也是一個由淺入深、由表及裏、從感性到理性的發展過程。

一、消費者的感覺

（一）感覺概述

人的感覺是對直接作用於感覺器官的客觀事物的個別屬性的反應。而且，每種感官只對特定的適宜刺激產生反應，比如人的耳朵內的內耳柯蒂氏器上的毛細胞只對 16～20,000 赫茲的聲波產生反應，從而引起聽覺。感覺對商品屬性的反應是個別、孤立和表面的，主要獲得商品的形狀、大小、顏色、聲音、味道、氣味、軟硬、粗細、冷熱等不同屬性的認識。

俗話說：「眼見為實，耳聽為虛。」消費者對直接通過感官獲得的第一手材料往往有較強的信任感，感覺有時可以直接決定其對商品優劣好壞的判斷。同

時，感覺也能直接刺激消費者的情感活動和購買慾望，漂亮的色彩、美妙的音響、誘人的香味、輕柔的撫摸都可以使人感到舒適和愉悅，使消費者體會到商品的使用價值。

1. 視覺刺激

企業在產品、品牌、包裝、廣告、店面設計、商品的陳列和展示等方面都必須重視視覺因素的處理。在各種視覺因素中，色彩往往具有特別的應用價值。因為色彩具有豐富的文化含義和象徵價值。顏色的選擇必須與產品的性質和定位保持一致。例如，如果將一種治療癌症的口服藥（片劑、膠囊或口服液）及其包裝做成紅色，恐怕就不太合適。又如，某地的果農，用科學手段使蘋果在生長過程中著上鮮豔的紅色，結果價錢和銷路都十分看好。

小資料：色彩的吸引力

雖然色彩是依附於各種形體的，但是色彩比形體對人更具有吸引力。色彩在視覺表現中是最敏感的因素，具有先聲奪人的藝術魅力。有關的試驗表明：人們所獲信息的80%是從視覺得來的，但人們在看物體時，最初的20秒內色彩感覺占80%，而形體感覺占20%；兩分鐘後色彩占60%，形體占40%；5分鐘後各占一半，並且這種狀態將繼續保持。可見，色彩給人的影響是多麼迅速、深刻、持久。

同時，色彩也是商店最經濟、最有效、最方便的裝飾手段之一。因此，巧妙地利用色彩的心理效應，合理地對店堂的顏色進行調配，可以十分經濟而有效地促進消費者的積極情緒，並提高商店的裝飾效果。例如，肯德基、麥當勞這樣的快餐店的裝修多為高明度、高純度的顏色，如紅色、黃色。這種熱烈的顏色容易給人明快、興奮的感覺，容易將消費者吸引到快餐店中，並激起人們的食慾。同時，這些醒目的顏色也比較容易使人產生急切、躁動的情緒，不適於人們久留。作為快餐店，它需要消費者週轉快，以帶來更多的銷售額。相反，茶樓的裝修多採用深棕色、米色等中低純度或中低明度的顏色，這樣的色彩會使人覺得樸素、沉靜，包括茶樓的燈光也多用溫暖柔和的橙黃色，令人覺得溫馨。茶樓的消費者大多是幾個親朋好友聚在一起，喝茶、聊天、打牌，他們享受的是一種休閒舒適的感覺。茶樓裝修採用古樸的顏色，能減少消費者急切躁動情緒的產生，使消費

者能較長時間地待在那裡。茶樓的環境越讓消費者滿意，就越能增加消費者的滿意度，吸引消費者下次光臨。

但消費者對色彩的喜好也存在個體差異。小米手機、汽車 E 購等在新產品上市時，都曾通過網上預購瞭解消費者對商品顏色的選擇比例，從而對各顏色產品的生產進行合理計劃。

小案例：顏色與手機選擇

近些年，隨著人們個性主張日趨外顯，手機隨之發生巨大變化，從最早「黑磚頭」似的「大哥大」，轉變成顏色豐富絢麗的玲瓏「手飾」。尤其在目前手機市場同質化和功能趨同化的大趨勢下，消費者在手機的消費上會越來越關注手機外觀，而顏色是其中最重要的因素。

零點前進策略最近的一次研究發現，性別差異對於手機顏色的選擇影響很大。對於女性消費者而言，紅色是一種女性顏色，它既滿足了女性對紅色的偏愛也迎合了她們對手機顏色的期望；藍、白色是成為繼紅色之后的次優選擇；而黑色用在手機上，女性的接受度就相對較低；對於黃、紫、棕、灰等顏色，女性對它們的喜愛程度本就偏低，因此她們對這些顏色的手機也不是特別期待，這些顏色目前不會成為女性消費者選擇手機的主流顏色。

在對手機顏色的選擇上，男性消費者有著與女性消費者不同的顏色觀。黑色和藍色成為男性最認同的手機顏色，男性認為黑色和藍色既符合自己的顏色價值觀，又最適合成為手機包裝顏色；其他顏色如棕、紫、黃、灰等因為男性平時就少有關注，故被認為不適合手機的顏色而被打入冷宮。

資料來源：佚名．產品工藝設計重要元素——色彩流行特點研究報告［EB/OL］．前進策略與零點指標數據網，2004-10-30．

2．聽覺刺激

音樂和聲音對於企業來說也很重要。消費者對音樂的喜愛本身就創造了一個巨大的市場，CD 機、MP3 等曾在全球年輕人中掀起消費熱潮就是明證。傳統的製造業和零售業也在運用音樂進行產品和服務的促銷，如在廣告中利用音樂增加廣告的吸引力並激發觀眾積極的情感反應；在零售店利用背景音樂為顧客營造更好的購物氣氛；在酒店以背景音樂或現場鋼琴演奏給顧客一種浪漫、溫馨的感覺等。

但是，選擇什麼樣的音樂對消費者的購買活動卻有著不同的影響。有人做過實驗，當商場播放節奏快、刺激性強的樂曲時，顧客的腳步也隨之加快，同時在挑選商品時表現出耐心不足，尤其是可買可不買的商品寧可不買，匆忙購物並快速離開。多次試驗證明，播放快節奏音樂比無音樂時，銷售量不但不會增加，有時反而會下降。但若商場播放的是慢節奏音樂，顧客行走速度也隨之放慢，在貨架之前停留的時間延長，衝動購買行為增多，結果是商場當日銷量增加38%。一般來說，在商場最重要的返券打折時段，播放的都是節奏感非常強的音樂，而在周一到周五的上午，可以播放比較舒緩的音樂，因為這個時間段的客流量比較少。

對音樂曲目的選擇，還應與商店的主營商品的特點、購物環境的特點以及主要消費者的喜好相適應。例如，如果商店銷售的商品具有民族特色或地方特色，可以選擇一些民族音樂；如果購物環境的現代氣氛較濃，可以播放一些現代輕音樂；購物環境的檔次高，可以播放爵士樂一類的音樂；商品的藝術色彩較濃，可以播放一些帶有古典風格的音樂；以青年消費者為主要對象的購物環境，可以播放一些流行音樂等。但是，流行歌曲一般不宜過多選用，因為流行歌曲雖然能提高消費者情緒的積極性，但也容易使消費者的注意力轉移到歌曲上面，而對商品卻無暇顧及了。因此，要盡量選擇播放輕鬆柔和、優美悠揚的樂曲，使音響成為消費者購買現場的背景音樂，不要讓音響成為消費者注意的對象，同時，切忌音量過大。

3. 嗅覺刺激

嗅覺是由物體發散於空氣中的物質微粒作用於鼻腔上的感受細胞而引起的，其刺激物必須是氣體物質。氣味對化妝品和食物有特殊的重要性。在一項研究中，兩種不同的香味被加入到同一種面巾紙上，消費者感知其中一種是上等的和昂貴的，而另一種被認為是在廚房中使用的。

商店內空氣清新、芳香撲鼻，也是吸引消費者光臨，使消費者產生和保持愉悅的購買情緒的重要方面。一項研究發現，有香味的環境會產生再次造訪該店的願望，會提高對某些商品的購買意願並減少費時購買的感覺。有的商家發明了「商品氣味推銷法」，它們仿造了許多種天然氣味，將這些氣味加在各種商品上，通過刺激消費者的感官來促進銷售。例如，倫敦一家超級市場，通過釋放一種人造的草莓清香味，把消費者吸引到食品部，結果很快連櫥窗裡的草莓也被搶購一空；一些麵包房通過鼓風機將烤麵包的香味吹出去，以激發過往行人的購買慾

望，因為食物的香味會刺激人體各種消化酶的分泌，消費者即使不餓，也會在不知不覺中增加食品的購買量；許多人買車時特別喜歡那股「新車的味道」，其實那可能是汽車製造商專門在汽車後部安置的一個短期香氣散發裝置的結果。

　　但是對香味的偏好是非常個人化的，對某人是令人愉悅的香味對其他一些人也許就變得令人厭惡，所以應確保使用的氣味不致令目標顧客反感。再有，一些購物者不喜歡空氣中有人工添加劑的味道，而另一些人則擔心過敏，因此不應使人工香劑的味道過於濃烈。例如，一家有著「刺鼻」香味的商店，反而令一些顧客惱火，甚至起到了負面宣傳的作用。跨文化的影響因素也不應忽視，香水在日本的社會角色始終沒有確立起來，因為擁擠和狹小的生活空間裡，日本消費者重視清潔並且從未感覺到需要使用香水來掩蓋自己的身體氣味。事實上，許多日本人認為香水侵犯了他人的獨處權力。

4. 觸覺刺激

　　雖然男女之間的肌膚接觸會使人產生「觸電」的感覺，但有關觸覺刺激對消費者行為影響的研究卻很少。實際上，在消費實踐活動中，觸覺往往有著奇特的作用，不少消費者在購買商品時，總喜歡用手摸一摸，以自己的手感來判斷商品質地和質量的好壞，並由此形成親切感和擁有欲。例如，在購買布料、服裝、沙發、床等產品時，很少有消費者在未獲得一定的觸覺信息前就作出購買決定的。行銷者已經發現可以通過觸覺刺激來增加產品的銷售。舉例來說，在一次試驗中，與侍者有一定身體接觸的顧客所付小費要多一些。

5. 味覺刺激

　　味覺感官幫助我們形成對許多事物的感覺。消費者對有些產品，如包裝食品、飯菜、酒水等的品質主要就是通過味覺系統進行感覺和評價的。許多酒的生產廠家和食品廠家都聘請具有特殊味覺能力的專業品嘗師或消費者對新開發的產品進行測試，以發現產品的特色和不足。

　　在出售散裝或小件商品（尤其是水果或糕點）時，可以採取「先嘗後買」即試吃的促銷手段，尤其是剛上市的「新面孔」食品。因為一些食品由於採取不透明包裝，消費者無法瞭解裡面的食品，更不知道好不好吃，而試吃可以解決消費者的疑慮。以「試吃」推銷新食品，業績往往可以增加若干倍，並能馬上得知產品被接受的程度。試吃促銷還有一個潛在的心理效果：某些消費者是因為害怕旁人覺得自己貪小便宜而「白吃」「貪吃」，出於維護自我形象的心理而產生購買行為，儘管其實並沒有人對他的行為感興趣。

事實上,味覺並不是獨立的,它常常與其他感覺相互影響。比如,吃東西的時候,經常是既有味道刺激舌頭,又有氣味刺激鼻孔,更有顏色刺激眼睛,即所謂的「色、香、味俱全」。可見,口味只是產品的屬性之一。很多蒙眼測試的結果都發現,在隱藏品牌的狀況下,產品並沒有太大的差異;而當揭露品牌時,消費者卻明顯受到品牌偏好的影響。

小案例:味覺偏好在品牌忠誠度中的作用

味覺是極為主觀的東西,因而人們通常不會做對食品喜好程度的測試。但因為兩大可樂公司——可口可樂與百事可樂的銷售是如此的具有攻擊性,所以有人曾進行了一項味覺測試,它會挑戰那些自稱是可口可樂或是百事可樂的擁護者的人:蒙眼嘗味來發現你喜愛的品牌。

該實驗請來了一批志願者,這些志願者對傳統可口可樂、百事可樂、低糖可口可樂與低糖百事可樂四者中的一種十分喜愛。他們都認為自己可以毫不費力地把自己喜愛的牌子與其他牌子區分開來。

該實驗首先確定了19名普通可樂飲用者與27名低糖可樂飲用者,然後給他們喝4種不知種類的可樂樣品,最后請他們說出哪種樣品是可口可樂或是百事可樂。結果,19個普通可樂飲用者中只有7個正確地在全部四個測試樣品中區分出了自己喜愛的品牌。低糖可樂飲用者做得更糟,27個人中只有7個人把全部四個都判斷對了。但兩組的結果都比隨機猜測的正確率要高。

總體來說,口味偏好測試的結果表明,只有很少的百事可樂愛好者與可口可樂愛好者真的能由口味判斷出他們喜愛的品牌。

資料來源:李付慶. 消費者行為學 [M]. 2版. 北京:清華大學出版社,2015.

總之,有關消費者視覺、聽覺、嗅覺、觸覺和味覺反應的研究均可以為行銷者提供有價值的信息。但是,孤立地看待消費者的某種感覺反應,就有可能導致錯誤的判斷和決策。可口可樂改變配方的失敗就是一個著名的教訓,因為它僅僅考慮了消費者在蒙眼測試中對新配方口味的積極評價和反應。

(二) 消費者感覺活動的規律

(1) 感受性:感受性是指對適宜刺激的強度及其變化的感受能力。感受性可分為絕對感受性和差別感受性。感受性是用感覺閾限的大小來度量的,感受性

與感覺閾限的大小成反比關係。

外界刺激必須有一定的強度，才能引起人們的感覺。那種剛剛能引起感覺的最小刺激量，叫作感覺的絕對閾限，或稱感覺的下限，它反應著絕對感受性的強弱。比如，多數人聽覺的絕對閾限是 0 分貝，聽力稍差的人則可能要幾分貝才能聽到。美國有人聲稱，能在聽覺、視覺或其他感覺閾限值之下產生所謂「閾下知覺」「閾下廣告」，這種說法是不可信的，實際上可能是無意注意或聯想等其他心理機制在起作用，或者是與所謂「植入式廣告」相混淆。

在一般情況下，刺激強度越大，感覺就越明顯。但從對消費者的心理影響上看，一般而言，中等強度的刺激往往易給人以舒適感。如果刺激強度超過一定的限度，感覺就不再增大，還會產生痛感等不良感覺，這個限度就是感覺的上限，如聽覺的上限是 140 分貝。所以，在經營活動中，要在感覺閾限的範圍內，運用多種手段適度地增強對消費者的刺激強度，以使之產生清楚明瞭的感覺認識。

在刺激物引起感覺之後，如果刺激的強度發生了變化，主觀感覺並不一定會起變化。如果刺激量的變化過小，就會使人覺察不出什麼變化。那種剛剛能引起差別感覺的最小刺激量，就是感覺的差別閾限，也叫最小感覺差。1830 年，德國生理學家韋伯在重量感覺中發現，原刺激物的強度越大，則感覺的差別閾限就越高。例如，單價 10 萬元的轎車，價格下調 500 元，往往不為消費者所注意，而一升汽油的價格上調 0.50 元，消費者就會感覺到價格漲了很多。用公式表示為：$\triangle I/I = K$，其中 I 是原刺激量，$\triangle I$ 為此時的差別閾限，K 是常數。這就是著名的韋伯定律，常數 K 又稱韋伯比。在中等強度範圍內，韋伯比在重量感覺中是 0.03，在視覺感覺中是 0.01，在聽覺感覺中是 0.1，在味覺感覺和嗅覺感覺中是 0.25。

這種最小差別感覺原理也廣泛運用於產品的質量、分量、造型、價格、包裝、廣告的設計中。如果一個商品與同類商品在某方面相差過小的話，這種差異就難以被人感知。例如，美國一家食品商生產的巧克力條，其重量在 23 年內減少了 14 次，但就是因為每次變動比例較小，而完全沒有引起消費者的注意。又如，某品牌牙膏在消費者不能覺察的情況下，通過擴大牙膏口一毫米，無形中增加了消費者的使用量，從而帶來銷售的提升。總而言之，應用差別感覺閾限有兩個不同的原因：一是對自己有利的改變，應盡量引起消費者的感覺而不需太大的成本，如改進包裝或降低價格時恰好就在差別閾限以上。因為小於差別閾限值的改進不會被察覺，而超過差別閾限太多就是浪費。二是盡量不要引起消費者注意

對自己不利的因素。當然，要達到這樣的目的需要精心的調查與測算。

在實際工作中，可以採用實驗法來瞭解消費者對商品性質變化的反應。如某公司為了檢驗其生產的小食品中食用油使用量的減少對消費者口味評價的影響，它分別將食用油的使用量減少 1/6、1/3、1/2，依此類推，按照不同的配方進行了分組實驗。研究人員在選擇被試者時要求每一組被試者的特徵都相同，以確保消費者的評價反應只與食用油的使用量有關，而與其他外部因素（如被試者的年齡、零食的消費量等）無關。實驗結果表明，在其生產的小食品中減少 1/3 的食用油使用量，並不會降低消費者對其口味的評價反應。一旦超出這一水平，消費者對其口味的評價就會急遽下降。

小案例：辛先生的甜甜圈與最小可覺差

辛先生在印度南德里一家培訓學院附近開了一個名叫「學院」的咖啡屋。辛先生的主要客源是培訓學院的學員，他們會在中午的時候光顧辛先生的小店，而甜甜圈則是最受學員們歡迎的產品。

由於在消費者中已經建立起了物美價廉的聲望，學院咖啡屋就需要珍惜和維護本店的形象。然而每當麵粉、食用油、牛奶、水、電、煤氣等成本上漲時，這種聲望就會面臨考驗；而且每當成本上漲時，與辛先生競爭的其他速食店就會馬上提高價格，並告知消費者漲價的原因是由於原材料的成本增加了。

然而，辛先生卻敏銳地瞭解到消費者的感知，很少漲價，從而使他的生意更加興旺。消費者有一種感知，即認為學院咖啡屋是普通人的聚集地，他們高度欣賞辛先生很少漲價的做法。

事實上，消費者對價格非常敏感。辛先生知道即使價格發生很小的變化，消費者也會馬上注意到。價格的最小可覺差是非常小的。因此，將價格維持在一個水平上的做法會很容易被注意到並會得到認可。此外，每份食物的分量卻有足夠大的最小可覺差。

根據這種情況，辛先生制定了應對成本上升的策略。首先，他盡可能地減少漲價的次數；其次，減少成本。他的策略是：

* 永遠不做第一個漲價的人；
* 每次在同一張菜單中漲價的條目決不超過 3 個；
* 首先，通過減少食物的分量來減少成本，這種減少一定是控制在最小可

覺差之內的。在辛先生的消費者中流傳的說法是辛先生從來不減少甜甜圈的大小，事實上，他只是增大了甜甜圈中的洞而已。其次，只有在不可避免的情況下才漲價。漲價的同時恢復產品原有的分量和質量，讓消費者感覺到產品的價值也有很大的提高。最後，由於學院的培訓週期基本上是一年，在每年夏天來臨時，學院咖啡屋的生意也會隨著暑假開始而暫時中斷。開學時，學院又會迎來新的一批學員，而重開咖啡屋時，辛先生會盡可能地提高價格。

資料來源：消費者行為學［EB/OL］．http://www.docin.com/p-936274550.html.

（2）適應：指感受器在同一刺激物的持續作用下而發生感受性變化的現象。除痛覺外，其他感覺都有適應的現象。比如，消費者反覆挑選而嗅聞香水時，對香味的感覺就會越來越不敏感，因為其感官因適應而發生了感受性降低，這也就是「入芝蘭之室，久而不聞其香；入鮑魚之肆，久而不聞其臭」的道理。所以，當有美女從身邊走過時，人們常能聞到其身上散發出令人回味的香水味，但美女本人卻未必有如此強烈的感覺，因為她已適應了。

感覺的適應既與生理因素有關，也與心理因素有關。比如，穿上剛買的新鞋子，不少人覺得鞋不大合腳，但穿了幾天就覺得舒服了；對新穎的商品或行銷服務方式，不少人由於有強烈的好奇心或新鮮感，對其特點的感覺就較敏銳，但時間一長，感覺就會麻木而變得熟視無睹了。

（3）對比：指兩種不同刺激物作用於同一感官而發生感受性變化的現象。由於兩種不同刺激物有同時和先後作用於同一感覺器官的情況，所以又分為同時對比和繼時對比。比如，同樣一塊灰色布料，與白布放在一起看起來比與黑布放在一起更暗些；而放在紅布的背景下，可獲得綠色的色調；放在綠布的背景下，可獲得紅色的色調，即向背景色的補色方向變化，這些都是同時對比的情況。如果消費者吃了糖再去嘗柑橘，就會覺得柑橘不那麼甜，而且較酸；凝視了紅布，再去看白布，白布就顯得帶有綠色，這是繼時對比的情況。

英國一家商場出售紅、黃、藍、綠、白等顏色的家用海綿，彩色海綿的銷勢很好，白色海綿的銷量極少。營業人員把滯銷的白色海綿拿下櫃臺后，其他顏色的海綿銷量都開始減少。銷售人員試著把白色海綿重新擺上櫃臺，結果白色海綿銷量仍然極少，而其他海綿的銷售量卻又逐漸回升。白色海綿銷售力很差，卻能起到對比陪襯的作用，促進其他顏色海綿的銷售。所以，對比原理可應用於商品陳列，在擺放華麗的色彩時，要間隔無色的商品。

（4）聯覺：即某一感官的感受性，會因其他感官受到刺激而發生感受性的變化。比如，紅、橙、黃色常使人感到溫暖，而青、藍、紫色常使人感到涼爽，這是視覺對膚覺感受性的作用。因而，夏季的冷飲店、冬季的火鍋店的色彩布置就應當選用有不同心理感覺的顏色。又如，色彩具有輕重感，房頂的顏色一般來說要比地板的顏色淺、輕，不然會給人頭重腳輕的感覺，令人覺得壓抑。

小案例：用什麼顏色的杯子盛咖啡？

　　日本三葉咖啡店的老板發現不同顏色會使人產生不同的感覺，但選用什麼顏色的咖啡杯最好呢？於是他做了一個有趣的實驗：邀請了30多人，每人各喝4杯濃度相同的咖啡，但4個咖啡杯分別是紅色、咖啡色、黃色和青色的。最后他得出結論：幾乎所有的人都認為紅色杯子裡的咖啡調得太濃了；約有2/3的人認為咖啡色杯子的咖啡太濃；黃色杯子裡的咖啡濃度正好；而青色杯子裡的咖啡太淡了。從此以后，三葉咖啡店一律使用紅色杯子盛咖啡，既節約了成本，又使顧客對咖啡質量和口味感到滿意。

資料來源：佚名. 利用顏色對比錯覺提高效益［EB/OL］. http://cy.qudao.com/news/100028.shtml.

　　隨著網路技術的不斷進步與發展，文字、圖片、聲音、影像等信息符號已經可以在網路環境下進行整合，使虛擬環境更加逼真，但目前的多數電子商務企業只能為消費者提供視覺和聽覺線索，而很難提供觸覺、嗅覺和味覺線索。而觸覺又是購買服裝、化妝品、器械等體驗型商品時所要評估的重要感官指標，可以利用聯覺現象來激發消費者的觸覺感知。首先，可以通過視覺來引發溫度或輕重感覺。如果某化妝品的賣點是輕薄透氣，商品背景應採用淺色來激發消費者「輕、薄」的觸覺感知；而當賣點是濃稠、營養豐富時，商品背景應採用深色來激發消費者「濃、重」的觸覺感知。其次，可以通過改變商品文字說明的位置來影響消費者的觸覺感知。研究表明，文字呈現在商品上方比呈現在商品下方，更容易讓消費者產生「輕」的感覺。因此，羊絨衫的文字說明可以放在圖片上方以激發消費者「輕」的觸覺感知，而鑽石戒指的文字說明可以放在圖片下方以激發消費者「重」的觸覺感知。最后，可以通過商品尺寸來影響消費者的觸覺感知。例如，如果要激發消費者「重」的觸覺感知，可以將商品的外觀設計成「矮、胖」型；相反，如果要激發消費者「輕」的感覺，可以將商品外觀設計成

「高、瘦」型。

同樣，聽覺和觸覺也存在交互與整合的聯覺現象。首先，聲音可以改變消費者對商品質地粗糙程度的感知（Zampini, 2005）。例如，聲音越大越刺耳，消費者越感到商品粗糙；相反，聲音越小越輕柔，消費者越感到商品細膩順滑。其次，聲音可以影響消費者對商品堅硬程度的觸覺感知（Guest, 2002），聲音越清脆，消費者越感到商品的硬度低。最後，聲音可以影響消費者對商品重量的感知，輕快的聲音往往會降低消費者感知的商品重量。

此外，賣香水的網站不能讓消費者品聞，賣食物的網站不能讓消費者品嘗，如何通過消費者的視覺和聽覺來影響其嗅覺和味覺呢？克拉德斯達（Clydesdale, 2004）認為，紅色會增加消費者對食物甜度的感知，而顏色的缺失會影響消費者對食物氣味的感知，並影響其最終的滿意度和購買意願。消費者習慣把無色同無味聯繫在一起，澤尼爾和懷特（Zellner and Whitten, 1999）研究發現，無論顏色和食物是否匹配，食物顏色越深，消費者對氣味的感知越強烈。為了驗證視覺對消費者嗅覺感知的影響，Sakai 等人（2005）讓被試完成嗅覺感知任務。結果表明，當氣味和與之相匹配的食物圖片同時呈現時，被試對氣味的感知要強於氣味和圖片不匹配的情況。同樣，聽覺也會影響消費者的嗅覺和味覺。輕快的聲音往往和清淡的味道、食物相聯繫，而凝重的音樂往往和濃烈的味道、食物相聯繫。因此，電子商務企業在銷售與嗅覺和味覺相關的商品時，要注意商品展示背景色和音樂對消費者感官的影響作用。

二、消費者的知覺

（一）知覺概述

知覺是人腦對直接作用於感覺器官的客觀事物的整體反應。知覺和感覺都是當前事物在大腦中的反應，是感性認識階段的兩個環節。二者的區別在於，知覺是對事物各種外部屬性及其相互關係的綜合的、整體的反應，因而通過知覺，我們能知道所反應事物的意義或將之確定為某一對象；而感覺只是對孤立的個別屬性的反應，可見，知覺比感覺更為複雜和深入。顯然，感覺是知覺的基礎和前提。知覺綜合各個感覺器官所得來的感覺信息，以此來對事物的外部屬性進行整體的認識。沒有對商品個別屬性的感覺，就沒有對該商品的知覺。感覺到的個別屬性越豐富，對商品的知覺就越完整、越全面。但是，知覺並不是感覺的簡單相加，知覺在很大程度上還受制於人的知識、經驗、個性心理等主觀因素。同樣的

現象，不同的人就可能會產生不同的知覺。比如，品酒專家能通過品嘗來確定無標籤酒的牌子，而普通人卻不能，儘管他們受到的感覺刺激是一樣的。

應當注意的是，商品的個別屬性與整體是不可分割的，因而，消費者在感覺到商品的某一特徵時，同時也就反應了商品的整體。在實際生活中，感覺與知覺以及其他心理活動都是緊密結合在一起的，單純的感覺是極少的。所以，感覺與知覺也通常被合稱為感知。

(二) 消費者知覺的特性

(1) 選擇性：在知覺過程中，最重要的是瞭解知覺的選擇性，它解釋了為什麼不同顧客對同一外部刺激會有不同的反應。知覺的選擇性發生在人腦對感覺信息進行加工的過程中，一是注意的選擇性，即人們傾向於注意那些與其當時需要有關的、與眾不同或反覆出現的刺激物；二是解釋的選擇性，即人們傾向於根據自己以往的經驗或成見對信息進行解釋；三是記憶的選擇性，即人們傾向於記住那些證實了他的態度、信念或正是他所需要的信息，而忘掉其他信息。正是這三種選擇性使人們的知覺過程表現出明顯的主觀性——因為每個人已有的知識、態度、動機、願望和個性不同，使他們對同樣的外界刺激，經過知覺過程的加工篩選，會得出不同的整體印象。

(2) 整體性：知覺是對商品各方面屬性的整體的反應。比如，一件衣服在消費者的知覺中，就包括了色彩、款式、大小、手感、商標、價格等特點的整體印象。有時，在裝飾豪華的商店內，商人將只值二三百元的衣物標價上千元出售。由於豪華的商店環境的烘托，易使顧客產生此衣物的確不凡的錯覺而花冤枉錢。

知覺的整體性還表現在對於曾經知覺過的對象的記憶，即使以後只有對象的個別屬性或零碎不全的屬性發生作用，根據過去的知識經驗，也能產生完整的印象。例如，消費者只是看到冰淇淋，不需要去品嘗，就可以通過以前的知識經驗，知道它是冰冷的、甜的以及其他特性，從而產生對其整體形象的知覺。廣告宣傳、商品介紹都可以使知覺的整體性更為豐富。

(3) 理解性：人們在知覺時，會借助於已有的知識經驗或原有的印象對當前事物進行理解，從而使人們在知覺事物時能夠更迅速、細緻和全面。具有不同知識經驗的人，對同一事物的知覺存在差異。一般而言，對知覺對象理解愈深，則知覺愈好。比如，對於音響器材，經驗豐富的消費者，很容易找出它在音質、功能上的優缺點；而經驗較少的人，就難以發現其好壞。當然，根據原有認識或

印象理解當前事物時，也可能導致知覺錯誤，如偏見、成見、第一印象、近因效應、無關線索、定型作用、暈輪效應的影響。

言語的指導作用能使對知覺對象的理解更迅速、更完整。因此，銷售人員必須對自己所銷售的商品具有豐富的知識，才可能利用言語指導消費者對商品進行理解，從而使他們對商品產生較細緻而全面的知覺。

小案例：切糕的啟示

有一家糕攤，店老板在賣糕時，往往會故意少切一點兒，過秤後見分量不足，切一點添上。再稱一下，還是分量不足，又切下一點兒添上，最終使秤杆尾巴翹得高高的。顧客看見這一切一添三過秤，就會感到確實量足秤實，心中也踏實，對賣糕人很信任。如果賣糕人不這樣做，而是切一大塊上秤，再一下二下往下切，直到稱足你所要的分量時，你的感覺就會大不一樣，眼見被一再切小的糕，有的人總感覺會不會少了分量。這種心理感受是外界事物刺激所造成的。而聰明的賣糕人正是巧妙地運用了顧客這種極其微妙的心理變化，並實實在在做到了童叟無欺，使糕攤地利、人和而生意紅火。

資料來源：佚名. 錯覺行銷贏得正確收益［J］. 黃鶴樓周刊，2009（152）.

（4）恆常性：由於知識經驗的參與，知覺印象往往並不隨知覺條件的變化而變化，而表現出相對的穩定性，這就是知覺的恒常性。在視知覺中，知覺的恒常性表現得特別明顯。比如同一商品，由於距離遠近不同，投射在視網膜上的大小可以相差很大；在不同的光線下，反射光的波長或亮度也不一樣，但消費者仍能按其實際情況進行知覺。所以，知覺對象的大小、形狀、亮度、顏色等特性的主觀印象與對象本身的關係往往並不完全服從物理學的規律，也不受知覺與觀察條件的影響，而是在經驗的影響下保持一定的不變性或恒常性。正如俗話所說：「看其所知，不看其所見。」知覺的恒常性對於人們在不同情況下始終按事物的真實面貌反應事物，從而有效地適應環境是十分重要的。

另外，消費者在知覺客觀事物時，由於受背景的干擾或某些心理原因的影響，也可能發生知覺失真的現象，這種不正確的知覺就是錯覺。商業活動中的廣告、包裝、櫥窗、商品陳列設計等方面，可以適當利用消費者的錯覺，進行巧妙地處理，以收到好的心理效果。比如，霓虹燈廣告的一明一暗，可以產生圖像運

動的錯覺，從而吸引人們的注意；利用空間錯覺，在水果櫃臺四周加上鏡子，可產生果品豐盛的視覺效果；利用面積錯覺，可以使包裝容器在容積不變的情況下顯得更大一些；利用形體錯覺，讓矮胖者穿上豎條紋或有收縮感的深色衣服，會顯得苗條些，而讓瘦長者穿上橫條紋或有擴張感的亮色衣服，會顯得豐滿一些等。

三、消費者的注意

人們獲取的信息的途徑很多，歸結起來，不外乎兩種途徑，一種是通過直接的第一手經驗獲得；另一種是通過間接的第二手經驗獲得。然而，人們處理信息的能力卻是有限的。具體地講，人們只能同時注意並思考7個單位（加減2個單位）的信息。對於太多的信息，人們很容易感到超載。事實上，一旦同時面對的信息超過9個單位，注意系統就會負載過重，某些信息將被過濾和忽略掉。

CTR市場研究公司曾對中國電視觀眾的廣告觀看態度與行為進行過調查（2006），說明很多消費者看到電視廣告時，習慣用電視遙控器快速切換頻道以迴避廣告信息。即該廣告信息能夠有效傳達到消費者，但是很多消費者還是沒有「注意到」。造成這種視而不見現象的根本原因是消費者對廣告內容缺乏興趣。如圖2-1所示。

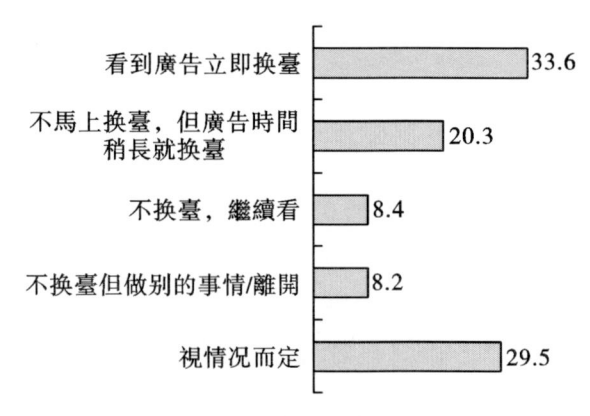

態度	百分比
看到廣告立即換臺	33.6
不馬上換臺，但廣告時間稍長就換臺	20.3
不換臺，繼續看	8.4
不換臺但做別的事情/離開	8.2
視情況而定	29.5

圖2-1　電視觀眾對廣告的態度

（一）注意及其作用

注意是心理活動對一定對象的指向和集中。指向是指每一瞬間心理活動有選擇地朝向一定事物而離開其餘事物；集中是指心理活動反應事物達到一定清晰和完善的程度。消費者的注意就是消費者心理活動對一定消費對象的指向和集中。

消費者的注意還使消費者的心理活動處於積極狀態並且有方向性。當人們專心注意於一種商品並思考是否購買時，其思維便處於積極狀態，通過分析、綜合、比較等過程，積極地對購買中的各項問題進行思考，並設法解決。

可以說，注意是一切心理活動和心理過程的前提。也正因為如此，行銷人員在推銷自己的商品時，首要的工作就是要設法引起消費者的注意。

(二) 注意的種類

根據消費者對消費對象的關注是否有無目的性和意志努力程度的不同，可以把注意分為無意注意、有意注意兩種。

1. 無意注意

無意注意是消費者事先沒有預定目的，也不需要作意志努力的注意。其表現是消費者在某些刺激物的影響下，不由自主地把感受器官朝向刺激物，試圖弄清這個刺激物的意義與作用。如人們下班騎車回家時，大街上突然出現的叫賣聲往往會使人停下來看個究竟。

2. 有意注意

有意注意指消費者有預定目的的、必要時還需要作一定意志努力的注意。有意注意是一種主動的、服從一定活動任務的注意，它受消費者自覺意識的調節。

在消費者的注意中，有意注意佔有很大比重，無意注意也可以轉化為有意注意。消費者的消費活動（尤其是購買活動）常常是有了消費需求或產生了消費動機之後，才會有目的有計劃地前去購買。並且在尋找或購買商品的過程當中，還常常運用意志力來加強注意的力度。因此，有意注意對消費心理有較大的影響。

(三) 引起消費者的無意注意

引起無意注意的原因來自兩個方面：刺激物的特點和人的內部狀態，同時這兩方面的原因也是有密切聯繫的。

1. 刺激物的特點

（1）刺激物的強度。例如，強烈的光線、巨大的聲響、濃鬱的氣味，都會引起我們不由自主的注意。刺激物的強度越大，越易引起注意。例如，形狀大的刺激物比形狀小的刺激物更容易引起人們的注意，所以在宣傳、介紹新產品時，應盡可能刊登大幅廣告（見圖 2-2）。

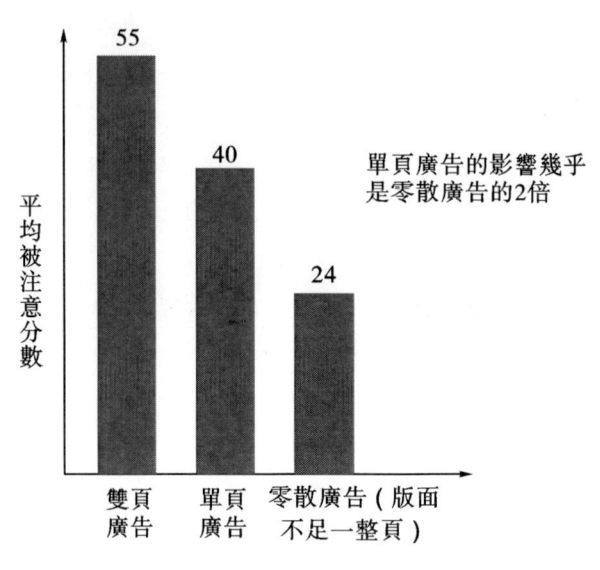

図中標注：
- 55 雙頁廣告
- 40 單頁廣告
- 24 零散廣告（版面不足一整頁）
- 縱軸：平均被注意分數
- 說明：單頁廣告的影響幾乎是零散廣告的2倍

圖 2-2　廣告版面大小與廣告閱讀率之間的關係

又如某大百貨公司新進了一批高級刻花玻璃酒杯，儘管它造型優美，質量上乘，但上櫃之後卻很少有人問津，每天僅銷 2～3 套。有位營業員想了個辦法，把酒杯在櫥窗裡擺開，並在每個杯子裡斟上紅色的液體，這麼一來，把晶瑩剔透的刻花、高雅動人的造型襯托得清清楚楚，使人見了格外喜歡，購買願望油然而生。結果，銷售量一下子升到每天 30～40 套。這實際上起到了增強刺激物的強度的效果，從而吸引了消費者的注意。

（2）刺激物之間的對比關係。刺激物之間的強度、形狀、大小、顏色或持續時間等方面的差別特別顯著、特別突出，就容易引起人們的注意。例如，在大的空間或空白的中央，放置或描繪所展示的對象，就容易引起人們的注意。

（3）刺激物的活動和變化。活動的刺激物、變化的刺激物比不活動、無變化的刺激物更容易引起人們的注意。例如，霓虹燈廣告不僅以其鮮豔的色彩引人注目，而且它有規律地一亮一滅，很容易引起行人的注意。電視廣告常常一放就是 5～10 分鐘仍能引起消費者的注意，最重要的原因就在於它有動感。

一般來說，人們「無意注意」某一事物，並維持這種「注意」狀態的平均時間是 5 秒鐘，幾乎很少有人能夠維持 20 秒鐘。「注意」的焦點針對印刷廣告的印刷標題二秒鐘之後，是「注意」力最強的時刻，再過一秒鐘之後，「注意」力就會逐漸減弱消失。因此，廣告宣傳必須把握這種規律性，即不要只是一般地

追求穩定的「注意」，而是要在變化當中去引導人們的「注意」。這就要求廣告在變化內容、出場順序等方面要有一個既穩定又變化的安排，才能以此保持住人們的「注意」力。利用合理的設計，使廣告牽動觀察者的視線向設計者所期待的方向移動，增強廣告的吸引力，從產生「注意」的那一瞬間開始，誘使讀者全神貫注地看完整個廣告。

（4）刺激物的新異性。新異性是引起無意注意的一個重要原因。習慣化刺激就不易引起人們的注意。所謂好奇心，就是人們對新異刺激的注意和探求。

小案例：絲襪的震撼

　　美國有一個絲襪的產品廣告，此前這個品牌在市場上毫不知名，但通過這個廣告，其產品竟然一夜成名，十分暢銷！廣告畫面很簡單，鏡頭中先是出現一雙美腿，接著開始由下往上移動，腳、小腿、大腿……顯現出一幅美女美腿圖。但當鏡頭拉遠的時候，人們發現電視中的人物竟然是一個男的———一個美國著名的棒球運動員！接著運動員告訴人們說，如果我穿上絲襪都能如此漂亮，漂亮的女士們就更不用說了！廣告播出後的第二天，這種絲襪就開始了它的暢銷之旅。

　　資料來源：佚名．什麼樣的廣告才有效［EB/OL］．中國學網，http://www.xue163.com/943/1/9439288.html.

（5）位置。刺激物所處的位置不同，引起消費者的關注也是不一樣的。位置對注意力的影響主要是由刺激物位於感知者視線範圍內的不同方位決定的。通常，處於視野正中的物體比處於視野邊緣的物體更容易被人注意。在零售店中，放在貨架上半部分的商品比放在下半部分的商品受到的注意要高出35%；同時，如果將貨架上某個品牌的商品從2個增加到4個，則可以增加34%的注意。所以超市或百貨店中與視線平行的貨架位置爭奪激烈。此外，報紙上的位置也非常有講究，如報眼和頭版的位置就比較重要。而雜誌封面的廣告要比封二、封三以及封底更易引起關注。電視節目之間廣告插播時段裡，一般處於開始以及末尾的廣告更容易引起人們的注意。

（6）格式與形式。格式是指信息展示的方式。通常，簡單、直接的信息呈現方式比複雜的信息展示方式更容易被消費者所接受。因此，信息展示要簡單明瞭，展示的速度不宜過快，不要使用晦澀的語言，不要引入複雜的概念，不要選用難懂的口音或方言等。從形式上講，具體（特定）生動的信息比抽象（普遍）

單調的信息、口頭或有形的信息（如畫面）比書面文字更易受人注意。

小案例：「悅活」的 SNS 植入廣告

「悅活」是中糧集團旗下的首個果蔬汁品牌，在其上市之初，並沒有像其他同類產品那樣選擇在電視等媒體上密集轟炸，而是選擇了互聯網。當時開心網正火，於是在 2009 年，中糧集團與開心網達成合作協議，以當時最火的開心農場游戲為依託，推出了「悅活種植大賽」，成功地進行了一次 SNS 植入廣告行銷。

在游戲的過程中，用戶不但可以選購和種植「悅活果種子」還可以將成熟的果實榨成悅活果汁，並將虛擬果汁贈送給好友，系統會每周從贈送過虛擬果汁的用戶中隨機抽取若干名，贈送真實果汁。在這次活動的基礎上，悅活又在開心網設置了一個虛擬的「悅活女孩」，並在開心網建立悅活粉絲群。通過這個虛擬 MM，向用戶傳播悅活的理念。由於該活動植入得自然巧妙、生動有趣，所以活動剛上線便受到追捧，悅活玩轉開心農場把虛擬變成現實，為游戲增加趣味，提升了用戶的積極性，兩個月的時間，參與悅活種植大賽的人數達到 2,280 萬，悅活粉絲群的數量達到 58 萬，游戲中送出虛擬果汁達 102 億次。根據某諮詢公司的調研，悅活的品牌提及率短短兩個月從零提高到了 50% 多。

資料來源：佚名．SNS 行銷案例——悅活品牌玩轉開心農場［EB/OL］．中國冷鏈物流網．http://www.cclcn.com/shtmlnewsfiles/ecomnews/731/2013/20131022204213310621.shtml.

2. 人的內部狀態

引起無意注意的另一類原因是外部刺激物符合於人們的內部狀態。這些主觀因素包括：

（1）需要和興趣。凡是能滿足一個人的需要和興趣的事物，都容易成為無意注意的對象，因為這些事物對他具有重要的意義。例如，人們天天看報，所注意的消息往往有所不同，從事文教工作的人，總是更多地注意文教方面的報導；從事體育工作的人，總是更多地注意體育方面的新聞。

（2）情緒狀態。凡能激起某種情緒的刺激物都容易引起人們的注意。此外，當一個人心胸開朗、心情愉快時，平常不太容易引起注意的事物，這時也很容易引起他的注意；當一個人無精打採或過於疲勞時，平常容易引起注意的事物，這時也不會引起他的注意。

（3）知識經驗。個人已有的知識經驗對保持注意有著巨大的意義。新異刺

激物容易引起無意注意，但要保持這種注意則與一個人的知識經驗密切相關。因為新異刺激物固然能引起人們不由自主的注意，但如果人們對它一點也不理解，即使能一時引起注意，也會很快被遺忘。

注意也會產生適應現象。當刺激是如此常見，以至於無法再引起消費者的注意時，適應就產生了。這與吸毒十分相像，當消費者對刺激習以為常後，要想引起他們的重新注意就必須加大刺激的「劑量」。例如，當一塊廣告牌剛剛立起來的時候，也許會引起過往行人的注意，但時間一久，人們就會熟視無睹，廣告牌便成為馬路風景的一部分，再也不會引起注意。一般來說，有幾個因素會導致適應現象的產生：

* 強度：低強度的刺激（如輕柔的聲音或暗淡的色彩等）易被適應，因為這些刺激的衝擊力較小。

* 刺激信息的複雜程度：太簡單或太複雜的刺激都容易被適應，就是說信息的複雜程度必須適中。

* 重複：經常遇到的刺激易被適應，因為接觸頻率太高了。

* 關聯性：與消費者個人目的和價值追求無關的刺激易被適應。

思考一下：行銷人員可以用哪些方法來吸引目標消費者的注意？

四、消費者的記憶

(一) 記憶概述

記憶就是過去經歷過的事物在頭腦中的保存，並在一定的條件下再現出來的心理過程。所以，記憶與感知不一樣，它不是對當前直接作用的事物的反應，而是對過去經驗的反應。消費者在認識過程中，可以通過記憶活動將過去對商品的感知和認識，或者體驗過的情感或動作，重新在頭腦中反應，使當前反應在以前反應的基礎上進行，從而使其對商品的認識更快、更深、更全面。

按記憶的內容，記憶可以分為形象記憶、邏輯記憶、情緒記憶、運動記憶、數字記憶等。在實際生活中，各類記憶是相互聯繫的，記憶時經常有多個種類的記憶參加。

人的記憶主要是通過表象來實現的。表象是記憶中所保持的客觀事物的形象。表象是記憶的主要內容，所以，形象記憶在記憶中有著十分重要的地位。由於表象都是過去感知過的客觀事物在頭腦中留存下來的形象，所以具有直觀性的

特點。但表象所反應的事物形象，通常僅是事物的大體輪廓和一些主要特徵，沒有知覺那麼鮮明、完整和穩定。表象還具有概括性，它反應著同一事物或同一類事物在不同條件下所經常表現出來的一般特點，而不是某一次感知的個別特點。

除了表象的形式以外，人們還大量運用語詞進行記憶。語詞既能標誌事物本身，又能起到信號的作用，從而概括地表示某種事物。記住語詞，也就容易記住它所代表的事物。人在語詞的作用下，可以喚起相應的表象，表象內容也常因當時對那類事物的言語敘述而變得更豐滿和完整。

總的說來，語詞信息需要接收者付出更大的認知努力，它更適合於高度參與的情況。當消費者的參與程度較高，他們才會更多地注意和閱讀文字材料。語詞信息也更容易被遺忘，因此需要在此之後有更多的信息接觸，方可達到理想的效果。相比之下，圖像則可以使接收者在解釋信息時對信息的印象更加深刻。加深印象的結果是在人們的記憶中留下深刻的痕跡，不至於隨時間的推移而被遺忘。

根據陳寧（2001）的研究，消費者對廣告品牌的記憶既包括外顯的意識性加工，也包括內隱的自動化加工。即使是在非注意條件下，成熟品牌名稱相較陌生品牌也引起了更多的自動化加工，出現了「成熟品牌的知覺識別比新品牌占優勢」的成熟品牌效應。可見，對於已經建立良好形象的商品來說，只需花費少量的廣告費用就可以繼續維護自己的形象。同時，廣告呈現頻率的增加有利於提高控制性加工和自動化加工。所以對於新品牌而言，重複播放是提高廣告有效性的一條途徑。行銷活動中一些現象也驗證了陳寧的研究，在一些衝動購買場合，消費者會僅憑直覺在眾多的競爭性品牌中選擇某一個特定的品牌。此時，消費者不會像理性決策時那樣對各品牌進行嚴格的分析，也不會有意識地回憶相關商品信息，僅憑直覺上的喜歡進行選擇。而這種直覺又往往是由於先前與該刺激有過接觸而產生了熟悉感，此時將這種熟悉感錯誤地歸因為偏好，由此進行了選擇。

（二）三種記憶系統

現代信息論認為，人的記憶系統或記憶階段由感覺記憶、短時記憶和長時記憶三部分組成。如圖 2 - 3 所示。

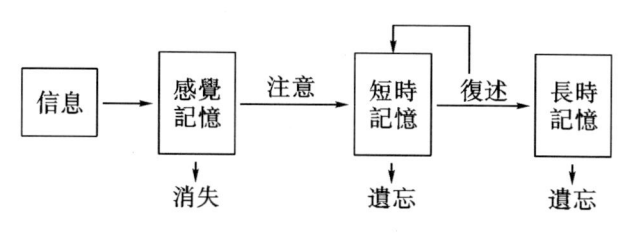

```
信息 → 感覺記憶 →注意→ 短時記憶 →復述→ 長時記憶
         ↓              ↓              ↓
        消失           遺忘           遺忘
```

圖2-3　三種記憶系統

研究表明，雖然人腦可以儲存巨大的信息量，消費者平時也能看到許多商品或接觸到許多廣告信息，但大多數信息都會被遺忘或根本未被注意。同時，短時記憶的容量也極為有限，只有哪些能引起消費者特別注意並經過精心觀察和復述的信息，才會留在消費者的長時記憶之中。要讓外界信息順利進入長時記憶系統，首先取決於消費者的需要、興趣、情感等主觀因素。其次還取決於外界刺激的情況。比如，商品的造型新穎獨特，包裝裝潢鮮豔奪目，商品名稱鮮明易記，廣告構思形象生動，就容易引起消費者的注意，並起到好的記憶效果。尤其是在廣告設計中，要充分考慮人的記憶規律，提高消費者對廣告信息的記憶效果。比如，在信息傳遞時間極短的廣告中，如電視或廣播廣告，應當提高信息的意義性、趣味性，並對內容進行科學的安排和組合，重要信息的刺激量不應一下子超過7~8個單位，從而使廣告取得較好的實際記憶效果。

（三）影響記憶效果的因素

記憶的對立面是遺忘。進入長時記憶系統的內容也會發生遺忘，其原因主要是記憶痕跡的自然消退和其他因素的干擾作用。遺忘是人們對經歷過的事物不能或錯誤地再認或回憶。比如，對廣告語完全不能回憶，或漏掉其中的語句，或張冠李戴，或主觀補充，這些都是遺忘的現象。德國心理學家艾賓浩斯曾用無意義音節作為記憶材料，證明遺忘進程呈現「先快後慢」的規律。

影響記憶和遺忘的因素有很多，主要有：

（1）明確目的有助於記憶。根據人在記憶時有無明確目的，可把記憶分為有意識記憶與無意識記憶。有意識記憶是有明確的目的或任務，運用一定的方法，有時還需要一定意志努力的記憶。無意識記憶是事先沒有明確的識記目的，也不用任何有助於識記的方法的記憶。在其他條件相同的情況下，有意識記憶的效果比無意識記憶的效果好得多。而且，無意識記憶的內容往往帶有偶然性和片面性，而掌握系統而科學的知識，主要應依靠有意識記憶。一個消費者如果打算

購買某種商品，他就會主動自覺地、有目的地、系統地瞭解有關商品信息，並主動加強記憶，提高記憶效果，從而能夠準確、清晰地記住商品特性的有關信息。

（2）理解有助於記憶。建立在對材料理解基礎上的記憶，在全面性、精確性和鞏固性等方面，都比依靠機械重複的機械識記效果好。有人曾對詩、散文和無意義的綴字等記憶內容進行過研究。結果表明，最容易記住的是詩，其次是散文，而無意義的綴字最易遺忘。所以，各種商業用語（如廣告詞）一定要易讀易懂、淺顯有趣，避免單調乏味、雜亂費解。

（3）活動對記憶的影響。當識記的材料成為人們活動的對象或結果時，由於學習者積極地參與活動，即使沒有記憶的意圖，記憶效果也會提高。在商業行銷活動中，如果能把消費者吸引進有關的行銷活動，就會充分調動他們的興趣、注意力和積極情緒，從而提高記憶效果。例如，讓消費者親自操作家用電器，試穿時尚服裝，小食品當場品嘗，玩具現場表演，參加商品質量懇談會，參加商品知識有獎徵答或有獎競猜等，都可以加深記憶。

（4）學習程度的影響。常言道，「一回生，二回熟」。一般而言，學習程度越深，保持時間就越久，遺忘就越少。雖然有的消費者只有一次經驗，但也可能記憶很長時間。事實上，重複或多或少能起到加深印象、增進記憶的效果。例如，「恒源祥，羊羊羊」這一廣告語用了 10 年，在一個廣告片裡面也有幾次重複，形成了多次重複，給消費者留下了深刻的印象。這「羊」字連續三遍的重複開創了廣告的一種新方式，被稱為「恒源祥模式」。可愛的童音「羊羊羊」成了恒源祥廣告的記憶點。

由於許多廣告信息對於消費者並不重要，廣告信息適度而有變化的重複呈現是很必要的。由於遺忘速度一般是先快後慢，所以及時復習可以阻止學習後的迅速遺忘。當然，重複間隔過短、次數過度、單調乏味的重複就可能引起人們的厭倦、視而不見甚至反感。因而，信息重複最好是有新意、有重點、有選擇地重複，或利用不同的媒體或表現形式進行重複，以減少重複的負面效應。另外，信息重複在時間上的安排也會影響記憶的效果。如果要想在短期內產生很大的影響，如擴大時髦商品的知名度，可以選擇較集中或密集的重複；如果是屬於長期規劃的，如企業牌號形象的發展，則應採用時間間隔較長的重複，這樣可以在重複次數一定的情況下，利用較少的廣告費用而取得較長期而穩定的廣告效果。

可見，重複應當是適度而有變化的，不然就可能使消費者產生適應，甚至是厭倦和反感的情緒，並影響廣告的總體效果。因此，在其他條件不變的情況下，

最佳的廣告效果有著一個與之對應的重複次數（如圖2-4所示）。為了減少廣告厭煩感所產生的負面影響，可以限制一則廣告的重複播放次數（如在同一個電視節目中的插播次數）；或者在一段時期內圍繞某一廣告主題，在其表現內容或形式上稍加修改，持續不斷地推出不同的廣告版本。

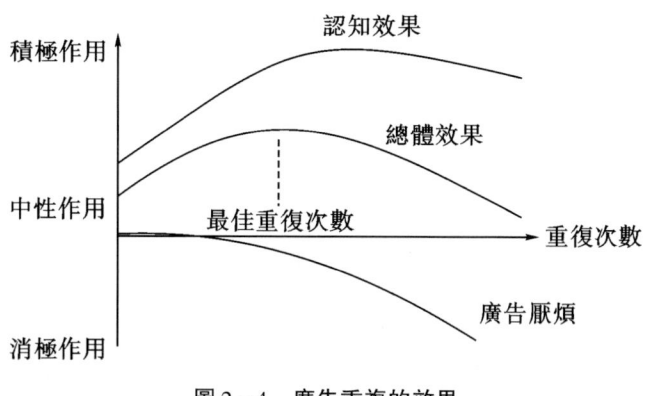

圖2-4 廣告重複的效果

小案例：「腦白金」的無縫廣告覆蓋

大眾對於「腦白金」的廣告褒貶不一，業內的廣告人評價：沒有創意、惡俗、畫面缺乏美感，產品銷售不錯。媒介人評價：影視太俗氣，沒品位，平面廣告虛誇嚴重。許多老百姓評價：有點搞笑，王婆賣瓜，自賣自誇，效果一般。

這些評價很正常，因為眾口難調，而如果某個產品達到眾口一詞的效果，那該產品不就成「神」了嗎？可不論你願不願意，其鋪天蓋地的廣告陣勢，還是許多其他醫藥保健品企業或廠商無法比擬的。

「腦白金」廣告實施的是「多方控制，遍地開花，及時同步」的媒體宣傳策略。報紙：以理性訴求為主，強調產品權威、科技含量高、效果好。電視：以感性訴求為主，強調送「腦白金」有面子，體現孝道，大家都喜歡買它送禮。網路：以產品起源、功效為主，配以「銷售火爆」等新聞，製造供不應求的熱銷產品景象。其他形式還有如宣傳手冊、牆體廣告、車身廣告、POP廣告、DM以及傳單等。

「腦白金」廣告採用密集式廣告投放運作模式，有力地宣傳了「腦白金」產品，使消費者記住了該品牌。

資料來源：佚名.「腦白金廣告」是怎樣煉成的？[EB/OL]. http://www.tech-food.com/news/detail/n0043752.htm.

(5) 不同系列位置對記憶的影響。一般說來，在系列材料中，最先和最後出現的材料較易被記住，系列中間的材料不易被記住。所以，在廣告中，不同廣告出現的先後次序，以及同一廣告中內容的不同系列位置安排，都會影響記憶的效果。在日常生活中，人們重視「開場鑼鼓」和「壓軸戲」，也是迎合了這種心理現象。

小資料：品牌記憶的「幼鵝效應」

幼鵝剛從蛋殼裡孵出來時，會本能地跟隨在它第一眼見到的「母親」後面。即使它第一眼見到的不是自己真正的母親，而是其他動物，它也會把它當成母親，並跟隨其後。這就是心理學上的「幼鵝效應」。人類身上也存在類似的記憶現象。

幼鵝效應告訴我們：消費者的記憶是有持續性的，消費者第一次體驗在很大程度上決定了消費者是否會繼續選擇該品牌，因為在后續的消費過程中，消費者都會潛意識地與第一次的體驗比較。面對其他品牌的產品，消費者選擇的過程並不是理性地把兩種不同產品進行綜合比較，而是與之前的體驗比較。所以，企業在進行品牌推廣的初期若能給消費者一個美好的體驗，這種美好的記憶會長時間留在消費者的大腦裡，幫助消費者選擇該品牌。

資料來源：操和碧，何廷玲. 幼鵝效應之於品牌行銷 [J]. 企業研究，2013（5）.

(6) 孤立的事物容易被記住。實驗表明，記憶單一的材料比內容複雜的材料更容易。所以，孤立出現的商業廣告容易被消費者感知和記住。比如，電視螢幕下方偶爾出現的字幕廣告，雖然費用低，記憶效果卻不錯。如果同時呈現多則廣告，記憶效果就會大大下降。

(7) 情緒與情感的影響。外界事物如能引起消費者愉快、興奮、激動等積極情緒或引發其內心的美好情感，就會給消費者留下深刻的印象，從而加強記憶的效果。消費者對文明或惡劣的服務以及商品使用情況好壞的情緒記憶，往往是深刻而牢固的。在廣告與公關活動的創意設計中，可以利用情感性的訴求手段來加深消費者對企業與商品的印象。

另外，對消費者的刺激較強或具有明顯特徵的事物，往往容易很快被記住。比如商品奇異的造型、刺耳的聲響等。

(四) 消費者的聯想

回憶常常以聯想的形式出現。聯想就是由當前感知的事物引起對有關另一事物的回憶，或者由所想起的某一事物又想起了有關的其他事物的心理現象。比如「海爾，真誠到永遠」，這一口號讓人聯想到海爾的產品和服務都非常令人可信、可靠。

聯想與更複雜、更高級的想像活動往往緊密結合，同時發生。所以，有時也不對想像與聯想作嚴格的區分。

按照反應的事物間的關係的不同，聯想可分為：

（1）接近聯想：即對在時間和空間上接近的事物產生的聯想。比如，由夏天想到空調；一想起北京王府井大街就想起王府井百貨大樓等。有的廠家在小學校門口立起醒目的廣告牌，使學生們每天走到校門口都會看到廣告，以後一想到學校大門就會聯想起廣告所推銷的商品。

（2）相似聯想：是對性質相似或形象相近的事物產生的聯想。比如，由真絲想到喬其紗；由錄影機想到光碟機；看到別人購買某種商品時，想到自己也應該擁有；有則廣告將田七比作特殊的人參，以使人從相似聯想中加深對商品的認識。

小案例：啤酒標籤的聯想

中國一家啤酒廠，作了一次廣泛的市場調查研究，發現其銷路下降的原因是啤酒與男性消費者發生了聯想。因為該啤酒在紅標籤上繪製了展翅的鷹，象徵著男性的美，而缺乏對婦女形象的宣傳，所有的宣傳都使非常強壯的男性與啤酒發生聯想。而且該啤酒主要在超級市場中銷售，而超級市場中的顧客大部分為婦女，所以其銷路便不斷下降。

資料來源：佚名. 王永慶的管理鐵錘，http://www.docin.com/p-975827878.html.

（3）對比聯想：即對性質或特點相反的事物產生的聯想。比如，從在某商店受到的熱情接待想到另一商店服務質量的低劣等。

（4）關係聯想：即從事物的因果、主次、種屬等關係中聯想到別的事物。比如，從洗衣機想到「小天鵝」；從名牌想到質量超群等。在廣告中，加強對產品牌號或企業的形象宣傳，可以使消費者一想起企業或商標形象，就會想起企業的產品。例如「日夜錠感冒藥，白天一片，晚上一片」，當消費者聽到此口號之

後，下次遇到生病時，便會想到「日夜錠」。

聯想對消費者的購買行為有影響作用。積極的聯想可以促進消費者的購買行為，而消極的聯想則可能阻礙消費者產生購買行為。商業廣告、銷售服務、商品包裝或商標牌號等，都應當努力激發消費者的積極聯想，從而刺激購買動機。

小案例：「農夫山泉」的記憶點創造法

在激烈的市場競爭中，每個企業都力圖使自己的產品以及企業的整體形象廣為人知，並能深入人心，為此想盡辦法用盡手段。但對消費者而言，面對如此眾多的企業和產品，要讓他們記住其中的某一個並非易事，更別說印象深刻。而「農夫山泉有點甜」這句蘊含深意、韻味優美的廣告語，一經出現就打動了每一位媒體的受眾，讓人們牢牢記住了農夫山泉。這句廣告語為何會產生如此非同凡響的效果？原因正在於它極好地創造了一個記憶點，正是這個記憶點徵服了大量的媒體的受眾，並使他們成了農夫山泉潛在的消費者。

記憶點創造法就是要將企業產品最具差異化、最簡單易記的品牌核心訴求提煉出來，把企業所有宣傳、傳播的力量集中於這一個點上，努力讓這一點滲透到消費者的記憶深處，從而建立起難以消除的信息據點，這個據點就是企業的產品在消費者心中的位置，也決定著產品在市場上的品牌地位。

「有點甜」三個字就是農夫山泉記憶點創造法所要強化的記憶點。它體現了個性顯著、簡單易記、突出特性、烘托配合、寓意美好等創作原則。

資料來源：尚陽．農夫山泉品牌成功：記憶點創造法［J］．科技與企業，2007（10）．

思考一下：你記得的廣告有哪幾個？為什麼這些廣告會給你留下深刻印象？

（五）消費者的品牌記憶

20世紀80年代，大衛·阿克爾（David Aaker）提出了「品牌價值」的概念，同時推出了品牌建設的四段里程，即：品牌知名—品牌認知—品牌聯想—品牌忠誠。也就是說，一個成功的品牌，首先應該具備比較高的知名度，然後是受眾對該品牌的內涵、個性等有較充分的瞭解，並且這種瞭解帶來的情感共鳴是積極的、正面的，最後，在使用了產品、認可了產品價值後，還會再次重複購買，成為忠誠的消費者。其中品牌認知是品牌資產的重要組成部分，是企業競爭力的體現，它可以通過消費者對品牌的回憶和再認（或稱認知）情況進行衡量。

1. 品牌無提示提及率

無提示提及率是指在沒有任何提示的情況下，品牌被自發回憶的比率。無提示提及率越高，代表該品牌在消費者腦海中的知名度越高，印象越深。

調查表明，在中國的網路購物市場上，大型綜合型網站在無提示認知方面更具優勢，其中以淘寶網最為知名，而專業特色網站只有凡客誠品表現尚優。

2. 品牌提示後認知率

提示後認知率是指將品牌羅列出來，讓消費者選擇是否知道該品牌的比率。品牌的提示後知名度是消費者對品牌較為淺層、短期的再認知和印象，受到品牌推廣與傳播的影響較大。

3. 品牌墓地模型分析

品牌墓地模型分析是對品牌在消費者頭腦中認知情況的反應，通過綜合分析提示前的品牌回憶與提示後的品牌認知，體現品牌的健康情況，如圖2-5所示（其中的曲線是不提示品牌回憶情況與提示後品牌認知情況迴歸分析後得出的迴歸線，表示市場上的平均水平）。在品牌墓地模型中處於「墓地」區域的品牌面臨兩種未來，一是被淡忘的危險，一般是已存在較久的品牌，提示後的知名度很高，但在自發提及率方面已基本被淡忘；另一種是即將「破土而出」，一般常見

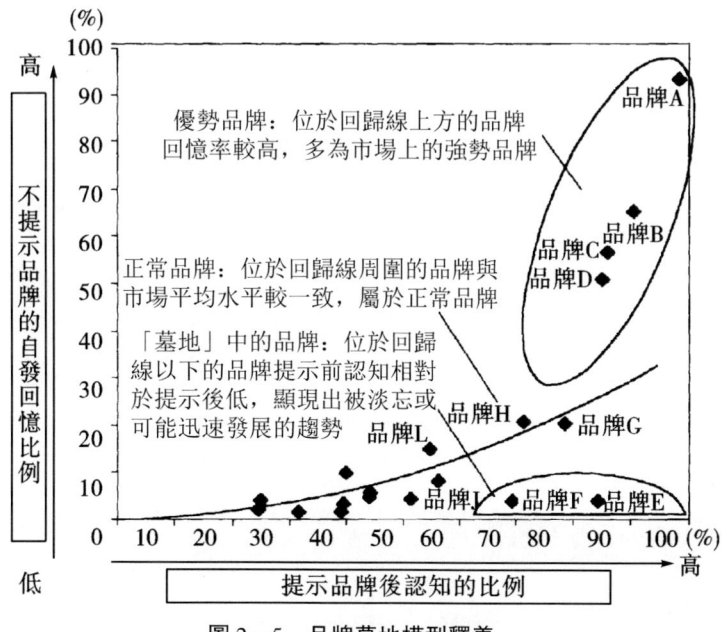

圖2-5　品牌墓地模型釋義

於新品牌或在品牌構建期的老品牌，在消費者心目中已存在一定知名度，提示后提及率較高，但品牌影響力尚未能達到被消費者自發回憶的程度。這些品牌能通過品牌構建破土而出重獲新生。

圖2-6是網路購物網站的墓地模型分析。其中淘寶、京東等處於迴歸線上方，是網購市場上的強勢品牌；天貓、拍拍網等位於迴歸線附近，與市場平均水平較一致，屬於正常水平；麥包包、QQ商城位於迴歸線以下且品牌提示前認知率相對於提示后低，呈現出被淡忘的趨勢，處於品牌「墓地」區域。

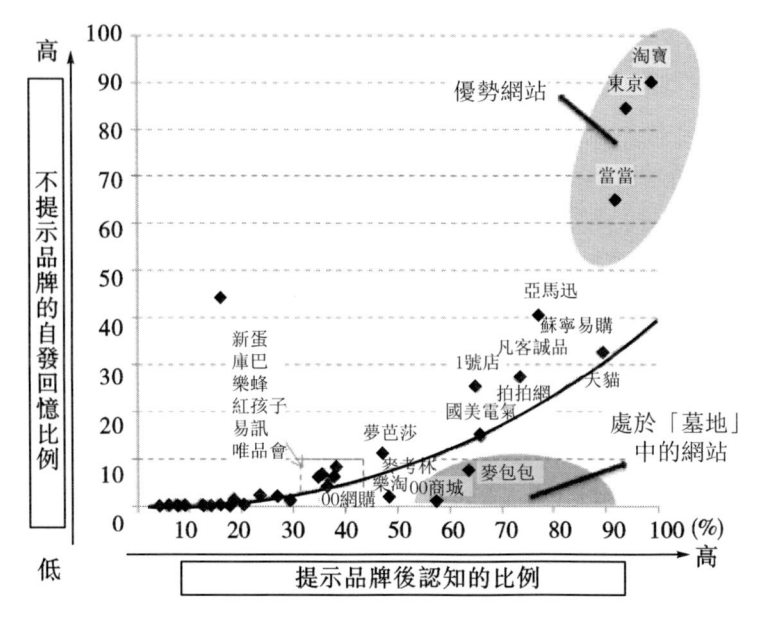

圖2-6　網路購物網站的品牌墓地模型分析

在2012年前，當「天貓」還被稱為「淘寶商城」時，因受到淘寶的影響，導致消費者在認知上的界限模糊，在無提示提及率方面表現較弱，「淘寶商城」曾落入「墓地」區域。而在2012年由於品牌更名，將名稱與淘寶徹底脫離開來，消費者自發回憶比例有明顯提升，品牌終於衝出「墓地」區域，達到整體平均水平，開始打造真正屬於自己的品牌競爭力。

五、消費者的思維與想像

（一）消費者的思維

消費者通過感知，只是認識商品的外在的東西，而後還要進一步認識商品的

一般特性和內在聯繫，全面地、本質地把握商品的品質，並對是否購買這種消費品作出評價和決策，這就是思維階段。它是認識的高級階段——理性認識階段。

思維是人腦對客觀事物間接的、概括的反應。間接性和概括性是人的思維過程的重要特點。所謂間接性，就是通過事物相互影響的結果或通過其他事物的媒介來認識客觀事物，從而使人們能間接地理解和把握那些沒有感知過或根本無法感知的事物，以及預見事物發展的進程。比如，借助已有知識，對商品製作方法、構造原理進行理解；或評定商品質量；或預計商品的使用效果等。所謂概括性，就是對同一類事物的共同特性、本質特徵或事物間規律性聯繫的反應。比如，消費者通過對不同毛紡織類商品的感知和記憶，就可以逐步概括出毛紡織品一般都具有彈性大、質地軟、毛感強、透氣性好的特點，這就是消費者對毛紡織品的概括反應。

思維是在感覺、知覺和記憶的基礎上，通過分析、綜合、比較、抽象、概括和具體化等基本過程完成的。消費者主要依靠思維來作出購買決策。由於不同的消費者在思維的廣闊性、深刻性、獨立性、靈活性、獨創性、邏輯性、敏捷性等方面存在個體差異，從而在提出問題、分析問題、解決問題、作出決策等活動上也表現出不同的速度、準確性、獨立性和應變性，對其消費行為產生著明顯的影響作用。同樣，商品生產和銷售者的思維品質的好壞，對其在激烈的市場競爭中如何採用與運用經營策略、經營方法，也有著相當重要的影響。

（二）消費者的想像

想像是在人腦中對已有的表象進行加工改造而創造新形象的過程。想像的基本材料是表象。但想像的表象與記憶的表象是不同的。記憶中的表象基本上是過去經歷過的事物形象的重現。而想像中的表象是對記憶中的表象進行加工改造或重新組合而形成的。因此，想像中的表象可以是沒有直接感知過或尚未出現過的，甚至是不可能存在的事物形象。當然，想像中的任何內容仍來源於客觀現實，是以現實材料為依據而加工改造的結果。

按想像內容的新穎性、獨立性和創造性的不同，可以把想像分為再造想像和創造想像兩類。再造想像有助於消費者在選購商品時對商品功能的理解，比如，看到席夢思，想像到它的舒適與溫暖。創造想像對於廣告、服裝、櫥窗布置以及商品造型、商標等方面的設計活動都是十分重要的。

消費者在選購商品時，常常伴有想像的心理活動。消費者通過在想像中形成對商品的「擁有模式」，預想使用商品後產生的效果或情景，將獲得什麼樣的心

理滿足等，從而更深入地理解和認識商品的實用價值、欣賞價值和社會價值，並影響對商品的判斷和評價。比如，年輕婦女在為孩子選購玩具時，常想像到孩子玩玩具時的情景和高興神態；購買房間裝飾品時，常想像到將此商品布置在房間裡的情景；購買漂亮時裝時，常想像到別人的羨慕或讚譽等。因此，行銷人員應當通過商品的介紹和展示，積極地引導消費者產生美好的想像，使之加深對商品的認識，從而誘發購買興趣，增強購買慾望。

小案例：「箭牌」口香糖的色彩想像

　　占據美國銷量第一位的「箭牌」口香糖，是一種系列產品，共有4種顏色和口味，即綠箭薄荷香型、白箭蘭花香型、黃箭鮮果香型、紅箭玉桂香型。這4種不同口味和包裝的口香糖，各自巧妙地定位於不同的市場消費者，並賦予產品頗具想像力的附加功能。例如，綠箭是「清新之箭」，以清雅的口味，令人全身爽快、清新舒暢；紅箭是「熱情之箭」，以獨特的口味，使你熱情似火，暗寓愛神丘比特的愛之箭；黃箭是「友誼之箭」，可以使你與他人迅速縮短距離，打開雙方的心扉；白箭則是「健康之箭」，其廣告詞說：「運動有益身心健康，但是我們如何幫助自己運動臉部？請每天嚼白箭口香糖，運動你的臉！」

　　資料來源：佚名．產品包抄［EB/OL］．百度百科，http://baike.baidu.com/link? url = nPckOq3pOnUqwFu38LP－Xql8－YshEw0t_JKw8XwCZIJ3wpITmANPdfmp0－boF0U1SGRKd0lndWaGb3hnwTAfdq．

　　綜上所述，消費者對商品的認識過程，經歷了從感知到思維的過程。其中，記憶、想像、注意等心理現象常常伴隨著發生，影響認識過程的進展。消費者對商品的認識也從感性到理性、從低級到高級、從現象到本質而不斷深化。

第二節　消費者心理活動的情感過程

一、消費者情感過程概述

　　情感過程是伴隨著人們的認識過程而產生和發展的。情感過程是對於客觀現實是否符合自己的需要而產生的內心體驗。認識過程反應客觀事物本身的特性，而情感過程所反應的是客觀事物與人的需要之間的關係。因此，情感過程與人的

需要緊密聯繫，並由客觀事物引起。

人的情感過程包括情緒與情感兩種形式。情緒一般是指與人的生理需要，與較低級的心理過程（感覺、知覺）相聯繫的內心體驗。依據情緒發生的強度、速度、緊張度、持續性等指標，可將情緒分為心境、激情和應激。情緒往往是由特定的條件所引起，並隨條件的變化而變化，有較大的即景性、衝動性和短暫性。而情感是指與人的社會性需要，與人的意識緊密聯繫的內心體驗。例如理智感、道德感、美感、責任感、榮譽感、優越感等，這類情感是人類所特有的。它具有較大的穩定性和深刻性。通常，情緒被看成是情感的外在表現，而情感是情緒的內在內容。

美國心理學家羅斯（Russell）提出的「愉快—喚起」情緒模型認為，情緒有兩個相對獨立的維度：「愉快—不愉快」維度和「激動—平靜」維度，由此可形成情緒的四個象限（見圖2-7）。他還根據這一模型設計了「愉快—喚起—控制」量表（簡稱PAD量表）來測量顧客的消費情感。

積極—低激活 心安　平靜 安靜	積極—高激活 高興　快樂 入迷　興高采烈
消極—低激活 害怕　害羞 內疚　消沉	消極—高激活 生氣　憂傷 輕蔑

圖2-7　情緒雙維度模式的四個象限

在情感消費占主流的時代裡，企業不僅要在產品設計上下工夫，而且還要以極富感染力的情感廣告打動人心。比如，一個形象生動的畫面，或是一個意味深長的人物動作造型，或是一句言簡意賅、情真意切的臺詞等，這些無聲或有聲的時間、空間、形體、動作都帶有很強的煽情色彩，往往能產生一種強烈的心理衝擊波，激起消費者的認可與共鳴。如「雕牌」洗衣粉用廣告語「媽媽，我能幫您幹活了」來表現母子情深；完達山奶粉通過一位年輕媽媽的敘述來傳遞母愛的氣息，打動千萬年輕媽媽的心；威力洗衣機則以「威力洗衣機，獻給母親的愛」為主題進行訴求。這些人情味十足的廣告都在一定程度上把產品形象上升

到了一個新高度，從而激發起消費者的熱烈情感。

小案例：顧客的「面子」與銷售

在一家保健品商店，一個顧客正在挑選一種補血產品，銷售人員對顧客介紹說：「這種商品效果好，價格也比同類其他商品便宜，比較實惠。」

顧客回答說：「我以前曾經吃過這種產品，效果確實還可以。不過我聽說你們最近在做活動，買兩盒送一小盒贈品，有這回事嗎？」

銷售人員回答說：「是的，前一段時間是有過，但是我不知道現在還有沒有贈品了，我幫您問一下。」說罷銷售人員扭頭大聲喊道：「經理，現在還有沒有贈品送？這位顧客想要咱們的贈品。」

經過這位銷售人員這麼一「廣播」，店內所有人的目光都投向了這位顧客，顧客不好意思地低下了頭，還沒等銷售人員答覆就逃離了店鋪。

註：作者根據相關資料整理。

美國設計心理學家諾曼（Norman，2003）將人們對產品的情感體驗分為三個水平：本能水平（visceral level）、行為水平（behavioral level）和反思水平（reflectivelevel），見圖2-8。本能水平是情感加工的起點，本能水平反應很快，它可迅速地對好或壞、安全或危險做出判斷，並向肌肉（運動系統）發出適當的信號，警告腦的其他部分。行為水平是大多數人的行為之所在，其活動可由反思水平來增強和抑制，它也可以增強或抑制本能水平。反思水平是最高水平，它與人感覺輸入和行為控制沒有直接通路，它只監視、反省並設法使行為水平具有某種偏向。

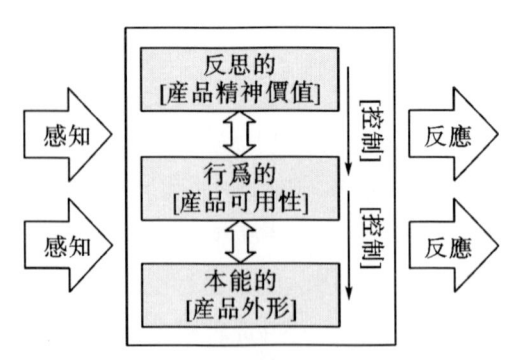

圖2-8　情感體驗的三個水平

从体验的层次我们可以看出，本能水平的体验最原始，只是个体的本能反应，本能水平处于意识之前，思维之前，如产品的外形、质感的好坏，这些都因人而异；行为水平的体验，体现在使用产品的感受，涉及产品的使用乐趣和效率等可用性方面；反思水平的体验，是经过了个体的研究、评价和解释，因个体产生与产品本身的理念共鸣的体验，如产品体现了自我形象，带来了美好记忆等。消费者的潜在需求便存在于能促进后两种体验的抽象或具象物中。

二、情绪对消费心理的影响

消费者在店内购物时获得的愉快的情绪将促使顾客产生更大的购买意愿、购买更多的产品、花费更多的金钱。这种愉快的情绪就是消费者在选购商品的过程中，由于受到不同的店内环境和不同需要的支配，而产生的不同的内心体验和表徵反应，也叫消费者的购物情绪。消费者的购买活动往往是在满意、高兴、喜爱等情感活动中完成的，甚至被情感所左右。

小资料：情绪与消费

美国科学家最近进行的一项心理研究证实，负面情绪确实会影响人们的消费行为。美国卡内基—梅隆大学的科学家们介绍说，他们在研究中首先让约200名受试者观看不同类型的电影片段，唤起他们「厌恶烦躁」或者「悲伤忧愁」的情绪，而后对他们购买某一特定需要的物品的消费行为进行研究。研究人员介绍说，所有受试者在心理上当然都愿意以更低廉的价格买到物品，但在实际研究中他们却发现，那些「厌恶烦躁」者掏钱「很小气」，总试图以更低的价格获得物品；而那些「悲伤忧愁」者却表现出更加急于得到物品，在价格上就不是那么计较，即便是在价格略高的情况下也会购买。研究人员说，这证明与经济利益毫无联系的感情也能够影响人们的消费行为。

资料来源：佚名.情绪：消费的天气预报［N］.广州日报，2004-03-19.

消费情绪与满意的关系也是一个重要的研究方向。消费者的消费情绪受多种因素影响，其中，由行销者可控因素引发的消费情绪对满意的影响最显著。普遍认为，正面情绪对满意有正向影响，负面情绪对满意有反向影响，即消费情绪与消费满意的方向一致性观点（也有人认为，不同起因的负面情绪与满意之间存

在不同關係，由外在因素或由消費者自身引發的負面情緒與消費者滿意的關係較為複雜）。在產品消費中，除了產品屬性和商店環境會引發消費情緒之外，產品屬性以外的其他行銷者可控因素（如廣告、銷售促進、公益活動和贊助活動等）也會影響消費情緒。耿黎輝（2007）的研究表明，消費者對產品屬性水平的情緒狀況直接影響滿意度，並且產品屬性水平的負面情緒對滿意的影響比正面情緒更大。產品屬性水平以外的負面情緒對滿意有直接的反向影響，但是產品屬性水平以外的正面情緒對滿意沒有顯著影響。展望理論中的損失規避認為，損失給人帶來的不快比同樣數量的贏得所帶來的快樂要大。這一理論可以解釋：負面情緒對滿意的影響比同樣程度的正面情緒對滿意的影響更大。

在早期的行為決策研究中，對認知功能較為重視，而忽視對情緒、情感在行為決策中作用的探討。隨著研究的深入，尤其對人的「完全理性」的質疑，以及對「有限理性」的認同，研究者逐漸認識到，在人們進行行為選擇時，既受人類信息處理能力的限制，又無法避免情緒的影響。情緒甚至在下意識的情況下，能控制著人們的行為，並指導行為的方向。衝動性購買就是一種情緒化的消費行為。

孟蕾（2006）認為，消極情緒會更多地影響到消費者對實用型產品的選擇，而積極情緒更多地影響到消費者對享樂型產品的選擇。例如，在推廣游戲機、電影光碟片等享樂型的產品時向消費者傳達高興快樂的情緒，可能會達到很好的效果，但對於電池、剪刀等實用型產品，就不會產生那麼好的效果。又如，向重視汽車安全性能的消費者提及由於安全性不好而發生的交通事故，使其產生消極情緒並採用處理這種消極情緒的決策，就比提及由於安全性好而平平安安使其產生較為積極的情緒的推廣效果更好。

第三節　消費者心理活動的意志過程

消費者心理活動的意志過程是實現購買行為的心理保證。意志過程就是人們自覺地確定目的，根據目的支配、調節自己的活動，克服困難而力求實現預定目的的心理過程。意志活動對消費者的購買行為起著發動、維持、調節或制止的作用，同時也調節著人的認識、情緒等心理活動。

一、消費者意志過程的兩個基本特徵

(一) 目的性

意志過程與目的性緊密聯繫。本能的、衝動的、盲目的行動都是缺乏意志的行動。在消費活動中，消費者從滿足自己的某種需要出發，確定購買目的，並根據購買目的去支配和調節購買行為，如制訂購買計劃、選擇購買方式或方法、實現購買等。意志的目的性集中體現了心理活動的自覺能動性。

如果消費者的購買目的越明確，對實現購買目的的重要性和正確性認識越強烈，他的意志就越堅定，就愈能自覺地去支配和調節自己的心理狀態和外部行為，完成購買活動就越迅速堅決。如果消費者對商品的需要不強烈，或由於對商品缺乏認識而對購買行為的正確性認識不明確，其行為的意志努力就會減弱。

按照消費者購買行為的計劃性，可分為：①具體性計劃購買：在進店之前已經決定了所要購買的具體產品與品牌，並且按計劃進行了購買。②一般性計劃購買：進店之前已經決定購買的某類產品，如蔬菜，但沒有決定具體品牌或品種。③替代：在進入商店之前，已經決定好要購買具有某種功能的產品，至於要買何種產品及品牌則並不清楚。④非計劃購買：購物者在進店之前沒有計劃，但購買了該商品。圖2-9顯示出消費者在零售商店的非計劃購買（其中主要是衝動性購買行為）佔有很大的比例。

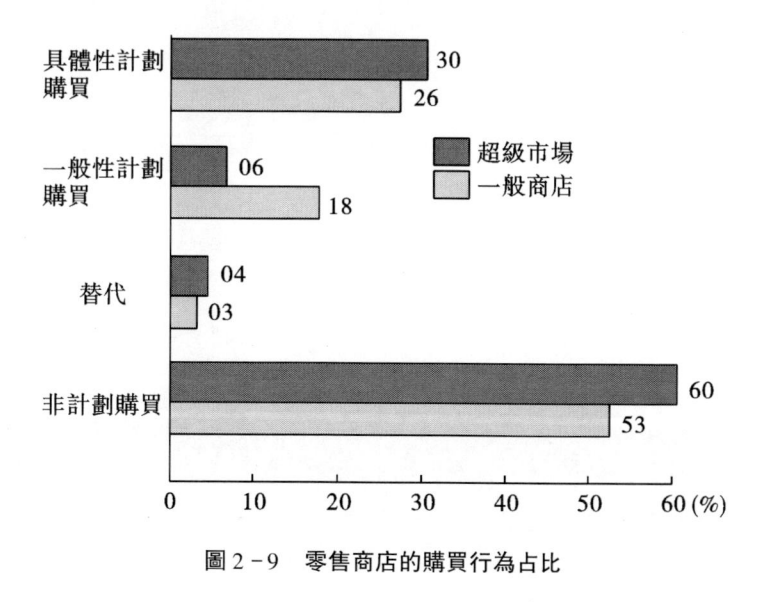

圖2-9 零售商店的購買行為占比

因此，與購買目的性相關的衝動性購買行為成為研究者經常探討的課題。衝動性購買行為的特點包括：

* 消費者受到外界刺激而引發的購買衝動；
* 是非計劃的，事先沒有購買目的的，突發和自發的，但卻是一種出自於本身可以選擇的自由意志，並非不得已的購買行為；
* 是非故意的、立即的和沒有反省而粗心大意的；
* 是情感的反應，是暫時失控，忽略購買的后果進行的；
* 具有強烈的感覺想要立即購買，而缺乏深思熟慮。

強迫性購買是衝動性購買的一種特例，即因為上癮而造成消費者被迫地重複性購買行為，如吸毒行為。

衝動性購買行為不僅發生在傳統的店鋪購物場所，也適用於無店鋪購物方式，比如電視購物或網上購物。

行銷刺激（例如 POP 廣告、產品陳列、促銷策略等）、個體衝動性特質（價值觀、自我控制能力、人口統計變量等）及情境變量（例如購買時的財務狀況、時間壓力、心情狀態等）此三種因素中的一種或多種交互作用，會形成消費衝動性。從行銷因素上看，廣告、優惠券、折扣與衝動性購買有正相關關係。徐怡盈（2000）的研究指出，對於衝動性購買產品，使用競爭者的售價為參考價格及促銷廣告，產生的購買意願顯著高於使用製造商的建議零售價。從情境變量上看，當購物時同行的人數較少，對於衝動性購買行為的評估傾向正面，消費者較易去從事衝動性購買行為；消費者的購物時間較多，沒有時間的壓力時，不易引發衝動性購買行為；使用信用卡更易引發衝動性購買行為。而在面對相同的促銷活動與溝通情境下，有些消費者的購買行為比較衝動，原因就在於其個人內在的衝動性特質高。衝動型的消費者，相對於謹慎型的消費者而言，較能夠享受購物行為本身的樂趣，也較容易產生衝動性購買，其個性特點包括：易受誘惑、享樂、喜歡花錢、奢侈浪費、情緒衝動等。而低衝動特質者的個性特點包括：深思熟慮、有遠見、有責任感、有條不紊、理性、有計劃、能自我克制、謹慎節制等。當高衝動者與低衝動者面對行銷刺激時會有不同的反應。例如，當採用不同形式進行捆綁價格促銷時，高衝動性購買者在面對免費贈送和共同定價時，比起分別定價，會有較衝動的購買行為；而低衝動性購買者會謹慎計算每件商品上自己的獲利，免費贈送和分別定價更易引起他們的衝動性購買。

小案例:「敦促市場不要引誘兒童」

德國不少超級市場利用兒童的衝動和隨意特點,在收銀口兩旁擺上口香糖、膨化食品、巧克力或小食品,因為排隊付錢的時候是孩子最沒有耐心的時候,喜歡東跑跑、西看看,有喜歡的東西就想要。德國的消費者認為,如果賣方利用兒童強迫家長購物則是「不公正、不人道」的,不利於建立市場與消費者的良好關係。因此在全德消費者中心的發動下,有4.5萬對夫婦在一份呼籲書上簽名,要求超級市場不要在收款處的貨架上擺放兒童食品和用具。德國的大小商店對這次消費者自發的規模巨大的「敦促市場不要引誘兒童」運動作出了積極的反應,全德最大的2家超級市場和100多家商店接受了消費者的呼籲和請求,制定了有效的措施,通常是為帶小孩來的顧客另設收款處。

註:筆者根據相關資料整理。

(二)堅持性

有目的的行為並不都是意志行為。只有同克服困難、排除干擾相聯繫的行為才是意志行為,而無須任何主觀努力的目的性行為也不是意志行為。消費者的購買行為並不是一帆風順、唾手可得的,往往會遇到各種主、客觀因素的困難和干擾,如經濟條件與商品價格的矛盾、對商品的主觀要求與客觀現實的矛盾、購買動機的衝突等,這就需要意志做保證,從而克服主觀上的思想干擾或外部條件造成的障礙,促使自己採取行動以實現購買目的。意志過程就起著這種調節消費者心理狀態和行為的作用,它一方面推動達到預期目的所必需的情緒和行動;另一方面也可以制止與購買目的相矛盾的認識、情緒和行動,如通過意志努力排除緊張不安的情緒,改變躊躇不前的行為等。

一般來講,消費者意志努力的強弱主要是以克服困難的大小作為衡量標準的。遇到的阻力越大,障礙越多,而行動越堅決,實現了預定的目標,則體現的意志力量就越大;反之,則意志努力就小。例如,衝動型購買的商品大多數是一些價格不太昂貴、又經常使用的日用消費品,消費者的參與水平一般較低,意志努力較小,積極的感情反應就容易引起直接購買行為。應當指出的是,在困難面前退讓是意志薄弱的表現,而在困難面前衝動也是意志薄弱的表現。例如,發生行銷衝突時,如果營業員缺乏自制力,感情衝動,就會激化矛盾,造成不良後果。

王利萍（2011）的研究表明，由於信用卡可透支性以及使用的便捷性，都使得消費者的自我控制能力面臨著巨大的挑戰。而且，消費者對信用卡的數字感知和社會性認知都會增加衝動性購買的發生率。數字感知是指用信用卡消費時模糊了對金錢、數字的概念，導致我們對支出不敏感，不像現金消費時對自己花了多少錢有那麼明確的認識。社會性認知主要指：認為信用卡消費很時髦、信用卡消費有檔次、信用卡消費有面子、信用卡消費是一種新時尚、信用卡消費更新潮等。在信用卡消費的過程中，由於無須支付現金，甚至可以透支消費，使得消費者在購物時無須擔心現金不夠的問題與尷尬，可以盡情享受購物時的愉快，「輕輕一刷」便可以搞定的心態，更使得消費者認為信用卡消費讓自己更有面子。這些心理因素都會導致消費者自制力減弱而產生衝動性購買。

思考一下：哪些行銷因素容易引起消費者的衝動性購買行為？

第三章
消費者的需要和動機

　　消費者的需要和動機直接決定著消費者的購買行為，因而是消費心理學研究的一個核心問題。人由於生理或精神的缺乏必然會激起需要，隨之而來，人們就有滿足需要的慾望，這種慾望又可能促使人們產生動機，在相應動機的支配下，會採取適當的行為來滿足自己的需要。消費者的消費行為，就是從需要出發，產生滿足需要的慾望及購買動機，進而通過購買商品或勞務來滿足自己需要的行為。各種行銷策略都必須立足於消費者需要的滿足和購買動機的激發。因此，研究消費者的需要和動機有著十分重要的理論和實踐意義。

第一節　消費者的需要

　　滿足人民群眾不斷增長的物質文化生活需要，這是社會主義工商企業生產經營活動的根本目的所在。同時，掌握消費者的需要心理，並制定相應的產銷策略去滿足這些需要，也是工商企業能在激烈的市場競爭中取勝的關鍵之道。否則，如果不研究消費者需要心理的變化，不瞭解市場行情，不及時根據市場需要的變化而調整產銷策略，顧「產」不顧「銷」，就可能造成很大的經濟損失，從而在激烈的市場競爭中敗下陣來。在實際工作中，這樣的例子是相當多的。

一、消費者需要的概念與分類

（一）消費者需要的概念

　　在影響消費者行為的諸心理因素中，需要和動機佔有特殊和重要的地位，與行為有著直接而緊密的聯繫。消費需要包含在人類的一般需要之中，它反應了消費者某種生理或心理體驗的缺乏狀態，並直接表現為消費者對獲取以商品或勞務形式存在的消費對象的要求和慾望，成為人們從事消費活動的內在原因和根本動力。

需要就是個體缺乏某種東西時產生的欲求的主觀狀態，是個體客觀需求的主觀反應。需要常常以願望、意向、興趣、理想等形式表現出來。

需要是被人感受到的對一定的生活和發展條件的要求。它既是對內部主觀欲求的反應，也是對外部客觀現實的反應。同時，人的需要也受著自身世界觀、人生觀的調節和控制。

(二) 消費者需要的分類

人們為了自己的生存發展和社會生活，必然會形成多種多樣的需要。對這些需要可以從不同的角度去進行分類：

(1) 根據需要的起源，可以分為自然需要和社會需要。自然需要主要是人的身體、生理上的需要，是與生俱來的，因而具有普遍性，是人最基本、最重要也最容易滿足的需要。社會需要是人們為了維持社會生活，進行社會生產和社會交際而形成的需要，是在社會生活實踐中形成的，因而受到政治、經濟、文化、地域、民族、風俗習慣、道德規範等社會因素的影響和制約。

(2) 根據需要的對象，需要又可分為物質需要和精神需要。在物質需要中，既有自然的需要，也有社會的需要，如對各種物質商品的需要；而精神需要則大多屬於社會需要，如對知識、藝術、審美、道德、自尊、自我實現的需要。以此相對應，可以把商品的消費分為物質消費和感性消費兩種，並把全部商品大致劃分為功能性（或實用性）商品和心理性（或感性）商品兩大類，表 3-1 對兩類商品進行了比較。

表 3-1　　　　　　　　功能性產品和心理性產品的比較

	功能性產品	心理性產品
購買動機	實用；認知的 例如問題的解決和避免	價值觀的表達；滿足情感需求 例如感官滿足，社會認同
信息處理方式	邏輯的，理性的 因果關係的考慮	整體的，綜合的 以映像為基礎的思考
關注點	功能表現；性價比 有形的特徵	自我的增強，主觀的感受 無形的特徵

商品是感性商品還是實用商品，取決於人們購買時所採用的評價標準，即評價商品是否值得購買的標準。以物質性功能與價格之比為評價標準，則該商品為實用商品；以商品的非物質功能是否令我愉悅、喜歡等主觀感覺為評價標準，則

該商品為感性商品。當然評價標準會因時間、地點、購買者和商品不同而有所不同。在經濟落后、收入水平低的時期，感性商品幾乎沒有。高收入者購買的商品往往是感性商品，而低收入者購買的往往是經濟商品。當然，生產資料和一部分生活資料不是感性商品。

（3）根據需要的層次，可以把需要分為生存需要、享受需要、發展需要，並且還可以分為更細緻的不同層次的需要。如美國心理學家馬斯洛提出的需要層次理論把需要分為生理需要、安全需要、歸屬與愛的需要、尊重需要、認知需要、審美需要、自我實現需要等類別。

（4）按照消費者對需要的認知程度和識別程度，可將消費者需求分為現實需要和潛在需要，如圖3-1所示。

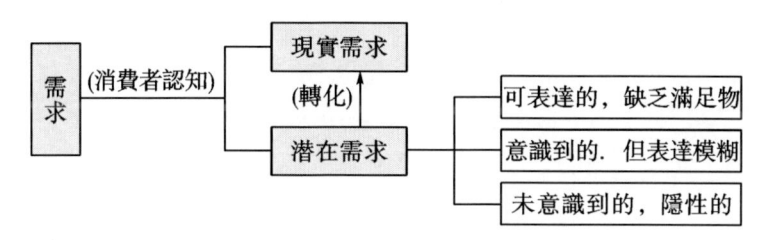

圖3-1 基於消費者認知程度的需求分類

（5）KANO模型

KANO模型是日本學者狩野紀昭（Noriaki Kano）受赫茲伯格雙因素理論的啟發，於1984年提出的消費者需求模型，模型把消費者需求分為基本型需求、期望型需求和興奮型需求三類，其目的是根據消費需求的不同作用，對消費者的不同需求進行區分處理，從而幫助企業找出提高消費者滿意度的切入點。如圖3-2所示。

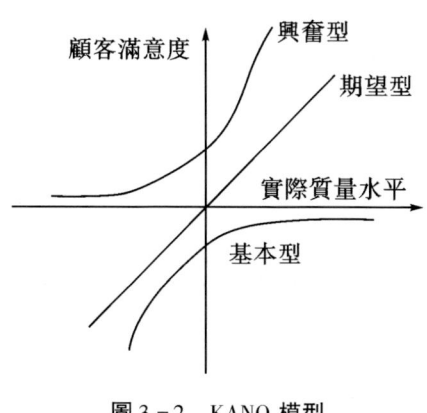

圖3-2 KANO模型

①基本型需求，是不需要顧客表達出來的、最基礎的期望。一方面，它們確實很重要，只要實際情況與顧客的期望有較小的偏差，就會招致顧客的嚴重不滿；另一方面，它的超額滿足對顧客滿意度（CSI）的貢獻不大（圖形的斜率很小），基本需求的最佳表現也只能是不使顧客感到不快而已。

②期望型需求，即性能需求，一般需要顧客表達出來。在能達到基本功能的前提下，顧客希望產品或服務在性能上能夠提升，在價格上能夠優惠。作為產品的供應方，就必須不斷改進產品或服務的相關性能，根據顧客表達的需求盡可能生產、提供個性化的產品與服務。

③興奮型需求，這種需求很少會被顧客表達出來，甚至經常連他們自己也沒有意識到，而一旦被滿足，顧客會立即感到強烈的喜悅，興奮型需求的超額滿足對提高 CSI 的貢獻極大（斜率很大）。

這些需要往往是密切聯繫，相互滲透的。在實際生活中，許多商品不僅與人們的自然需要、物質需要有關，而且與人們的社會需要、精神需要有關；許多商品不僅是為了滿足人們的生存需要，更主要的是為了滿足人們的享受需要和發展需要。例如，服裝、家具不僅能滿足人們的物質需要，也能體現一個人的修養、情操和審美的要求；食品不僅能滿足人們的生存需要，還可以通過其色鮮味美、滋補保健的特點，滿足人們的享受需要和發展需要。人的精神需要、社會需要，也往往要通過具體的物質產品來實現，例如學習需要書籍、欣賞音樂需要音響器材等。消費者購買某種商品，也往往出自多方面的需要。例如，對一雙鞋子的需要，就包含了安全、舒適、清潔、交往、美觀、美化形象甚至顯示地位等多種需要內容；請客吃飯，也不僅僅是為了滿足自然的、生理的需要，還有社會交往、審美、自尊等多方面的需要。

二、消費者需要的基本特點

消費者由於不同的主觀因素和客觀條件，對商品或勞務的需要是多種多樣、複雜多變的，但仍存在共同的規律性，這些規律性體現在消費需要的基本特點之中。認識這些消費需要的基本特點，對於掌握消費者需要的發展變化趨勢，並有的放矢地搞好產銷與服務工作，有著十分重要的實際意義。

（一）差異性

差異性或稱選擇性。由於各個消費者在收入水平、文化程度、價值觀念、審美標準、性格、愛好、性別、年齡、職業、民族、生活習慣等方面存在不同，在

需要的層次、強度和數量等方面就表現出較大的差異性，因而消費者對商品或勞務的消費需要是千差萬別、豐富多彩的，這就表現出需要的差異性或選擇性。這種差異性也突出表現在不同消費者對相互替代的同類商品或勞務的不同選擇上。例如，對穿、用的商品，消費者在檔次、質量、花色、規格等方面的需要是各不相同的。正因為如此，供消費者選購的商品應當品種繁多、規格各異、檔次有別，以滿足不同消費者的不同需要。上海一家「組合式」鞋店運用7種鞋跟、9種鞋底、黑白為主的鞋面顏色，搭配近百種的新鞋，增加了顧客挑選的余地，滿足了顧客個性化、差異性的需求，得到了顧客的高度認可。

隨著人們生活水平的提高，消費心理的不斷成熟，消費者心理追求形成：「基本追求」→「求同」→「求異」→「優越性追求」→「自我滿足追求」的基本變化趨勢，這些變化必然導致消費需要及其行為的多樣化、個性化、情感化。

小資料：中國地區間的消費差異

中國地區之間消費的差異是非常大的，不同的氣候、不同的土壤會滋生出不同的消費者。以中國具有一定區域代表性的幾個城市為例，會發現，不同區域的城市有著不同的文化，這使得不同區域的消費者有著不同的特徵：北京是政治、文化和教育的中心，北京人表現出大氣、張揚和潛在的貴族意識，他們在生活中會對政治表現出興趣。上海是個國際金融中心，也是最具有國際化氣息的大城市，上海人的特點是非常精明，同時追求品位和格調。成都人的特點則表現出休閒和慵懶的態度，其生活節奏很慢，更加追求輕松的生活。

城市文化塑造了城市消費者的價值取向，如研究發現，上海人、成都人更傾向於超前消費，而北京人、武漢人、廣州人更傾向於穩健的消費，其消費會非常謹慎。

資料來源：佚名. 中國消費市場的地理 DNA［EB/OL］. http://yanxiu.22edu.com/qiyeguanli/qiyewenhuaguanli/102282.html.

（二）多樣性

消費需要的多樣性表現在三個方面：①消費者對同一商品往往有著多種需要。如前所述，人們往往要求商品除了具備某種基本功能外，還要兼有其他的附屬功能。②消費者對不同商品有著多種需要。由於人民生活水平的不斷提高和價

值觀念的變化，消費者的需要範圍在不斷擴大，從吃、穿、住、行到文化娛樂、自我發展等方面都有著十分廣泛的需要對象。③消費者可以同時存在各種明顯的需要和潛在的需要。例如，有的消費者在購買前並沒有明確的購買要求，只是隨便逛逛，發現合適的商品時，潛在需要就可能轉變為明顯的需要；有些需要，甚至連消費者自己往往也難以意識到。

(三) 發展性

隨著社會生產力和社會經濟的發展以及人民生活水平的不斷提高，人們對商品和服務的需要不論是從數量上，還是從質量上或品種方面都在不斷地發展。消費者的需要是無限發展的，這也是推動商品生產和社會發展的重要動力。

消費需要發展性主要表現在兩個方面：

(1) 消費水平遞進：這是消費需要發展性在消費水平上的表現。即是說，消費者的消費水平遵循從低級到高級、從簡單到複雜、從追求數量到講究質量的演進過程。

(2) 消費結構層次上升：這是消費需要發展性在消費結構上的表現。美國心理學家馬斯洛提出的「需要層次理論」認為：人的需要是有層次的；只有當低層次的需要得到相對滿足以後，才會向更高層次的需要逐漸延伸和發展。我們如果把消費內容分為生存型消費、享受型消費和發展型消費，那麼，消費結構的變動規律就是，隨著消費者收入的增加，其生存型消費所占比重會出現下降趨勢，而享受型和發展型消費所占比重會呈現上升趨勢。如果從物質產品消費和服務產品消費來看，則實物消費所占比重趨於下降，而服務產品所占比重趨於上升。若從吃、穿、住、用、行、旅遊、醫療、服務的消費來看，則消費結構層次變動規律表現為，隨著收入水平的提高，消費者食品消費的支出比例趨於降低而非食品類消費的支出比例趨於上升，即恩格爾系數呈下降之勢。

小案例：茶飲料為什麼就不能賣去火的概念

一份關於茶飲料的調研報告發現，目前消費者選擇茶飲料的訴求正在悄然發生變化。

首先，當前的消費者最喜歡喝的茶飲料還是綠茶和紅茶，而奶茶受歡迎程度正在逐漸上升，已進入前三名，其後是花茶和烏龍茶，其他茶飲料品類提名比率很低。綠茶飲料之所以排名第一位，主要是因為有很大一部分消費者認為綠茶不

僅能快速解渴，而且具有明顯的去火作用。

其次，消費者購買茶飲料的主要原因已不再是基於中國傳統文化的習慣性消費，首要考慮的因素是健康。喝茶飲料的目的是為了解渴和去火。消費者普遍認為茶飲料有著清新淡爽、不易上火的特點，有近70%的受訪者認為茶飲料有去火的作用，特別是綠茶和花茶。消費者認為茶飲料與「王老吉」「和其正」等涼茶的不同是，茶飲料能健康去火；而「王老吉」「和其正」涼茶類功能性飲料的主要原料是中草藥，是中藥去火，有些消費者擔心喝多了會對身體有害。

而目前多數品牌的茶飲料未突出去火的產品訴求，這對於茶飲料企業未來發展是一個難得的市場機會。如果茶飲料企業大膽訴求健康去火的新主張，就有可能快速做大市場，做強品牌。

資料來源：佚名. 茶類飲料為何就不能賣去火的概念［EB/OL］. http://www.xiuxianshipin.cn/news/html/？1945.html

（四）伸縮性

消費者需要的層次高低、程度強弱、滿足方式等方面是有一定彈性的，在一定條件下是可以變化的。消費者的需要往往受到支付能力等因素的限制，而只能有限地得到滿足，可以抑制、轉化、降級；低層次的需要也並非百分之百獲得滿足後，才能進入到高一層次的需要，而是相對滿足，這個相對滿足的程度是有個體差異的；消費者購買商品或服務時，可能要求同時滿足多種需要，也可能只出於某一種需要而購買；在特定的情況下，人們還可能因滿足某一種需要而放棄其他需要等，這些都表現出需要的伸縮性。

影響消費需要的伸縮性的因素，除了商品的價格、市場供應、廣告宣傳、銷售服務、商品特性等外部因素外，也與消費者的需要強度、購買能力、情緒狀況等內部因素有關，這兩個方面的因素都可能對消費需要產生促進或抑製作用。例如，消費者對商品在數量、品級上的需要會隨著商品價格的漲落或購買力水平的變化而發生變化，而且價格與消費需要之間的變化在一般情況下呈現反比例變動關係。當然，不同的商品與消費者需要的關係不一樣，需要的伸縮性也不一樣。一般說來，消費者對於基本的日常生活必需品（如油、鹽、醬、醋、米、麵等）的需要量是均衡而有一定限度的，需要的伸縮性小；而對於奢侈品、裝飾品、高檔耐用消費品等非生活必需品的消費需要伸縮性較大。

(五) 週期性

某些消費需要不是一次滿足就永遠滿足，而是反覆出現，反覆滿足，而且常常呈現出一定的時間性或季節性。其中，對有些商品的需要常年均衡，要經常購買，如食品、牙膏、洗滌用品等日常生活必需品；有的商品有季節性或節日才需要，如季節服裝、節日消費品等。由於需要不斷出現，而且在形式上會有所翻新，如皮鞋總是在方頭、圓頭、尖頭、平跟、中跟、高跟之間翻來覆去地變花樣。所以，消費者需要的內容也就會不斷地豐富和發展起來。

(六) 時代性

消費者需要滿足的具體內容、方式和水平，往往要受到社會經濟條件、社會文化發展水平、社會政治制度、社會道德觀念、社會風尚等因素的制約，也受個人經濟條件、個人在社會關係中所處的地位、個人所受的教育和生活實踐等方面因素的制約。這就使消費者的需要具有時代性，隨時代的發展而變化。例如，在經濟發達國家與發展中國家的消費者，其需要的水平和內容是有較大差異的；同一個國家，在不同的歷史發展階段上，政治、經濟、文化狀況會有一定的差異，消費者需要的水平和結構也會與其社會狀況相適應。所以，消費者的許多需要看起來是個人的事，但實際上卻往往反應了消費者所屬的社會集團的需要和社會生產力的發展水平。

(七) 補足性和替代性

消費者對一種商品的需要常常同對另一種商品的需要密切相關。消費需要之間的這種內在聯繫或相關性主要體現為補足性（或互補性）和替代性（或互替性）兩個方面。

所謂「補足性」是指當消費者產生對某種商品的需要時，會產生與這種商品相關聯的其他商品的需要。從消費需要的數量變化上看，消費者對於有互補性關係的不同商品，其需要數量間變化的關係是正相關的。例如，對西裝的需要會刺激對領帶、領帶夾、羊毛衫、襯衫、皮鞋等相關商品或乾洗服務的需要。所以，經營有互補性關係的商品，不僅會給消費者的購買帶來方便，還會擴大商品銷售。對於組合家具、床上用品、餐具等系列商品，都宜採用系列組合性的產銷策略，使商品成系列和配套。

所謂「替代性」是指消費者的需要可以通過購買某些在功能、性能等方面相近或相似的不同商品來得到滿足，這些商品可以相互替代。消費者對於有替代性關係的不同商品，其需要數量間的變化關係是負相關的。例如，對智慧手機的

需要，會抑制對普通手機的需要；對筆記型電腦的需要，可能抑制對桌上電腦的需要，等等。這就要求商品生產經營者應把握好消費需要的變化趨勢，調整好商品結構和服務內容，以適應消費者需要的變化。

(八) 潛在性

潛在（或隱性）需要是與顯性需要相對而言的，消費者有時候並不明確他們的需求是什麼。範曉屏（2003）認為，顯性需要是人們自己已經意識到的，能夠明確清楚表達出來的，有明確的抽象或者具體需要滿足物的一種內在要求；而隱性需要是人們尚未意識到的、朦朧的、沒有明確抽象滿足物的內在要求。同時，隱性需要又可分為兩類，如表3－2所示。深層隱性需要是消費者沒有意識到和無法感受到的需要。淺層隱性需要是消費者已經開始覺察到、呼之欲出的需要，但由於自身知識與認知能力的限制，難以用合適的方式和途徑表達自己需要的具體意義，也難以找到需要的具體滿足物。衝動性購物大多也屬於淺層或深層隱性需要。

表3－2　　　　　　　　　　　需要的類型

消費者對需要與滿足物的認知狀態		需要內容	
^^	^^	已覺察到	未覺察到
滿足手段	清晰	顯性需要	不存在
^^	模糊	淺層隱性需要	深層隱性需要

隱性需要常常存在於體驗型的需要領域，如感官或美的享受、情感、舒適、休閒、便利、樂趣等。對於生存（自然）需要和一般性的功能型需要，消費者尚能描述，而對於精神、享受、發展等需要，常常是消費者難以準確描述或沒有明晰滿足物的體驗型隱性需要。以鹽為例，如果僅僅用於食用，消費者已有相應知識，但如果把鹽與鹽浴聯繫起來，就需要傳遞保健、美膚的信息和消費方式，激活消費者追求健康、追求美麗的隱性需要。

羅永泰將消費者對自身需求的清晰程度和表述水平以及企業對消費者需求認知程度和挖掘水平作為兩個維度進行顯性需求與隱性需求分類，明確二者的特性與邊界（見圖3－3）。

消費心理學

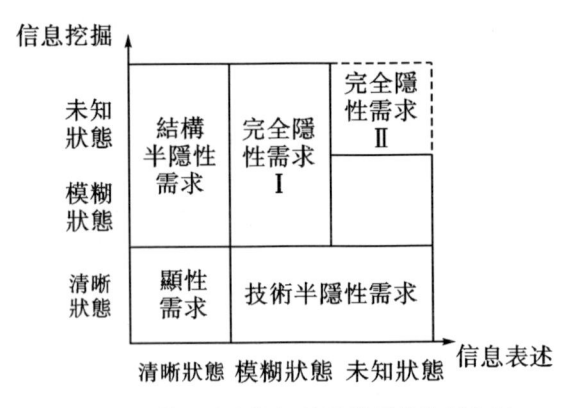

```
信息挖掘
  ↑
未知
狀態    結構      完全隱
        半隱性    性需求
        需求      Ⅰ       完全隱
模糊                      性需求
狀態                      Ⅱ

清晰
狀態    顯性      技術半隱性需求
        需求
        ─────────────────────→ 信息表述
        清晰狀態 模糊狀態 未知狀態
```

圖 3-3　基於信息認知的隱性需求邊界分析

從圖 3-3 看：① 結構半隱性需求：主要是針對消費者的基本生存和生理、安全需要，由於特定的經濟條件和生存環境，消費者對自身的基本需求認識程度較低，這種功能上的結構缺失，是一種半隱性需求。② 技術半隱性需求：主要是企業根據價值工程等原理，進行自主的產品功能開發而形成的產品內在信息，但消費者尚沒有意識或意識模糊，是一種半隱性需求。③ 完全隱性需求Ⅰ：是消費者對自身的高層次需求沒有清晰的認識，企業現有提供物的功能亦無法實現更高的價值滿足感，這種滿足內容和提供手段上的部分缺失狀態或雙重模糊狀態，稱為完全隱性需求Ⅰ。這是一種處於潛意識層與未知意識層中間的狀態，需要對企業滿足手段和消費者認知進行強化，在短期內可實現。④ 完全隱性需求Ⅱ：是消費者對自身的高層次需求未知，企業現有提供物的功能亦無法實現的，在滿足內容和提供手段上雙重缺失的狀態，稱為完全隱性需求Ⅱ。這是一種完全處於未知意識層中間的狀態，需要經過長時間的經濟和社會變革逐步實現，企業需要關注特定的人群和生活方式。

許多研究者和企業力圖通過「隱性需求分析」（Hidden Needs Analysis，簡稱 HNA）方法來抓住消費者的隱性需求。包括掃描法、投射法、數據挖掘法、顧客意見分析法、顧客知識識別法、競爭對手分析法、「四象限」需求識別法、印跡分析法、質量功能展開法（Quality Function Deployment，QFD）、CEO-EIM 顧客需求識別模型等。

隱性需求在行為主體不斷認知、學習、使用產品的過程中，伴隨著科學技術的發展，能漸漸轉化為顯性需求，從而被不斷滿足。又隨著顯性需求的逐漸滿足，期望值進一步提高，從而產生新的隱性需求。這是一個不斷螺旋上升的過

程。從隱性需求向顯性需求轉化的機理看，其轉化過程的主要驅動因素有產品創新強度和需求認知強度，二者呈雙螺旋結構。消費者需求是無止境的，是不斷變化的，其主要原因是當一種產品面市后，隨著消費者對產品功能應用熟悉程度和技術水平的提高，要求其功能拓展越來越多（電腦、手機就是例子）。當消費者需求發生變化時，會促使企業隨之調整其產品功能，或者對產品進行創新。因此，企業只有在不斷變化的市場環境中滿足消費者多方面、多層次的需求，才能得到盡可能多的消費者的認可與青睞，從而使產品具有更強大的市場競爭力。例如，患近視眼病的消費者是一個很大的群體，常常因為戴眼鏡而給生活和工作帶來諸多不便。針對這一困擾和潛在的需求，美國博士倫公司成功地開發了一種全新的高科技產品——隱形眼鏡，使近視眼患者終於摘下了有形的框架眼鏡。

小案例：向和尚推銷梳子

有三個推銷員向一位老和尚推銷梳子，第一個推銷員被老和尚罵出來了；第二個推銷員跟老和尚說「您可以把梳子送給您的香客」，老和尚留下了十把梳子；第三個推銷員對老和尚說：「您德高望重，字也寫得好，您在梳子上寫上『積善』二字贈送給香客。香客們肯定不好意思白拿，他們就會給廟裡捐錢，您這廟裡就有了一部分收入，而且還會香火不斷。」老和尚聽完特別高興，當下就和他簽了訂單。

資料來源：佚名. 三個行銷員經典案例：把梳子賣給和尚？［EB/OL］. http://info.shoes.hc360.com/2013/03/261038483818.shtml.

三、CEO-EIM 顧客需求識別模型

該模型由復旦大學的龔益鳴（2003）等人提出，顧客需求識別的大體流程是：顧客列表（發現顧客）——發現顧客需求——顧客需求信息化組織——顧客需求列表。並且識別顧客需求，必須對顧客心理、環境、產品/服務的操作方式等因素進行有層次、有重點的綜合考慮。

CEO-EIM 模型的核心部分是「發現顧客需求」，並借用了 KANO 模型的消費需求分類，分為一般需求（相當於 KANO 模型中的「基本需求」和「性能需求」）識別和興奮型需求識別兩部分。其識別步驟由「顧客細分」「環境細分」「操作細分」以及「擴展顧客外延」「尋找隱含的概念與顧客需求驅動因素」

「多元的質量分析尺度」等構成，將這些步驟的英文第一個字母單獨提出，即為「CEO—EIM」。

(一)「一般需求」識別

(1) 細分顧客（customer classification）：將所有可能在產品使用過程中體現差異性的顧客的個體、群體一一列出，每個企業可根據生產產品的特點，收集並建立自己特有的顧客特徵分類表。

(2) 細化環境（environment classification）：此處所指的環境，意指產品使用時的外部環境，包括時間、地點、氣候等。

(3) 操作動作的細化（operation classification）：一般說來，顧客使用產品的過程是由連續的操作動作組成的。為了明確顧客對產品的需求，需要將典型的操作動作分離出來用於分析。

(二)「興奮型需求」識別

「興奮型需求」的滿足將使顧客「喜出望外」，識別興奮型需求，需要一些創新性的工具，如：

(1) 擴展顧客外延（extended customers）：顧客不僅包括使用產品（服務）的人，還應當擴展它的外延，把與使用產品（服務）的相關人員考慮在內。對於具有無形性、生產和消費不可分離性的服務，更應當重視顧客的外延，這是實現「興奮需求」的必要條件。

(2) 尋找隱含的概念與顧客需求驅動因素（implicated drive）：市場研究的一個基本原則，就是傾聽顧客的聲音並識別其真正的需要是什麼。比如某生意紅火的自助餐廳，遇到顧客抱怨排隊時間太長。傳統的改進方法是消除系統瓶頸，其實除此之外，還可以仔細推敲顧客的需求，從顧客心理角度出發，設計出創新性的服務方案來，使顧客的抱怨得到轉移和化解。

(3) 多元的質量分析尺度（multiplex scales）：對於無形的服務，另一個有效的識別途徑就是採用多元化的質量分析尺度。通過對不同尺度的考慮，往往能夠發掘出行業裡還沒有人認真思考過的、令人興奮的創新計劃。

在創新性顧客需求分析中，企業要將現有環境下已經開發良好的和沒怎麼開發的質量尺度分開，然后考慮對那些沒被開發過的尺度，我們能做些什麼？比如，對於照相機，特徵、可靠性和審美性等概念開發得很好，但對於感應性、移情、連續性呢？設想，當一個顧客說照相機要有「感情植入」，那照相機該是什麼樣子？我們可以作這樣的構想：將照相機與古老的、隨著佩戴者的情緒變顏色

的「情緒戒指」概念結合，照相機身上的傳感器檢測著使用者的情緒，並能將這一信息以某種形式轉換到照片上來，形式可以是圖案、印刷字、色彩等。百事可樂在飲料瓶上引入新鮮度標記，就是運用飲料裝瓶業以前未開發的一個質量尺度的創新案例。

思考一下：消費需要產生的影響因素有哪些？

第二節　消費者的動機

消費者的購買動機是消費者購買商品或勞務時最直接的原因和動力。購買動機是消費者心理結構中的主要因素，外界因素也主要是通過影響購買動機來影響購買行為的。

一、購買動機概述

（一）購買動機的概念

所謂購買動機就是為了滿足一定的需要，引起人們購買某種商品或勞務的願望或意念。所以，購買動機是在需要基礎上產生的，是引起購買行為，保持購買行為，把購買行為指向一個特定目標，以滿足消費者需要的心理過程或內部動力。有人把動機比喻為汽車的發動機和方向盤。這個比喻是說動機既給人的活動動力，又可調整人的活動方向。

由於人的生理需要和心理需要密切聯繫且複雜多樣，支配某種購買行為的購買動機往往不是單一的而是混合的，從而形成一個動機體系。如果這些動機方向一致，就會更有力地推動其購買行為的進行。如果這些購買動機相互矛盾或抵觸，消費者能否採取購買行為就取決於傾向購買與阻礙購買兩種動機力量的對比。如果相抵觸的動機勢均力敵，這時就要依賴外界因素的參與，如營業員的誘導和服務就會起關鍵性的作用。例如，購買時裝的動機，除了禦寒蔽體外，還在於追求美觀、新穎、舒適，也可能還有顯示生活優越、追求時尚的心理原因。如果又要求價格低廉，而價廉往往難以物美，這時就會發生動機衝突。同樣，這種動機衝突也常發生在對某兩種或幾種商品選購的時候。

當然，各種交織著起作用的購買動機，往往具有不同的特點。有的是主導性的購買動機，有的是輔助性的購買動機；有的購買動機是明顯、清晰的，有的購

買動機則是隱蔽、模糊的，如圖3-4所示；有的是穩定的、理智性的購買動機，有的則是即變的、衝動性的購買動機；有的是普遍性的購買動機，有的是個別性的購買動機。如果營業員能夠認清消費者各種購買動機的性質、強度、特點，有的放矢地多方面介紹商品的特點和長處，就可能強化消費者的購買動機，促使其採取購買行為。

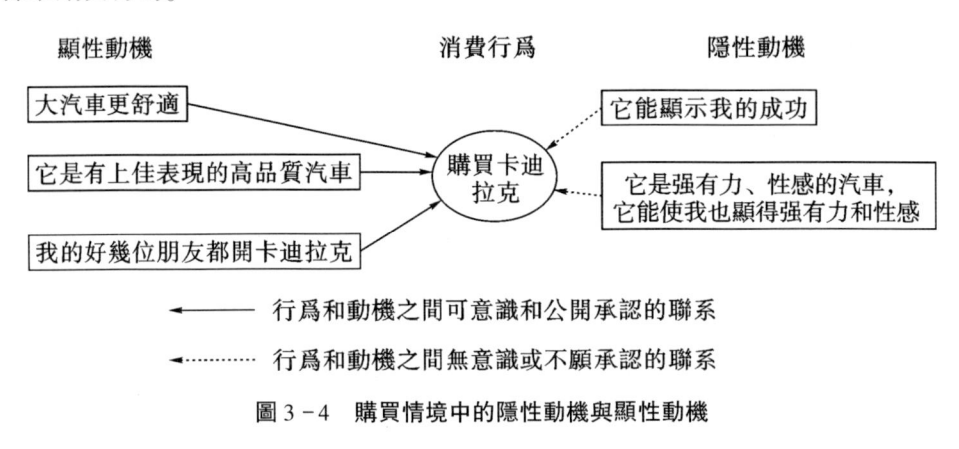

```
顯性動機                    消費行為              隱性動機

大汽車更舒適 ─┐                         ┌─ 它能顯示我的成功
              ├──→  購買卡迪拉克  ←┤
它是有上佳表現的高品質汽車 ─┤              ├─ 它是強有力、性感的汽車，
                                         │  它能使我也顯得強有力和性感
我的好幾位朋友都開卡迪拉克 ─┘
```

──────→ 行為和動機之間可意識和公開承認的聯繫

┄┄┄┄→ 行為和動機之間無意識或不願承認的聯繫

圖3-4　購買情境中的隱性動機與顯性動機

另外，購買目標與購買動機是既相聯繫又相區別的。購買目標是人們希望活動所達到的結果，是需要的進一步明確化、具體化，而動機是推動人們達到目標的主觀原因。有時購買目標相同，但購買動機可能不同；有時購買動機相同，而購買目標卻可能不一樣。購買動機是比購買目標更為內在、更為隱蔽、更為直接地推動人去行動的主觀原因。例如，同樣是購買豪華汽車，有的人是出於追求享受的動機，有的人則是出於向別人顯示自己的富裕或滿足虛榮心的動機；另一方面，同樣是出於消遣娛樂的動機，不同的人卻有不同的購買目標，有的人喜歡進舞廳，有的人則經常光顧卡拉OK廳或夜總會。

消費者的購買動機之所以如此複雜，主要是因為它是由需要和刺激兩種因素的作用而形成的。

小案例：「哈根達斯現象」：同樣的消費行為，不同的消費動機

在現代中國的零售世界裡，很多進口商品的價格遠超其他國家。一杯星巴克的咖啡究竟該賣多少錢？星巴克咖啡為什麼在中國賣得比美國還要貴呢？

在美國，星巴克只是一個快餐式消費品牌，其消費者也只是普通大眾，而在中國，星巴克的主力消費者是追隨西方文化的都市年輕白領。這兩群消費者雖在

消費著同樣的產品，但在各自社會結構中所處的位置不同，看待這一消費行為的方式也不同，去星巴克喝杯咖啡這件事，對他們有著不同的社會學意義。

這一差別在商業上引出了兩個後果：首先，兩國消費者的地理分佈不同，中國的星巴克消費者更多地集中在白領聚集的大城市，特別是受西方文化影響更大的沿海大都市的中心商業區，這意味著更高的店鋪租金；其次，中國消費者為這項消費行為賦予了更多文化意義，包括文化認同、自我身分定位和個性彰顯。而這些意義的實現更多地依賴在店消費，而非僅僅買走一杯咖啡，這意味著更低的翻臺率和更高的單位固定成本。

或許我們可將其稱為「哈根達斯現象」，因為它比星巴克更清晰地演示了上述機制。哈根達斯在美國只是個普通大眾品牌，與奢侈無關，但在中國，由於被新潮白領選中而作為「說到它時顯得不那麼俗氣的冰淇淋」而身價倍增。再比如，在中國的三四線小城市，週末帶孩子去肯德基吃飯是一種獎勵，這在肯德基的故鄉是不可思議的。

不過，並不是任何西方消費品牌在中國都會有類似待遇，它必須能夠典型地代表西方消費文化，而且要時常在影視文學作品中出現，不能太小眾。近十幾年來，城市年輕人已有了越來越多的機會瞭解西方世界，而在二十多年前，一個精心捏造的假洋品牌也足以獲得高端洋氣上檔次的地位。

而且，這種商品還必須與被視為更高階層的身分匹配，才能獲得「哈根達斯溢價」。比如自行車，當它作為代步工具時，在當前的中國會被視為與低收入相關聯的元素，而只有在它作為健身工具時，才可能是高端洋氣的。

全球化時代，隨著消費模式在不同文化間傳播，「哈根達斯現象」不會少見。從喜歡以某種方式喝咖啡的某甲，到喜歡像某甲那樣喝咖啡的某乙，到喜歡讓別人覺得他在像某甲那樣喝咖啡的某丙，再到喜歡被某乙、某丙們視為同類的某丁，雖然都在喝同樣的咖啡，但驅動消費的動機、對服務的需要以及願意為此付出的代價，都是不同的。

資料來源：周飆.「哈根達斯現象」[J]. 21世紀商業評論，2013（21）：32-33.

思考一下：請描述在購買或獲得以下產品或服務時可能會產生的顯性動機或隱性動機：a. 滑冰鞋；b. 套裝；c. 賽車；d. 汽車；e. 牙膏。

(二) 消費者購買動機的形成

消費者的購買動機與其生理及心理需要是密切相關的。需要是消費者產生購買動機的根本原因，離開需要的動機是不存在的，相應的，動機也反應著人的需要。但是，並不是所有的需要都會轉化為購買動機，購買動機產生的條件有兩個：一是內在條件，即需要。而且，只有當需要的強度達到一定程度，渴望得到滿足時，才可能引起動機。二是外在條件（誘因），即要有能滿足其需要的合適的購買目標。否則，需要就可能處於潛在狀態。比如商店出售的食品不衛生，就不會激起有進食需要的消費者的購買動機。

綜上所述，消費者購買動機產生的原因不外乎內因和外因，即內部需要和外部誘因兩類。沒有動機作為仲介，購買行為不可能發生，消費者的需要也不可能得到滿足。因此，動機及其成因與行為這三者之間的關係可用圖 3-5 表示：

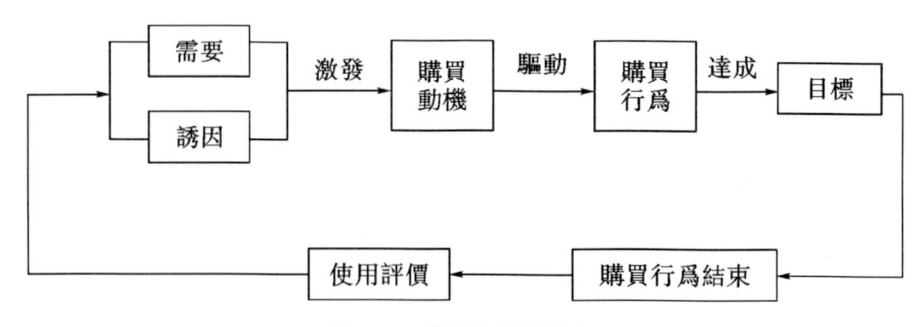

圖 3-5　購買動機的形成

從圖 3-5 中也可以看出，動機的指向（或慾望的對象）和強度是可以被誘導的。例如，某個消費者在家庭裝修和購買家具前，可能只有一些簡單或普通的想法，但在看過高檔家具城的家具、經過設計師的說明和推薦之後，其想法可能大為改變，對某種裝飾效果、某些高檔次的名牌家具形成強烈的購買慾望。在這個過程中，名牌家具本身、家具的陳列展示、產品宣傳圖片、設計師的意見及其提供的裝修效果圖等都成了誘導消費者動機的有效工具。消費者的動機被誘導改變的過程，實際上也是消費者學習、建立相關產品及其購買和使用知識的一個過程。

小資料：購買動機的誘導方式

誘導是在消費者處於猶豫不決的狀態時商家所採用的有效的溝通方式，此時

的誘導如果運用得當，就會起到「四兩撥千斤」的作用。

如何對消費者的購買動機進行誘導，進而影響其購買行為呢？一般而言，要圍繞著影響消費者購買的環境因素進行誘導，也要根據影響購買行為的主要動機類型進行誘導。

（1）品牌強化誘導

消費者對於購買某種物品已經做出了決定，但是對挑選哪個品牌心裡沒底，在購買現場會表現為對這個品牌的情況問一問、把那個品牌的說明書也拿來看一看，可還是下不了決心。此時運用品牌強化誘導方式，售貨員可以突出介紹一個品牌，詳細說明它的好處，以及其他消費者對這個品牌的認識、感受，就可以促進消費者的購買。而如果對這個品牌介紹一下，對那個品牌也介紹一下，最後消費者還是不知選哪一個好。

（2）特點補充誘導

當消費者對選擇某一品牌已有了信念，但是對其產品的優缺點還不能一時作出判斷時，採用特點補充誘導方式，在消費者重視的屬性之外，再補充說明其他一些性能特點，可以通過品牌之間的比較進行分析，幫助消費者進行決策。比如消費者在購買冰箱時，重視外觀、容量、噪聲，但在這些因素進行了比較之後還不能決定時，可以提示消費者××牌的冰箱「環保性能優越，還可以左右開門，方便在不同地點使用」等來補充產品的優點，刺激其購買。

（3）利益追加誘導

消費者對產品帶給他的利益是感性的，有限的，這就使得消費者對商品的評價具有局限性，此時應利用利益追加誘導方式，增加消費者對某一品牌、某一品種商品的認識，提高感知價值。仍以冰箱為例，某消費者已對國際牌三門BCD-268W大冰箱表示了濃厚興趣，對於品牌、容量都比較滿意，但是對於中間那個門的作用認識不足。這時廠家推銷員過來介紹道：中間那個門裡面有個溫度控制開關可以把溫度調高，擴充冷藏室的容積；也可以把溫度調低，擴充冷凍室的容積，可以隨您的需要進行調整。還有一個更重要的作用：一般而言冷凍室溫度過低，把生肉等食物放進去以后會迅速冷凍，使得味道會變差一些，但可以保持較長時間。中間那個門裡放進熟食、熟肉，兩三天內食用絕對不會改變味道，又不用拿出來解凍，可以作為熟食的專用櫃。消費者一聽，馬上就下定了購買的決心。

（4）觀念轉換誘導

消費者對某一品牌的印象較低，往往是由於這個品牌的商品在消費者認為比較重要的屬性方面其特點還不突出，不具有優勢。此時可以採用觀念（信念）轉換誘導方式，改變消費者對商品的信念組合，改變消費者對商品屬性重要性的看法。比如購買冰箱時，消費者把質量放在第一位，價格放在第二位，容量放在第三位，而××牌冰箱的價格不占優勢，使得顧客在購買時難以下決心。此時告訴消費者，價格不是主要的，容量比價格更重要，容量選擇過小以後要改變就很難了，而價格不是重要的，即使一次購買時價格略高一點，錢還可以再掙，但要換冰箱就不太容易了。這樣就會改變消費者對該冰箱價格高、容量大的不好看法，認為容量大比較適合需要，進而對價格也就不那麼敏感了。

（5）證據提供誘導

有時消費者對於選擇什麼樣的商品，選擇什麼品牌的商品都已確定下來了，但是還沒有把握，怕風險而猶豫不決。此時運用證據提供誘導方式，告訴消費者什麼人買了，有多少人買了這種商品，促使從眾購買動機的強化，消除其顧慮，也可以促成購買行為的產生。

有效的誘導，除了方式方法之外，還要掌握好時機。一個人說話的內容不論如何精彩，如果時機掌握不好，也無法達到應有的效果。因為聽者的內心往往隨著時間的變化而變化。要對方聽你的話或接受你的觀點、建議，就要把握住適當的時機。這就好比一個參賽的棒球運動員，作為一個擊球手，雖然有良好的技術、強健的體魄，但是如果沒有掌握住擊球的「決定性的瞬間」，擊球遲了或早了，就很難打出好球。

資料來源：佚名. 消費者購買動機類型［EB/OL］. http://tj.100xuexi.com/view/otdetail/20091229/C4F4DAE4－9FAD－49F2－BC50－DA2089FA33A3.html.

二、購買動機的分類

消費者的購買動機是多樣的、多層次的、交織的、多變的，但可以按照一定的分類標準進行分類。

（一）消費者的一般購買動機

在消費心理學研究中一般將消費者的一般購買動機概括為生理性購買動機、心理性購買動機兩大類。生理性購買動機往往只是「一次動機」，它們幾乎是人

類與生俱來的，而心理性或享受購買動機是在其基礎上產生的「二次動機」。對現代行銷來說，「二次動機」可能更有現實意義。例如，用「口渴」這樣的一次動機很難解釋消費者具體選擇「可口可樂」或「芬達」，而不選擇「百事可樂」或「統一烏龍茶」的理由。

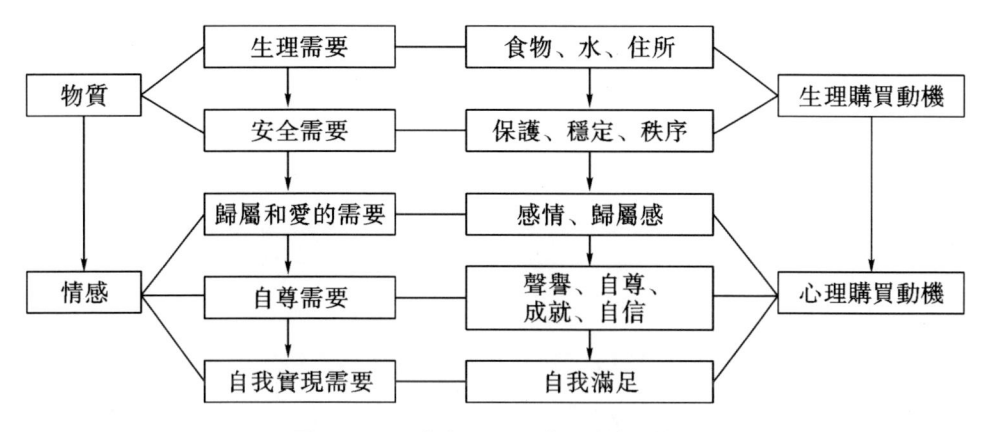

圖 3-6　消費者需要與購買動機的轉化

總之，如圖 3-6 所示，隨著生活水平和需求層次的不斷提高，消費者心理方面的需要較之生理方面的需要對購買動機及其購買行為所起的作用顯得更加重要，純粹受生理需要驅使的購買動機就越來越少了，心理消費動機逐漸成為現代消費的主導動機。消費者的需求觀念已不再停留於僅僅獲得更多的物質產品以及獲得產品本身，而是出於對商品象徵的考慮，也就是說，如今的消費者在消費商品時更加重視通過消費獲得個性的滿足、精神的愉悅、舒適及優越感，這時，商品中所蘊含的心理價值就顯得尤為重要。

（二）消費者的具體購買動機

消費者在實際購買活動中的具體購買動機，要比一般性購買動機複雜、具體得多，這主要是由於消費者在需要、興趣、愛好、性格、志向等方面存在著較大的個體差異，因而對商品也就會表現出不同的購買選擇傾向。

1. 求實購買動機

求實購買動機是以追求商品的使用價值為主要目的的購買動機，也是消費者中最常見、最普遍的一種購買動機。這種動機的核心是講求「實用」和「實惠」。表現在選購商品時，特別注重商品的實際效用、質量可靠、使用方便、經久耐用等方面的特點，而不過分強調商品外形的新穎、美觀、包裝、知名度、象

徵意義或商品的「個性」等與使用價值沒有什麼關係的方面。產生這種購買動機的原因，一方面是由於消費者經濟能力有限，難以追求商品的精美外表或購買價格昂貴的名牌商品；另一方面是受傳統的實用性消費觀或消費習慣的影響，講求實用，鄙視奢華；另外，有些商品的價值主要表現為它的實用性，如一些日常生活用品，消費者也沒有必要去追求商品別的特性。

2. 求新購買動機

求新購買動機是以追求商品的新穎、奇特為主要目的的購買動機。這種購買動機的核心是講求「新穎」和「奇特」。這種購買動機往往由商品的外觀款式、顏色、造型是否新穎別致，商品的構造和功能是否先進、奇特或有科學趣味，包裝裝潢是否獨特或別開生面等因素所引起。不少時裝、兒童玩具、娛樂用品就是以奇制勝，以其樣式新穎或功能奇特而激起人們濃厚的興趣和購買慾望，如變形金剛、魔方等。以這種動機為主導性購買動機的消費者往往對商品的實用程度和價格高低卻不太重視，他們消費觀念更新較快，容易接受新思想、新觀念，追求新的生活方式。這種購買動機常以少年兒童和青年男女為多見，他們往往是奇特商品、新商品、流行商品或時裝的主要購買者。

例如，諾基亞手機曾標新立異地推出彩殼隨心換外殼，掀起了一股手機換殼風潮，許多的諾基亞手機持有者紛紛更換彩殼來表現自己的與眾不同，而沒有諾基亞手機的人也開始把目光對準了風靡一時的、可以隨心更換彩殼的諾基亞，這項業務的開展使得諾基亞的銷售量在當年躍居全球第一。

3. 求美購買動機

求美購買動機是以追求商品的欣賞價值和藝術價值為主要目的的購買動機。這種購買動機的核心是講究「裝飾」和「美觀」。它表現為兩種形式：一是追求商品本身的審美價值，二是追求能創造出美的商品。如在選擇商品時，重視商品在款式、造型、色彩、裝潢等方面是否美觀、漂亮、協調、風格獨特或富有個性，重視商品的美化功能、裝飾功能和對精神生活的陶冶作用，而對商品的價格和實用因素考慮較少。隨著人民文化水平和消費水平的提高，這種動機對消費者購買行為的影響越來越大，商品是否美觀漂亮已成為消費者是否選購商品的重要因素。所以在產品設計上，必須注意實用性與裝飾性、藝術性的結合。一些中、青年婦女和文藝界的人士往往有較強的求美動機，願意花大價錢購買富有藝術情趣的商品，是化妝品、首飾、家庭裝飾品、工藝品的熱心推崇者和購買者。

4. 求廉購買動機

求廉購買動機或稱求利動機。這是以追求商品價格低廉或追求付出較少的貨幣代價而獲取最大的「效用」或使用價值為目的的購買動機。其核心是講求「物美價廉」和「經濟實惠」。一些商店、服務行業的優惠措施也是以消費者的這種心理動機為基礎的。曾有報導說，某大型超市利用消費者的求廉心理，貨架上有些商品的標價很便宜，但標簽價格與收銀發票上的實際價格不符，引發了信任危機。因為有的消費者買了東西，往往對發票懶得過目，結果讓商家佔了便宜。

中國社會調查事務消費心理調查研究結果表明：中國消費者89.3%的人有選價心理，其中4/5的人希望物美價廉，另外1/5的人偏愛選購高價商品。可見這種購買動機在中國消費者中具有普遍性，但以這種動機為主導購買動機的人則一般是經濟收入不高或節約成了習慣的消費者。表現在選購商品時，重視價格之間的比較，重視商品間的「性能價格比」，往往喜歡多方瞭解商品價格方面的信息，並對同類商品中價格低的商品持肯定態度；在購買時，也喜歡討價還價；他們往往喜歡到自選商場、廉價商場、批發市場或路邊攤等可以買到便宜貨的地方購買商品，而不大輕易在高檔豪華商店購物；他們對減價、優惠價、處理價的商品尤感興趣，而對商品的質量、花色、款式、包裝等方面則不十分挑剔，因而是低檔商品、廢舊物品和殘次、積壓處理商品的主要推銷對象；另外，由於他們好貪「小便宜」，也容易受到不法商販或偽劣商品的欺騙或坑害。

近年來還有一種趨勢，就是在目標市場行銷中，較低檔次的消費者對於較高檔次的消費品而言，往往是求廉購買。比如，不少名牌時裝專賣店，本來是面向高收入者的，他們講究時裝的質地、款式、時髦與否、服務、購物環境高雅等等，普通大眾一般是不會光顧的，但在換季時大減價清倉處理，普通的消費者也會在此時去搶購，就是求廉動機的激發。

利用求廉購買動機進行價格促銷，是商家最主要和最有力的競爭武器。其作用機制是：一方面，價格促銷可以實質性地減少顧客在購買產品時的實際支出，降低顧客的購買成本；另一方面，有效的價格促銷可以通過提供「原價」「市場價」「建議零售價」等外部參考價格信息，使顧客認同和形成一個高於銷售價格的內部參考價格，通過將較高的內部參考價格與較低的銷售價格相比較，讓消費者感受到正的交易效用（transaction utility）或較高的交易價值，並促使他們下決心購買。

5. 求名購買動機

求名購買動機是由追求名牌商品或仰慕地方特產或傳統商品而形成的購買動機。其核心是「紀念」和「榮耀」。在現代社會，追求名牌商品已逐漸成為一種消費趨勢，不少消費者對商品的商標及品牌非常重視，對名牌商品充滿信任和好感，而且不在乎價格的高昂，有較穩定的品牌偏愛並認牌購買；相反，對非名牌商品則較為冷落。還有些旅遊者或出差人員，到一地方，都喜歡購買一些當地的名特產品、風味食品、傳統工藝製品或中藥材等土特產品。例如，不少外國旅遊者對中國一些歷史悠久、富有民族特色、技藝精湛的工藝品或古玩字畫，也有著強烈的購買慾望。

這種心理現象實際上是人們求實心理、自我表現心理和攀比心理的綜合體現。一方面，名牌產品一般情況下都工藝精湛，內秀外美，質量穩定可靠，經久耐用，能滿足人們的實際使用需求，使消費者的購買風險降至最低點。另一方面，購買名牌產品既可以表現自己的社會地位，顯示自己的經濟實力，又能表現自己的文化修養、生活情趣、審美趣味等。人們只要認知了某個品牌，常常就能夠主觀地尋找自己購買該品牌商品的各種理由，比如自我形象的滿足、社會地位的彰顯、經濟實力的炫耀等，再加上商家的各種廣告宣傳，從而極易導致對該品牌情感上的寄托和心理上的共鳴。一般來說，求名心理更多表現在人們對轎車、服飾、化妝品、菸酒等商品品牌的追求上。社會層次高的消費者往往有強烈的品牌意識，對品牌的追求也是比較狂熱的。他們很大程度上是為了炫耀，滿足虛榮心，以獲得他人的羨慕。

一些不法廠商利用人們的求名心理，生產、銷售假冒名牌產品，以不正當競爭手段獲取名牌的市場競爭優勢效應。但有相當多的消費者明知是假冒名牌產品，仍然會購買該類產品。這些消費者往往表現出以下特徵：對名牌商品有強烈渴望，但因經濟約束的原因，決定他們不能購買或不易購買名牌商品。但他們在社會交往中具有強烈的被認同慾望，高消費、時尚、名牌等元素能夠成為他們的手段。他們需要運用這些商品符號來顯示自身的收入、財富，或贏得羨慕和聲譽。「傍名牌」商品成為滿足他們這種心理需要的工具。

6. 求榮購買動機

求榮購買動機是消費者在選購商品時，追求名牌、高檔、稀有商品，借以顯示或提高自己的地位、身分並博得他人的驚訝、讚美、羨慕或嫉妒等，從而形成的購買動機。其核心是「顯名」「炫耀」或「自我表現」。在選購商品時，特別

重視商品的象徵意義、顯示功能和社會影響，希望通過購買和消費名貴的商品來顯示自己生活富裕、地位特殊、支付能力超群或有較高的鑒賞水平或生活追求，從而獲得自尊感、優越感、榮譽感等心理需要的滿足；相反，對商品實用價值大小或經濟上是否劃算並不在意，甚至可以購買自己並不急需而又超出其消費水平的商品。這種購買動機在一些經濟收入較高、具有一定社會地位或者虛榮心強的年輕的消費者中較為明顯。

　　按照盧曉（2010）的定義，奢侈品包含了六種特性：絕對優秀的品質、高昂的價格、稀缺性和獨特性、高級美感和多級情感、悠久的歷史傳統和傳奇的品牌故事、非功能性。從奢侈品的產品特徵上說，其帶來的享樂性價值與象徵性價值遠遠大於其工具性價值。其中東方消費者購買奢侈品主要是對自己的身分和社會地位的彰顯，看重奢侈品所帶來的象徵性價值（Vickers，2003）。中國人現在已成為全球最大的奢侈品消費群體，但是2011年中國城鎮居民人均收入在全球僅排114名。中國人的面子文化可以很好地解釋中國消費者收入相對較低卻選擇購買奢侈品的現象（Ting-Toomey，1988）。雖然在各國文化中都或多或少存在面子文化，但是由於受到傳統文化思想的影響，導致「愛面子」「護面子」和「怕丟面子」成為中國人典型的心理行為和文化現象，並無時無刻不影響著中國人的生活，特別是中國消費者的消費行為。

　　人們對名牌奢侈品的購買動機是複雜的。維伯倫（Veblen，1899）首次提出奢侈品的炫耀性動機，認為消費者消費奢侈品最主要的動機為炫耀。維格瑞和約翰森（Vigneron and Johnson，1999、2004）提出和驗證了奢侈品五維度動機理論，即炫耀、獨特、自我延伸或從眾、品質和享樂五個動機維度，將個人導向動機與社會導向動機相結合，從而建立起西方消費者奢侈品消費動機的概念性框架。張夢霞（2010）提出的四維動機模型研究表明，中國主體奢侈品消費群體的奢侈品消費動機依強弱程度依次為追求品質卓越動機、炫耀富有動機、自我獎賞動機和駕馭他人動機。王慧（2009）認為，身分象徵和自我贈禮是中國奢侈品消費的兩個比較有中國特色的重要的奢侈品消費動機，並結合中國傳統消費價值觀和消費特點提出了中國消費者奢侈品消費動機結構，如圖3-7所示。

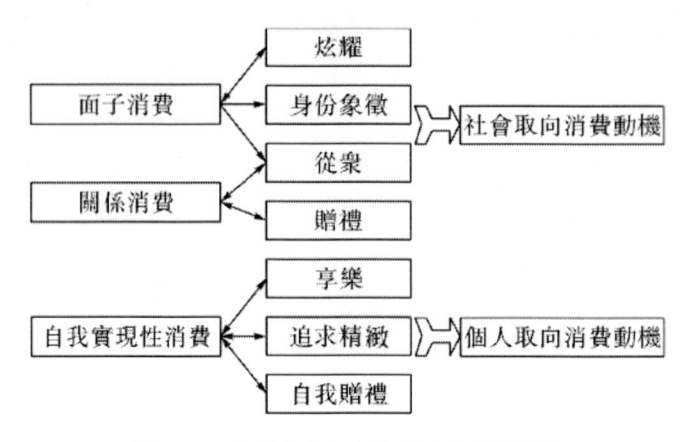

圖3-7 中國消費者奢侈品消費動機結構

小資料：中國人的奢侈品消費心態

一個國際金融危機，把中國推向世界經濟的風口浪尖，在歐美國家消費市場普遍疲軟的情況下，2009年中國的奢侈品消費躍居世界第二位，這個出人意料的結果令中國市場成為奢侈品品牌躍躍欲試的新戰場。

到底誰是中國奢侈品消費的主力軍？有專家分析，一是高端的社會高層和富豪；二是中高端的中產階級和富裕人士；三是中低端的大眾奢侈品的體驗消費群體，包括數量巨大的年輕人，這三部分人群呈金字塔式結構分佈。很難說這三個消費群體中誰是真正的主力，因為這三個階層的絕對消費力都非常強大，缺一不可。所以，奢侈品消費市場如今想在中國表現不好都難。

在這樣強大的消費潛力背後，國人消費奢侈品的心態到底是怎樣的？有專家分析指出，與歐洲成熟的奢侈品市場比較，目前中國的奢侈品市場在消費心理上，虛榮大於品位，真正將享用奢侈品當成一種生活方式的人極少，奢侈品的符號價值遠遠大於它的實際價值，因為符號可以帶來愉悅、興奮、炫耀、身分、地位、階層、高級等美好的心理感覺。奢侈品的A貨、高仿品泛濫市場也從側面說明符號消費對消費者是如何的重要。消費者往往並不在意或已徹底忘記了一個LV包的材質，但消費者特別在意LV包的LOGO——符號是否能被別人清晰地看到。

資料來源：楊仁. 盲目虛榮——奢侈品消費的怪圈 [N]. 河南日報, 2010-10-27.

實施「會員制」的企業大多以為可以通過以讓利為內容的所謂「忠誠行銷」活動來培養客戶的忠誠度，但調查發現，多數客戶感到商家所給予的回報並不是真正的回報，它們只不過是一種促使客戶購買更多商品的手段。不少顧客申請成為會員並不僅僅是為了贏得消費積分和免費物品，他們更多的是希望被「認可」，並受到「特別對待」，尤其是在一些高檔服務性企業，顧客最希望得到的是對其特殊身分的確認，並享受到特殊的待遇。如「黃金卡」用戶可以不用排隊等候；能夠由經理或優秀服務員來接待等。

7. 求同購買動機

求同購買動機是由於受社會消費風氣、時代潮流、社會群體、周圍環境等社會因素的影響而產生的追求一致或同步的購買動機。趕時髦、消費攀比、「你有我也要有」等現象，往往就是由這種動機所驅使而形成的。這實際上是「從眾心理」「模仿心理」在購買動機上的體現。例如，某些時新的耐用消費品、服裝鞋帽、家庭陳設用品等，常常因為消費者之間互相仿效、崇尚時髦或爭強好勝、不甘落後而引起競相購買的情況。這種購買動機在青年人中尤為常見。例如，MP3、MP4、MP5乃至MID成為青少年消費者不斷追逐的時尚潮流。

在旅遊團隊中，如果其他旅遊者紛紛回應導遊的號召，前往購物點採購特色商品中，某些並不太想購買的旅遊者出於求同或群體中的自我表現的心理，也會適當購買一些產品。

8. 求趣購買動機

求趣購買動機是為滿足個人興趣、愛好而形成的購買動機。其核心是「嗜好」和「偏愛」。有些人由於受生活習慣、業餘愛好、學識修養、職業特點等因素的影響，往往有一些特殊的嗜好或偏愛，如種花、養魚、釣魚、養鳥、集郵、攝影、抽菸、喝酒、收藏名人字畫或文物古董以及對某些食品的特殊嗜好等，由此形成對有關商品的穩定、持續的追求與偏愛。這些消費者一般對商品有較高的欣賞水平和挑選能力，其購買行為也比較理智，指向也比較集中和穩定，具有經常性和持續性的特點。有的人為了滿足自己的特殊興趣，可以不惜代價，不顧經濟實力與價格高低，而購買自己所鍾愛的商品。

9. 求恆購買動機

求恆購買動機是以滿足對某種商品的習慣消費而產生的購買動機。其核心是出於「習慣」或講求「穩定」。有的消費者對某種牌號的商品、某類商品、甚至某種風格的商品形成了較穩定的消費習慣，購買商品時就根據自己的消費習慣選

擇商品，購買指向可能較集中和穩定。如習慣於購買某些品牌的牙膏、習慣於購買某種款式或色彩的服裝等。這種購買動機可能是由於習慣和熟悉而產生的恒定不變的購買心理，或不願在紛繁的品種中重新考慮和決定購買哪一種，或為了節省思考判斷，或為了排除風險和麻煩而產生的。所以，不少人長期購買某種商品，卻可能說不清楚喜歡這種商品的原因是什麼，只是由於長期使用和購買而「習慣成自然」而已。當然，消費者的許多消費習慣也是由於對該商品有某種需要而形成的。這些商品一般是經常使用或購買的日常生活用品，而且，商品的特性也能夠保持相當的穩定。

10. 好勝動機

這是一種以爭強好勝或為了與他人攀比並勝過他人為目的的購買動機。消費者購買商品主要不是為了實用而是為了表現比別人強。在購買時主要受廣告宣傳、他人的購買行為所影響，對於高檔、新潮的商品特別感興趣。中國不少出境旅遊者爭相購買國外高價商品和奢侈品，其中就有爭強好勝的心理。

當然，以上的分類並不十分全面，比如還有求速、求便、優先、尊重、留念、饋贈、補償、儲備、安全、健康、隱私等許多具體購買動機。另外，消費者的購買動機也常因時間、地點、條件或消費者的不願表露而會有很大的變化。同時，在實際的購買活動中，其購買行為也往往是多種購買動機共同起作用的結果，只不過這些動機所起的作用大小不同而已。例如，多數消費者在購買日常生活用品時，注重經濟實惠和價格低廉，求實、求利的動機較強；而在購買高檔耐用消費品時，則喜歡設計新穎、功能齊全、使用方便、不易過時的高檔商品，求質、求名、求新、求榮的動機較強。

總之，注意分析和掌握消費者不同購買動機的特點，並有針對性地做好誘導行銷工作，對促進消費者的購買行為有著十分關鍵的作用。

第四章
消費者的態度

消費者對商品或服務的態度往往直接影響其購買決策和購買行為。瞭解消費者的態度，使消費者建立和鞏固積極、肯定的購買態度，改變其消極、否定的購買態度，在商品行銷工作中有著重要的意義。

第一節　消費者的態度概述

一、態度的概念

（一）態度的定義

態度是個人對某一對象所持有的評價與反應傾向。態度是建立在人們比較穩定的一整套思想、興趣和目的基礎上的。態度是人的內在心理傾向，但可以通過人們的意見、表情、行為表現來進行推測和判斷。

（二）態度的構成要素

態度由三種心理因素構成：

（1）認知因素：它是對客觀對象的認識和理解。認知因素往往帶有評價功能，它是整個態度的基礎。決定消費者認知因素的主要是知識水平、使用經驗以及信念、信仰、偏見等，並通過感覺、知覺、聯想、思維等認識活動來實現的。比如消費者根據自己的專業知識和實際觀察，認為某商品有較好的性能；或者根據使用經驗，確認其效果不錯；或者根據「名牌商品質量可靠」的信念，確認商品有較高的品質。

小案例：從「達·芬奇事件」看品牌理念誤區

如今，消費者在進行消費購買行為時，除了考慮產品的品質、價格、服務等

因素外，品牌已經成為重要的考量因素之一。但是，消費者對於品牌的認知，或多或少地存在一些誤區，讓一些不良商家鑽了空子。假冒偽劣的「達‧芬奇」家具一度使國內富人趨之若鶩，反應出國人的品牌理念存在諸多誤區：

‧品牌的就是好的

品牌的作用之一就是「識別產品或服務」。在消費者的眼裡，認為「品牌」等同於「好東西」，「品牌」產品就是「好」產品。消費者已經把品牌作為質量和信譽的保證。品牌，理所應當是好的產品。但是，在現實社會中，很多品牌卻沒有做到這一點。很多品牌頻頻爆出質量、安全、服務以及誠信等一系列問題，不時會讓消費者揪心，商家自己也糾結。

‧洋品牌就是好品牌

不少人有崇洋媚外的心理，認為洋品牌就是好品牌，外國貨就是比中國貨強。有些消費者往往一概而論，把國貨一棒子打死，以買洋品牌為榮，認為這樣才能顯示自己的身分和地位。

‧外國名字就是洋品牌

很多企業都知道了做品牌的重要性，也開始著手把品牌當回事。起個外國名字來「傍大款」，就是典型的急功近利的表現之一。通過這種方式來讓消費者展開模糊的品牌聯想，實質上是在考驗消費者的智商，因為總有一些消費者會不明是非。很多企業除了在品牌命名上下工夫外，還通過一些宣傳來強調其具有某個國家的純正血統，希望借此來提升品牌的地位。其實不然，正所謂「心急吃不了熱豆腐」，做品牌還得一步一步地來。

‧貴的就是好的

只買貴的，不差錢，這是很多消費者在進行購買行為時的心理。他們認為貴的一定是好的。擁有和使用貴的產品，就代表自己的身分比別人高，可以借機顯示和提高地位。這其實是愛慕虛榮的心理在作怪。當然，中國不乏有錢人，在追求高品位生活的同時，消費也追求檔次。但這也不能以偏概全，很多便宜的產品其實也不錯，價廉物美的產品才是老百姓真正需要的。

中國人的消費觀念需要改變，對品牌的理解也需要有正確的認知。我們不能盲目地追求洋品牌，應該給國貨更多的關注和支持。

資料來源：佚名．從「達‧芬奇事件」看國人消費心理誤區［EB/OL］．http://www.shengyidi.com/news/d-574172/．

（2）情感因素：它是在認知因素基礎上對客觀事物是否滿足主觀需要的情感體驗。它使消費者的態度染上了感情色彩，如對某商品的喜愛、滿意、失望、厭惡等。如果商品或服務能滿足消費者的主觀需要，就會產生積極的態度；否則，就會產生消極的態度。情感因素表達了消費者對具體對象的好惡，態度的強度也往往是由情感因素所決定的，可見，情感因素是態度的核心。同時，情感因素也是態度要素中較為穩定、較難變化的心理成分。

（3）行為因素：它是對態度對象作出某種行為反應的意向或準備狀態。它是行為之前的思想傾向，如購買意向：「我願意買此商品。」如果條件許可，購買意向便會引發動機，導致購買行為。

所以，當我們對一種品牌（或商品）有好的態度時，我們一定對這種品牌（或商品）有一些認識，知道有關這種品牌的一些信息，也對這種品牌（或商品）有一個總體的喜歡或好的感覺，同時，也有想要擁有它或購買它的意向。如圖4-1所示：

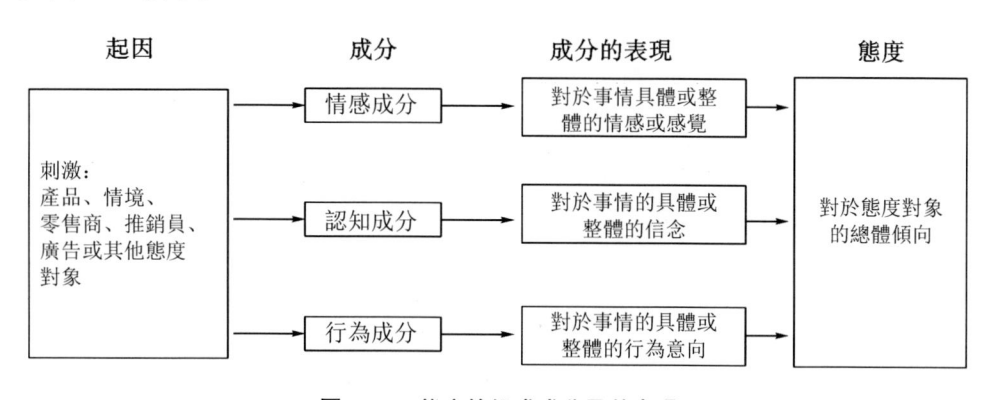

圖4-1 態度的組成成分及其表現

態度的上述三種成分一般是相互協調一致的。例如，一個消費者通過各種信息渠道瞭解到市場上出售的眾多牌號的電冰箱中，A牌的質量較好，且價格合理，售後服務較為完善（認知成分），自然會對其產生好感和積極的評價（情感成分），假如這位消費者正打算添置一臺冰箱的話，他會願意選擇A牌冰箱作為購買對象的（行為傾向）；反之，則相反。但有些時候，態度的認知因素和情感因素也會有矛盾。例如，某人知道抽菸有很多害處，但就是喜歡抽菸，所以仍想買菸來抽。這也說明，當態度的諸因素發生不協調時，情感因素對態度的影響往往超過認知因素，而行為傾向也往往以情感因素的趨向為轉移。

思考一下：在你所看到的廣告中，哪些廣告內容試圖改變以下態度成分：a. 情感成分；b. 認知成分；c. 行為成分

二、態度的特性

態度具有方向、強度和信任度等一般屬性。情感上好惡的屬性，表明態度的方向；好惡程度表明態度的強度；對特定對象的確信水平，便是對它的信任度。此外，態度還有幾個特性：

(一) 指向性

指向性又稱對象性，是指態度總是針對某一特定的對象，無對象的態度是不存在的。消費者對某種商品持肯定態度，對另外的同類商品就可能持否定態度了，所以，在表達消費者的態度時，應當明確說明其對象。態度的對象不僅僅是具體的人、事和物，還可以是抽象的觀念，如思想、動機等，並能針對具體的某一方面。消費者的態度主要是針對商品、服務、營業員及商店的情況而產生的。

(二) 習得性

習得性是指態度是在社會生活環境中，通過學習或實踐並對獲得信息進行加工處理而逐步形成的。比如消費者對商品的態度，或是根據自己的觀察及使用經驗，或是受廣告宣傳的影響，或是受周圍群體的影響，或是受社會文化的影響而形成的。態度的習得性也是它的社會性。

(三) 持續性

持續性又稱穩定性，是指態度形成後，在一段時間內會保持相對穩定，有的基本態度還會成為個性心理的一部分，並在其行為反應模式上表現出規律性和一貫性。如果某個消費者對某牌號的商品形成了肯定的態度，當以後再需要這類商品時，就很可能還購買這一牌號的商品。所以，對消費者進行商品廣告宣傳等行銷活動時，最好在其態度形成初期進行，因為這時態度尚不穩定，某些成分尚未固定化，引進新的知識和經驗，就易促進態度向積極方向轉化。如果消費者對商品已經形成了不良的態度或成見時，就難以改變了。

另外，新產品試銷期間給消費者的「第一印象」十分重要，它對消費者的態度形成影響很大。當然，隨著消費者對商品接觸的增多，原有的成見或偏見態度也會得到改變。

(四) 系統性

人的各種態度並不是孤立存在的。由於認知因素和情感因素的制約，每一種

態度的形成或變化，都會受到其他有關態度的影響。比如消費者對某商品的態度，還會受到其對消費的態度、對生產廠家的態度、對商店或對營業員的態度等相關態度的影響。由於態度體系中各種態度的相互關係一般比較協調和穩固，因此，人們往往可以從某人的一種已知的態度推知另外的某些相關態度。

態度的系統性特點還提示我們：一種態度一旦發生變化，往往也會引起相關態度或大或小的連帶性改變。

值得注意的是，消費者可以在產品的不同層面上形成自己的態度，從而形成一定的態度層次。具體來講，消費者可以對特定的產品種類、產品形式、品牌、型號及其具體的、個別的產品屬性形成態度。而且，對於同一個對象（產品或服務），在不同的消費情景下，消費者也可能具有不同的態度（見圖4-2）。

不同層次的態度之間還會存在一定的相互影響。所以，行銷人員在試圖影響和改變消費者的態度時，僅僅關注某一層次的態度是不夠的。有時候，消費者是先形成較高層次的態度（如對產品種類和形式的態度），然后才形成較低層次的態度（如對特定品牌或型號的態度）；有時候，態度形成的順序可能正好相反。前一種情況多出現在老的產業或市場中，后一種情況則多出現在新興的產業或市場中。

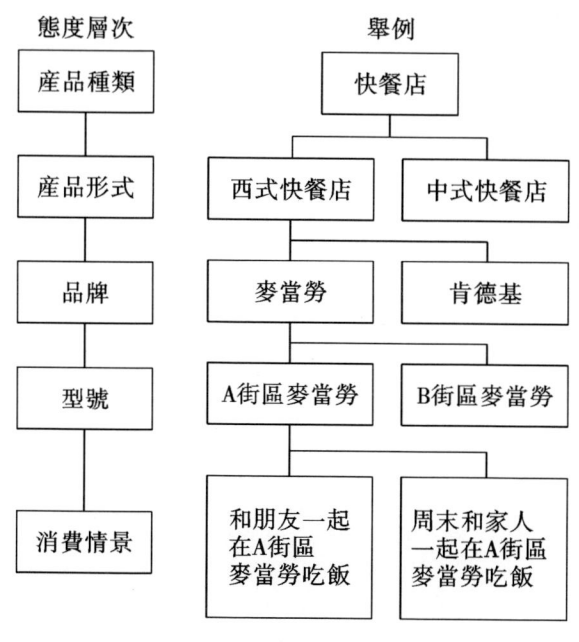

圖4-2 消費者態度的層次

(五) 價值性

態度的基礎是價值。人們對於某個事物所具有的態度取決於該事物對人們的意義大小，也就是該事物對人的價值大小。態度對象的價值可包括多方面的內容，如實用價值、審美價值、道德價值、理論價值、社會價值、感情價值和宗教價值等。事物對人的價值如何，一方面取決於事物本身的客觀屬性，另一方面也受人的需要、興趣、價值觀等個性傾向的制約。由於個體之間價值觀念的差異，不同的消費者對同一商品會有不同的態度傾向。這也反應了態度的主觀性。

由於商品往往具有多種屬性，比如價格、質量、牌號、性能、使用壽命、式樣、包裝、顏色等，它們在消費者心目中的意義或價值程度是不一樣的。而決定消費者對商品態度的屬性，一般主要是被消費者認為較重要的部分屬性，其他一些屬性則可能被消費者認為無關緊要而影響不大。因為對消費者而言，價值是其從整體產品中獲得的各項利益扣除各種獲取費用後的餘額。例如，擁有一輛汽車，會帶來一系列的利益，這些利益包括交通上的便利和形象、地位、喜悅、舒適等。然而，為獲得這些利益，需要支付購置費、汽油費、保險費、保養與停車費，還要承受由於車禍而受傷的風險，以及環境污染、交通堵塞等一系列困擾。而這些利益或成本的「地位」並不是相同的，例如多數購車人可能會忽視對環境造成的污染。

價值因素還是形成消費者品牌滿意或忠誠態度的本質因素，如圖4-3所示：

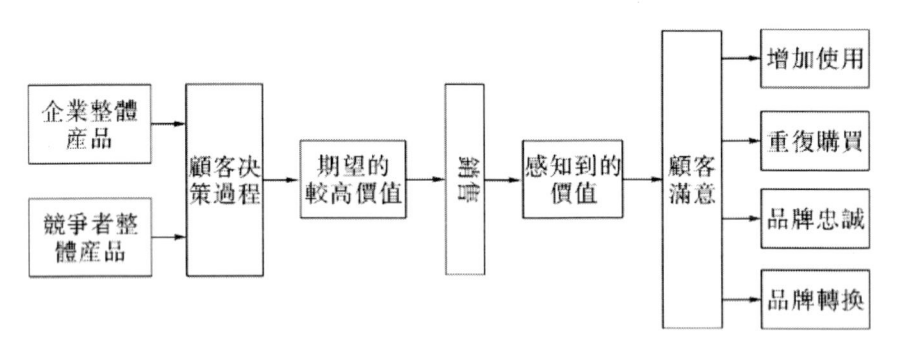

圖4-3　顧客滿意的形成與后果

第二節　消費者態度的轉變

消費者態度的形成與轉變是兩個密切相關的範疇。當個體對某一事物事先就持有某種態度時，一種新態度的形成就只不過是原有態度的轉變。一種態度形成后就具有持續性，但也不是一成不變的，它可以在外部條件的影響下發生變化。消費者態度的形成受多種主客觀因素影響，相應地，這些因素的變化也會影響其態度的變化。當然，轉變消費者的態度遠比形成態度複雜和困難。

態度轉變有兩種情況：一種是一致性的轉變，即態度強度上的轉變，如從否定轉變為懷疑；另一種是不一致性的轉變，即態度方向或性質的轉變，如從否定態度轉變為肯定態度。顯然，後者更為困難。

如果消費者之前對產品或服務的態度是積極的，那麼在接受了關於該項產品或服務的正面信息之後，消費者的這種態度會得到強化；如果消費者對產品或服務抱有消極的態度，那麼接收到負面信息會強化這種消極態度。因此，一致的信息對態度具有強化作用。如果消費者接收到的信息與之前的態度不一致，那麼消費者很可能會沿著信息的方向修正態度，尤其是當消費者對某項特定產品或服務的評價缺乏信心的時候。但是，如果消費者基於直接使用體驗已經建立起了牢固的品牌態度時，不一致的外來信息想要改變消費者的最初態度，則必須具有強大的論據。圖4-4顯示的是口碑信息對態度的作用：

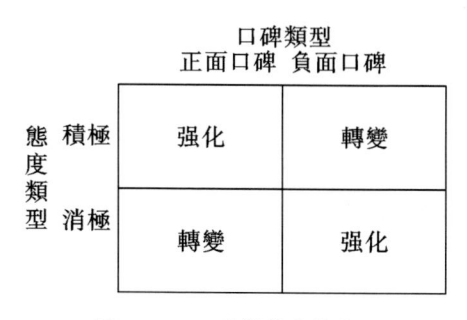

	口碑類型	
態度類型	正面口碑	負面口碑
積極	強化	轉變
消極	轉變	強化

圖4-4　口碑對態度的作用

由於消費者對商品、商店或服務的態度對其購買行為具有指導作用。因而，轉變消費者的態度也是行銷策略的一項重要內容。它包括強化現有的較積極的態度，也包括使現有的否定或消極態度轉變為肯定或積極態度。

影響消費者態度轉變的因素很複雜，主要有三個方面：原有態度的特性、消

費者的個性心理以及外界影響因素。

一、原有態度的特性與態度轉變

態度本身的特性或形成特徵影響態度轉變的難易。

(一) 原有態度的強度

一般來說，消費者所受的刺激越強烈、越深刻，形成的態度強度就越大，這種較極端的態度就越難轉變。可見，行銷人員應當瞭解消費者的原有態度，從而確定適當的宣傳目標，保持合理的態度差距，以避免受到對方心理上的抵制，並取得好的說服效果。

例如，某一種護膚品，在非用戶當中形成了一種稠密、油膩的印象。非用戶更多地把它看成是治療嚴重皮膚病的藥品，而不是普通的化妝品。行銷人員深知，要擴大該品牌的銷路，就必須轉變非用戶的態度。該公司開始在廣告中將其產品宣傳成一種柔潤皮膚的日常用品，並把盡可能多的免費樣品抹在潛在用戶手上以表明該產品並不油膩。非用戶之所以認可這場宣傳活動，就是因為他們對該產品態度的形成並非建立在直接使用經驗基礎上，而只是一種微弱的印象。但是，這種微弱態度也會使競爭者能更容易地將用戶吸引過去。如果消費者對公司或產品的態度很牢固時，要想改變這種態度就要難得多了。

小資料：抗拒理論

20世紀60年代末出現心理抗拒理論，把心理抗拒現象及其抗拒效果作為一種態度進行研究。發現在心理抗拒的情況下，事先的說服教育不僅不利於態度轉變工作，反而會促使態度向預期相反的方向變化。后來，在心理抗拒理論的基礎上發展出心理免疫理論，認為要想促使態度向有利方向轉化，事先讓被試者參與有關的活動是必要的，被試者積極參與實驗者進行的一系列活動，有助於被試者的態度轉變。

有時候太過激烈的禁止行動會導致反效果，因為人們不喜歡他們的自由思想和自由行動受到威脅。假如某個行為被禁止，那麼人們進而會以叛逆的行為來反抗這種威脅。

唐姆斯‧潘尼貝克和約傳漢‧桑德斯的試驗了讓人們不再在洗手間的牆壁上刻字所使用兩個不同的禁語：

a.「無論如何，絕對不準在牆上塗寫。」
b.「請勿在牆上寫字。」

你認為哪一個禁語比較會引發抗拒心理，哪一個的效果較好呢？

資料來源：黃正偉. 心理抗拒理論下顧客在線購物體驗研究 [J]. 商業時代，2015（26）.

（二）原有態度形成后的持續時間

原有態度形成後的持續時間越長，習慣性越強，態度的轉變就越難。比如有的人在幼年時期即已形成的對家鄉小吃的態度，總是一生不變。

（三）態度形成因素的複雜程度

形成態度的因素越複雜，則態度轉變就越困難。如果原來的態度只依賴於一個事實，那麼只要說明這一事實現在是錯誤的或片面的，則態度就會轉變；但如果原有態度所依賴的事實很多，就不易轉變。另外，消費者在評價某一品牌時對所應採用的標準產生迷惑，將使消費者在做出決策時缺乏自信，而對品牌評價缺乏自信的消費者更容易接受外界信息，其態度也更易轉變。

（四）構成態度的三要素間的協調性程度

態度的認知、情感和行為因素之間的協調性或一致性程度越高，態度就越不易轉變；反之，就容易發生態度轉變。如果消費者與行銷者對商品有相似的認知，只是感情上還沒能轉過來，適當的情感性宣傳能有效地轉變他的態度；如果消費者對行銷者抱有好感，或對行銷者的觀點已有某種情感上的認可，但思想認識一時還跟不上，適當的理智性宣傳就能有效地轉變他的態度。

（五）原有態度所獲社會支持的程度

原有態度所獲的社會支持程度高，比如消費者獲悉許多人或自己所尊重的他人或團體持有與自己相同的態度，則態度的穩定性會增強而不易被轉變。反之，如果消費者缺乏其他人的相同觀點的支持，態度就容易轉變。

（六）與相反觀點的接觸程度

如果原有態度是在接觸過不同的觀點與論據後形成的，或者接觸過不十分有力的相反觀點而成功地維護了自己的原有態度，就會像「預防接種」後產生一定「免疫能力」那樣，增強他對相反觀點的抵制，提高態度的穩定性。

（七）原有態度與自我形象的關係

有些態度不利於自我形象，則容易發生轉變；而有利於自我形象的態度，轉變就困難。另外，原有態度的公開化也影響態度的轉變，這是由於轉變公開化的

態度往往有損於自我形象，從而促使消費者不情願轉變自己的態度。

(八) 原有態度與基本價值觀的聯繫程度

個人的種種態度反應出他的價值觀。凡是與消費者個人基本價值觀聯繫密切的態度，就不易轉變。比如有些人看重地位、名譽，重視商品的象徵意義和顯示功能，因而對名牌商品情有獨鍾，對非名牌商品不屑一顧，很難產生好感。

廣告心理學認為，可以通過尋求轉變消費者對某一品牌的信念，進而實現轉變消費行為，也可以通過轉變消費者對品牌的價值觀來轉變消費者對產品的追求利益。但後者要困難很多。例如，一家止痛劑生產廠商生產一種被消費者認為藥效更強、見效更快的品牌。然而，消費者更看重的是得到醫生首肯的產品溫和性和安全性。該生產廠家可以試圖使消費者相信，該止痛劑是一種非處方藥品，無須得到醫生推薦，其安全性也無須考慮，並且它是一種藥效更強的藥品。另外，該生產廠家也可調整其廣告宣傳重點，在繼續強調見效快的同時，著重宣傳其安全性。後一種策略將會比前者更有效，因為廣告說服是在消費者現有價值體系下來轉變其對該品牌的信念。

二、消費者個性心理因素與態度轉變

不同的消費者在相似的情況下接受宣傳，有的容易轉變態度，有的難以轉變，這是因為個性心理因素上的差異所致。在宣傳、說服過程中，要考慮到對不同消費者的個性心理差異，採取不同的宣傳方法，這樣才能取得好的效果。個性心理因素包括性格、能力、興趣、氣質、經驗等方面。

(一) 性格因素

個人性格對其態度的轉變影響很大。比如具有自尊心強、自信心強、自我評價高、固執等性格特點的人，其態度難以轉變；而自尊心弱、缺少自信心、順從型的人，就容易接受別人的說服；迷信權威的人，在權威面前表現出易被說服的一面，而在非權威面前表現出不易被說服的一面。

(二) 知識和能力因素

消費者的專業知識是接受者對產品或服務的信心程度的標誌，反應了消費者對產品或服務屬性的自我判斷水平。消費者的專業知識越高，其受外來信息的影響力就越小。

消費者的能力不同，對事物的理解程度和接受過程的長短就不同，態度轉變的難易也就不一樣。有資料表明，雖然在一般情況下，智力水平高的人比智力水

平低的人更不容易接受宣傳而轉變態度，但在某些情況下，其態度的轉變卻比智力水平低的人更容易發生，這主要取決於宣傳、說服的內容、性質和方式。例如，能力水平高的人對於強調要對方相信與執行的宣傳不易接受，而對於強調要對方注意與瞭解有關情況並具有說服力的宣傳則易接受。智力水平低的人對簡單、淺顯的宣傳易接受，而對複雜、深奧的宣傳不易接受。同時，能力強的人由於有較強的獨立分析及判斷能力，往往根據自己的認識來決定自己態度的轉變，所以態度的轉變是主動的；能力差的人則往往被動地接受外界的影響或壓力而轉變態度。

（三）捲入程度

消費者對某一購買問題或關於某種想法的捲入程度越深，他的信念和態度就可能越堅定；相反，如果捲入程度比較低，則更容易被說服。如消費者在購買攝像機時，消費者可能要投入較多的時間、精力，從多方面搜尋信息，然後形成那些功能、配置比較重要的信念。這些信念一旦形成，可能相當牢固，要使之改變比較困難。而在低投入的購買情形下，比如購買飲料，消費者在沒有遇到原來熟悉的品牌時，可能就會隨便選擇售貨員所推薦的某個品牌。

另外，一般而言，女性比男性、青年人比老年人更容易發生態度轉變。

三、外界影響與態度轉變

外界環境因素既影響態度的形成，同樣也影響態度的轉變。主要有：

（一）信息的作用

消費者對產品的認知程度（信念）要比情感（態度）更容易轉變。研究表明：消費者在高捲入（參與）的情況下，信念變化要先於品牌態度的變化。消費者的態度轉變往往是在接受了一定信息和意見的情況下，經過判斷後發生的。廣告宣傳等行銷活動也主要是通過對消費者態度的認知因素的影響，達到轉變其態度的目的。但是，對於感性產品（享受性產品），情感轉變比信念轉變更重要。當消費者基於情感購買某一產品時，他們依靠的是情感（態度）而不是認知（信念）。

費賓斯的多屬性態度模型認為，對對象的整體態度由兩個因素構成：顯著信念與對象的聯繫程度以及對顯著信念的評價；人們對顯著信念的評價能引發他們對事物的整體的態度。一般來說，有關一個對象的顯著信念的數量不會超過9個。如果一個消費者解釋和整合信息的能力有限，那麼他對許多對象所能得到的

顯著信念就會更少。

其公式如下：

$$A_o = \sum_{i=1}^{n} b_i e_i$$

式中，A_o 為對對象的態度；b_i 為有屬性 i 的對象的信念強度；e_i 為對屬性 i 的評價；n 為與此對象有關的顯著信念的數量。

圖 4-5 列舉了消費者對佳潔士牙膏的一些信念。

有關佳潔士的所有信念

- 佳潔士含氟
- 佳潔士有薄荷味
- 佳潔士是膠體
- 佳潔士由寶潔公司生產
- 佳潔士的包裝是紅、白、藍三色
- 佳潔士防止蛀牙
- 佳潔士清新口氣
- 佳潔士有管裝型
- 佳潔士有氣霧劑型
- 佳潔士有防治牙石配方

有關佳潔士的顯著信念

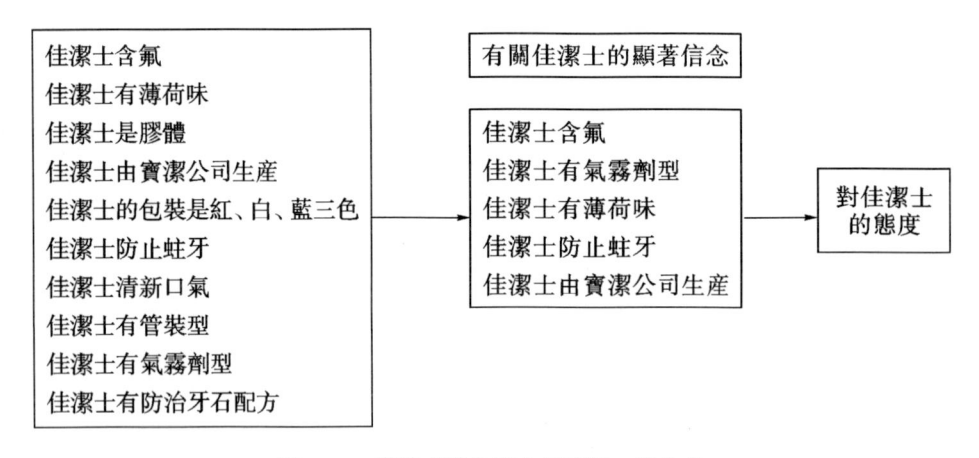

- 佳潔士含氟
- 佳潔士有氣霧劑型
- 佳潔士有薄荷味
- 佳潔士防止蛀牙
- 佳潔士由寶潔公司生產

→ 對佳潔士的態度

圖 4-5　消費者對佳潔士牙膏的一些信念

根據多屬性態度模型，有四種基本的行銷策略可以用來改變消費者態度中的認知結構：

1. 改變信念

該策略是改變對於品牌或產品一個或多個屬性的信念，進行「心理再定位」。例如，許多消費者認為新能源汽車沒有傳統能源汽車好，就應當設計大量廣告以改變這種信念。要想改變信念通常要提供關於產品表現的「事實」或描述。又如，有的消費者認為，廣告會增加商品價格，而且廣告作為廠商的宣傳手段，與商品質量沒有關聯，因而對廣告做得多的商品反而持否定態度。這時，就應以實際的材料來糾正消費者的這種偏見，使他們認識到：廣告會促進商品銷售並最後導致商品成本和價格的降低，廣告宣傳也是以優良的商品質量和性能為基礎的。

2. 轉變權重

調整消費者對商品各屬性相對重要性的認識。我們知道，對同一產品來說，由於消費者可能看重的是不同的屬性，因而他可能對各屬性賦予不同的「權重」，對積極（或消極）的屬性強的信念將比同等積極（或消極）的屬性較弱的信念對對象的態度產生更大的影響，其結果就是不同的消費者對產品或品牌會產生不同的偏愛。行銷者可以說服消費者相信企業產品相對較強的屬性是該類產品最重要的屬性。例如格蘭仕設計了一款圓形微波爐，它只能放在櫥櫃的桌面上而不是吊櫃中，於是就應當在其廣告中大為強調其美觀大方、使用安全方便的一面，尤其能讓女性和身材矮小的消費者感到這些特性在生活中的重要性。

消費者對某些產品的評價不太高，或產品競爭不過對手，一般並不意味著產品的各種特性都不行。在許多場合下，評價不高的產品在個別特性上卻勝過對手的特性。問題是消費者對此特性認為無關緊要。因此，重要的一個策略是去改變消費者心目中的這一不重要的信念。例如，選擇冷氣機的標準除了降溫速度、降溫程度及耗電量等指標以外，還有噪音情況，這個很少有人採用的選擇指標，卻經常是造成許多人買了冷氣機後不用的原因。

3. 增加新信念

在消費者的認知結構中添加新的信念，或者喚起消費者對被忽略屬性的重視。如「百威」啤酒在促銷中強調口感新鮮是好的啤酒的一個重要方面。

4. 改變對競爭產品（商標）的信念

為了在競爭中確立某個商標產品的地位，一種策略就是改變對競爭產品的知覺。例如，在美國的市場上，前聯邦德國（西德）一種名叫 Löwenbrau 的啤酒是大多數美國人飲用的啤酒。而另一家啤酒公司也要去分享啤酒市場。它的廣告中寫道：「您品味過了在美國最有名氣的德國啤酒。現在嘗嘗在德國最有名氣的德國啤酒。」這一廣告的策略是旨在改變現有美國人對 Löwenbrau 啤酒的知覺，從而取而代之占領市場。

又如，當不少企業都以「售後服務好，維修網點多」為榮，並大力宣傳時，而某企業卻以「沒有服務才是最好的服務」為訴求點，彰顯其追求產品零缺陷的價值理念。因為一個優秀品牌的售後服務固然重要，但它是在擔心產品質量有質量問題的前提下，售後服務對消費者才是一種權益保障。可是又有誰希望自己買的東西出質量問題呢？誰不希望自己買的東西質量好，沒有后顧之憂呢？

5. 改變理想點

最后一種改變認知成分的策略是改變消費者對於理想品牌的概念或舊的消費觀念。例如，以前總認為是良藥苦口，藥如果不苦則效果一定不好。廠商可以強調這個評審藥品的原則已經落伍。雖然味道還是主要選擇標準之一，但是現在的藥必須不苦才是真正的好藥。廠商對這些信息的闡釋及強調可以幫助消費者做出明智的購買決定。

現在許多環保組織也努力改變人們關於理想產品的概念，如最低限度的包裝、製造過程無污染、可回收材料的再利用，以及使用壽命結束後的無污染處置等。

(二) 消費者群體的影響

態度具有相互影響的性質。尤其是其他消費者對商品的看法和態度，對個人的態度影響很大，其作用往往超過廠商及營業員的宣傳。許多心理測試證明，當一個人首先表示他對某事的意見後，在場的其他人很容易附和。當另一種意見更有說服力時，人們又可能轉變認識。這說明人們對事物的看法、見解很容易相互影響。

這種相互影響的原因很多，比如，消費者可能對某個事物瞭解不多，還未形成十分明確的態度，就容易接受或附和其他消費者的意見，而隨潮流會使人感到很安全；也可能出於禮貌，或出於不願表現出自己的無知，而附和別人的意見。另外，消費者的態度也受其所屬群體的期望和要求的影響，群體的準則和習慣力量會形成一種壓力，促使其改變態度以同大多數成員保持一致，以求得群體的認同。

一般地說，受消費群體因素的影響而造成的態度轉變，有三種形式：

（1）順從：是消費者鑒於群體的輿論壓力和誘惑等因素，而在表面上採取與大家一致的態度和行為。順從不是主動和心甘情願的，因而這種態度轉變也往往是暫時性、即景性和不穩定的。

（2）認同（或同化）：是消費者在認識上接受了群體成員的意見或態度，從而自願地採取相同的態度和行為。其特徵是由被迫接受轉入自覺接受、自願服從。同化能否順利實現，他人或群體的影響力非常重要。

（3）內化：是消費者從內心深處接受了他人的觀點，並與自己的觀點、信念結合，使新態度與個體整個態度及價值體系保持內在一致性，從而自覺地指導自己的思想和行為。其特徵是比較穩固、持久、不易改變。

態度的形成與改變是一個複雜的過程，並非所有人對所有事物的態度都必然經歷上述過程。有時，僅停留在第一或第二階段。所以，穩固、持久的態度的形成十分困難。在商業經營活動中，應注意顧客態度的形成與轉化，設法進行消費引導、消費教育，促進態度的內化。

四、態度轉變理論：精細加工可能性模型

精細加工可能性模型（Elaboration Likelihood Model，ELM）是由心理學家理查德·E. 派蒂（Richard E. Petty）和約翰·T. 卡喬鮑（John T. Cacioppo）提出的，被認為是多年來影響最大的說服理論。

（一）ELM 理論的基本思想

ELM 模型的基本原則是：不同的說服路徑效果依賴於對傳播信息作精細加工可能性的高低。當精細加工的可能性高時，說服的中樞（或核心）路徑特別有效；而當這種可能性低時，則邊緣的路徑有效。

中樞路徑認為態度改變是消費者認真考慮和整合廣告中商品信息的結果，即消費者進行精細的信息加工，綜合多方面的信息與證據，分析、判斷廣告中的商品的性能，然後形成一定的態度。其顯著的特點是它需要高水平的動機和能力去加工說服信息的核心成分，即當他們試圖形成一個有效態度時，用中樞路徑加工的人將更深入地考慮說服信息，因此，這一過程需要有較多的認知資源。

邊緣路徑認為態度的改變不在於認真考慮廣告中所強調的商品本身的性能，無須進行邏輯推理，而是根據廣告中的一些邊緣線索得出結論來形成態度。所謂邊緣線索是指廣告情境以及一些次要的品牌特徵。如信源的特點、背景音樂、圖片吸引力、色彩、代言人、產品外觀等。如果邊緣線索存在，受眾就會發生暫時的態度改變；如果邊緣線索不存在，受眾就保持或重新獲得原來的態度。湯姆和艾維斯（Tom and Eves, 1999）的研究結果支持了這種觀點。該研究發現，那些有背景顏色的廣告比沒有顏色的廣告，在回憶和說服測量上的指標都要高些。

中樞路徑和邊緣路徑至少在三個方面是不同的。首先，這兩個路徑加工信息類型不同；第二，中樞路徑信息加工的認知作用比在邊緣路徑中的高；第三，引發的態度變化的路徑和穩定性不同。通過中樞路徑的態度變化主要是通過認知和信念因素的改變，是穩定持久的，因為它們是基於詳細而全面的考慮得到的。而邊緣路徑受情感因素的影響較多，態度變化是短暫的，行為因素的改變也並不完全來自於態度（見圖 4-6）。

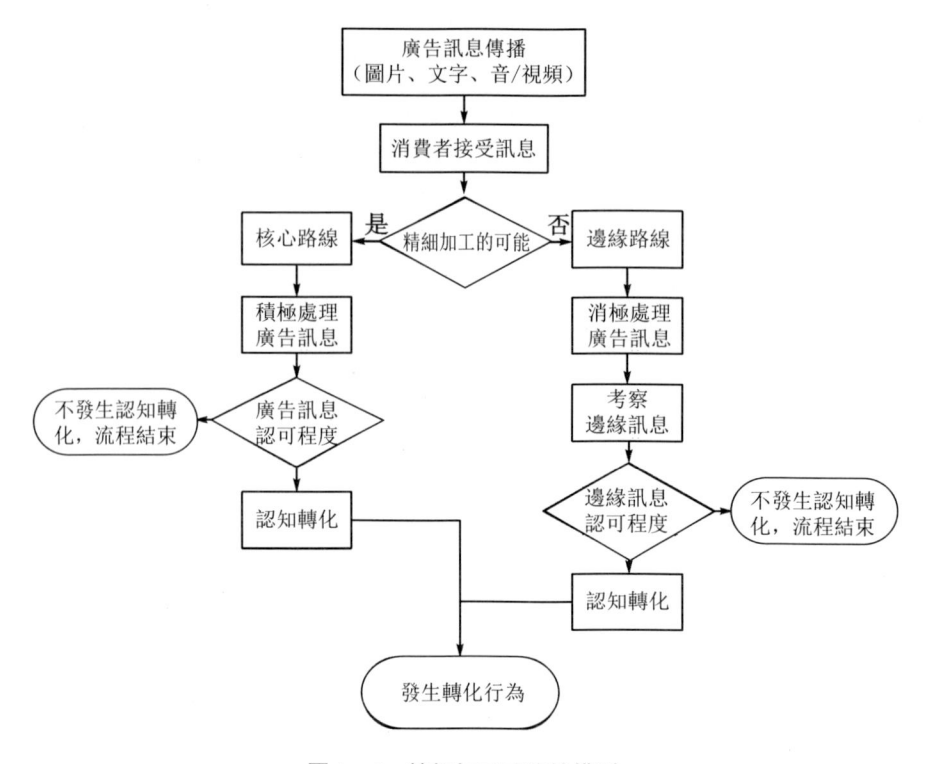

```
                    廣告訊息傳播
                  （圖片、文字、音/視頻）
                         ↓
                   消費者接受訊息
                         ↓
              是    精細加工的可能    否
          ┌─────────                 ─────────┐
       核心路線                                邊緣路線
          ↓                                     ↓
      積極處理                                消極處理
      廣告訊息                                廣告訊息
          ↓                                     ↓
                                            考察
                                          邊緣訊息
                                              ↓
      廣告訊息                              邊緣訊息
      認可程度                              認可程度
          ↓                                     ↓
  不發生認知轉                            不發生認知轉
  化，流程結束                            化，流程結束
          ↓                                     ↓
      認知轉化                              認知轉化
              ↘                       ↙
                  發生轉化行為
```

圖 4-6　精細加工可能性模型

（二）勸導路徑選擇的兩個決定因素

ELM 模型中精細加工的可能性或勸導路徑的選擇主要由消費者分析信息的動機和分析信息的能力所決定。而馬西尼和賈沃斯克（MacInni and Jaworski, 1989）認為消費者通過何種路徑對廣告信息進行加工取決於其 AMO（即能力、動機、機會）水平。

當動機和能力都較高時，消費者更可趨向於遵從中樞或核心路線；中樞路線包括訴諸理性認知的因素——消費者進行一系列嚴肅的嘗試，以邏輯的方式來評價新的信息。消費者的知識水平較高時往往傾向於理性的選擇。

當其中之一較低時，便趨向於遵從邊緣路線。邊緣路線通過把產品和對另一個事物的態度聯繫起來，從而也包括了感情因素。例如，促使新新人類購買其崇拜的青春偶像在廣告上推薦的某種飲料的原因，實際上與該飲料的特性毫無關係，起作用的是對歌星的喜愛。這是因為人們在對該飲料本身的特性不太瞭解的情況下，只能通過該信息的外圍因素（如產品包裝、廣告形象吸引力或信息的

表達方式）來決定該信息的可信性。

(三) 影響動機和能力的因素

(1) 廣告媒體。消費者越能控制廣告展示步驟，就越可能遵循中樞路線。例如，印刷廣告比速度較快的電視廣告和廣播廣告有更高的認識詳盡程度，廣播媒體更可能形成邊緣路線態度。

(2) 參與或動機。消費者對廣告內容越有興趣，廣告信息與受眾的相關度越高、對受眾越重要，參與度就越高，就越能產生總體的更詳盡的認識，從而以中樞路線形成態度。如果消費者不在意廣告說了些什麼，那麼就可能從邊緣路線形成態度。

(3) 知識水平。知識豐富的人比缺乏知識的人可以產生更多的與信息相關的思想，將更傾向於從中樞路線形成態度。如果消費者不太清楚廣告說了些什麼，那麼就可能從邊緣路線形成態度。

(4) 理解。不管是因為其知識水平較低還是時間不允許，只要消費者無法理解廣告的信息，他們就將傾向於從廣告來源或其他周邊暗示裡去理解廣告，而不是通過廣告去理解廣告信息。

(5) 注意力分散。如果觀看廣告的環境或廣告本身使消費者注意力分散，他們將很少產生與信息相關的思想，這將減少中樞路線的可能性。

(6) 情緒。如果廣告引發消費者的積極情緒，使消費者心情舒暢，他們則一般不願花精力去思考廣告內容，態度形成更遵從邊緣路線。

(7) 認識的需要。一些人本身就願意思考問題（也就是說他們認識問題的需要較大），他們經常產生與信息相關思想，其態度形成更遵從中樞路線。

許多研究都驗證了 ELM 模型的有效性。例如，維治寧等（Vidrine，2007）進行了一項基於事實的吸菸危害信息和基於情感的吸菸危害信息對不同認知需求水平者的健康危害感知的研究，結果表明基於事實的危害信息對高認知需求者影響更大，基於感性的危害信息對低認知需求者的影響更大。多格（Dorge，1989）研究了廣告結構對廣告信息加工的影響，發現：在精細化可能性高的條件下，消費者傾向於加工含有比較性的信息的廣告；而在精細化可能性低的條件下，消費者傾向於加工非比較性的廣告。這是因為比較性廣告能提高受眾的捲入程度，激發產生更多的相關知識經驗，促使他們「仔細而徹底地思考」廣告內容，因此傾向於採用中樞路徑，反之，非比較性廣告則傾向於採用邊緣路徑。思切曼等（Schumann，1990）分別檢驗了在信息適合度高和信息適合度低的條件下，廣告

重複時變化的類型數目對消費者態度的影響。結果發現，在適合度低的狀況下，廣告少量的變化效果最好；而在適合度高的條件下，廣告表現時應採用盡可能多的變化形式。卡斯珀等（Cacioppo，1983）指出，對認知存在高需求的個體更可能積極加工和評價信息。有研究證明，對這類消費者，強硬的爭論比弱爭論更具勸說效果；而對認知需求低的個體，情況正好相反，太多的爭論反而會使其無所適從、難以決策。吳麗穎（2010）對於高捲入度、高知名度產品，可以使用理性訴求與感性訴求相結合的廣告來宣傳，這樣既可以同時啟動受眾信息加工的中樞路線和邊緣路線，即受眾在攝取到更多信息的同時也會有情感反應，便於充分發揮受眾的心理資源；對於高捲入度、低知名度產品無論採取何種訴求方式的廣告進行宣傳，受眾均沒有表現出要購買的意願；對於低捲入度產品，應該主要通過以感性訴求為主的方式進行宣傳。

五、信息傳播與消費者態度轉變

拉斯威爾（Lasswell，1948）在《傳播在社會中的結構與功能》一書中提出5W模式，指出信息傳播的五大要素為傳播者、傳播的信息、傳播媒介、受眾和傳播效果。在這些傳播要素之間，存在著編碼、譯碼、反饋以及干擾等動作。

與傳統媒體廣告相比，網路廣告在這些傳播要素中均有獨特之處。例如，網路廣告可以定向投送，即時溝通，提供功能強勁的搜索引擎和超連結，因而其媒介特徵兼具傳播媒介和行銷渠道媒介。從信息特點上看，網路廣告信息量大、形式多樣、容易獲取且呈高度集成的特徵。從傳受關係上看，傳統廣告的傳播方式是單向的，受眾是被動的，廣告主也很難得到有效的、精確的反饋，而網路廣告是雙向互動的，受眾可以在網路上主動搜索想要的信息，而這些行為又會反過來告訴廣告主消費者的需要或興趣是什麼。

（一）傳播者的特點

（1）可信性。主要是指傳播者的正直性、誠實性、信任性。它與傳播者的地位、主管部門、動機、態度、個性特徵、儀表風度等都有關。它往往決定宣傳影響力的有無，例如中央級或其他主流媒體比較嚴謹，可信性就較高，而很多消費者對商業信息來源缺乏信任，因為他們認為商業信息的傳遞者難以做到客觀、公正。同時，人們對宣傳者有否通過宣傳而獲得某種個人利益的動機的判斷，也是評價可信性的主要依據。比如，如果人們認為著名的影視明星只是為了獲取巨額廣告費用而向消費者推薦商品，這種宣傳的可信性就會大打折扣。

（2）可靠性。它與宣傳者的專業水平、社會地位、職業資格、知識經驗有關。它往往決定宣傳影響力的大小。內行、老專家、權威機構、中央級宣傳媒體等都有較高的可靠性，容易使人信服並轉變態度。例如，藥品廣告中，採用一位醫生介紹的作用同採用一位喜劇演員介紹相比，前者會有更大的說服力，但可能違反廣告法規。

有關意見領袖的研究也印證了這一觀點，發現意見領袖的一個主要特徵就是具備出眾的產品知識和產品經驗。相比非專業人士，專家可以提供更多、更廣泛的產品知識。

（3）親和性。宣傳者能否讓人感到親近和喜歡，也是影響宣傳說服效果的重要因素。它主要與個人吸引力和態度相似性兩個因素有關。比如影星、歌星、體育明星以及某些思想觀點與接受者相近的宣傳者，就具有一定的親和性。它使接受者願意認同和模仿宣傳者的態度。

名人作為信息源有助於態度改變的原因有多種：名人受人喜愛；能吸引人們更多的注意；或者，人們更信賴他們；消費者也許願意將自己與名人相提並論或效法名人；消費者也許把名人的特徵與產品的某些屬性聯繫起來，而這些屬性恰好是他們所需要或渴望的。所以，如果名人的形象與產品的個性或目標市場消費者實際的或所渴望的自我形象相一致，往往能提高使用名人信息源的效果。圖4-7中所顯示的三個成分很好地匹配時，就能有效地促成消費者態度的改變。

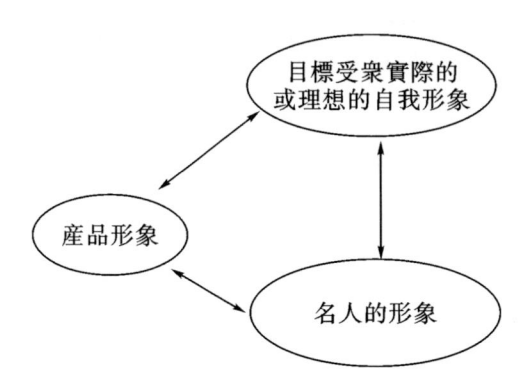

圖4-7　名人形象與產品和目標受眾的匹配

即使並非名人的形象代言人，如果具有外表或形體魅力，能吸引人注意和引起好感，也會增強說服的效果。這其中可能有「光環效應」的的作用。但是，雖然漂亮的模特更容易引起觀眾的注意，但在引導觀眾認真理解廣告信息時的作

用可能並不大。相反，觀眾可能因為欣賞廣告中漂亮或英俊的人物（並由此產生好心情）而忽視了對廣告信息的關注和理解，也沒有影響其對產品態度的轉變或購買傾向。此外，要使形體魅力在廣告中發揮作用，還必須與其他因素結合起來使用。例如，當產品與消費者的外表魅力有關時，如香水、洗髮劑、護膚品、珠寶等，有魅力的代言人才會更有說服效果；否則，如果廣告宣傳的是咖啡、筆記本電腦等與性感或魅力無關的產品，其效果就會受到限制。這表明，使用外表漂亮、性感的代言人做廣告，並非在任何情況下都是合適的。如果廣告中女模特的色情味太濃，也許會提高產品的注意度，但也可能會使企業形象受到負面影響，結果未必會提高產品的銷量。

以「典型」消費者作為形象代言人是「親和性」的另一種應用。人們一般更喜歡和自己相似的人接觸和相處，從而更容易受到他的影響。如果形象代言人給人的印象就像鄰居（鄰家男孩、女孩或大嬸）一樣普通、親切，他便很容易贏得消費者的信任和好感。T. 布瑞克曾於 20 世紀 60 年代做過一個有趣的試驗。他讓一些賣化妝品的營業員勸說顧客購買一種化妝品，其中一部分營業員扮演有專長但與顧客無相似之處的角色，另一部分營業員則扮演與顧客身分相似但無專長的角色。結果發現，沒有專長但與顧客有相似性的勸說者比有專長而與顧客無相似性的勸說者對顧客的勸說更為有效。

所以，企業應根據其產品的性質和定位以及目標消費者的特徵選擇適合自己的形象代言人。例如，從產品特點來看，專家型代言人對影響消費者對實用產品（如吸塵器、治療頑固性疾病的藥品）的態度會非常有效；名人作為珠寶、家具之類社會風險較高產品的代言人，效果將會更好；在推薦食品、飲料、家用洗滌劑、普通化妝品時，「典型消費者」則是很能打動人心的一種形象代言人。

有研究表明，宣傳者的威信對消費者的影響只是一時性的。隨著時間的延續，宣傳者特點的作用逐漸減弱，人們的態度更多地受宣傳材料的內容與觀點的影響，以至於最后接受者的態度變化與宣傳者有無聲譽並無明顯的關係。所以，為了取得一時的效果，聘用聲譽高的信息傳遞者是一個決定性的措施，但要取得長期的效果就還應充分重視信息的內容等其他因素。

（二）信息的形式

1. 圖像信息與文字信息

圖像的刺激可以產生巨大的衝擊力，尤其是當傳播者希望引起接受者感性的反應時，生動而富有創意的圖像畫面能發揮很好的效果。但是，在傳遞實質性的

信息內容上，畫面的效果卻並不理想。研究發現，當內容信息相同的廣告採用不同的表現形式，即分別採用圖像形式或文字形式進行表達時，消費者會有不同的反應。文字形式有助於影響消費者對產品效用、功能方面的評價，而圖像形式則在審美評價方面具有較大的影響力。而當文字與圖像表述結合在一起，特別是當圖像與文字表述相吻合時（即畫面中的廣告語言與圖像緊密聯繫），文字表述會更加有效。

文字信息需要接受者付出更大的認知努力，它更適合於高度參與的情況。當消費者的參與程度較高，他們才會更多地注意和閱讀文字材料。文字信息也更容易被遺忘，因此需要有更多的信息接觸，方可獲得理想的效果。相比之下，圖像則可以使接受者在解釋信息時對信息的印象更加深刻，加深印象的結果是在人們的記憶中留下深刻的痕跡，不至於隨時間的推移而被遺忘。

圖像形式的信息可以通過兩種途徑影響人們對產品或品牌的態度：第一，消費者會因為廣告中的圖像畫面所形成的意象而建立或改變對該產品或品牌的信念。例如，在面巾紙印刷廣告中，插入一張日落的照片，會使得消費者聯想到這種產品具有迷人的色彩。第二，由圖像所引起的某種強烈的正面或負面的情感反應，將影響消費者對廣告的態度，進而影響其對品牌的態度。實際上，文字（或語言）形式的信息也是通過這兩種途徑，從而最終影響消費者對於品牌的態度。圖4-8中的雙因素模型描述了這一過程。總之，文字和圖像形式的信息在影響和改變消費者態度方面各有利弊，因而需要將這兩種形式充分結合起來加以運用。

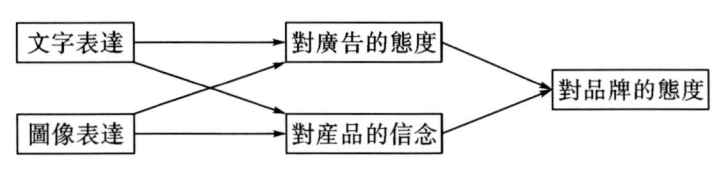

圖4-8　廣告影響品牌態度的雙因素模型

採用何種信息形式也要根據具體情況來定。如日本豐田花冠汽車在德國的廣告主要是傳播信息，試圖影響有關此品牌的信念，沒有建立一個整體形象和氣氛。而在美國的廣告則完全是形象導向，沒有介紹產品，而是試圖通過建立一種奢華的氣氛來影響消費者對品牌的評估。

2. 活動方式

心理學家勒溫（Lewin）曾進行過「不同的活動方式對美國主婦改變吃動物

內臟的態度」的實驗研究。結果證明：實驗組的主婦主動、積極地參與群體的討論、操作等有關活動，態度的轉變比較顯著；而控制組的主婦只單純地接受講解，被動地參與群體的活動，就很少把演講的內容與自己相聯繫，因此態度也難以轉變。所以，個體態度的轉變依賴於其參加活動的方式。在行銷活動中，讓消費者積極參與動手操作、試用、示範、質量懇談會、參觀產品的生產和加工過程或讓消費者直接參與產品的加工製作及檢驗過程，就能提高消費者的興趣和信任感，從而比單純講解、宣傳的效果好。

從邏輯上來說，態度應該在行為之前，即我們將期望消費者先形成一個對某事物的態度，然后依照態度行事。但在一些情況下，似乎人們首先行動，然后才形成相應的態度。行銷者常常努力於鼓勵人們先購買或試用，影響其對產品的認知和情感，然后形成態度。例如，試用、演示和贈券在形成態度和行為一貫性中，都比廣告更強有力。沒有試用經驗就形成的態度可能是不穩定的。在這種情形下，「百事可樂挑戰」代表著一種說服人們相信百事可樂比可口可樂更好的方式。每年夏天，購物中心和海邊旅遊勝地就支起了小攤，提供路人在雙盲的味覺品嘗中比較百事可樂和可口可樂的機會。人們經常會很驚異地發現他們實際上更喜歡百事可樂。

（三）信息的結構

1. 單面說明與雙面說明

單面說明是指信息傳遞者只介紹商品好的一面，而不提及商品可能具有的任何消極特徵或競爭商品可能具備的任何優越性；雙面說明則介紹正反兩方面的情況，將有利與不利的情況都加以介紹，只是強調優點強於缺點，給人們留下一種瑕不掩瑜的深刻印象。研究表明，如果消費者現有的態度與宣傳者一致，或消費者對所接觸的問題不太熟悉時，即讓消費者發生一致性的態度轉變，採用單面說明能最有效地強化其現有的態度。而如果消費者還存在疑慮，或對有關問題還存在分歧與爭論時，就宜採用雙面說明的方式。從消費者的特點上看，如果其文化程度或有關知識及能力水平較高，善於獨立思考，雙面說明可以幫助其比較鑑別，效果就較好；而如果對方知識和能力水平較低，單刀直入的單面說明效果較好。從時效上看，單面說明產生的即時效果優於雙面說明；在長期效果上，雙面說明的效果有上升趨勢，而單面說明的效果有下降的趨勢。

相比而言，雙面宣傳更易贏得消費者的信任，並有效地避免消費者產生逆反心理，所以，有時說出自身產品的某些無關緊要的不足之處，可以體現出行銷者

的「客觀性立場」，從而提高宣傳的可信度。但同時，它可能降低信息的衝擊力，從而影響傳播效果。因此，企業在傳播過程中是否運用雙面論證，最好事先通過市場調查瞭解消費者反應後，再慎重決定。

心理學實驗表明，由於首因效應和近因效應的存在，最先和最後闡述的觀點往往影響力較大。所以，在雙面宣傳的內容組織上，可以先提綱挈領地提出有利的正面材料，產生先入為主的效果，然後把反面材料放在中間部分，最後再對正面觀點進行綜合總結，以取得更好的效果。

資料連結：雙面信息容易取得消費者信任

一直強調商品優點的推銷術，真的能夠吸引顧客嗎？

其實，顧客心中想的事情通常是：「全部說商品的優點，反而令人生疑。」換句話說，顧客並不會因為推銷人員強調產品的好處，而欣然埋單，反而是抱著「太好的事情不能當真」的觀點、產生「莫非是有什麼不可告人的產品缺陷」的疑問，將推銷員說的話「大打折扣」。

推銷人員必須瞭解消費者的這種心理，將產品說得太完美，難免會讓人覺得水分大，起到相反的效果。畢竟，商品多少會有不完美的地方，因此不妨使用另一種方式，那就是強調產品缺點，引發顧客的興趣，進而建立彼此之間的信任。

以數字相機為例，太輕的相機可以說：「這臺相機很輕便，每天放在包包裡也不會增加負擔。不過，因為重量太輕，拍攝時可能會容易晃動，如果擔心的話，我們有防手震的設計，可以克服這個缺點。」

相反地，如果是太重的相機則可以解釋說：「這款相機的液晶屏幕設計為9厘米這麼大，希望老年人也能看得清楚。而且鏡頭帶有廣角功能，變焦範圍比一般相機大，所以相機整體重量較重，不過優點是可以端得比較穩。」

當然，若能以推銷人員的使用經驗為出發點、站在顧客的角度設想，則更有說服力。例如：「我也在使用這款商品，跟其他競爭產品比較起來，運作速度可能不是那麼快。不過，研發人員告訴我，這項商品是以產品壽命為首要考慮，速度與耐久性無法兩全其美，因此只能捨棄一定的速度。現在經濟不景氣，大家買新東西總是希望可以耐用一點，所以如果您重視產品壽命長一些的話，或許還是可以接受速度慢一點的問題。」

資料來源：佚名．產品缺點不隱藏，引誘顧客好奇贏得信任［EB/OL］．http://club.qingdaonews.com/showAnnounce_133_3816376_1_0.htm．

2. 結論的明確性

商業宣傳中，可以明確地提出已有的結論，也可以只提供足以引出結論的支持性材料，由消費者自己來下結論。一般而言，採取明確結論的形式，可以避免消費者的推斷與信息發送者的期望發生偏離，能更有效地轉變消費者的態度，特別是在短期內尤為明顯。但是如果企業或商品在消費者心目中尚未建立起信譽，採用有一定重複的、非明確結論的宣傳，可以取得較好的效果，尤其對於某些文化水平較高的人，可以激發其興趣和探究心。經由消費者自己的思考而得出的結論，會使其態度更堅定、更有參考價值。

一則廣告是否應給出明確結論依賴於消費者對廣告或產品的參與程度及廣告信息的複雜程度。一般來說，如果產品或廣告信息與消費者個人的關聯性強，消費者就會關注信息，並自然而然地產生推論。如果討論的內容複雜或不易被理解，或者消費者缺乏參與該廣告的積極性，則在廣告中直接給出結論會更有效。

小案例：麥當勞的「老朋友見面吧」主題活動

在麥當勞和人人網推出的「老朋友見面吧」主題活動中，所有邀請好友見面的用戶都可以下載麥當勞優惠券以及限時半價優惠，促使消費者到店消費。據尼爾森的跟蹤調研報告，在人人網上參與麥當勞「見面吧」活動的用戶中有超過50%的人到麥當勞店內進行了消費，直接參與活動的用戶對麥當勞品牌好感度提升了33%。這種社交網路廣告讓網路與現實更加緊密的結合，使得廣告的單向傳遞更好地轉換為與受眾的互動。

資料來源：雷哲超．從大數據到社交網路——論廣告2_0時代廣告投入方式的改變及趨勢［J］．現代行銷：學苑版，2014（12）．

3. 信息量

產品信息量必須適度，做到言簡意賅。信息量不足，則消費者可能理解困難；而信息量太大，又可能使消費者難以處理太多的信息，產生混亂現象，並降低對重要方面的理解。

(四) 信息的傳播渠道

1. 信息傳播渠道

信息傳播的渠道可能是經營者控制的，如廣告、包裝、產品說明、行銷人員

推銷等；也可以是消費者控制的，如周圍親友或其他消費者不拘形式的口傳信息或輿論；也可以是中立的信息，如報刊的新聞報導、商品評價、市場信息等。一般而言，口傳信息比報刊、櫥窗或櫃臺宣傳所傳遞的信息對消費者的影響作用更大；行銷者面對消費者進行宣傳的效果大於通過廣播、報刊等傳播媒介的宣傳效果。其原因主要是因為產生了「自己人效應」，即宣傳者與消費者地位相似、觀點相近、感情親近，就可以避免宣傳的強加性，而增加可信性和親和性，從而提高宣傳的效果。當然，各種信息渠道是可以互相補充的，它們往往在消費者態度形成和改變的不同階段有著不同的影響作用。比如，廣告等商品經營者所控制的渠道給消費者提供了最初的信息，而口傳信息則在消費者購買前起著最后信息源和決定性的作用。

有研究表明，親朋好友間的口碑信息在影響消費者決策及行為轉變方面扮演著極為重要的角色，具有相當大的說服力和影響力。卡茲和拉扎斯費爾德（Katz and Lazarsfeld）發現，有60％的受訪者認為口碑是最具有決策影響力的信息來源；在影響消費者購買家庭用品或食品時，口碑對消費者轉換品牌的影響力是報刊的7倍、人員推銷的4倍；在促使消費者態度由否定、中立到肯定的轉變過程中，口碑傳播所起的作用則是廣告的9倍。

口碑能夠對消費者的態度產生影響，是因為口碑具有如下特點：

＊口碑是高可信度的信源。在與親戚、朋友、同事等周圍人交談有關消費問題的時候，一般不受什麼限制或約束，他們之間相互信任程度較高，很自然地能接受周圍人的意見；

＊口碑信息流動的方式不像廣告那樣是單向的，口碑溝通是雙向的，即在溝通過程中隨時提出問題，從而獲得自己想要獲得的信息；

＊口碑信息更具有活力，更容易進入消費者的記憶系統；

＊相比其他傳播方式，口碑信息受干擾的影響比較小。

2. 宣傳頻度

一般而言，反覆多次的宣傳有利於消費者對商品態度的轉變。這是因為重複可以增加消費者對內容的注意、記憶和理解；也可以因重複產生一種暗示作用，使人們因熟悉而產生信任和好感；重複還可使信息擴散到較廣的範圍，當人們多次聽到來自不同信息源的同樣信息時，就容易相信了。所以，如果同一信息在不同的地點或通過不同的傳播途徑多次作用於消費者，就更容易使消費者相信。但是，單調乏味、缺乏吸引力和說服力的重複卻可能產生相反的效果。因而，重複

宣傳應當新穎、變化並有適當的時間間隔，以避免重複可能引起的副作用。

(五) 信息的訴求方式

1. 情感訴求與理智訴求

「以情動人」的情感訴求往往對人有較強的影響力和感染力，但效果容易消失；而「以理服人」的理智訴求產生的效果保持時間較長。所以，如果要取得立竿見影或氣氛熱烈的效果，應運用情感性的訴求以及幽默、新奇、生動、有趣等富有情緒色彩的宣傳手段，激發出消費者情感上的共鳴；但如果要使宣傳收到長期的效果，就需依據充分說理的理智手段。一般來說，對於文化程度較高的人，尤其是對宣傳的商品比較關心的人，理性因素的影響較大；而對文化程度較低的人，情緒性因素的影響較大。在多數情況下，情理結合式的宣傳往往能兼顧不同對象的特點，還能收到既迅速又持久的效果。例如，可先用富有情緒色彩的宣傳介紹方式，引起消費者的注意和興趣，繼而通過理性論述，使其在思想上迅速接納行銷者的觀點和態度。

從廣告來看，那些能激起溫馨感的廣告能引起一種生理反應，它們比中性廣告更受喜愛，並使消費者對產品產生更積極的態度。情感性廣告已成為電視廣告的主要形式。情感性廣告的設計主要是為了建立積極的情感反應，而不是為了提供產品信息或購買理由。情感性廣告能通過增加以下內容而促進態度的形成和改變：廣告吸引和保持受眾注意力的能力；大腦對廣告信息的處理水平；消費者對廣告的記憶；對廣告本身的喜愛；經由經典性條件反射形成對產品的喜愛；經高捲入狀態處理而形成對產品的喜愛等。但是，情感性廣告比較適合那些追求享樂消費的目標群體或主要為消費者創造特殊體驗的產品，但未必適合功能性產品。另外，情感訴求存在不能傳遞足夠信息的風險。當消費者存在認知的需要（消費者還未形成有效的認知）、其產品參與度較高時，情感訴求的效果就會受到限制。

2. 恐懼訴求

為了影響消費者的態度，既可以告訴消費者使用商品的好處，即正面訴求；也可以告訴消費者不使用這種商品會導致的不良后果，即恐懼或反面訴求。反面訴求也被稱為「恐懼喚起」，它強調態度和行為如果不做改變將會面臨一系列令人不快的后果。

例如，有一個老菸民，菸癮特重，身體也不是很好，所以他一直都很想戒菸。儘管他使出了渾身解數，仍然沒有戒掉。后來，有位心理諮詢師給這位老菸

民看了兩張照片：一張是不吸菸的健康人的肺；另一張是因為吸菸而患有肺癌的病人的肺。這個有著30年菸癮的老菸民看著被厚厚的焦油覆蓋並損壞的肺忍不住打了一個寒噤，他徹底地被震撼了。看完后他什麼也沒說，就低頭離開了。從此以後，他就再也沒有吸過菸。這就是因為恐懼感極大地加強了他戒菸的態度和決心。

恐懼訴求主要涉及身體方面的恐懼（如吸菸引起的身體損害、不安全的駕駛等）或社會恐懼（如他人對於不合適的穿著、口臭等）。有時，利用消費者的恐懼心理更為有效，尤其是以年輕人為對象的效果較好。但是，所誘導的恐懼程度不能太高，否則會引起人的曲解或拒絕觀看。如圖4-9所示：

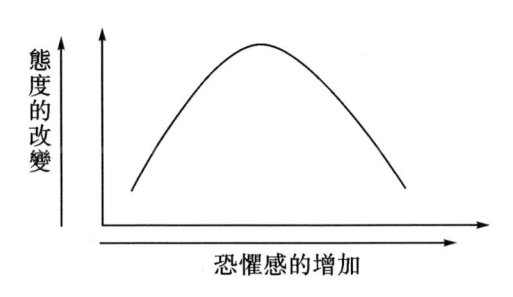

圖4-9　恐懼強度與態度改變之間的關係

3. 價值表現訴求與功能性訴求

價值表現訴求試圖為產品建立一種個性或為產品使用者創造一種形象。功能性訴求則側重於向消費者說明產品的某種或多種對他們很重要的功用。

一般地說，功能性訴求對於實用產品較有效，價值表現訴求對於感性產品較有效。也就是說，對於草坪肥料一般不應採用形象廣告，對於香水一般不應採用事實性廣告。但是，諸如汽車、化妝品、服裝之類產品既有實用功能又有體現價值的功能，哪種廣告訴求更適合這些產品呢？對此不能一概而論。有些行銷者同時選擇兩種，有些則只使用一種，還有一些行銷者根據不同的細分市場使用不同的訴求。

例如，M&M糖果公司在市場調查中發現在當時的美國巧克力市場中，只有M&M巧克力有糖衣。於是，對這個原本不起眼的一個產品特徵大做文章，因為巧克力容易在溫暖的環境下融化，影響它純正的口味，而糖衣能夠延緩它的融化。廣告構思是：在電視廣告中只見到兩只手，旁白道：M&M巧克力「只融在口，不融在手」。該廣告創意體現了產品獨特的優點，簡單清晰，廣告詞朗朗上

口，很快就家喻戶曉。從市場行銷學的「獨立銷售主張說」（USP 說）的觀點看，每則廣告必須向顧客提出一個競爭對手所不能或不曾提出的許諾。

沃爾沃曾試圖將其冷酷、可靠的產品形象轉變成一種歡樂與幻想結合的形象，但其獲得的成功相當有限，使得它只得回到更為注重實際、強調其安全屬性的主題上去。

4. 幽默訴求

好的幽默表現不但能提高廣告的注目度，而且也有好的信息傳遞效果。在廣告中使用幽默訴求，可以使受眾在接收有關廣告信息時產生一種愉快的或積極的情緒，從而轉變消費者的態度或行為。

幽默訴求產生作用的前提有兩個方面：真正展現產品將帶給消費者的利益、幽默必須與產品之間有天然的聯繫。

5. 訴求意圖的明顯性

一般地說，採用意會、含蓄、暗示等手段，可以減少直接宣傳的強加性，有利於消費者態度轉變；而當消費者知道了行銷者要求自己態度轉變的企圖時，就容易產生反感和戒備心理，並盡量迴避行銷者，因而宣傳效果就會下降。所以，善於勸導、推銷的人，往往是在對象毫無思想準備的情況下，不知不覺地開始他的宣傳說服工作。利用電影、文學作品或各種公關活動宣傳商品，即所謂「植入式廣告」，往往可以取得「『無心』插柳柳成蔭」之效。

例如，在電影《天下無賊》中，為諾基亞手機植入廣告的畫面：

＊在寺廟中，劉德華偷了一大袋子手機，他拉開旅行袋，特寫鏡頭上可以看出品牌都是諾基亞；

＊影片中，人物之間頻繁地用短信的形式溝通，多次展現手機屏幕和 LOGO 的特寫；

＊影片結尾，劉德華為保護傻根的 6 萬元而死在了火車夾層中，臨死前給劉若英發短信，配合劇情鏡頭極為自然地緩緩地從劉德華的臉轉到身旁的手機上。

思考一下：找到並描述從以下方面促成消費者態度形成或改變的廣告：a. 可靠的信息源；b. 名人信息源；c. 幽默訴求；d. 恐懼訴求；e. 比較性訴求；f. 情感性訴求

第五章
消費者的個性、自我概念與生活方式

　　心理學認為，在 S—O—R 這一行為模式中，人的個性心理差異起著重要的調節作用，是人們行為差異的心理基礎。消費者在購買活動中發生的感知、記憶、思維、情感、意志和心理傾向等心理現象，既體現了人的心理活動的一般規律，又反應著心理活動的個人特點，由此形成各具特色的消費者購買行為。研究和瞭解消費者的個性心理，不僅可以解釋他目前的購買行為，還可以在一定程度上預測其以後的消費行為趨向。

　　從行銷的角度看，顯然，行銷者不應試圖去改變消費者的個性，而應在瞭解其個性特徵及對行為影響的基礎上，使行銷策略適應消費者的個性特徵。從消費者來看，「個性化消費」趨勢也越來越明顯，這一方面與消費者物質與文化水平的提高有關，另一方面互聯網與電子商務的發展也為個性化定制化提供了可能。例如，耐克公司曾推出一項名為 NIKEID 的運動鞋網上定做服務，凡到耐克網站購物的用戶都可以根據自己的喜好讓耐克公司為其定制運動鞋、背包、高爾夫球等產品。

第一節　消費者的個性與消費心理

　　儘管迄今為止只有一小部分的研究結果證明了個性與消費行為之間存在著關係，並且還只是一種微弱的關係，但是個性研究及其在行銷中的應用價值仍不能低估。有證據表明，個性對於消費者的信息搜尋行為、產品種類的選擇、產品使用率、新產品採用、品牌忠誠、信息偏好等都具有顯著的影響。

一、個性的含義

　　個性（personality，也有些人翻譯成「人格」），就是表現在一個人身上的那

些經常的、穩定的、本質的心理傾向和心理特徵的總和，以及與之相適應的特徵性的行為方式。人的個性是在先天生理素質基礎上，在一定的社會環境的作用下，通過自身的主觀努力而形成和發展起來的。由於影響個性的因素不同，因而產生了各種各樣的心理特徵，反應在消費者的消費行為活動中自然也多種多樣。

小案例：令人心動的手機

一天早上，你看到了你的同事手裡拿著一款新款的蘋果 iPhone 智能手機，這正是你所心儀的那種，你會即時產生許多不同的念頭，以下的幾種想法，你是那種呢？

這款手機太漂亮了，我一定要擁有它；

就是價格有點高，我不想為炫耀花費太多的錢；

為她感到高興，她的表情使你感到高興；

很想下午就去購買這款手機；

因為她在炫耀，而產生一種厭惡的感覺；

決心不買這款手機，因為我不想與她相同；

有點自卑，因為自己還沒有能力購買；

對自己的男友不滿，因為他沒有送給自己這款手機⋯⋯

由於個性特徵豐富多彩，根據不同的標準，可以對個性進行多種不同的分類。例如，美國學者 Sporles 等（1,9,5,6）以美國高中生為樣本成功測量出了八類消費者的個性決策型態：①完美主義型，這類消費者追求最高質量的產品，對消費品有很高的標準和期望，對產品的品質和功能十分關心；②經濟實惠型，這類消費者追求低價和物超所值，並可能成為在不同商店和品牌之間進行細緻比較的購物者；③品牌認知型，這類消費者的選購定位於昂貴的和著名的品牌，並把商品價格當作質量的指示器；④新潮時尚型，這類消費者喜歡並能夠從尋求新物品中得到刺激和樂趣，十分關注消費的新時尚與新潮流；⑤時間節約型，這類消費者盡量避免逛商店，即使有必要，也是速戰速決，他們可能為了節約時間和貪圖方便而不顧匆忙所導致的質量風險；⑥困惑不決型，這類消費者感覺所有商店大同小異，同類產品品牌十分相似，從而無法進行有效的購買決策，常從親朋好友處尋求決策支持；⑦粗心衝動型，這類消費者並不事先擬定購物計劃，也不關

心他們花銷的多少；⑧忠誠習慣型，這類消費者傾向於在自己最喜歡的商店購買最喜歡的品牌，它包括「商店忠誠型」和「品牌忠誠型」兩個亞型。應當注意，類型說是從「質」的方面劃分個性類型，但實際上，人們的個性特徵大多只是在「量」方面存在差異。所以，很多人並不是某種典型個性類型，而是中間型或混合型。不同個性類型的消費者必有與其個性相對應的消費心理。

與類型說相對的個性理論是特質說。特質說並不把個性分為絕對的類型，而認為個性是由描述一般反應傾向的一組多維特質組成的，每個人在這些維度上都有不同的表現。比如，成功欲、社交性、攻擊性、慷慨等都是可以用來描述個體特質的維度，但每個人在這些方面表現程度都可能是不同的。

比較而言，特質說的許多研究結論對行銷更具有啟發意義。例如，一項對吸菸行為的研究發現，那些吸菸較多的人對異性、攻擊性及成就評價較高，而對秩序和服從評價較低。同時，吸菸多的人更有可能追逐權力和競爭力，而且更有可能受到與性有關的主題和符號的影響。他們並不像非吸菸者那樣具有強迫性和順從性。因為這種對權力和競爭力的強調，萬寶路牛仔成為最成功的香菸廣告也就不足為奇了。

消費者的個性心理與其消費行為有著密切的關係，消費行為會受到多種個性心理因素的共同作用。例如，當百事可樂推出水晶百事以迎合消費者對清爽、自然口味的需求時，它立即獲取了 2% 的軟飲料市場，使它成了一個價值 10 億美元的品牌。但銷售很快下滑了，為什麼呢？除了一部分消費者能如公司期望的那樣將清爽、天然與健康相聯繫外，許多消費者期望它有百事可樂般的味道（而實際上它沒有），還有一些消費者將水晶百事清澈的液體（符號）簡單地與水聯繫了起來，將水晶百事解釋為一種稀釋的、多水的飲料，從而「低估」了水晶百事的價值。在這些不同的反應中，消費者個體的差異起到了決定性的作用。

二、個性與消費心理

（一）品牌個性

隨著社會經濟的發展和當代消費文化的變遷，象徵消費已不再是少數富人所享有的一種特權，相反已成為普通大眾的一種日常消費形式。當品牌具有了象徵意義，便出現了品牌個性的概念。品牌個性主要指品牌的象徵性特質。在消費者與品牌的互動過程中，消費者往往會與品牌建立起一定的情感關係，消費者也常常將品牌視為帶有某些人格特徵的「朋友」。

在消費活動中，消費者總是賦予品牌某些「個性」特徵，即使品牌本身並沒有被特意塑造成這種「個性」，或者那些「個性」特徵並非行銷者所期望的。但在多數情況下，品牌個性是由產品自身特性和廣告宣傳所賦予，並在此基礎上消費者對這些特性的感知。不同品牌個性的產品所針對的目標顧客顯然也是不同的。例如，某公司為它新推出的4個品牌的啤酒創作了4則商業廣告。每則廣告代表一個新品牌，每一品牌被描繪成適用於某一特定個性的消費者。其中，有一個品牌的廣告上是一位「補償型飲酒者」，他正值中年，有獻身精神，對他來說，喝啤酒是對自己無私奉獻的一種犒勞。其他幾個品牌分別被賦予「社交飲酒者」（如校園聯誼會上的豪飲者）、「酒鬼」（認為自己很失敗而嗜酒）等「個性」。該試驗讓250位飲酒者觀看過4則廣告並品嘗廣告中宣傳的4種品牌的啤酒。然後，讓他們按喜歡程度對啤酒排序，同時填寫一份測量其「飲酒個性」的問卷。試驗結果顯示，大多數人喜歡品牌個性與他們的個性相一致的啤酒。這種好惡傾向非常強烈以至於大多數人認為至少有一種品牌的啤酒不適於飲用。他們不知道，其實這4個品牌的啤酒是同一種啤酒。看來，那些商業廣告所創造的產品「個性」確實吸引了具有類似個性的消費者。

研究表明，許多產品的個性與產品選擇存在聯繫，相關係數一般都在 0.3 以上。當某個品牌的個性和消費者的個性保持一致時，這個品牌將會更受歡迎。既然個性會影響產品和品牌的選擇，在行銷實踐中，企業的產品和品牌自然就不可避免地要迎合消費者個性的狀況，體現出其個性與特質。而各類商業廣告在創造品牌「個性」以便吸引具有類似個性的消費者前去購買等方面功不可沒。

品牌個性是品牌形象的一部分，是一個品牌與另一個品牌相區別的重要因素。許多消費品都擁有品牌個性，消費者也傾向於購買那些與他們自己具有相似個性的產品或那些使他們感到能讓自己的某些個性弱點得到彌補的產品。例如，某品牌的香水可能表現出青春、性感和冒險，它更受性格外向的女士喜歡；而另一個品牌的香水可能顯得莊重、保守和高貴典雅，易受性格內向的女士喜歡。具有不同個性的香水，會被不同類型的消費者購買或在不同的場合使用。

思考一下：如果以下品牌是一個人，你認為它屬於哪種類型的人呢？或者說哪位明星更適合作該品牌的廣告代言人呢？

品牌：TCL、美的、康佳、海爾、方太、小天鵝、波導

明星：濮存曦、蔣雯麗、章子怡、周杰倫、成龍、張柏芝……

(二)個性與購買決策

在消費者的決策過程中，個性也會起一定的作用，也就是說，個性不同，在購買決策過程中的表現也不同。從個性角度把握消費者購買決策過程差異的變量有認知慾望和 T 性個性等方面。

1. 認知慾望

認知慾望是指人愛思考的傾向，是把握個性差異的變量。就是說，認知慾望反應的是「個人思考多少」「愛思考的程度如何」等問題。認知慾望高的消費者（愛思考的消費者）比認知慾望低的消費者（不願思考的消費者）更注意信息的質量，而認知慾望低的消費者比認知慾望高的消費者更容易受像廣告模特那樣的邊緣刺激的影響。

2. 風險承擔

任何一個消費主體天生有一種防範風險的意識和能力，當然這種意識和能力是有差別的。風險承擔是指消費者是否願意承擔風險的個性差異。一些消費者被描繪成「T 型顧客」（Thrillseekers），這類顧客較一般人具有更高的尋求刺激的需要，追求新奇，容易厭倦，他們具有追求冒險的內在傾向，更可能將成功和能力視為生活的目標。與此相反，風險規避者在購買決策過程中總是憂慮，擔心受損失。

3. 自我掌握或自我駕馭

自我掌握或自我駕馭自然也會影響決策。國外學者辛德將自我駕馭界定為這樣一種個性品質，它反應個體是更多地受內部線索（Internal Cues）還是更多地受外部線索（External Cues）的影響。消費者自我駕馭程度是高低不一的。自我駕馭程度低的個體，對自身內在的感受、信念和態度特別敏感，並認為行為主要受自己所持有的信念和價值觀等內在線索的影響。與此相反，自我駕馭程度高的個體，對內在信念和價值觀不太敏感。國外學者凡恩和舒曼發現，消費者與銷售人員的自我駕馭特質存在交互影響。當雙方自我駕馭水平不同時，互動效果更加正面和積極。相反，當雙方自我駕馭水平不相上下時，互動效果不甚明顯。

在商業活動中，可以通過對消費者購買態度、購買情緒、購買行為方式的觀察、分析和判斷，認識消費者的個性特點，並大體區分其個性類型，從而有針對性地做好行銷服務工作。例如具有外向友善型、勇於冒險型或時尚領導型性格的消費者，容易成為商品宣傳、新產品推廣、擴大市場影響的有力助手。

(三) 個性化消費與 C2B 模式

通俗地說,「個性化消費」就是人們要求自己所使用的產品或消費的服務打上自己的烙印,讓產品或服務體現自己獨特的(而不是大家共有的)個性、志趣和心情。

在個性化消費階段,消費者購買商品越來越多的是出於對商品獨到性的考慮,即為了商品的特殊性而購買。商品的個性化特點是通過某些具體的形式表現出來的,這些特點又在一定的程度上顯示出了該商品持有人的社會地位、經濟地位及生活情趣、個人喜好等個性特徵。在這一背景下,很多消費者是憑著自己的感覺、情趣來消費商品和服務的,他們購買商品時,更多地是為了情感上的滿足、心理上的認同。「我喜歡的就是最好的」,這是這一類消費者經常掛在嘴邊的一句話。他們對商品或服務的情感性、誇耀性及符號性價值的要求超過了對商品或服務的物質性的價值及使用價值的要求。「我要購買那些能夠給我帶來個性化生活的東西。我要購買那些能夠讓我創造自己、瞭解自己的東西,購買那些能夠讓我實現心理自主的服務。」這一思想反應出消費個性化的潛在趨勢。

個性化的消費越來越多地表現出了感性消費的特徵。一般來說,傾向於理性消費的消費者追求獲得更多的物質產品,或者物質產品本身具有更強的物理性功能。消費者的購物標準主要是經濟上的合理性,功能價格比是其實際購買行為中自覺或不自覺地採用的標準。而傾向於感性消費的消費者則更青睞商品的象徵性功能(例如:顯示個人的社會地位、經濟實力、文化素養和生活情趣等),以獲得精神上的愉悅,強調的是心理需要。

在網路時代,一個企業為一群消費者服務的大眾化消費時代正逐步演變為一位消費者有一群企業為之服務的個性化消費時代,把傳統的「我生產你購買」模式轉變成「你設計我生產」的模式,「made in internet」的 C2B 模式時代已不再遙遠。雖然消費者不能完全自主自由地設計產品,但至少產品的某一部分可以根據消費者的個性化需要去設計變化。例如,美國通用汽車公司在實施薩頓計劃以後,顧客在該公司的任何一家經銷店都可以坐在電腦旁,任意挑選他們欲購買的汽車顏色、座位、配置等,顧客的要求會很快地傳送到生產企業,並按指定要求及時組裝汽車。海爾推出「我的冰箱我設計」活動不到一個月時間內,就收到 100 多萬臺定制冰箱的訂單,而海爾冰箱年產量首次突破 100 萬臺時,卻用了整整 5 年時間。這些都說明網路時代可以使滿足千差萬別個性化需求的市場行銷成為現實。

C2B 的核心價值在於從用戶需求出發，提供以滿足用戶個性化需求的商品。馬雲在 2015 年漢諾威 IT 博覽會（CeBIT）上宣稱：「未來的世界，生意將是 C2B 而不是 B2C，用戶改變企業，而不是企業向用戶出售——因為我們將有大量的數據；製造商必須個性化，否則他們將非常困難。」小米手機以其「粉絲饑渴行銷 + C2B 預售 + 快速供應鏈回應 + 零庫存」策略，成為手機行業的一匹大黑馬。但小米手機僅僅實現了產品數量的精確定制，還沒有達到產品本身的個性化定制，而后者才是 C2B 模式的要義所在。

C2B 模式的一個重要特徵是企業在做決策之前已經精確知道了顧客的需求，而這並非易事。商家對消費者需求描述的解讀或對消費者行為的數據挖掘，都未必能準確反應消費者的理想需求。小米手機、聚定制主要是通過網路預售或市場調查，瞭解消費者的碎片化需求，然后讓消費者在賣家提供的有限選擇中進行「微定制」，這樣的「個性化產品 + 批量定制」模式還只是 C2B 的初級形態。

資料連結：從青橙手機到小狗電器——互聯網時代的 C2B 個性化定制浪潮

青橙採取 C2B 模式發布了號稱全球首款用戶深度定制的智能手機青橙 N1。青橙 N1 的定制針對每一位消費者，消費者自由搭配的選擇非常廣，涵蓋手機外觀如圖案、色彩、簽名；硬件配置如 CPU、內存、顯示屏分辨率、前后攝像頭；軟件如用戶界面、專屬 App 及售后服務等，這樣一來，用戶搭配出來的結果則是一款專屬於自己的智能手機。

小狗電器曾是第一個進駐國美電器的吸塵器品牌，然而最終卻沒辦法承受傳統渠道的費用成本，最終選擇轉向互聯網，跟線下渠道徹底說再見。隨后小狗電器在 2012 年 5 月的銷售淡季，推出了「聚劃算」全球首發萬人定制團購活動，通過全民投票，定制機型，團購階梯定價，團購越多價格越劃算的形式，3 天熱賣 29,416 件，創造了淘寶家電業有史以來最高的單日銷售紀錄。2013 年 5 月，小狗電器在天貓商城也舉行了一次大規模的定制化活動，眾多網友獻計獻策，其顏色、功能、名稱均為網友定制，最后這款定制機正式命名為「藍盾」，並於 5 月 13 號至 5 月 15 號在天貓商城開始發售。在短短的 3 天時間內就賣出了近 2 萬臺，定制化呈現出巨大潛力。

資料來源：肖明超. 從青橙手機到小狗電器——互聯網時代的 C2B 個性化定制浪潮 [J]. 現代企業教育，2013（17）.

第二節　消費者的自我概念與消費心理

　　如上所述，商品的品牌個性能夠與消費者的個性心理品質相聯結，從而對其消費行為產生影響，實際上這就是品牌個性（或品牌形象）與消費者的自我概念（或自我形象）相一致而產生的結果。在此基礎上形成了「自我概念和品牌形象一致性理論」（Sirgy, 1985）。這一理論認為，包含形象意義的產品通常會激發包含同樣形象的自我概念。例如，一個包含「高貴身分」意義的產品會激發消費者自我概念中的「高貴身分」形象。因此，消費者的自我概念與產品形象一致是影響購買動機的重要因素。例如在購買服裝時，性格外向的人喜歡新穎、時髦的款式和對比強烈的色彩，因為他覺得這樣的選擇符合其自我概念。正是在這個意義上，研究消費者的自我概念對企業行銷特別重要。

一、自我概念的含義

　　自我概念也稱自我形象，是指個人對自己的能力、氣質、性格以及收入、地位等個體特徵的知覺、瞭解和感受的總和。換言之，即自己如何看待自己。自我概念回答的是「我是誰」和「我是什麼樣的人」一類問題。每個人都需要在行為上與他的自我概念保持一致，這種與自我保持一致的行為，有助於維護個人的自尊，也使其行為具有一定的可預見性。如前所述，消費者傾向於選擇那些與其自我概念相一致的產品、品牌或服務，避免選擇與其自我概念相抵觸的產品、品牌和服務。正是在這個意義上，研究消費者的自我概念對企業行銷特別重要。

二、自我概念的構成

　　自我概念實際上是在綜合自己、他人或社會評價的基礎上形成和發展起來的。過去，人們一般認為消費者只有「一個單一的自我」，而且僅對那些能滿足這個唯一自我的產品或服務感興趣。然而，研究表明，把消費者看成具有多重自我的人更有助於理解消費者及其行為。這是因為現實生活中存在著大量這樣的事實：特定的消費者不僅具有不同於其他消費者的行為，而且在不同的情境下也很可能採取不同的行為。在不同的情境下（或在扮演不同的社會角色時），人們往往就像換了一個人一樣。

　　自我概念的構成如表 5-1 所示。

表 5－1　　　　　　　　消費者自我概念的不同層面

自我概念層面	實際的自我概念	理想的自我概念
私人的自我	我實際上如何看自己	我希望如何看自己
社會的自我	別人實際上如何看我	我希望別人如何看我

在不同的條件下，消費者可能選擇不同的自我概念來指導他的態度和行為。例如，就某些日用消費品來說，消費者的購買行為可能由實際的自我概念來指導；對於某些社會可見性較強的商品來說，他們則可能以社會的自我概念來指導其行為。

而心理學家威廉·詹姆士認為，自我概念包括三個構成要素，即物質自我、社會自我和精神自我。這三種構成要素各伴有自我評價的感情（即對自己滿意與否）以及自我追求的行為（見表 5－2）。

表 5－2　　　　　　　　自我概念的構成要素

	自我評價	自我追求
物質自我	對自己身體、衣著、家庭所有物的自豪或自卑	追求身體外表、慾望的滿足，如裝飾、愛護家庭等
社會自我	對自己在社會上名譽、地位、親戚、財產的估計	引人注目、討好別人、追求情愛、名譽及競爭、野心等
精神自我	對自己智慧能力、道德水平的優越感或自卑感	在宗教、道德、良心、智慧上求上進

三、自我概念與消費心理

自我概念作為影響個人行為的深層個性因素，對消費者的消費心理與行為有著深刻的影響作用。

（一）自我概念與商品的象徵性

個體形象的自我概念涉及個人的理想追求和社會存在價值，因而每個消費者都力求不斷促進和增強它。而商品和勞務作為人類物質文明的產物，除了具有使用價值外，還具有某些社會象徵意義。換句話說，不同檔次、質地、品牌的商品往往蘊涵著特定的社會意義，代表著不同的文化、品位和風格。通過對這些商品或勞務的消費，可以顯示出不同的個性特徵，加強和突出個人的自我形象，從而

幫助消費者有效地表達自我形象，並促進實際的自我向理想的自我轉化。例如，購買勞斯萊斯、寶馬汽車，對購買者來說，顯然不是購買一種單純的交通工具。一些學者認為，某些產品對擁有者而言具有特別豐富的含義，它們能夠向別人傳遞關於自我的很重要的信息。貝爾克用「延伸自我」這一概念來說明這類產品與自我概念之間的關係。貝爾克認為，延伸自我由自我和擁有物兩部分構成。換句話說，人們傾向於根據自己的擁有物來界定自己的身分。某些擁有物不僅是自我概念的外在顯示，它們同時也是自我身分的有機組成部分。從某種意義上講，消費者是什麼樣的人是由其使用的產品來界定的。如果喪失了某些關鍵擁有物，那麼，他就成了不同於現在的個體。可見，不同檔次、質地、品牌的商品往往蘊含了特定的社會意義，代表著不同的文化、品位和風格。

思考一下：有哪些物品屬於你的延伸自我？

在一項小汽車購買行為的研究中，隨機選取了若干個購買小汽車的消費者，讓他們對自我形象、自己的汽車以及另外 8 輛汽車作出評價。結果表明，這些消費者的自我認識與他們對自己的汽車的認識比較一致，而對其他 8 輛車的認識相比則差異很大。由此可以得出結論，消費者購買這種品牌的商品與他們的自我形象是比較一致的。這一現象，在品牌、特性、檔次差異較大的商品如化妝品、家用電器、服裝、禮品消費上尤其明顯。

另外，人們也總是傾向於通過別人的擁有物或活動，比如他的服飾、珠寶、家具、汽車、家庭裝飾、個人收藏、飲食愛好（如蔬菜或牛排）以及個人選擇的休閒活動（如臺球或高爾夫球）等，來對對方的個性作出評價，推斷他究竟「是誰」或是「什麼樣的人」。類似地，這樣的一些商品或活動同樣有助於人們形成對自我的認識。人們甚至會有意識地借助一些物品或消費行為來完成自己的角色定位，實現「我現在是誰」的自我形象的塑造。當人們剛剛開始扮演一個新的或不尋常的角色時，由於身分還未完全形成，物品的作用尤為突出。例如，青春期的男孩子，會使用諸如汽車、香菸之類的「成人」用品來顯示他們正在形成的男子漢氣質。

但是，並不是所有的商品都具有象徵意義。有些商品，如食鹽、肥皂等就沒有什麼象徵意義，因為這些商品在社交中很少被人所注意。那麼，哪些商品最有可能成為傳遞自我概念的符號或象徵品呢？一般來說，成為象徵品的商品應具有三個方面的特徵：

（1）能見性：它們的購買、使用和處置能夠很容易被人看到；

（2）禀賦差異性：由於禀賦的差異，某些消費者有能力購買，而另一些消費者則無力購買；如果每人都可以擁有一輛奔馳車，那麼這一商品的象徵價值就喪失殆盡了；

（3）擬人化特質。它指產品能在某種程度上體現一般使用者的典型形象。如勞斯萊斯轎車，車鼻上頂著純金的牌號，車廂內的真皮沙發和大面積的胡桃木鑲板，其沉重的車身、柔軟的懸掛和幾乎無聲的引擎，增加了舒適和安穩的感覺。它是世界上售價非常昂貴的轎車。因其獨有的濃鬱的貴族氣息，過去看到勞斯萊斯，人們就會聯想到奢華至極的英國貴族生活；再加上每年只生產幾輛，限量供應，價格特別昂貴，現在它更成為財富、權力、名望的象徵。

小資料：測量一件物品融於延伸自我的量表

我的_____幫助我取得了我想擁有的身分。

我的_____幫助我縮短了現在的我和我想成為的我之間的鴻溝。

我的_____是我身分的中心。

我的_____是現實自我的一部分。

如果我的_____被偷了，我將感到我的自我從我身上剝離了。

我的_____使我獲得了一些自我認同。

（二）運用自我概念為產品定位

大量實踐表明，消費者在選購商品時，不僅僅以質量優劣、價格高低、實用性能強弱為依據，而且把商品品牌特性是否符合自我概念作為重要的選擇標準，即判斷商品是否有助於表達和提升自我形象。例如，美國進行的一項對336名大學生的調查中發現，凡是飲用啤酒的學生都把自己看得比不飲用啤酒的人喜歡社交、有自信心、性格外向、有上進心和善於待人接物。所以，行銷者應努力塑造產品形象，並使之與目標消費者的自我概念相一致。雖然每個人的自我概念是獨一無二的，但不同個體之間也存在共同或重疊的部分。例如，許多人將自己視為環境保護主義者，那些以關心環境保護為訴求的公司或產品將更可能得到這類消費者的支持。

圖5-1對自我概念及其對品牌形象的影響關係做了大致勾勒，但這一過程

並非都是有意識的和深思熟慮的，維護和增強自我形象的購買動機常常是一種內在的深層動機，這個過程也往往是無意的。如某人買減肥飲料喝，因為其自我概念中包含了對苗條身體的追求。

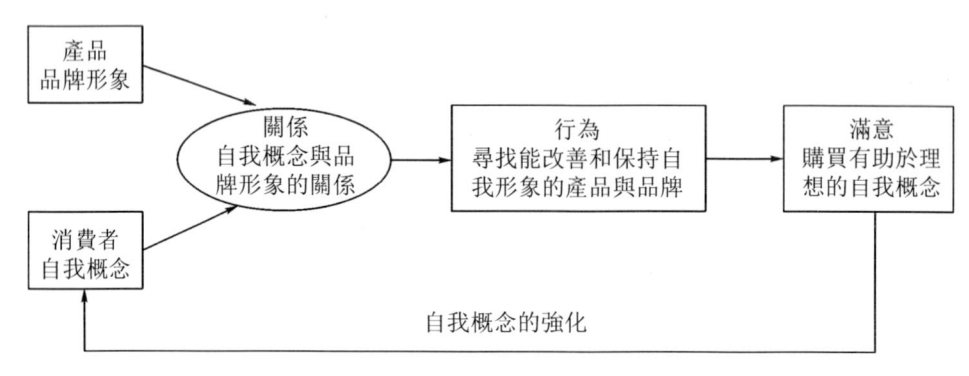

```
產品              行為              滿意
品牌形象    →   關係    →    尋找能改善和保持自    →    購買有助於理
              自我概念與品          我形象的產品與品牌          想的自我概念
消費者    →   牌形象的關係
自我概念
         ←───────── 自我概念的強化 ─────────
```

圖 5-1　自我概念與品牌形象之間的關係

　　雖然大量事實表明消費者傾向於購買那些與他們的自我概念相一致的品牌，然而他們被這類品牌所吸引的程度將隨產品的象徵意義和顯著性而變化。另外，自我概念和產品形象的相互作用與影響還隨具體情境而變動，某種具體情境可能提高或降低某個產品或店鋪提升個人自我概念的程度。

　　在行銷實踐中，企業應設法使產品代言人的形象、產品或品牌形象與目標受眾的自我表現概念相匹配。新產品設計的主要依據應當是符合消費者某種特定的自我形象，新產品應具有能夠體現出消費者自我形象的獨特的個性和社會象徵意義。在商品銷售中，瞭解消費者的自我形象，告訴他們哪些商品與其自我形象一致、哪些不一致，向消費者推薦最能反應其形象特徵的商品，可以有效地影響和引導消費者的購買行為，因而是商品銷售的重要方式和成功要訣。

　　有的時候，消費者願意改變他們的「實際自我」，而擁有一個不同的或「改善」了的自我，甚至是「理想自我」。衣服、裝飾品以及其他所有的附屬品（如化妝品、珠寶等），都為消費者提供了改變他們的外表，進而調整他們的「自我」的機會。例如，消費者可以通過化妝品、髮型或頭髮顏色、眼鏡，或者美容手術等改變其外表或身體的某些部分，從而創造一個「全新的」或「改善」了的人。肖頓（Schouten）對 9 位做過整容手術的消費者進行了深度訪談，以考察整容與消費者自我概念之間的關係。結果發現，消費者一般是因對自己身體不滿而做手術，手術后他們的自信心得到了極大的改善。消費者做整容手術，常發生在角色轉換期間，如離婚或改變工作之後。整容使他們在社會交往過程中更加

自信，從而極大地改變了他們對自己的看法。

第三節　消費者的生活方式與消費心理

我們前面所討論的個人特性因素，如年齡、性別、個性等往往是在廣義上和非具體的範圍內影響消費者行為，而受這些變量影響形成的生活方式則更能和消費者的購買行為建立一種顯著而直接的關係，也因此更能為企業行銷者帶來準確和實用的信息。

來自不同文化群體、不同社會階層，甚至不同職業的人，可能會具有完全不同的生活方式。有的人選擇「歸屬型」的生活方式，有的人選擇「成就型」的生活方式，有的人選擇「瀟灑型」的生活方式。

一、生活方式的含義

關於生活方式的概念說法頗多。簡而言之，就是人如何生活。具體來說，就是個體在成長過程中，在與社會諸因素交互作用下而表現出來的，並且有別於他人的活動、興趣和態度的綜合模式。

生活方式可以通過個人的活動（activities）、興趣（interests）和意見（opinions）來加以辨別，這也就是一般所謂的「AIO」。生活方式影響我們的需求和慾望，同時影響我們的購買和使用行為。生活方式決定了我們很多的消費決策，而這些決策反過來強化或改變我們的生活方式。

生活方式與個性、自我概念既有聯繫又有區別。一方面，生活方式在很大程度上受個性、自我概念的影響。一個具有保守、拘謹性格，或者把自己看成一位傳統、嚴謹家庭主婦的消費者，其生活方式不大可能包含諸如登山、跳傘、叢林探險之類的活動；一個高社會階層的人很少願以幾塊油膩的肯德基作為午餐。另一方面，生活方式關心的是人們如何生活、如何花費、如何消磨時間等外顯行為，可以作為判斷消費者購買行為的直接依據，而個性、自我概念則側重於從內部來描述個體。可以說，三者是從不同的側面來刻畫個體。如圖5-2所示，該圖總結了消費者的人口統計特徵、個性、自我概念、生活方式以及消費者行為等變量之間的關係。

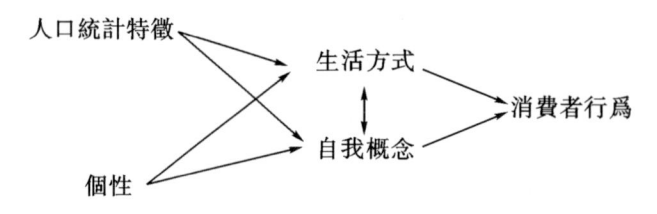

图 5-2 個性、自我概念、生活方式、人口統計特徵及消費者行為之間的關係

　　生活方式受許多因素的影響，除了圖 5-2 中所列舉的一些因素外，還受人們所處社會、經濟等環境因素的影響。因此，具有相似社會、經濟、文化背景的消費者，可能在基於生活方式的具體消費活動中表現出一定的共同之處，但由於各種消費者個體變量的影響，個體之間仍然會出現大量的、明顯的差異。也就是說，消費者往往會把一些個性化的東西帶進某一類型的生活方式之中。舉例來說，一個「典型」的大學生，可能會穿和他的同學相似的衣服，住在同一棟公寓，喜歡相同品牌的方便食品，但仍會單獨加入足球俱樂部，從事集郵，或者參加一些個人的社交活動，這就可能使他與眾不同。消費者幾乎很少意識到生活方式在他們購買決策過程中扮演的角色。例如，很少有顧客會想「我必須買麥氏速溶咖啡來保持我的生活方式」，然而，追求一種積極生活方式的人往往會出於方便省時的考慮而購買速溶咖啡，因為積極的生活方式是不可能忽視時間因素的。

　　生活方式並不是一成不變的，除非是那些已根植於心中的價值觀念或價值取向，隨著人們的內在條件與外在環境的變化，人們的品位和偏好也總是不斷變化的。因此，某個時期被消費者認為時尚的消費模式，在幾年之後，可能會被嘲笑，甚至於遭到鄙視。

小資料：「樂活」（LOHAS）生活方式

　　當「小資」們繼續蜷在星巴克的一角，面前放一杯曼特寧，惆悵地翻著泛黃的村上春樹的作品時，他們卻很直接地說：盡量選擇有機食品和健康食品，一口純淨水也能讓人好好感受；當 SOHO 族繼續宅在房間的電腦前，點一支香菸，享受足不出戶的賺錢樂趣時，他們卻很坦率地說：多支持社會慈善事業，少抽菸，多出去走走，大自然比計算機更具有親和力；當 BOBO 族繼續困在服飾的搭配陷阱中，借著夜色，遊離於正統與嬉皮的邊緣時，他們卻很真誠地說：別太在

意衣著，倒不如把時間用來為自己布置一個更健康的居家環境……

這就是 LOHAS（Life styles of Health and Sustainability），一種健康可持續性的生活方式。他們選擇最低碳環保、最綠色的生活方式，他們喜歡宣傳自己的這種生活方式，因為他們覺得在 21 世紀的地球上，這才是王道。

資料來源：陳樹哲. 樂活在水瓶座時代 [J]. 青年文摘，2007（1）.

思考一下： 描述你現在的生活方式。想想你的生活方式與你父母的生活方式有何不同？在未來五年內，你預期你的生活方式會有什麼改變嗎？是什麼原因引起這些變化？由於這些變化，你將購買什麼樣的新產品或品牌？

二、生活方式研究在行銷中的應用

生活方式可以被用來分析消費者生活的某一具體領域，如戶外活動、娛樂方式、飲食習慣等。在西方，這是一個普遍運用的方法。許多企業開展個人生活方式或家庭生活方式的研究，特別是和本企業產品或服務密切相關的領域，以瞭解某類生活方式與某種消費之間的聯繫。

消費者會根據他們自己喜歡做的事、他們對閒暇時間的安排以及他們如何花費可支配的收入來把自己歸入到某一特定的群體。消費者的這種傾向為行銷創造了機會，因為行銷人員在認識到消費者已選擇的生活方式對決定其購買的產品類型和特殊品牌上的潛力後制定行銷策略，更有可能吸引具有該種生活方式的消費者群體。

開展「生活方式行銷」，就必須將產品定位於某一特定的生活方式，使產品與目標消費者理想的生活方式相適應，從而吸引具有該種生活方式的消費者群體。例如，蘇吧魯（Subaru）汽車最初進入美國市場時只是一個毫不起眼的牌子，它必須奮力與其他進口車競爭，才有可能在美國市場佔有一席之地。當蘇吧魯成為美國滑雪隊的專用車之後，這一名字便與那些滑雪愛好者們的生活方式聯繫了起來，從而在美國積雪地區的進口車市場中佔有了很大的市場份額。

生活方式行銷的目標在於促使人們在追求他們的生活方式時，不要忘了特定的產品或服務，並使這些產品或服務成為他們生活方式的一部分。只有當產品與特定的人、社會背景融為一體時，它才能創造出一種特有的生活方式或消費方式。正因為如此，我們往往可以通過描繪人們使用產品的情景或畫面，根據他們

對不同產品的選擇來定義他們的生活方式。

事實上，不同產品之間也存在關聯性。在許多情況下，如果一個產品離開了其他產品（如一套高雅的西裝沒有與之匹配的領帶），就會變得毫無意義。在另外一些情況下，某個產品的出現也可能使原已存在的產品失去意義，或者使二者顯得很不協調（如劣質香菸配上純金打火機）。因此，生活方式行銷的一個重要任務，便是要找出或創造一組產品或服務，使其與目標消費者生活方式的意願相聯繫。消費者用這樣一組商品來識別、溝通和扮演他的社會角色。例如，20世紀80年代的美國雅皮士，喜歡購買、消費的商品包括勞力士（Rolex）手錶、寶馬車、古奇公文包、軟式網球、新鮮的綠色沙司、威士忌白酒和奶酪等，這些商品很容易讓人們判斷他是個雅皮士。

潘煜（2009）以上海手機市場為例，研究了生活方式對消費者感知價值和購買行為的影響，並提出了一個基於生活方式和顧客感知價值的市場劃分方法（Chinese Lifestyle and Customer Perceived Value Segmentation，CLPS）（見圖5-3）。

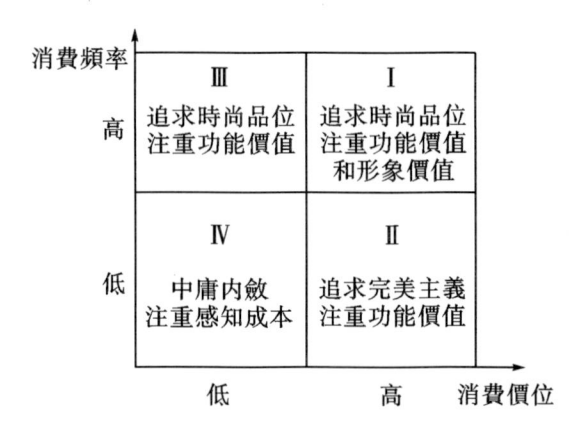

消費頻率	低消費價位	高消費價位
高	Ⅲ 追求時尚品位 注重功能價值	Ⅰ 追求時尚品位 注重功能價值 和形象價值
低	Ⅳ 中庸內斂 注重感知成本	Ⅱ 追求完美主義 注重功能價值

圖5-3 基於生活方式和顧客感知價值的市場劃分方法

例如，Ⅰ類細分市場的消費者生活方式表現為時尚品位型，其購買行為特徵為購買高檔商品，且購買頻率較高。這類消費者更多關注的是商品本身的功能價值，以及商品給自己帶來的形象價值，而對商品的成本則相對不敏感。企業可以根據自己確定的目標市場，抓住這些市場消費者的生活方式和感知價值的特點，制定相關的行銷策略，迎合目標市場消費者的需求。

思考一下：描繪出你心儀的生活方式，並想想如何根據這種生活方式開展市場行銷？

第六章
影響消費心理的社會因素

人們生活在社會中，其消費心理必然要受到各種社會因素的影響。我們要瞭解各種主要的社會因素對消費心理的影響，才能更好地認識和掌握消費心理。

第一節　社會文化與消費心理

作為社會的一個成員，人是在與文化的相互作用過程中成長的。一定的文化環境影響著人的心理發展和行為，也影響著人的消費行為。雖然文化對消費者行為的影響並不像行銷措施那樣直接和明顯，但在 Web2.0 背景下的 4I 行銷時代，如何準確而細膩地把握消費者的不同文化心理，往往會成為商業成功的關鍵因素。ebay（易趣網）、MSN 在中國敗走麥城並不是偶然的，而淘寶、騰訊 QQ 這些成功的本土互聯網企業則能更加深刻地洞悉中國消費者的文化心理。

一、文化與亞文化的含義

（一）文化的含義

文化從狹義上講，是指社會意識形態，包括文學、藝術、教育、道德、宗教、法律、價值觀念、風俗習慣等。文化要素以多種形式在諸多方面構成一個社會的社會規範和價值標準，影響和制約社會成員的行為，當然也包括他們的消費行為。

關於文化這一概念，有幾個方面需要澄清。首先，文化是一個綜合的概念，它幾乎包括了影響個體行為與思想過程的每一事物。文化雖然並不決定諸如饑餓或性那樣一些生理驅動力的性質和頻率，但它卻影響是否反對和如何使這些驅動力得以實現或滿足。其次，文化是一種習得行為。它不包括遺傳性或本能性行為與反應。由於人類絕大多數行為均是經由學習獲得而不是與生俱來的，所以，文

化確實廣泛影響著人們的行為。再次,現代社會極為複雜,文化很少對何為合適的行為進行詳細描述。在大多數工業化社會,文化只是為大多數人提供行為和思想的邊界。最後,由於文化本身的性質,我們很少能意識到它對我們的影響。人們總是與同一文化下的其他人員一樣行動、思考、感受。這樣一種狀態似乎是天經地義的,正如魚在水中遊而忽視水的存在一樣。文化的影響如同我們呼吸的空氣,無處不在,無時不有。除非其性質突然改變,否則,我們通常將其作為既定事實加以接受。

文化為人們提供社會規範,從而使整個社會中人們的行為有共同的基礎。規範就是關於特定情境下人們應當或不應當做出某些行為的規則。規範源於文化價值觀,而文化價值觀指的是為社會大多數人員所普遍接受的信念。

通常只有在孩提時代或學習一種新文化的過程中,遵循規範才會獲得公開的讚許。在其他情況下,按文化規範行事被認為是理所當然而不一定伴隨讚許或獎賞。例如,在美國的商務和社交活動中,準時赴約是通行準則。如果某人準時到達,我們不會誇獎他,但如果某人遲到了,人們則會為此生氣。如圖6-1所示,文化價值觀導致一定的社會規範以及不遵循這些規範時的懲罰,而規範與懲罰則最終影響人們的消費模式。

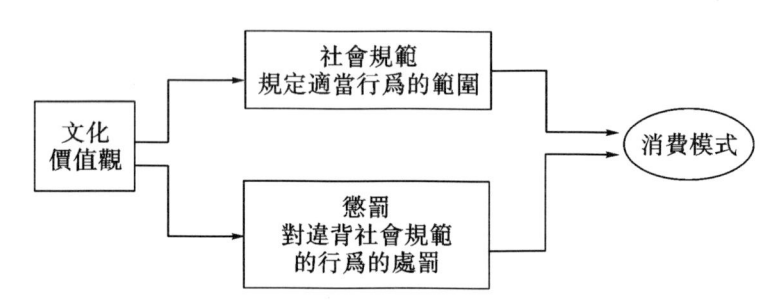

圖6-1 價值觀、社會規範、懲罰和消費模式

小案例:「方便年輕母親」為何不被認可?

當「尿不濕」剛剛在日本問世的時候,廠商以「方便年輕母親」作為訴求點大力進行宣傳,深受年輕媽媽們的喜愛,銷售異常火暴。可是不久,銷量直線下降,商家卻不知原因。後來,通過詳細的市場調查,商家發現,這些年輕媽媽們不是不喜歡「尿不濕」,而是怕背上「只圖自己方便而對孩子不負責」的形象,即使使用「尿不濕」,也要背著長者或親戚。原來是廣告宣傳與當時的社會

習俗發生了衝突，進而影響了年輕媽媽們的消費行為。於是，廠家便有針對性地對廣告語進行了修改，大力宣傳「尿不濕」對嬰兒成長的好處。果然，年輕媽媽們開始以讓嬰兒更加健康成長為由，理直氣壯地使用「尿不濕」了，導致「尿不濕」銷量大增。

資料來源：朱小麟. 論心理需求對行銷管理的影響［J］. 中國商貿，2010（6）.

對於經濟全球化背景下的跨國行銷而言，一方面，國家之間的習慣和價值差異無法迴避，即所謂「入境而問禁，入國而問俗，入門而問諱」；另一方面，互聯網下的信息社會和更為頻繁的旅遊交往又使全球文化價值觀具有了更多的共性。例如，一個家具商開拓海外市場時，認定每個國家的消費者都重視美觀、社會認可和舒適是符合邏輯的，但不同國家的消費者對美觀或如何顯示社會地位的認識又存在差異，必須針對不同的市場建立不同的生產線和策略。可口可樂公司通過全球化廣告策略每年可以節約大約 800 萬美元，但即使它採用了一個全球性主題，但在每個國家的廣告宣傳上都要做一些改動，同時在一些國家的產品配方上也做了一定調整。

思考一下：從消費者分析的角度，談談跨文化行銷應當考慮哪些主要方面？

(二) 亞文化的含義

文化環境是一個龐大的整體。在這個整體內部既存在一個為全社會成員所共有的基本文化因素——核心文化，同時又存在若干個亞文化群體。所謂亞文化，是指在主流文化層次之下或某一局部的文化現象，包括民族、地理、區域、宗教等方面的亞文化狀態。作為一個獨立的次級文化群體，亞文化既擁有自己獨特的信念、價值觀和消費習俗，又具有它所在的更大社會群體所共有的核心信念、價值觀和風俗習慣。如中國的少數民族，他們既受自己民族獨特的文化影響，又有整個中華民族的文化印記。如圖 6-2 所示，個體受著主文化和亞文化的雙重影響，其在多大程度上擁有某一亞文化的獨特行為模式，取決於他認同該亞文化的程度。

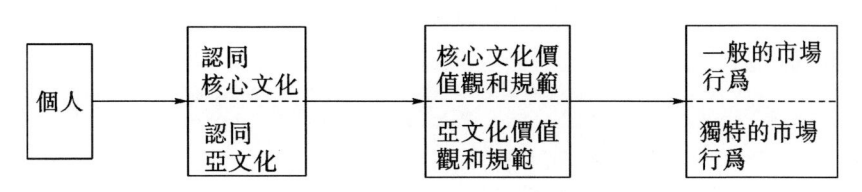

圖 6-2　認同亞文化會產生獨特的市場行為

亞文化是由於社會的多樣化發展，文化的一致性消失而形成的。它通常具有地域性，也會因民族、宗教、年齡、性別、種族、職業、語言、教育水平的差異而產生（見表6-1）。在亞文化內部，人們的態度、價值觀和購買決策方面比大範圍的文化內部更加相似。

表6-1　　　　　　　　　　　　亞文化的類型

人口統計指標	亞文化舉例
年齡	少年兒童、青年、中年、老年
宗教信仰	佛教、基督教、伊斯蘭教等
民族	漢族、滿族、回族、維吾爾族等
收入水平	富裕階層、小康階層、溫飽階層等
性別	男性、女性
家庭類型	核心家庭、擴展家庭等
職業	工人、農民、教師、作家等
地理位置	東南沿海、西北地區、中原等
區域	農村、小城市、大城市、郊區等

從消費行為的角度來看，亞文化對消費心理有著更直接的影響。屬於不同亞文化影響範圍的人，在消費方而存在著很大的差異；屬於同一亞文化影響範圍的人，在消費方面就有較多的相似之處。

二、社會文化對消費心理的影響

從社會文化對消費心理的影響上看，主要是通過影響消費者個體和影響消費者所處的社會環境來實現的。文化首先影響消費者個體。這主要是指在人的發展過程中，文化對人的個體心理、人的行為方式等所不斷產生的決定性的影響作用。其次，文化可以通過影響個體所處的社會環境而影響消費心理。社會是無數個體所組成的統一體，對每一個消費者個體來說，其他消費者是其環境。因而，文化通過影響消費者群體而影響每一個消費者個體所處的社會環境，進而影響每一個個體的消費心理。

小案例：文化衝突——沃爾瑪的德國遭遇

作為全球銷售額最大的零售商，沃爾瑪曾試圖在德國推行它在美國的成功經

驗，並希望借助進入德國市場的機遇向整個歐洲擴展，但卻遭到了失敗。是什麼原因導致在美國經營非常成功的沃爾瑪在德國經營卻損失慘重呢？

美國文化屬於典型的適度開放文化，而德國文化則屬於保守文化，這使得他們的交流方式有很大的不同。偏向開放文化的人們在交流過程中會頻繁地使用身體接觸、眼神交流、肢體語言和面部表情等形式，而偏向保守文化的人們在交流過程中常使用沉默來表達他們的情感與意見，音調也相對平穩。此外，服務的質量及顧客的滿意程度也具有明顯的文化傾向，不同文化之間服務質量的概念相差很大，對購物方式、付款方式及產品價格的態度也不盡相同。英特爾公司的調查顯示，在德國只有38%的消費者認為「與商場營業員的溝通」十分重要，而在美國這一比例是66%。同時，美國的消費者也比德國的消費者更加重視「能否得到營業員的幫助和回答問題」。因此沃爾瑪的「十英尺微笑」對德國消費者的作用大打折扣。德國消費者並不會因微笑和傳統的迎賓者而感到親切，他們不會當著熱情的公眾表露他們的感情，德國營業員的態度一貫嚴肅、認真。德國商會主席卡爾‧施密特說：「德國人與美國人的友誼觀不一樣，在德國通過朋友關係進行銷售是很難行得通的。在德國，顧客仍然只是那個付款的人，因為德國的消費者在購買之前主要通過自我學習去瞭解一個產品，因此顧客和銷售人員之間的互動是很少的。與南美和遠東的習慣不同，德國人做生意不需要花幾個月或幾年的時間去與對方發展關係，也不需要宴請。」在美國，向顧客露出八顆牙齒綻放笑容，提供親切的服務會頗為奏效，而在德國效果就沒那麼理想，甚至適得其反。造成這種差別的另一個原因，可能是德國和美國的消費者對待服務的態度不同。美國式的服務可以說是非常友好，服務人員盡量對顧客表現得親切。而在德國，人們對服務的厭惡是他們幾個世紀以來對精湛工藝和出色質量的極力推崇的反面結果。他們追求使用價值，不崇尚高檔名牌產品，傾向於買簡裝實用的產品。德國消費者認為沃爾瑪服務人員過多是一種浪費行為，會增加營運成本從而提高消費者的花費。二戰結束後，低收入的德國人需要低價格的商品，折扣店以毫無虛飾、可靠的銷售服務迎合了他們的需求。如沃爾瑪最主要的競爭對手阿爾迪，實行顧客自帶購物袋的政策，顧客要用推車還必付租金。除受傳統習慣影響外，環保意識很強的德國顧客喜歡用自己的包來裝所買的東西，目的是為了節省塑料袋。因此對於沃爾瑪提供的「免費購物袋及為顧客裝袋」服務，德國消費者並不領情。

也因為文化保守，德國人不喜歡借貸，而喜歡用記帳卡、銀行轉帳以及現金

支付他們的帳單。在美國，人們對借貸比較隨意，而德國人一向避免舉債，他們將信用卡看作電子支票本而不是可循環使用的信貸。在德國，欠款一詞含有罪惡的意思，在他們看來，使用信用卡購物會增加成本，德國的法律甚至禁止有關信用卡的推銷活動。因此，在德國只有1%的購買額是使用信用卡付款，而在美國這一比例是18%。沃爾瑪為加快信用卡付款速度，甚至不惜花巨資打造自己的衛星系統。然而，提供高效快捷的信用卡付款對德國消費者來說並不重要。

因為文化保守，德國消費者在購買低價品時也會表現得十分謹慎。消費者一般認為價錢高的產品質量才好，他們會選擇總體質量比較好的產品。對質量超過中等水平的商品，德國消費者願意支付較高的價格。如聯合利華公司發現德國人願意為對環境無害的清潔劑支付較高的價格。雖然德國的消費者也許是歐洲對價格最敏感的，但價格對他們並不是決定性因素。總體來說，德國消費者更關注產品質量，他們期望的低價是在保證商品質量的情況下，價格盡量的低而不是便宜的劣質貨。

資料來源：朱翊敏. 文化衝突——沃爾瑪的德國遭遇 [J]. 中外企業文化, 2008 (6).

社會文化對消費心理的影響是多方面的，主要有：

(一) 社會文化不同導致消費價值觀不同

價值觀念影響人們對事物進行價值判斷，進而影響人的態度和行為。東西方文化的差距，在價值觀念方面表現比較突出。

例如，西方國家的消費者重視當前生活的舒適，「及時行樂」思想在消費中占主導地位；東方人則喜歡把錢存起來以防萬一，對防老防病考慮較多。這種文化背景反應在消費行為上，就是西方國家的消費者熱衷於用分期付款方式購物，常常是入不敷出，錢花完再賺，賺得多花得多；東方人則習慣於存錢買東西，認為借錢買東西很丟面子。因此，東方人的消費就表現出經濟節儉的特點，而西方消費者則表現為奢侈型。

小案例：中美消費觀的差異

美國人早已經習慣了貸款消費，而中國人大多習慣於存款消費。有這樣一個故事講到中、美兩國人在消費觀念上的不同。說有一個中國老太太和一個美國老太太在天堂相遇，談起了在人間的一生。美國老太太說：「我辛苦了三十年，終於把

住房貸款都還清了。」中國老太太說：「我辛苦了三十年，終於攢夠了買房的錢。」美國老太太在自己買的房子裡住了三十年，后半生都在還款；而中國老太太后半生一直在存款攢錢，剛攢夠了買房的錢，卻去了天堂，無福享受自己買的新房。

資料來源：佚名．高手理財之誰的生活更幸福［EB/OL］．http://www.csai.cn/touzi/905651.html.

（二）社會文化不同導致消費方式各異

在西方文化中，「時間就是金錢」，因而人們的生活方式也相應地加快了節奏。在這種文化背景下，所有節約時間的商品和服務都會受到消費者的歡迎。例如快餐、快速攝影、方便食品等在美國就很受歡迎；而在中國，人們的時間觀念淡薄，工作效率低，就餐講究原汁原味，因而消費者更喜歡購買各種食品原料自己烹調，較少去餐館就餐。

小案例：看美國人、歐洲人和中國人怎麼買車

星期六早晨，人們走進汽車銷售公司，一邊吃著為顧客免費提供的漢堡包，一邊聽銷售員殷勤地嘮叨，不一會兒，交錢、拿車鑰匙、開車走人。這是美國人的購車方式。我們不禁啞然失笑：美國人買車，原來就像吃麥當勞那樣隨意。

與美國人比起來，歐洲的買車族更像從經典油畫中走出來的貴族。當歐洲人有了買車的想法后，他們會漫步到經銷商那裡訂購，訂購的車將在數個星期之后被送到家裡來。整個過程，就像坐在巴黎左岸的酒吧裡品嘗雪茄那般慢條斯理，有些許的詩意和悠閒。

在中國，我們買車就好像讀一個 MBA，首先要溫習功課：排量多少、哪國產的、有啥特點、發動機什麼型號、什麼性能……對一切都要了如指掌。在中國，想要買車的人好像都要達到專家級別才不會吃啞巴虧。至於現在不買車但以后想買車的人也都像專家。有一天我竟然聽到一群年輕人在聊吉利美人豹時，談笑間就分析了中國汽車產業的結構和未來的競爭態勢。

是的，中國人買車似乎在拍一張全家福，往往拖兒帶女去看車。所以車主大多是沒有「主權」的，還往往緊張得就像被北大光華管理學院的名教授檢查 MBA 的入學資格一樣。漸漸地，中國經銷商開始普及試車，這增加了買車的時間成本，但並沒有對購買決策有什麼實質性幫助。事實上，大多數人試完車后，還得回家上網搜索和反覆研究報紙週末版的試車報告。

買車真累。於是才發現美國人的瀟灑。但回過頭來想一想，美國方式的瀟灑中，多少還體現著負債民族的消費衝動。

太多的美國人往往駕駛著一輛自己原本不需要的車離開車行。他們希望銀色時尚型的，卻開走了一輛酷似郵政車的綠色玩意兒。他們被業務員的慫恿所誘惑，買了兩千美元的汽車導航系統，而實際需要的只是一個能頭頂藍天的廉價天窗。

而歐洲人通過訂購表現出了那塊大陸上的悠閒、貴族氣質。據《福布斯》雜誌報導，法國製造的雷諾車60%是訂購的，而通用汽車在德國的Opel品牌有52%是經過訂購銷售的。

事實上，這種氣質並不僅僅在汽車訂購上顯現其文化印記，即使在成衣工業異常發達成熟的今天，高級時裝的訂購在時裝界仍然意味著最高的特權。在很多歐洲人看來，像在超市購物一樣選車買車，是平庸之人沒品位的生活方式。為一輛新車等上幾個星期，美國人壓根就沒有過這種概念。在這個講求實效的國度裡，耐心指數比道·瓊斯股票指數低得多。《福布斯》的數據顯示，通用汽車在北美的銷售中，訂購所占的比例只有10%。

當然，在中國也有訂購汽車的，但我們的訂購更多的是象徵性和宣傳性的。比如某新型車，從發布價格之時就宣布接受訂單無數，可還沒過上半年就開始促銷降價了，你讓我們善良的消費者們究竟該相信誰呢？

其實，說穿了，美國、歐洲和我們的買車方式存在著差別，但不是差距。那只是適合與不適合的差別，是汽車文化不同造成的差別，是漢堡包、雪茄與全家福的差別，不存在可比性。

資料來源：徐剛. 看美國人、歐洲人和中國人怎麼買車［J］. 中國經濟周刊，2005（36）.

(三) 社會文化不同導致審美觀不同

審美觀是指在欣賞美的事物和創造美的等活動中，審美主體所持的態度和看法的總稱。以色彩為例，不同的民族，由於文化差異、風俗習慣、宗教信仰不同，對色彩的喜愛是不同的。在一個民族受歡迎的顏色，在另一個民族可能就不受歡迎。白色對歐美人來說，象徵著純潔、光明、美好；印度人則認為是卑賤。紅色對中國人、歐美人來說，是熱情、興奮、向上；而法國人則認為是危險、恐怖和專橫。美國銷量第一的高露潔牙膏進軍日本市場時，由於不瞭解日本民族對色彩的消費心理，採用了對美國人來說代表熱情、奔放，而對日本人來說視為神

聖而敬而遠之的紅色為主設計色調，結果最終敗給素雅一身的獅王牙膏，黯然退出日本市場。

小案例：美國化妝品在日本為什麼不受歡迎

美國作為世界化妝品的生產大國，曾經為如何打入日本市場大傷腦筋。美國商人最早運到日本的化妝品大量積壓，銷量極少。為什麼呢？經過市場調查發現，美國化妝品滯銷的根本原因竟是兩個民族傳統審美取向的衝突：美國人生產的化妝品的色彩根本不符合日本人的審美觀念，美國商人忽視了兩個國家民族文化心理的差異。美國人屬白色人種，而人們皮膚色彩的審美觀念卻是喜歡略深或稍黑一些。在美國人眼裡，具有深色的皮膚表明自己處於富裕階層，有較高的收入和社會地位。因為在競爭激烈的美國社會中，只有富人才有空閒時間去游泳和曬太陽，只有皮膚顏色深一些看起來才美。基於這樣的市場需求，生產廠家大都是以色彩略深的化妝品為主要產品，這已經成了一種習慣化的市場行為。而在日本文化中，美的象徵是那終年為白雪覆蓋的富士山和令人心醉的潔白的櫻花。大和民族是一個崇尚白色的民族，他們的皮膚色彩觀念是以白為美。這種在日本社會中占主流地位的消費審美取向決定了美國化妝品在日本市場上的命運。在這裡，文化的排他性功能得以體現。

資料來源：佚名. 美國的化妝品和日本的空調器［EB/OL］. http://zhidao.baidu.com/link?url＝5VNn3pweilLZquu6VwjK_ezXggXRZJgyXcyVCRaoG－GtM2WCO0fyAKQvSz1LmGCCIQIShgJaDL7sGAHud－uupa.

（四）宗教信仰對消費心理的影響

宗教對消費心理有比較重要的影響，這主要表現在各教教徒的禁忌和有關的節日消費上。例如，伊斯蘭教徒喜歡吃牛羊肉，忌食豬、犬、驢等肉；佛教徒不吃葷菜，但消費植物油和豆製品較多。在基督教的重要節日聖誕節（12月25日，耶穌誕生日）時，教徒們家裡要擺上聖誕樹，有不少人化裝成聖誕老人，向兒童贈送禮物等；在伊斯蘭教的主要節日之一的開齋節（伊斯蘭教歷十月一日）時，教徒們要著盛裝，要相互祝賀。這些節日都要增加相應的消費品。此外，在使用商標圖案上也有宗教禁忌。

小案例：宗教信仰與消費禁忌

2001年印尼警方拘捕了日本味之素公司在當地分公司的6名管理人員，因為負責審核食品的宗教機構宣布，成百萬印尼人每天食用的一種味精調味品含有伊斯蘭教義所禁止的取之於豬肉的酶。

1992年中國有一批鞋類商品出口到中東地區，鞋底上的花紋印在地上，看起來就像是阿拉伯文字「真主」這兩個字。伊斯蘭教的教徒看到這種鞋子，感覺受到了極大的污辱，向中國有關部門提出了強烈的抗議。最後，我方將這批鞋子收回並向這些國家做出道歉才了結此事。

在印度教經典中，牛是大神的坐騎，神聖無比。牛被印度教徒視為神聖，殺牛、吃牛肉，都是對印度教的不敬。2001年，印度的麥當勞公司遭到指控，因為在其出售的炸薯條中使用了牛油。示威者包圍了麥當勞設在新德里的總部，向麥當勞餐廳投擲牛糞，並洗劫了孟買一家麥當勞連鎖店，還要求總理下令關閉印度國內所有的麥當勞連鎖店。最后，以麥當勞向印度全國做出詳細解釋並道歉了事。道歉信在各網站全文公布。但是這次抗議浪潮，使麥當勞在這個南亞次大陸國家大傷元氣。

註：作者根據相關資料整理。

第二節　社會階層與消費心理

一、階層概述

（一）社會階層的定義與劃分

社會階層是依據經濟、政治、教育、文化等多種社會因素所劃分的社會集團。這裡應當指出的是，社會階層不同於社會階級，其劃分衡量的標準不僅僅是經濟因素，還有其他各種社會因素。例如，社會分工、知識水平、職務、權力、聲望等。較常見的是根據職業、收入、教育和價值傾向等因素劃分。如按社會宏觀分工可分為工人、農民、軍人、知識分子和商人等，按職業可分為工人、幹部、教師、醫生、科學家，等等；按在生產過程中擔任的角色分為藍領階層和白領階層。在市場行銷學中通常是按經濟地位和收入水平進行劃分。

一般講，無論何種類型的階層，其內部成員都具有相近的經濟利益、社會地位、價值觀念、態度體系，從而有著相同或相近的消費需求和消費行為。如圖

6-3所示。

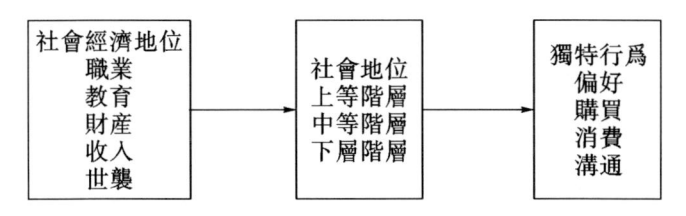

圖6-3　社會地位的產生及其對行為的影響

思考一下：在購買高檔跑車、酒、國外旅遊、快餐食品等商品時，消費者的教育、職業、收入所起的作用是什麽？

(二) 中國社會的五種消費階層

西方最有影響的是美國社會學家華納的劃分方法。他依據收入來源、收入水平、職業、受教育程度、居住條件、居住地區等，把社會成員劃為七個不同階層。而中國經濟學家描述了中國社會的五種消費階層：

(1) 超級富裕階層。該階層主要是成功的私有企業或中外合資企業的老板。他們有數千萬至上億元資產，經常出入酒店，購買自己喜歡的東西且從不問價。他們偏愛洋貨。

(2) 富裕階層。該階層大都是中外合資企業的高級管理人員或專業技術人員、高級知識分子、走穴的演職人員、有較富裕的海外親屬者、中小項目的承包商。他們收入豐厚，存款上百萬元，購買高檔用品不考慮價格，經常購買時髦用品或貴重物品以炫耀自己的經濟實力和地位。

(3) 小康階層。該階層包括合資企業的中層管理人員、兼職的知識分子、個體業主或商人、工頭，他們可能有幾十萬元的存款，他們生活舒適，有各種家用電器，他們能夠趕時髦但也比較講實惠。

(4) 溫飽階層。該階層是效益較好的企業工薪族，有少量的存款，他們的消費行為特點是買價廉而實用的商品。他們時常上街但並不一定購物。對商品的耐用性和售後服務有很高的要求。

(5) 貧困階層。該階層沒有多少存款，幾乎難以糊口，他們孩子多、工作單位效益不好，只買廉價的生活必需品，而不擇品牌或顏色。

不同的社會階層有著不同的心理特點，如表6-2所示。

表 6-2　　　　　　　　美國中等階層和下等階層的心理差異

中等階層	下等階層
著眼於將來	著眼於過去和現在
具有長遠的時間觀	時間觀不如中等階層那麼長遠
理智的和井然有序的生活感	情緒化和模糊的生活感
視野較開闊，有自由選擇感	視野較狹窄，感覺選擇的餘地小
充滿自信，願意冒險	不如中產階級那麼自信
對世界和國家大事較關心	不太關心國家大事
工作導向而非快樂導向	更強烈的工作導向
具體和現實的思維方式	更具體和更現實的思維方式
宗教不是很重要	宗教不重要
認同城市生活方式	強烈地認同城市生活方式

　　每一個社會階層都會有一種被本階層廣大成員接受和認可的價值觀和行為規範。處於同一階層的人為了使自己的角色、地位與所屬階層相符，他們往往都會有意無意地遵循一種共同的規範行事。處於不同階層的人，生活方式和消費習慣有相當大的差別。例如，一名大學教授和一名出租車司機，在衣著打扮、娛樂消遣的方式、對價格和廣告的反應等多方面都可能存在差異。這一事實要求企業行銷人員應根據不同階層的購買行為特點制定出相應的產品、價格、分銷和促銷策略。

　　思考一下：哪一種社會地位變量（如果有的話）與下列消費行為有最直接的關係？
　　a. 購買別墅；b. 參加高爾夫俱樂部；c. 到國外旅遊；d. 購買進口豪華汽車；e. 寵物類型；f. 向慈善組織捐款。

二、階層對消費心理的影響

（一）階層對消費心理影響的依據

　　個體消費者在其從事的社會活動中，總會根據自己的職業、受教育的程度、經濟收入水平、社會地位等因素，自覺或不自覺地將自己界定於某一社會階層。在心理上承認自己是該社會階層的一員，在消費行為過程中往往將該社會階層的消費習慣、價值標準、消費趨向作為自己採取消費行為，做出消費決策的標準。

這種影響通常是通過消費者的一種很強的階層意識來實現的。社會階層對消費心理的影響主要源於兩個方面：其一是某一社會階層原有的為大多數成員所遵守的消費習慣的影響。如一個剛參加工作的大學畢業生，在其住房的布置中不會忘記安排個書架，而對農民來說，只要有親戚朋友的婚嫁喜事，即使手頭沒錢，也會借債送一份像樣的禮品。其二是同一社會階層中成員之間的相互模仿所形成的影響。這種影響具有明顯的攀比和容易形成某一階層的消費趨向。如近年來，管理階層的豪華轎車熱，可以說在一定程度上是社會階層影響的結果。

不同社會階層的成員有著不同的購買行為。這種差異在有的消費領域裡表現明顯，在有的消費領域表現得則不那麼突出。總的來說，低階層的消費者，一般都存在一種立即獲得感和立即滿足感的消費心理，注重安全和保險因素。中層消費者一般講究體面感，懷有強烈的社會同一感，同一階層內消費者彼此之間影響較大。上層消費者注重成熟感與成就感，所以對具有象徵性的商品比較重視，對屬於精神享受的藝術品比較青睞。另外，就感覺而言，高階層的消費者喜歡較溫和的產品，低階層的消費者則喜歡較刺激的產品。就審美觀而言，高階層成員的審美觀較一致，而低階層的成員，由於受教育水平低，對於美感的刺激，多依賴於主觀經驗，因此差異性很大。

例如，在服裝、家具、娛樂和汽車等消費領域，各社會階層通常有不同的產品和品牌喜好。奔馳、寶馬備受上層消費者青睞，吉利、夏利汽車則主要面向中低層消費者。各社會階層對媒體的喜好也不同，上層消費者喜愛閱讀雜誌和書籍，而下層消費者更喜歡看電視。即使對電視這同一媒體，上層消費者喜歡新聞和信息，而下層消費者則喜歡電視劇和娛樂節目。

思考一下：在中國社會中，不同社會階層消費者的消費行為有何差異？

(二) 階層影響在市場行銷中的應用

社會階層對消費心理的影響是很明顯的。這種影響的最大特徵是使同一階層消費者的消費觀念、行為、要求趨向一致，產生相似的價值標準和消費習慣。因此，在市場行銷中就能比較方便地按社會階層對消費者進行市場細分，選擇目標市場，並制定相適應的行銷策略，有的放矢地占領市場。如美國某品牌啤酒公司，就是在瀕臨破產的情況下，根據大多數「藍領」階層工人喜歡喝啤酒的特點，重新設計產品包裝，進行針對性的廣告宣傳，僅用一年時間就使該品牌一躍成為全美第二大暢銷啤酒品牌。

從社會階層角度掌握消費心理，有四點應注意：

（1）基於階層「認同心理」，人們自然地表現出維護本階層消費形象的傾向，希望所購買的商品能與其社會地位相符，並遵循該階層的消費模式行事。例如自認是「上層階級」的人，不管是否真心喜歡，都傾向於以打高爾夫、高級會所等作為主要的休閒活動，以符合上層身分。凡勃倫在其《炫耀性消費》一書中就曾談到，富有的消費者通過他們的財產來證明他們是上層社會中的一員。換句話說，房子、衣服和其他可以看得見的財產都是成就和地位的象徵。經營者可以根據消費者的這種消費心理，來進行產品的市場定位，塑造企業和產品形象，使自己這一品牌的產品，符合某一社會階層的消費習慣，甚至成為一定社會階層的消費象徵，從而達到擁有穩定消費者群的目的。

（2）基於不願往下掉的「自保心理」，人們大多抗拒較低層次的消費模式。例如一位自認為「有名望」的政府官員，可能會認為吃路邊餐是一件「有失身分」的事。

小案例：本田摩托車拓展美國市場

第二次世界大戰後，日本最大的摩托生產商本田公司在進軍美國市場時曾遇到很大的阻力，美國公眾對摩托車所持的態度不佳。在美國，摩托車往往與流氓、阿飛或黑社會聯繫在一起。因此，消費者將摩托車作為交通工具就要承擔很大的社會風險。本田公司要在美國擴大市場，就必須設法改變公眾的這種固有的看法，創造出一種新的消費觀念。該公司以「你可以在本田車上發現最溫雅的人」為主題，大力開展促銷活動，廣告畫面上的騎車人都是神父、教授、美女等，經過一段時間後，終於逐漸改變了美國人對摩托車的態度，使本田公司在美國的行銷計劃獲得了極大成功。

註：作者根據相關資料整理。

（3）基於人往高處爬的「高攀心理」，人們會做一些「越級」的消費行為，以滿足虛榮心。階層的影響不僅表現在本階層內，不同階層之間仍然存在相互影響，主要是較低階層的消費者有對較高階層的強烈向往，常把較高階層的消費行為作為自己的模仿對象。經營者可以通過鼓勵上層社會的名人使用某種商品，或進行廣告宣傳，而引起人們的紛紛效仿，達到推銷產品的目的。

(4) 基於階層的「排斥心理」，人們可能會反感其他某階層的人消費同樣品牌的某些商品。這種相互排斥性使一些商品或某些名牌商品在這個社會階層中有穩定的消費者市場，而其他社會階層的消費者則很少購買。為此。企業在擴大商品市場佔有率，提高市場覆蓋面時，應注意維護產品和企業形象，避免不同階層之間的消費排斥性。如有的企業對同一種商品，採用不同的品牌、不同的分銷渠道，滿足不同階層的消費者，其用意就在於此。

第三節　參照群體與消費心理

社會是一個集合的概念，任何社會都有其內在的層次和結構，依據不同的劃分標準，社會可以劃分成若干個不同的群體。在一定時期內，任何一個消費者都從屬於某一群體，而在同一群體內的人們由於受多種等同或近似因素的影響，以致有著相同或相似的消費需要、消費方式、消費結構和消費水平。同樣，不同社會群體的人由於所處社會地位不同，所扮演的角色不同，生理特徵和心理特徵上存在的差異，又導致了他們的消費需要、消費方式、消費結構、消費水平以及消費心理、消費行為各具特色。

一、參照群體概述

參照群體是指對個人的態度、意見偏好和行為有直接或間接影響的群體。包括血緣的、社會的、經濟的、職業的等不同類型的組織。如家庭、朋友、社會組織、購物群體、工作群體等。

參照群體可以分為直接的參照群體和間接的參照群體（見圖6-4）。直接的參照群體是直接接觸到人們生活的面對面的成員群體關係。他們可以是主要成員群體或次要成員群體。主要成員群體包括人們以非正式的面對面的方式經常相互影響的所有群體，其規模相對較小，但與消費者存在密切聯繫，如家庭、朋友或同事。相反，人們與次要成員群體的交往是非持續而且更正式的，成員之間當面交流較少，相互影響較小，這些群體如俱樂部、學生會、宗教團體等。

間接的非成員群體包括渴望參照群體和非渴望參照群體。渴望參照群體是人們渴望加入的群體，典型的如青少年對明星的崇拜模仿。非渴望參照群體是人們試圖與其保持距離、避免與其有關的群體。

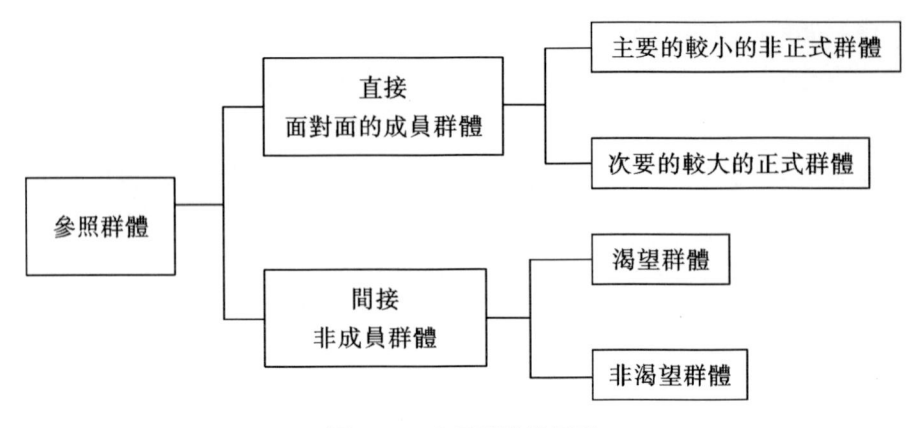

```
                            ┌──── 主要的較小的非正式群體
            ┌─── 直接 ──────┤
            │   面對面的成員群體
            │                └──── 次要的較大的正式群體
參照群體 ───┤
            │                ┌──── 渴望群體
            └─── 間接 ──────┤
                非成員群體   │
                             └──── 非渴望群體
```

圖 6-4　參照群體的類型

二、群體對消費心理的影響

世界上的每個人都不是孤立地進行消費活動的，而是在與其他人的相互影響的過程中實現自己的消費行為的。因而，人們的消費行為，必然要受到群體的影響。這種影響是通過個體在群體中的角色、參照群體、群體的規範和壓力以及群體內部的信息溝通等形成的。

圖 6-5 描述了社會情境對一種甜食屬性的影響。令人矚目的是，價格和口感無論對家庭消費還是個人消費均至關重要，而在聚會時，該甜食為大多數人所接受則是關鍵性因素。在廣告設計方面，企業恐怕應注意這些要素。

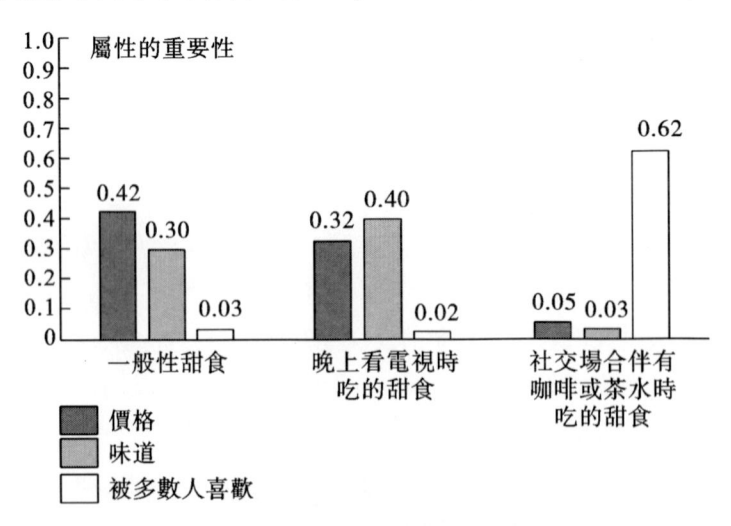

屬性的重要性

屬性	一般性甜食	晚上看電視時吃的甜食	社交場合伴有咖啡或茶水時吃的甜食
價格	0.42	0.32	0.05
味道	0.30	0.40	0.03
被多數人喜歡	0.03	0.02	0.62

圖 6-5　社會情境對甜食產品理想屬性的影響

（一）影響作用分類

表6-3顯示了三種相關群體的影響方式。在規範性影響的情況下，相關群體滿足了消費者從親和關係中獲得獎勵的需要，群體的獎勵使消費者採取了順從行為。在信息性影響的情況下，相關群體提供信息，滿足了消費者對於來源可靠的知識的需求，群體的專門知識導致了消費者認可和接受某一產品或品牌。在價值表現性影響的情況下，相關群體滿足了消費者維護身分地位的需要，使其在一群相似的人中獲得自我確認，並且贏得其他成員的認同。

表6-3　　　　　　　參照群體影響消費者心理的主要方式

規範性影響
- 為迎合工作同事的期望，消費者容許同事的偏好來影響自己的品牌抉擇
- 消費者的決策順從於常有社交往來的人的偏好
- 家庭成員的偏好影響消費者的選擇
- 為迎合他人的願望，影響到消費者的品牌選擇

信息性影響
- 消費者從職業社團或專家群體那裡搜尋品牌信息
- 消費者從專門從事有關產品的工作的人那裡搜尋信息
- 消費者從朋友、鄰居、親戚或同事那裡搜尋有關品牌的知識和經驗
- 消費者所選擇的品牌受到觀看某一獨立檢測部門肯定性報告的影響，在這種情況下，消費者從其並不隸屬但抱有好感的群體那裡獲得信息
- 消費者觀察到的專家的所作所為，影響到他們的品牌選擇

價值表現性影響
- 消費者感到購買或使用某種品牌可以改善在他人心目中的形象
- 消費者感到購買或使用某種品牌的人具備他們極想擁有的品質和特徵
- 消費者有時感到成為廣告中所顯示的使用某種品牌的那類人是相當不錯的
- 消費者感到那些購買某種品牌的人受到其他人的崇敬或尊重
- 消費者感到購買某種品牌有助於向他人展示自己是怎樣的人或將成為怎樣的人（一位優秀的運動員、一位賢妻良母、一位成功的商人）

1. 規範性影響

規範性影響是指由於群體規範的作用而對消費者的行為產生影響。規範是指在一定社會背景下，群體對其所屬成員行為合適性的期待，它是群體為其成員確定的行為標準。規範性影響之所以存在，是由於獎勵和懲罰的作用。為了獲得讚

賞和避免懲罰，個體會按群體的期望行事。一些廣告聲稱，如果使用某種商品，就能贏得社會的接受和讚許，利用的就是群體對個體的規範性影響。同樣，宣稱不使用某種產品就得不到群體的認可，也是運用規範性影響。

2. 信息性影響

信息性影響是指相關群體其他成員的觀念、意見和行為被個體作為有用的信息予以參考，由此在其行為上產生的影響。當消費者對所購產品缺乏瞭解，憑眼看手摸又難以對產品品質作出判斷時，他人的使用和推薦將被視為是非常有用的證據。群體在這一方面對個體的影響，取決於被影響者與群體成員的相似性以及施加影響的群體成員的專長性。例如，某人發現好幾位朋友都在使用某種品牌的護膚品，於是她決定試用一下，因為這麼多朋友使用它，意味著該品牌一定有其優點和特色。

3. 價值表現性影響

價值表現性影響是指個體自覺遵循或內化相關群體所具有的信念和價值觀，從而在行為上與之保持一致。例如，某位消費者感到那些有藝術氣質和素養的人，通常是留長髮、蓄絡腮胡、不修邊幅的，於是他也留起了長髮，穿著打扮也不拘一格，以反應他所理解的那種藝術家的形象。此時，該消費者就是在價值表現上受到參考群體的影響。個體之所以在無須外在獎懲的情況下自覺遵守群體的意見和規範，主要是基於兩方面力量的驅動：一方面，個體可能利用參考群體來表現自我，提升自我形象；另一方面，個體可能特別喜歡該參考群體，或對該群體非常忠誠，並希望與之建立和保持長期的關係，從而接受和內化群體的價值觀念。

上述三種影響在現實生活中是普遍存在的。但是，不同產品或者在不同的情景下，參考群體對消費者行為影響的程度是有差異的。這取決於多種因素，包括產品的性質及其對個體和群體需要滿足的程度以及消費者個體的特徵及其與群體之間關係的性質等。

(二) 決定群體影響強度的因素

決定群體影響強度的因素可以從產品特性、消費者個體特性、相關群體自身的特性等方面來進行分析。

1. 產品的可見性

相關群體對不同商品產生的影響程度是不同的，一般而言，產品或品牌在使用時的可見性（或「炫耀性」）越高，群體的影響力就越大，反之則越小。而表6-4從產品可見性和產品的必需程度兩個層面對消費情形進行了分類，顯示了相關群體在這些具體情形下對產品種類與品牌選擇所產生的影響。

表6-4　　　　　　　　　　產品特徵與參照群體的影響

	公　共　場　所	
產品 品牌	影響小	影響大
影響大 （必需品）	在公共場所使用的必需品 　影響：對產品的影響小 　　　　對品牌的影響大 　舉例：手錶、汽車、男裝	在公共場所使用的奢侈品 　影響：對產品、品牌的影響都很大 　舉例：高爾夫球、滑雪
影響小	在私人場所使用的必需品 　影響：對產品、品牌的影響都不大 　舉例：床上用品、牙刷	在私人場所使用的奢侈品 　影響：對產品的影響大 　　　　對品牌的影響小 　舉例：遊戲機、制冰器
	私　人　場　所	

（右側欄：奢侈品）

2. 產品的必需程度

對於食品、日常用品等生活必需品，消費者比較熟悉，而且在很多情況下已形成了習慣性購買，此時相關群體的影響相對較小。相反，對於奢侈品或非必需品，如高檔汽車、時裝、遊艇等產品，購買時受相關群體的影響較大。

3. 產品與群體的相關性

某種產品、消費行為與群體功能或價值實現的關係越密切，個體遵守群體規範的壓力就越大。例如，釣魚協會對會員選購漁竿的行為影響甚大，但對選購電視機的行為影響卻小。

4. 產品的生命週期

當產品處於投入期時，消費者的產品購買決策受群體影響很大，但品牌決策受群體影響較小。在產品成長期，相關群體對產品及品牌選擇的影響都很大。在產品成熟期，群體影響在品牌選擇上大而在產品選擇上小。在產品的衰退期，群體影響在產品和品牌選擇上都比較小。如表6-5所示。

表6-5　　　　　　　　產品生命週期與群體影響的關係

	產品購買受群體影響	品牌決策受群體影響
導入期	較大	較小
成長期	較大	較大
成熟期	較小	較大
衰退期	較小	較小

5. 個體對群體的忠誠程度

個人對群體越忠誠，對群體的認同程度愈高，愈易受群體意見和群體規範的影響。例如，當參加一個渴望群體的晚宴時，在衣服選擇上，我們可能更多地考慮群體的期望，而參加無關緊要的群體晚宴時，這種考慮可能就少得多。

6. 個體在購買中的自信程度

人們的消費信心愈低，愈易受相關群體的意見影響。例如消費者在選擇保險及外科醫生時，因不確定性較高，經常會聽取家人、同事、權威人士的意見。這些產品既非可見又同群體功能沒有太大關係，但是它們對於個人很重要，而大多數人對它們又只擁有有限的知識與信息。這樣，群體的影響力就由於個人在購買這些產品時信心不足而強大起來。

受相關群體影響大的產品和品牌的製造商必須設法接觸並影響相關群體的意見領袖者。意見領袖者既可以是主要群體中在某方面有專長的人，也可以是次要群體的領導人；還可以是向往群體中人們仿效的對象。意見領袖者的建議和行為，往往被追隨者接受和模仿，因此，他們一旦使用了某種產品，會起有效的宣傳和推廣作用。

三、參照群體的心理與行為效應

具體來說，參照群體對其內部成員消費心理和行為的影響，主要表現在從眾、模仿、暗示、循環刺激、流行等方面。

（一）從眾

從眾行為又稱遵從行為。個人因受到群體壓力而在知覺、判斷、動作等方面做出的與眾人趨於一致的行為。生活實際表明，人們對於外界的認識、見解，是受眾人的認識、見解影響的。個體消費行為也容易被群體意識同化。

任何一個群體都有一定的群體規範，這種規範會轉化為一種無形的心理壓力，對其內部的個體產生影響。群體規範是指群體以約定俗成的非正式形式或共同商定的正式形式而確定的行為準則。一般說來，消費者群體的規範大多是一些約定俗成的標準。而且，個體消費者在大多數情況下往往會自覺地遵從群體規範，使個體的很多消費行為與群體規範取得一致。這種一致性主要是屈從的一致性和鑑別的一致性的表現。

例如，一些經濟狀況好的消費者，其在自由的消費過程中往往習慣於求名、求美，但是在提倡節約、反對鋪張浪費的群體規範下則不得不強行改變自己的消費心理，使自己和群體的消費行為盡量趨於一致。

消費心理和消費行為中的從眾行為，也有它消極的一面，即對消費者的積極心理（購買動機）起阻礙作用。如果一位消費者約幾個好友到商店買東西，他認為某種商品好，而他的朋友們卻認為不好時，那麼他可能會放棄原有的購買決策。

從眾行為的發生，既與群體的條件有關，如群體人數的多少、吸引力的大小、個人在群體中的地位、群體中與自己條件相似者的行為、群體成員的反從眾行為等；也與個人的個性心理特點有關，如順從型的人多缺乏主見，在大多數場合下都容易發生從眾行為等。

（二）模仿

個體看到別人的行為以后，便會產生仿效和重複別人行為的趨向。這種仿照一定的榜樣而做出類似的言行舉止的過程就叫模仿。模仿是學習和習慣形成的方式之一。當被模仿的行為具有榜樣作用，社會或群體又加以提倡時，這種模仿就是自覺、有意進行的。人們在自然接觸中，更多發生的是無意識的模仿。模仿發展的基本趨勢，一般是從無意地模仿到有意地模仿。凡是能引起個體注意和興趣的新奇的刺激，都容易引起模仿。

模仿通常在某一個具體的群體中得以迅速展開，進而廣泛流傳，例如，青年學生對某一歌星、影星、體育明星的崇拜而導致的模仿性消費行為。被模仿者通常是時代的領先者、消費的先驅者，或是市場效應較強的標榜性人物，其消費行為具有示範效應，能夠產生巨大的市場效應。尤其是在參照群體中，一旦產生新的消費行為或消費傾向，更多的消費者將通過縱橫交錯的信息通道，獲得信息並模仿其行為，從而加入某種消費風潮。

小案例：總統喜歡看的書

美國一家出版商有一批滯銷的書久久不能脫手，便給總統送去一本，並三番五次地徵求總統的意見，忙於政務的總統沒有時間與其糾纏，便隨口應了一句：「這本書不錯！」出版商如獲至寶般地大肆宣傳：「現在有總統先生喜歡的書出售！」於是，這些滯銷的書很快就被一搶而空了。不久，這個出版商又有書賣不出去了，他又送給總統一本。總統上了一回當，想奚落他一下，便說：「這本書糟透了！」不料，出版商聽后大喜，他打出廣告：「現在有總統最討厭的書出售！」結果，又有不少人出於好奇而爭相購買，此書又隨之脫銷。出版商第三次將書送給總統時，總統出於前兩次的教訓，不置可否。原本無奈的窘迫局面又一次被出版商打破，出版商大做廣告：「現在有總統難以下結論的書出售！」結果，

出版商居然又一次大賺其利。

資料來源：佚名. 美國九個經典有趣的商業思維模式 ［EB/OL］. http：//www. newdur. com/post/1694. html.

(三) 暗示

暗示是人用含蓄、間接的方式，對別人的心理和行為施加影響的過程。受暗示者如果接受了暗示，往往會盲從、附會地按照一定的方式行動，或者不加批判地接受一定的意見或信念。暗示多採取言語的形式，但也可以採用手勢、面部表情、動作或暗號來進行。

暗示可以來自別人，也可以來自自己，后者稱為自我暗示。受暗示者所接受的暗示，有時是有意施加的，有時是從別人無意識的行為中接受的。

在購買行為中，人們因受暗示而影響決策行為的情況頗為多見。如果某種商品擺在緊俏商品的櫃臺裡，就可能會吸引到很多顧客購買，而同樣的商品如果擺在一般商品的櫃臺裡，就可能無人問津。我們也常常看到，櫃臺前只要有人排隊，馬上就會有人跟著排上去。長隊也可以成為暗示的因素。一些消費者選擇酒店就餐時，常常會觀察其門前停有多少轎車，如果門庭冷落，消費者就會避而遠之，這是因為車輛多少暗示著菜品和服務質量的好壞。商業部門常常根據暗示對人產生的心理效應來設計廣告，增強宣傳的效果。售貨員在接待顧客時正確運用暗示，也會比直接勸說獲得更好的效果。

但是，暗示的效果也要受到各種主客觀條件的制約。兒童、婦女和順從型的人容易接受暗示。然而，如果過於容易接受暗示，又常常會使人產生盲從的行為。

(四) 循環刺激心理

在一個群體內部，若干個消費個體相互聯繫、相互影響、相互刺激，形成了互動關係，群體內某一個消費者產生的消費慾望，通過信息溝通可能會使群體消費產生連鎖反應，或者成員之間消費需求產生共鳴，形成新的消費心理和行為，又作為新的刺激因素發生作用，由此構成一種群體的循環反應。

(五) 流行

流行是一個時期內社會上流傳很廣、盛行一時的大眾心理現象和社會行為。一種或一類商品，由於它的某些特性，在一段時間內在眾多消費者中廣泛流行，這種消費趨勢就是消費流行。一些吃、穿、用的商品都有可能成為流行商品，然而穿著類和使用類的商品流行的機會要多得多。流行的方式也是多種多樣的，可以在不同社會階層之間自上而下、自下而上，或是橫向流行。總之，流行意味著

一種群體共同追隨的行為，其行為往往具有時期性、自發性、反傳統性和社會普遍性；流行可以在不同民族、國家、地域之間展開，但也會因其流行的背景不同而各具特色。例如，中國就曾經流行過呼啦圈、唐裝、變形金剛、MP3 等許多商品。

流行具有一定的週期性，其週期可長可短。如玩「呼啦圈」風行一時，但很快消失；而牛仔褲、綠色食品風靡世界多年，至今仍然如火如荼。流行的生命週期和產品的生命週期很相似，可分為醞釀期、發展期、高潮期、衰退期四個階段。

商品流行的速度和商品的市場壽命週期有關，也和商品的分類性質有關。其中，商品的市場生命週期長短、價格高低與流行的速度呈反比關係。對企業而言，把握好商品流行的速度和週期十分重要。一種商品成為流行商品以後，銷量增長迅速，銷售時間集中，能給企業帶來巨大的利潤。但如果對消費心理變化估計不足，流行期一過，產品也可能會大量積壓，給企業帶來很大的損失。

從心理上講，消費流行是人們追求個性意識的產物，是人們渴求變化、追求新奇、表現自我的心理活動的社會表現。外界客觀事物總是不斷變化的，與這種變化相適應，不少人具有求新、求變的心理特徵。每一種新事物出現，它的特點就會引起人們的注意和興趣。很多人熱衷於追求新奇來表現自己的身分、地位和個性特點。隨著時間的流逝，當大家都熟悉或習慣後，事物新的特點就體現不出來，一種流行便結束了。同時，消費流行也建立在人們的從眾和模仿的心理基礎上，它導致了消費者行為的一致性，促進了消費者共同的消費理念和對商品、品牌的共同偏好，使得人們的消費對象、消費方式同質化，這又與市場追求的差異化競爭產生矛盾，因此，流行導致的趨同性具有階段性和時期性。

小資料：《江南 Style》風靡全球所折射出的社會心理

韓國鳥叔 PSY 以《江南 Style》一曲爆紅，從原本的樂壇「屌絲」一夜之間成為「高富帥」。儘管很多人對《江南 Style》的含義不明就裡，但簡單易學的馬式舞步、搞笑演繹充分滿足了人們求新、求趣、紓解心理壓力和樂於自我表現的心理需要，以及審醜文化、從眾心理、群體效應、偶像崇拜的推波助瀾，使其在短時間內便風靡全球。但對於不斷追求新奇感的年輕人而言，《江南 Style》也最終還是會像《Nobody》《Sorry Sorry》一樣成為過眼雲煙。

資料來源：聶鑫焱.《江南 style》風靡全球的傳播心理學解讀［J］. 傳播與版權，2013（4）.

第七章
商品生產與消費心理

　　商品是市場行銷活動的物質基礎，是消費者的購買對象，是影響消費心理與行為的最主要的外在因素。從消費心理學的角度上看，商品整體的概念應包括三重含義：一是商品實質，即商品的使用價值，能為消費者提供基本效用或利益；二是商品外形，指商品的形式，是滿足消費者心理需要的外在表現，它包括商品的命名、式樣、花色、重量、體積、規格、商標、包裝、裝潢等；三是商品附加利益，是指商品銷售過程中的行銷服務，是消費者對商品效用的延伸，它包括售前、售中、售後服務。商品在效用、形式和服務這三方面的特性能給消費者帶來有形與無形的利益，對消費行為都會產生較大的影響作用。本章將著重對商品設計、商品命名、商標設計和商品包裝等方面與消費行為的關係進行研究，以使工商企業的生產經營活動能更加適應消費者的心理需要，從而取得更加理想的經營效果和社會效果。

第一節　新產品設計與消費心理

　　人的需要是在不斷發展變化的，隨著新技術、新工藝的不斷採用，商品的更新換代是必然趨勢。能否開發、研製出適應市場需要的新產品，往往是關係到企業在市場激烈競爭中生死存亡的大問題。新產品是作為商品來生產的，必然要進入市場進行交換，成為商品。新產品能否買得出去，被消費者所接受，受著許多因素的影響，其中最主要的是產品設計能否很好地滿足消費者不斷發展變化的物質或精神需要。

　　現實中，新產品開發方面的失敗率是令人矚目的。在美國，大約有46%的資源被用到那些不成功的產品開發和市場推廣上，這些項目要麼夭折，要麼不能獲得足夠的收益。有一份報告稱，平均每100個進入開發期的項目中，有63個會被中途取消，有12個會失敗，最終僅有25個獲得了商業上的成功。如果能夠

在新產品開發過程中正確地進行消費心理研究，並將其獲得的市場知識整合到新產品之中，就會大大提高產品的成功率。

一、新產品分類與擴散過程

(一) 新產品分類

新產品是相對於老產品、舊產品而言的。所以，對於消費者來說，凡具有新穎性的產品，都可稱為新產品。對於任何新產品，我們都可以根據其創新程度和對消費者行為的改變程度劃分為連續創新、動態連續創新和不連續創新產品三大類，如圖7-1所示。圖7-1中的行為改變，是指消費者若要採用或使用創新產品所需做出的行為（包括態度和信念）或行為方式上的改變。它不是指產品技術或功能上的改變。例如，新口味的碳酸飲料並不需要行為有顯著改變，但購買和使用電動汽車則需要做出這種改變。

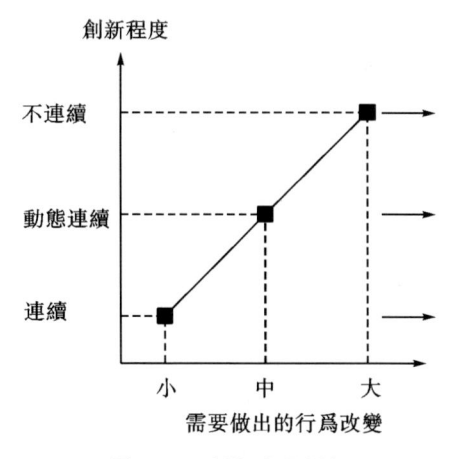

圖7-1 創新產品種類

1. 連續創新

連續創新指採用的新產品只需作出一些細微的，或是對消費者無關緊要的行為改變。這類產品往往是在原有產品用途不變的情況下，在設計工藝、結構、用料、式樣等方面作部分改進，其效能和性能會有所變化或提高，以適應消費者的不同需要。這類產品能滿足人們求新、求變的心理，或能滿足消費者的特殊需要，但對人們的消費行為等方面影響不大，取代舊產品的能力較差，也容易被消費者所接受。事實上，大多數連續創新的產品只引起少量的決策行為。市場上出現的新產品多屬此類，比較典型的如一些手機廠商不斷推出的迭代手機產品。

在發展迅猛的電子產品行業，為了快速占領市場，廠商往往會盡快推出一個並不十分完美的產品，然後針對每一個產品細節，收集用戶行為和信息反饋，逐步完善產品。這樣做並不完全是由於技術上的不完善，主要是由於開發者難於完全、準確地把握當前用戶的需求，而採用「走一步，看一步」的方式，通過不斷細化來加深對問題的理解，並不斷推出迭代連續創新產品。

小資料：iPhone 6S 的前世今生——蘋果智能手機的迭代與演化

從很久以前，蘋果就開始遵循這樣的路線：圍繞既有軟硬件理念加以創新，將其他領域的一流技術應用到智能手機，繼而將其轉化到自己的移動平臺之上，以此大獲成功。早在推出第一代 iPhone 時，批評者就指出，蘋果所做的無非是從其他領域的技術中提煉創意，而不是在技術領域構建自己的獨特願景，獨闢蹊徑，推動技術進步。iPhone 的進步憑藉的就是硅谷每一家數字初創企業都奉為圭臬的東西——迭代和演化，比起創新，蘋果更強大的是它的產品迭代能力。它並不要求每一個產品都是最完美的，而是通過眾多的小步驟不斷改善自身，其間砍掉不起作用的旁枝末節。

資料來源：佚名. iPhone 6S 的前世今生：蘋果智能手機的迭代與演化 [EB/OL]. http://www.forbeschina.com/review/201509/0045227.shtml.

2. 動態連續創新

動態連續創新是在原有產品的基礎上，經過重大改進或革新發展而形成的新產品，這類產品往往具有更突出的性能和效用，甚至產生了新的用途，有可能很快取代舊產品，形成新的消費熱點或流行趨勢。採用這種產品要求人們在某個不太重要或中等重要的行為領域做出重大改變。如數碼相機、新能源汽車、Apple Watch 和網上購物等。

3. 不連續創新

不連續創新是指從造型、結構、性能、名稱等各方面都是完全創新的產品，一般是由於科學技術的進步或為滿足消費者某種需求而發明的產品。這種新產品對消費者的消費觀念、消費方式、消費心理與行為等方面會產生重大的影響，可以導致新的消費方式的產生。如眼部激光手術和全自動廚具的出現等。

當然，創新的程度及重要性都是由消費者決定的。因此，對於一個喜歡攝影技術的消費者來說，數碼相機也許就成了不連續創新的產品。

思考一下：在目前市場上有哪些新產品？說明它們是連續創新、動態連續創新還是不連續的創新產品。

(二) 新產品的擴散過程

隨著科學技術和生產力的發展，以及社會經濟文化和生活水平的提高，新產品不斷在市場上湧現。由於各方面的原因，消費者對不同新產品的感知程度、心理反應和接受程度都是有很大差異的。但一般來說，消費者對新產品的接受率或新產品的擴散過程呈現「S」形態，即先慢后快、先低后高，直至達到自然極限，如圖7-2所示。消費者接受新產品一般要經過知曉、評價、形成購買動機、試用、採用等發展階段，有一個從不瞭解到瞭解、從疑慮到信任的過程。行銷者應通過各種有效的廣告宣傳、針對目標消費者的行銷策略以及良好的售后服務措施，來加強消費者對新產品的認識，引導消費者形成新的消費觀念和消費方式，誘發消費者的購買動機，盡可能減少消費者的購物風險，鼓勵試用，從而加速消費者對新產品的接受過程。

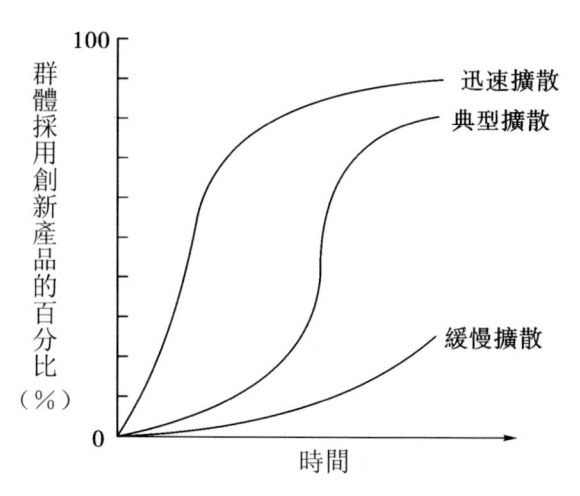

圖7-2 創新產品隨時間推移的擴散速度

新產品擴散是指「商品或服務由生產者流向消費者的過程」。它類似於「投石入湖」：把石頭丟進一泓平靜的湖裡，於是水面上會盪起陣陣的漣漪，漣漪由小而大，由近而遠，漸漸地擴大，最后終於擴散到湖裡的每個角落。當新產品剛進入市場時，只有少數人購買，這就好像第一層漣漪一樣，圈子很小；漸漸地，圍繞在原始購買者周圍的人也開始購買產品，於是漣漪盪得更大；最后，新產品終於傳布到更多的消費者，而新產品完全被所有的消費者接受則是不太可能的。

圖7-2中的累積曲線描述了隨著時間推移，使用新產品人數增長的百分比。如果把這一曲線從累積形式變成對應每一時點採用創新產品人數百分比的形式，就會得到我們所熟悉的鐘形曲線或正態分佈（如圖7-3所示）。也就是說，一小部分人會很快採用創新產品，另外一小部分人則極不情願採用，群體中的大多數人採納的時間介於這兩者之間。同時，根據人們採用產品的相對時間，可以將任何一種創新產品的採用者劃分成五組。其中創新用戶和早期採用者僅共占16%左右。

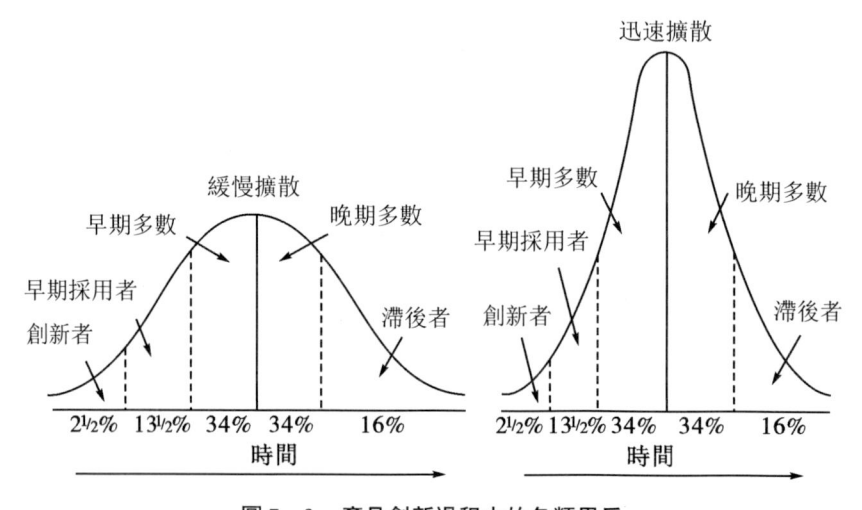

圖7-3　產品創新過程中的各類用戶

消費者創新性研究很多是以個體為基礎，如斯迪坎布（Steenkamp）認為，創新者的動機和個性特點包括：尋求刺激；愛好新奇的事物；喜歡與眾不同，享受購買新產品帶來的差異感；具有很強的獨立性，不容易受到其他人購買行為的影響。

另一個研究方向是從總量角度識別影響消費者創新性的主要因素，得出的結論包括：①產品的類別對消費者創新性影響比較大，女性對家庭用品、時尚、食品和雜貨的消費者創新性比較強，男性對汽車、運動器具的創新性比較強，而年輕人對電子數碼產品的創新性比較強。②如果不考慮產品差別，那麼人口特徵，如種族、收入、年齡、人口流動性和受教育程度對消費者創新性影響比較小。但迪斯坎布對DV市場的研究表明，年齡與消費者創新性存在著顯著的負相關性，成年人中，年紀較小的消費創新性更強。不少研究者也發現性別對消費者創新性的影響比較顯著，男性比女性更具有創新性。③宏觀環境對消費者創新也有影響，經濟開放程度、經濟發展速度、產業化程度和鼓勵冒險的傳統文化對消費者

創新性都有一定的影響。比如高經濟開放性國家，由於有更多的對外貿易，消費者接觸新奇產品的機會增加，容易培養消費者的創新性。

二、影響新產品銷售的心理因素

(一) 影響消費者購買新產品行為的產品因素

一般來講，一款商品在被購買到被拋棄要經歷六個階段：購買、配送、使用、修配、保養、拋棄（見圖7-4）。同一款商品在不同的階段對消費者產生不同的影響，而消費者在購買該商品時，實際上從效率、簡單、方便、風險、樂趣、環保六個層面評估了它的所有六階段的效用。

購買　配送　使用　修配　保養　拋棄

圖7-4　商品的生命週期，流動中的「物」

在購買階段，產品是否能快速捕獲消費者的注意力，是否能使消費者迅速做出購買決定；在配送階段，是否方便攜帶和安裝；在使用階段，產品的功能是否適當，可用性如何；在修配階段，產品是否需要其他的產品和服務的配合來使這一產品更有效，這些是否容易獲得；在保養階段，產品是否易於維護和升級；在拋棄階段，產品是否易於處理，是否環保，是否可再生等。比如，宜家的家居產品都是以配件形式散裝，然后由用戶在家自行裝配，從而方便購買者配送攜帶；Moto推出的可降解手機則是從拋棄階段的環保設計方面考慮，這種手機內置向日葵種子，在泥土中分解后的手機，會為這粒種子提供營養物質。

對於新產品而言，產品因素、廣告因素、行銷因素、經濟因素、社會因素、目標群體因素等都會對其擴散過程產生影響，但最根本的還是消費者對新產品的心理反應。

1. 相對優越性

俗話說：「不怕不識貨，就怕貨比貨。」消費者通過對比，認識到新產品具有明顯的優越性，能給他帶來實際的利益或某種心理需要的滿足，則新產品被接受的速度就快。新產品的相對優點越多、越顯著，滿足消費者需要的程度越高。受市場歡迎的程度也就越高。例如，手機明顯比傳呼機方便得多，因此手機取代傳呼機是必然的；而手機取代小靈通的過程則要慢一些；4G手機取代3G手機則會更慢。產品的相對優點也可以表現在產品的外觀、包裝或售後服務等方面。

2. 適應性

人們在長期的消費過程中，形成了一定的消費方式、消費習慣和消費觀念。如要形成新的消費方式和觀念，往往需要一段時間。如果新產品與消費者本來的生活方式、經濟水平、消費習慣和價值觀念相適應，它就容易被消費者接受。反之，新產品的擴散就會遇到較大的困難和習慣的抵制。這種適應性還與當時的社會風氣、消費潮流、政府的政策法令等有關。例如，速溶咖啡在進入西方市場初期，受到主婦們的抵制，是由於其對原有的消費習慣、消費觀念、消費方式的適應性程度低的原因。

3. 複雜性

複雜性是指消費者對新產品的性能、質量、用途、使用方法等方面的理解與掌握的困難程度。產品易使用、易理解、質量易把握，就容易引起消費者的興趣，疑慮心理就較少，因而也就容易被人所接受。相反，如果影響產品質量及性能的因素太多，不便維修，消費者操作使用上也不方便或需要花較多的時間和精力才能熟悉和掌握，這就會更加強化其對新產品已有的顧慮心理，自然也就不肯輕易購買了。例如，美國生產的帶電腦的多功能家用縫紉機，在發展中國家的銷路並不好，因為這些國家的家庭主婦文化水平一般不高，不願使用這種複雜、不便維修的產品。當然，如果新產品的目標消費者的專業知識水平較高，接受複雜性產品的能力很強，這部分消費者也願意接受結構複雜、性能先進的科技產品。總之，新產品在使用設計上，應力求簡單方便，並明確易懂地介紹新產品的特點和使用方法。

小案例：軟件產品的設計

有一個設計微型計算機軟件的廠家，推出了一種在功能、效用上比較先進的地理信息系統軟件（這裡稱之為A），發現不好賣；與此同時，另一家的同類產品（這裡稱之為B），並沒有什麼先進性，卻相當賺錢。究其原因，A產品的界面文字（畫面文字）是英文，而使用該軟件的用戶絕大部分不懂英文；B產品雖然落後一些，但是界面全是中文。在這裡，專業的、專家的評價與用戶的評價不一致，是用戶選擇錯誤嗎？不是！根本原因在於，一個產品要讓用戶接受，不但要有先進的功能（效用），更重要的是必須使先進的功能在顧客手中實際發揮出來。而要使其功能充分發揮，其設計就必須考慮目標顧客的知識能力、操作能力，還有不屬於心理能力的支付能力等。

註：作者根據相關資料整理。

4. 可試性

可試性是指消費者以低代價、低風險獲得新產品試用的可能性大小。消費者購買不熟悉的新產品要冒較大的風險,一般都希望通過實際試用,發現產品所具有的特點,並減少購物風險。一些低值產品,如日用百貨、食品等以及一些可租、可借或可以在零售商店內試用,並在短時間內能充分顯示其特性的新產品,其擴散率就高;反之,在短時間內難以獲得明確的印象和效果,價格又較高的新產品,其擴散率就低,如某些家用電子治療儀。行銷部門可以通過現場操作、免費試用或包退包換等優惠措施,也可以採用出租的方法,來降低購物風險,鼓勵試用。

5. 可觀察性

新產品的新屬性和使用新產品的好處如果容易被消費者所覺察、溝通、想像和形容,這個產品的溝通性就強,擴散也就快。一些穿或用的商品,如服裝、交通工具、家庭陳設品、家用電器、首飾等,由於往往顯露於外,能見度高,也容易使人產生想像或聯想,在消費者中就容易形成大眾傳播,其擴散的速度就會加快。

有人曾對飲料市場的新產品進行過研究,發現對新產品購買意向強的群體是受教育程度比較低的年輕消費者,他們對產品的視覺和味覺刺激比較敏感,而反應產品內在品質的質量、品牌、價格和功能等指標卻沒有對購買意向產生明顯作用。一種可能的解釋是,消費者對產品的內在品質的認識更具有內隱性,只有通過親身的消費體驗,才會認識產品的內在質量,從而對行為產生作用。而飲料新產品的視覺和味覺刺激比內在品質特徵更具有溝通性,很容易對消費行為產生作用。以前的許多研究也證實,加強產品或廣告的視覺效果,可以提高對消費者的勸說性。

另外,新產品所滿足需要的重要性、風險知覺的大小、新產品原有品牌的形象等都會影響新產品的擴散過程。例如,如果是原有名牌商品的改型,加之這些在款式、功能等方面的改進本來就是消費者所希冀的,那麼,新產品就可能很快被消費者所接受。

思考一下:在網路時代,新產品的擴散過程和影響因素有什麼新特點?

(二) 擴散促進策略

在新產品的目標市場大致選定後,企業應當首先把注意力集中在目標市場內最有希望成為創新者和早期採用者的人身上。在產品宣傳上,應強調產品的新穎

和革新特點。表7-1列出了更多的影響創新產品擴散的因素，並為制定拓展創新產品市場接受程度的策略提出了思路，關鍵之處是從目標市場的角度分析創新產品。這種分析能夠發現妨礙市場認可與接受的潛在阻力——擴散障礙，並由此制定促進擴散的策略來克服這些障礙。當然，企業應當通過市場調查和實踐來判斷目標市場消費者對新產品的看法以及他們對各種擴散促進策略的反應。即便在缺少市場調查的情況下，通過對「擴散障礙」的分析仍有助於發現創新產品的不足並提出應對策略。

表7-1　　　　　　　　　　創新產品分析和擴散促進策略

影響擴散的因素	阻礙擴散的情況	擴散促進策略
1. 群體性質	保守	尋找其他市場，以群體內的創新者為目標
2. 決策類型	群體決策	選擇可以到達所有決策者的媒體，提出化解衝突的主題
3. 行銷	有限	以群體內的創新者為目標，使用地毯式轟炸策略
4. 感知的需要	弱	作大量廣告表明產品利益的重要性
5. 相對優勢	低	降低價格，重新設計產品
6. 適應性	衝突	強調與價值規範相符的屬性
7. 複雜性	高	在服務質量高的零售店銷售，使用有經驗的推銷人員，使用產品演示，大量的行銷努力
8. 可試性	困難	向早期採用者免費提供樣品，向租賃機構提供優惠價格
9. 可觀察性	低	大量使用廣告
10. 知覺風險	高	成功記錄；權威機構認證或證明；擔保

小資料：電動汽車的推廣障礙

一是新能源汽車方向模糊不清。一會是混合動力，一會是純電動。方向上的不確定，導致汽車生產商在研發上不敢輕易投入，地方政府和電力公司在充電樁等配套設施的建設上也不敢投入，研發、應用不能形成完整的鏈條，並形成惡性循環。

二是地方政府熱情不高。在試點城市中，出於地方保護主義，對非本地生產的新能源車限制進入新能源車目錄，以此保護傳統能源汽車和本地汽車產業。而購車補貼更是「千呼萬喚始出來」，由於缺乏鼓勵政策，導致私人購買電動車幾乎為零。實際投入使用的電動車，多數都是政府採購，用於公交等領域，以此來

完成總體發展銷量規劃指標。

三是實際使用的方便性差。僅從上海地區來看，充電設備建設速度也遠低於政府提出的計劃目標，買來的純電動車只能在特定的區域運行。

四是電動車價格偏高。雖有補貼政策，但價格仍然偏高。近期發布的比亞迪e6，指導價為36.98萬元，即使在試點城市深圳，雖然國家給予補貼6萬元、地方補貼6萬元，個人仍需支付近25萬元。這樣的價格，是普通百姓心理價位的3倍左右。

五是新能源汽車性能、質量還較差。這也是阻礙電動汽車推廣的主要障礙。電動汽車與傳統汽車技術要求不同，核心的「三電」（電機、電控、電池）技術距離實際需求還有一定差距，尤其是消費者對汽車電池可支持行駛的距離、壽命、可靠性及安全性還有較大顧慮。

資料來源：佚名. 拒絕作秀，中國新能源車推廣進入新階段［EB/OL］. http://www.zhev.com.cn/news/show-1332128981-1.html.

（三）消費者對新產品的心理需要

周斌（2002）認為，商品的質量屬性應以「對消費者主觀需要的滿足程度」為最根本的標準，所謂「質量檢驗合格的產品不是合格的產品，消費者滿意的產品才是合格的產品」。由此，可把商品的質量屬性分為自然屬性與社會屬性兩個方面。前者包括：功能性、可靠性、安全性、耐久性、方便性、舒適性、經濟性、配套性等；后者包括：美學性、情感性、象徵性、時尚性、聲譽性、信息性、服務性等內容。為了較為全面準確地將需求轉化為產品質量特性可採用質量功能展開（Quality Function Deployment，QFD）的方法。從消費心理上看，新產品設計主要應考慮以下方面：

（1）多能多效。產品的多功能以及自動調控等特別功能是家用消費品設計的重要發展趨勢，它符合人們普遍存在的求實效、求便利的消費心理。比如，帶有攝像頭、音箱和話筒的筆記本電腦等。現代智能手機在互聯網條件下，正具有越來越多的功能，新增功能也將不斷促進手機的更新換代。谷歌正在研究開發一款名為Project Glass的眼鏡，這是一種能夠顯示網路資訊的特殊眼鏡，搭載Android作業系統，方便使用者即時查看透過網路取得的同步資訊，同時將具備3G或4G連線上網及數個傳感功能，包括GPS導航。這些多功能產品必將大大方便人們的工作和生活。因此，設計功能類商品時，除了要保證基本效能外，還應注

意增加附屬效用。

切瑞納特尼和邁克・東納德（Chernatony and McDonald，1998）認為，產品利益可以通過兩個方面來衡量：一是滿足生理性需求的功能性利益；另一個是滿足心理需求的表現性利益。由此可將產品分為：高功能—高表現型（如豪華轎車）、高功能—低表現型（如電冰箱）、低功能—高表現型（如服裝）、低功能—低表現型（如鎖具）四種類型。對於不同類型的產品在設計和市場行銷方面都應當有不同的側重點。

思考一下：你看好谷歌眼鏡（電子穿戴設備）的市場前景嗎？為什麼？

（2）方便舒適。隨著生活水平的提高，消費者對商品使用上的方便與舒適、輕鬆與愉快的要求更為強烈。因而在產品設計上應注意適應人的生理及心理特點、簡化操作程序、構造巧妙精致以及方便安全省力等因素，既保證商品用途，又盡可能讓消費者使用時感到滿意，滿足其享受的需要。例如，為方便電腦、手機與電視之間的信息傳遞，就出現了「雲」電視；為方便電腦操作，設計了無線光電鼠標；有人嫌打領帶費事，便有了「一拉得」「一掛得」，等等。

（3）美觀大方。商品的色彩、造型、式樣是否美觀悅目、新穎獨特，日益成為影響消費者選購商品的重要因素。產品外觀的工藝化、個性化、趣味化已成為重要的設計趨勢。例如，新一代香皂的外形設計已不同於傳統的方形、鵝蛋形或圓形，而設計為花朵、貝殼、星星、水果等形狀；又如，壁掛式彩電給人以輕巧、美觀、舒適的感受，而老式彩電卻使人覺得沉重、累贅和壓抑，前者自然容易博得消費者的青睞。因此，在產品設計上，要注意針對目標消費者不同的審美情趣，設計出既具有使用價值，又具有一定欣賞價值，能滿足人們審美要求的產品。一般地講，產品造型設計，適於男性消費者的要大方、舒展；適於女性消費者的要纖巧、雅致；適於兒童消費者的要活潑、鮮豔等。

小案例：香皂和可樂瓶子的設計

20世紀70年代以前的香皂，大多呈長方體，體積分量都很實在。80年代初期，設計人員通過研究，發現消費者在購買香皂時，除了注重香皂的實際功能外，都希望香皂更美觀一些。設計人員可以在香皂上雕刻一些圖文，進行裝飾。而這恰恰又滿足了企業的要求，節約了原材料，達到了降低成本的目的。於是當時這種像雕刻的印章似的香皂流行一時。

進入20世紀80年代中期，世界範圍各類商品的圓弧形流線設計，改變了人們以往的審美觀點。在這種潮流下，設計者發現將方正的皂體改為圓弧形，可以節約原材料，降低產品成本，同時又能滿足消費者追求時尚的流行趨勢，這一設計又大獲成功。

到了20世紀90年代初期，設計人員通過研究消費者反饋回來的信息發現圓弧形設計的香皂在使用中，很容易從手中滑落，於是又大膽地推出了兩邊向內彎曲的皂體設計，節約了材料，降低了成本，但這種易於握持的造型設計並沒有因少了材料而遭拒絕，相反卻大受消費者的歡迎。

無獨有偶，這種「易於握持的造型設計」也曾使可口可樂公司受益匪淺。可口可樂的設計人員將瓶子上人手最常握持的部分設計成向內彎曲，減小了手握持部分的瓶子直徑，又將這部分進行棱化設計，起到了防滑作用，更增強了握持的穩定程度。對於企業來說，這種向內彎曲的造型設計，在瓶子大小不變的情況下，減少了存儲容量，降低了成本，更利於市場競爭。對於消費者來說，他們往往會忽略這種設計所帶來的容量的減少，而更好奇於瓶子的這種奇異造型設計和這種設計帶來的全新的握持感受。事實證明了設計人員的設計理念是對路的，可口可樂公司獲得了巨大成功。

資料來源：張雲龍. 可口可樂瓶子變身記［J］. 工業設計，2011（1）.

（4）創新時髦。求新、求變、追求時髦，這是消費者普遍的心理特徵。新產品應當力求在功能、款式、結構、成分、包裝等方面有自己的獨到之處，吸引消費者的注意和興趣，滿足人們不斷發展的物質文化生活需要。同時，要緊跟社會消費潮流，適應人們在消費習慣、消費結構、消費心理、消費風氣等方面的變化，及時預測某些商品的流行趨勢，吸收國內外最新流行商品的特點和設計經驗，設計出適應時代、符合市場要求的時髦商品。

小案例：Nike＋：利用手機賣運動鞋

有前瞻性的品牌商，已著手於社交網路行銷的佈局。社交網路行銷既可以利用第三方的社交平臺，也可以自行搭建社交平臺，或者二者結合。耐克在這方面做了一個頗為成功的嘗試。

即便是對於很多酷愛跑步的人來說，跑步也是一樣比較枯燥和孤獨的運動。

耐克很早就發現了這一點，因此和蘋果合作，誕生了第一款 Nike + iPod，其初衷無非是給跑步這項無聊的運動增加點趣味，讓跑步和音樂結合起來。可如今，作為一名跑步愛好者，你可能更希望加上以下這條數據記錄：

「2015 年 7 月 3 日；路程：10 公里；時長：62 分鐘；消耗熱量：627 卡路里；平均速度：10 公里/小時。」

甚至再加上一個功能：即時分享。在以上跑步記錄后面加上一條「你希望將這條記錄共享到你的朋友圈，新浪微博或者是微信群嗎？」

耐克很聰明地建立了這樣一個和跑步愛好者互動及讓跑步愛好者和其他人互動的平臺——「Nike +」。

Nike + 是什麼？Nike + 最先是一個手機上的應用，可以安裝在智能手機上。你跑步的時候，它會自動在地圖上記錄你的跑步線路、距離、海拔、時間、速度及燃燒的卡路里。並且邊跑邊為你播放音樂，為你提供音頻反饋，還有頂級運動員為你加油鼓勵的聲音。

耐克跑鞋裡有一個芯片，它可以追蹤時間、距離和能量消耗在內等各項運動數據。只要運動者穿著 Nike + 的跑鞋運動，iPod 就可以存儲並顯示這些數據。

但如果僅僅如此的話，耐克提供的不過是一個運動輔助產品，並沒有體現大數據時代和社交網路行銷的特色。Nike + 把用戶的所有跑步信息，即時上傳更新到社交網路的帳號裡，包括 Facebook 和耐克自己的社交平臺上。

根據耐克和 Facebook 達成的協議，用戶上傳的跑步狀態會即時更新到 Facebook 帳戶裡，你在 Facebook 裡的朋友可以評論並點擊一個「鼓掌」按鈕。神奇的是，這樣你在跑步的時候便能夠在音樂中聽到朋友們的鼓掌聲，跑步的用戶體驗也就不再如之前那般枯燥單調。因此，跑步不再局限於鍛煉身體這個概念，上傳自己的跑步數據和體驗，與朋友分享這項運動有了新的社交層面的延伸。

有了 Nike +，耐克還可以組織跨城市、跨州、跨國界的、全球性的互動。譬如，耐克組織的城際跑步競賽，各個城市的跑步者在規定時間內將自己的跑步數據上傳，看哪個城市的跑步者累積的距離長。倫敦那次活動的參與者在 15 天的活動中發起的跑步總距離相當於繞地球半圈：2.02 萬公里。

Nike + 在許多方面，為耐克的行銷帶來了無可估量的影響：

①憑藉運動者上傳的數據，耐克公司已經成功建立了全球最大的網上運動社區，超過 500 萬活躍的用戶，這些用戶的忠誠度因 Nike + 而大大提升。

②跑步者們每天不停地上傳數據，耐克由此很輕鬆地獲取了大量跑步路線的信息，這些由跑步愛好者上傳的路線信息涵蓋了世界各地的大街小巷，耐克因此掌握了主要城市的最佳跑步線路，總結出熱門的跑步聖地。以後，耐克在投放戶外廣告的時候，就可以選擇在這些跑步線路沿途，從而獲得最佳性價比的廣告位。

③除了傳統的廣告牌，耐克還可以在熱門跑步路線投放互動式廣告。譬如，設置「補給站」，為跑步者提供存放衣服、提供飲品等服務。這比傳統廣告又大大邁進了一步。

④同時海量的數據對於耐克瞭解用戶習慣、改進產品、精準投放和精準行銷又起到了不可替代的作用。因為顧客跑步停下來休息時交流的就是裝備——什麼設備追蹤得更準，耐克又出了什麼更炫的鞋子。

⑤Nike + 甚至讓耐克掌握了跑步者最喜歡聽的歌是哪些。這些搜集到的一手數據可以為未來的產品設計提供重要的參考，進一步改進他們的產品。Nike + 在和消費者建立了一種牢固的關係的同時，輕鬆地搜集到各種用戶的反饋，提高了產品附加值。

在這個日益火爆的社區平臺上，消費者的滿足感很容易通過網路即刻放大。Nike 通過數字化的行銷搭建的平臺越來越吸引新的消費者加入進來，這不僅僅是一個健身運動的平臺，更是一個社交的平臺。其實未來類似的平臺甚至還可以拓展到游泳、球類等其他運動上。Nike + 的會員數在 2011 年增加了 55%。耐克的跑步裝備業務營業收入增長了 30%，達到 28 億美元，Nike + 功不可沒。

資料來源：陳碩堅. 透明社會——大數據行銷攻略［M］. 北京：機械工業出版社，2015.

（5）適應個性。消費者往往是從個人的角度去評價或購買商品，對商品的選擇心理往往融入了個人的某種生活追求，不同個性特點的消費者對同一商品會產生不同的心理反應。消費者注意和偏愛某種商品，主要就是由於商品具有符合其個性需要的特點所造成的。因而，產品的設計也要有「個性」，並與目標市場的那部分消費者的個性需要相適應。產品的「個性」是通過產品的象徵意義的心理功能而起作用的，而產品的象徵性功能是在人們的想像、比擬、聯想等心理作用下產生的。設計產品時，產品的用途可以相同，但在款式、造型、色彩等方面應有不同的特色，使之具有不同的象徵意義，以適應不同性別、年齡、地位、愛好、性格、氣質的消費者的個性心理需要。例如，價格昂貴、款式豪華、做工

精細的商品，可能被看成事業有成、地位顯赫的象徵；色彩明快、新穎別致、功能奇異的商品，可能被看成年輕的象徵；誇張有趣、活潑豔麗的商品，往往被看成兒童的象徵；結構簡單、造型粗獷的商品，可能被看成男性的象徵；設計獨特、使用巧妙的商品，可能被看成是聰明智慧、富於創新的象徵；簡潔大方、功能實用的商品，往往被看成穩重、自尊的象徵，等等。

小案例：「黃鶴樓」系列香菸產品的品牌定位與消費者的價值需求

黃鶴樓1916：懷舊經典：體現出低調的奢華感受。

黃鶴樓漫天遊：浪漫經典，體現出對自由、浪漫和飄逸的追求。

黃鶴樓論道：唯美經典，通過紅黑對比表現美的無限向往。

黃鶴樓雅香：簡約經典，通過簡單的產品設計透出不平凡的產品理念。

黃鶴樓08：專為運動人士打造，體現科技、人文、綠色理念。

黃鶴樓問道：為知識人士打造，體現出對「道」的不斷探索。

黃鶴樓感恩：為文藝人士打造，展現德藝雙馨之美。

資料來源：杜鵬，等. 從產品行銷到價值行銷案例分析［J］. 河南教育學院學報：自然科學版，2009（4）.

（6）適應群體。消費者都生活在一定的社會群體中，每個群體都有其大致相似的消費方式和消費習慣。人們往往有意識或無意識地通過使用某種式樣的商品（如服裝、手提包等）來表明自己的社會角色或屬於哪一社會群體，這也是群體趨同消費心理的作用。因此，在設計群體類產品時，要考慮它是否能適應購買者所屬群體的特點，如某社會職業或社會階層在經濟收入、文化狀況、消費習慣、工作環境、消費心理等方面的特點。例如，日本精工株式會社推出了一種「穆斯林手錶」，它能把世界上114個城市的當地時間轉換成穆斯林「聖地」麥加的時間，並且每天鳴響五次，提醒教徒準時祈禱，結果受到了穆斯林教徒的廣泛歡迎。

現在女性駕車者已十分普遍，但針對女性特點開發的汽車卻較為少見。女性化汽車的設計也都僅僅停留在流暢的外觀、小巧的車身、亮麗的顏色方面，還應當考慮女性隨身的手提包放置、由於開車更換下來的高跟鞋放置、汽車使用與維護保養的簡易化、適合女性特殊生理特點和身體結構特點的座椅等方面的問題。

小案例：「地瓜洗衣機」

　　海爾集團總裁張瑞敏聽說農民抱怨洗衣機不好用，因為不能洗地瓜。針對此事，張瑞敏認為，既然消費者用洗衣機來洗地瓜，說明存在這種需求，企業應該突破技術，研發一種既能洗衣服，又能滿足洗地瓜要求的洗衣機。於是，海爾進行產品的部分改造，擴大水流輸出部分，能夠承載洗地瓜的要求。設計好后，就在當地推出了「地瓜洗衣機」。結果，產品一投放市場就大受當地農民的歡迎。隨后，海爾還研發出了針對食堂使用的削土豆皮的洗衣機、針對青海和西藏地區人們使用的打酥油洗衣機、可以洗「蕎麥皮枕頭」的洗衣機以及洗龍蝦的洗衣機等，在當地都傳為了佳話。另外，在很多企業認為夏季是洗衣機淡季的時候，海爾提出「只有淡季的思想沒有淡季的市場」的理念，設計出專為夏天使用的小容量洗衣機，從一雙襪子到一件襯衣，都可以進行及時的清洗。這就是比普通容量的洗衣機省水節電的小小神童洗衣機，它具有極高的市場佔有率。隨著人們衛生、保健意識的逐漸增強，海爾又緊緊抓住消費者的心理，利用抗菌、消毒技術開發了「保健雙動力」洗衣機，憑藉其電腦全自動控制殺菌消毒功能，在市場上顯示出強大的產品魅力和市場威力。正是由於對消費者需求進行深入研究，海爾把高高在上的科技概念轉化成了現實的市場需求，應用高科技大膽地創新，讓海爾越走越遠。

　　註：作者根據相關資料整理。

　　設計產品還必須考慮提高產品的附加價值，包括審美價值、道德價值、理論價值、社會價值、認知價值、感情價值和宗教價值等。晁鋼令（2011）還提出了「隱性消費價值」的概念。這是一種由產品（服務）的顯性消費價值而延伸出來，使顧客的消費滿意度得以擴展和提升的某種附加價值。「顯性消費價值」和「隱性消費價值」的區別可用一個三維三分模型來描述（見圖7-5）。三個維度分別是：消費內涵、消費過程（時間）、消費社會性。其中文化價值、企盼價值、追憶價值、同伴價值、社會價值都屬於隱性消費價值。圖7-5共有27個方塊，其中深顏色的那一部分屬於「顯性消費價值」，而其他部分則屬於「隱性消費價值」，不少企業在產品開發和服務中往往只考慮到幾個方塊，對許多「隱性消費價值」視而不見。

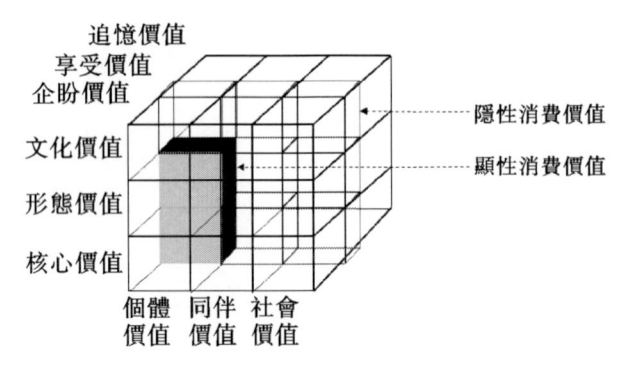

圖7-5　全方位價值消費模型

在消費中受到關注、讚揚都會提高消費的「社會消費價值」。而消費者都喜歡與朋友一道去卡拉OK廳唱歌，極少有人單獨前往，因為這時「同伴消費價值」（與他人共同消費中所增加的滿足）很重要。我們還可以看到很多這樣的現象：情人節的玫瑰花價格可以比平時翻幾番，因為它是「愛的象徵」；泰山頂上廟宇中出售的銅牌掛件，價格也是山下的數倍，因為它有「高僧開光」；很多品牌也都喜歡給自己講一些傳奇、有趣的故事或典故，給品牌賦予一種新的文化價值內涵，利用的則是「文化消費價值」（即產品所可能賦予的象徵意義）。

在感性消費愈受重視的今天，開發「隱性消費價值」成為企業市場競爭的新領域。隱性消費價值主要產生於消費者主觀感知，如果企業不斷識別、擴展和遞增顧客的隱性消費價值，就可能讓他們更滿意、更忠誠。耐克公司將一款運動鞋打造成可穿戴的電子設備，並與手機的Facebook等SNS社區服務相連，跑步的路徑與里程數都可與朋友分享，消費者也可以從朋友的「點讚」中獲得「社會消費價值」。

小案例：旅遊的隱性價值

胡小姐是一家跨國公司的白領，儘管工作十分繁忙，但每年總有那麼一段日子令她興奮和難忘，那就是公司安排的「Outing」（外出度假旅遊）。度假的時間也就十天左右，但令她沉浸在快樂中的日子卻有一個多月——從商量度假計劃、準備出遊行裝，一直到度假歸來整理和分享景點照片、交流旅遊觀感、在博客上撰寫遊記攻略。胡小姐經常感嘆：一樣花錢，花在旅遊上最值。

這種感覺背後的原因在於，旅遊的消費價值比較複雜，往往是多重的疊

加——儘管直接或真正的旅遊消費不過是短短的十天，但出發前的企盼、歸來后的追憶、交流中的回味、分享中的自得都是對消費者內在需求的一種滿足，是一種由直接消費價值派生而來的「隱性消費價值」。

資料來源：晁鋼令. 微妙的「隱性消費價值」[J]. 中歐商業評論，2011（2）.

第二節　商品命名、商標設計與消費心理

在市場行銷活動中，商品的名稱、商標是區別各種商品的重要標誌，對消費者的購買慾望以及商品的形象也有重要的影響作用。因此，為新產品設計一個符合消費者心理要求的品名、商標，對產品的市場銷售大有裨益。

一、商品命名與消費心理

(一) 商品名稱的心理功能

商品名稱是在一定程度上反應某類商品某些特徵的文字符號。市場上的商品種類繁多、性能各異。可以通過商品的名稱進行區別和分類。商品名稱不僅具有標誌功能，而且大多數商品名稱都直接地、概括地反應了商品的用途、產地、形狀、成分或性質等主要特性，這種概括功能也是與商標所不同的地方。不同種類的商品可以有相同的商標，但不能有相同的命名。

一個好的商品名稱，能起到激發人們的興趣、引人注意、便於認識、幫助記憶、啓發聯想、誘發美感、增強喜愛、增進信賴、刺激購買等多種心理效果。

(二) 商品命名的心理策略

為了很好地發揮商品名稱的心理功能，使之對消費者的心理活動產生積極的影響，在命名時應注意以下方面：

(1) 反應特性：商品名稱應能直接而概括地反應或描述商品的主要特性，使消費者能顧名思義，無須看到商品本身，就能對其性能、用途、成分或產地等特性有所瞭解，提高消費者對商品的認知、記憶和接受程度。

(2) 方便記憶：商品名稱應力求簡明、易懂、易讀、易記、易傳播，以利於提高商品知名度。商品名稱的文字一般不要超過五個字，切忌採用生僻、晦澀以及拗口、複雜難懂的字句，也要避免用鮮為人知的方言土語或過於專業化的術語，對怪異的外國商品名稱，應盡量採用通俗易懂的譯名或以其功能重新命名，從而使商品命名盡可能與消費者的知識水平、記憶及讀誦規律相一致。

(3) 誘發情感：商品命名應盡可能根據商品主銷對象的心理特點和人情風俗，給商品取個具有某種情緒色彩或「性格」特徵的名字，以誘發消費者的積極情感，使人產生親切感和美感，這對樹立良好的商品形象以及刺激消費者的購買慾望十分有利。當然，具體商品應區別對待，或文雅別致，或樸實大方，或剛硬有力，或生動形象，或柔和高雅，或寓意深刻，並做到雅俗共賞。

(4) 激發興趣：具有科學性、新穎性、趣味性、形象性和藝術感染力以及寓意深遠、含義良善的商品名稱，能激發消費者的興趣和求知慾，啟發消費者的聯想，喚起消費者對美好景象的向往，從而刺激其購買慾望。同時，應注意避免雷同和一般化。

(三) 商品命名的心理方法

根據上述商品命名的心理策略，商品命名的方法一般有以下幾種：

(1) 以用途命名：這是商品命名的主要方法，大多適用於日用工業品、藥品等。如：洗衣機、山地車、褪字靈、照相機、爽身粉、西服呢、胃舒平、止咳糖漿等。這樣命名的好處是，可以使人直接瞭解商品的效用，迎合消費者的求實心理，還可以起到擴大商品影響和指導購買行為的作用。例如，某種有催眠功能的西藥，有的廠家直接用外語譯音命名為「司可巴比妥鈉」，結果在醫院和藥店裡少有人問津，而有的廠家將這種藥物取名為「速可眠」，使產品的功能一目了然，結果不僅醫院大夫樂於選用，擺在藥店裡也很受失眠患者的歡迎，銷路由此大增。

(2) 以成分命名：這是以商品的主要成分命名的方法。主要用於藥品、飲食品、化妝品。如：麝香虎骨膏、聯苯雙酯、花粉田七口服液、中華鱉大補膏、八寶粥、五糧液、午餐牛肉、珍珠霜、純羊毛華達呢等。由於某些商品的構成成分直接決定其價值的大小和質量的好壞，因而這種命名方法可以起到區別於其他同類商品，並顯示商品的價值和地位的作用，也滿足了消費者關心這類商品構成成分的心理需要，能增強消費者對商品的好感和名貴感。

(3) 以產地命名：這是根據商品出產地或傳統生產所在地名稱命名的方法。多用於中草藥、土特產品和名牌產品，因為它們往往是利用當地獨特的原材料或採用歷史悠久的傳統工藝製作的，用其產地命名，可使消費者產生真實可靠、品質上乘、獨具地方特色的印象，產生仰慕、信賴的心理。如：天府花生、川貝母、高麗參、哈密瓜、東北人參、黃岩蜜橘、龍井茶、青島啤酒、茅臺酒、北京烤鴨等。

（4）以人名命名：這是以商品發明者、製作者或有名氣的特殊愛好者的名字命名的方法。多用於歷史悠久的土特產品。如：張小泉剪刀、賴湯圓、麻婆豆腐、杜康酒、東坡肘子、傻子瓜子、中山裝等。這種方法將特定的人與特定的商品聯繫起來，可以借用名人來樹立商品形象，引起人們的興趣、記憶和遐想，也可以給人以傳統名牌、歷史悠久、用料獨特的感覺，使人留下深刻的印象，並可以有效地激發人們的購買動機。

（5）以外觀命名：這是根據商品的形象或色澤命名的方法。多用於食品和工藝品。如：寶塔糖、動物餅干、龍須面、娃娃頭、翡翠燒賣、黑木耳、綠茶、龍鳳宮燈、蝙蝠衫、三腳架、開衫等。這種方法生動形象，能引起消費者的注意和興趣，也易增強對商品形象及名稱的記憶效果，並給人以美感。

（6）以褒義詞命名：這是以有吉祥、喜慶或良好意味的形容詞、褒義詞或誇張性語言來命名的方法。多用於用途較廣的商品，如：長壽面、百歲酒、萬金油、千斤頂、老頭樂、保齡球等。這種方法可以暗示商品的功效，激發消費者美好的情感、願望或聯想，迎合消費者求實惠的心理。但是，要注意不要過分誇張，以免消費者產生逆反心理。

另外，還有的用製作過程的特點命名，通過獨特的製作工藝來提高商品的威信，並滿足人們的求知欲，如：六六六、燒餅、二鍋頭、景泰藍等。對進口商品也可直接用譯音命名，主要用於西藥、西餐食品、化工產品和紡織品，以滿足求新、求異、求洋的消費心理。如：阿司匹林、巧克力、威士忌、咖啡、夾克衫、麥爾登、滌綸、尼龍、沙發、三明治、凡士林、敵敵畏等。還有的根據能源命名，如電車、電爐、煤油燈等。

總之，各種各樣的命名方法都應當充分發揮商品名稱的心理功能，符合消費者的心理要求，並根據商品的特徵而採取高度概括化的手法來進行。

思考一下：請你為以下新產品命名，並分別說明命名的理由：a. 一種新的治療頭屑的藥；b. 一種能讓家長跟蹤兒童方位的電子童鞋；c. 一種治療婦女脫髮的藥片；d. 一份面向65歲以上男性的雜誌；e. 一種青少年服用的維生素。

二、商標與消費心理

商標是區別不同商品生產者或經營者所生產或經營的商品的一種特定標誌。商標主要通過名稱或圖案形象來表示商品的獨特性質，以區別於其他同類的競爭

商品。同一類的商品因產自不同的廠家而有不同的商標。商標一般由文字、圖案或符號註明在商品或商品包裝上，也通過招牌、廣告等視覺途徑告之消費者。商標經過登記註冊，就具有專利，並受法律保護，禁止他人假冒和偽造，以維護生產經營者和消費者的利益。

（一） 商標設計的心理要求

商標的設計靈活性很大，一般由文字、圖案、顏色、字母、符號等組合而成，取材可包羅萬象，如廠名、山水風景、花草樹木、鳥獸蟲魚等。商標的設計要考慮到商品的特點，更要注意消費者的心理反應，還要注意法律責任和社會效果，不要違反《商標法》對商標文字及圖案的規定。商標設計，尤其是商標的名稱設計，是影響消費者對商品印象的重要因素。有人曾對日本的「朝日」啤酒和「麒麟」啤酒的銷路情況進行了分析，儘管這些啤酒在品質上幾乎沒有多大差別，而且「朝日」啤酒的廣告宣傳更有聲勢，可銷路卻不如「麒麟」啤酒。通過語義區別法進行所謂「印象歧異」的研究表明，這是由於「商標印象」上的差異所致。「朝日」的取名固然給人以鮮紅、明朗、新鮮的感受，卻與人們對啤酒的褐色印象相反，而且，在圖案設計上，具有女性的明朗、甜美與輕柔；「麒麟」啤酒則正相反，給人以男性、粗獷的印象，使人聯想到男性的穩重與魅力。顯然，「麒麟」啤酒的商標設計更符合人們對啤酒的印象，更符合目標消費者的心理特點，因而其銷路較好。所以，在商標設計時，要注意適應消費者的各種心理需要，誘發消費者對商標的注意、記憶和偏愛，使之產生美好的聯想和深刻的印象。為此，商標設計要注意以下心理要求：

1. 文字簡潔，形象鮮明

人在單位時間裡接受的信息量有限，對商標的注意時間極短。商標應力求使人在短暫的時間裡過目不忘，並留下深刻的印象。「美爾雅」肯定比「美特斯—邦威」的識別功能和傳播功能強。因此，商標文字要簡練、通俗、易讀、易懂、易記，最好能悅耳動聽，避免消費者在念讀和回憶時產生混淆或煩惱的現象。如「步步高」「娃哈哈」「上好佳」，等等。「IBM」原來使用的名稱是 International Business Machines（國際商用機器公司），但品牌運作了很長時間也沒有知名度，經過調研得知是品牌命名的問題。后來國際商用機器公司把原品牌縮短為「IBM」三個字母，從而提升了品牌的信息傳遞效果，成就了其高科技領域的「藍色巨人」形象。

商標圖案要形象生動、單純明快、易於確認、易於理解，比如日本三菱公司

的品字形菱形圖案；德國「奔馳」牌汽車的方向盤商標圖案；一些藝術化的動物、花卉形象也常用作商標圖案；國外不少企業還常採用公司名稱的字母縮寫作商標。這樣，商標的形象就能鮮明有感染力，使人一目了然，能在短暫的視聽時間裡給人留下強烈而清晰的印象，從而有利於消費者識別和記憶，有助於提高商標的廣告效果。在當代，商標圖案和文字設計的簡潔化是一個世界趨勢。

小案例：麥當勞與摩托羅拉的品牌對比

人們熟悉的金色拱門是麥當勞的招牌，無論在哪個國家、哪座城市，只要看到「M」形的金色拱門，就看到了麥當勞。鮮豔的金黃色拱門「M」，棱角圓潤、色澤柔和，給人以自然親切的感覺，在許多城市，金色「M」都是當地最醒目的路標之一。同樣是一個「M」標誌，摩托羅拉公司的含義就截然不同，摩托羅拉充分考慮到自己的產品特點，把一個「M」設計得棱角分明，雙峰突起，就像一對有力的翅膀，配以「摩托羅拉，飛越無限」的廣告詞，突出了自己在無線電領域的特殊地位和高科技形象，展示出勃勃衝勁，生機無限。

註：作者根據相關資料整理。

2. 寓意美好，啟發聯想

消費者往往把商標的圖案與名稱同所代表的商品的用途、質量、甚至廠商的信譽聯想在一起。好的商標設計，應能適應消費心理，暗示商品特點，啟發積極聯想。如「紅豆」象徵純潔的愛情或友誼；「雀巢」使人聯想到母愛和溫暖。另外，商標的形意一致性是十分重要的，商標要與其所代表的商品名實相符，商標的名稱與圖案要互相關聯，內容寓意能給人以美好的聯想。例如，「企鵝」牌一般應是防寒或制冷商品的牌號，商標圖案最好是企鵝的形象；又如「潔銀」牙膏、「明可達」保健臺燈、「樂口福」麥乳精等，都能使人產生積極的聯想。這樣，就有利於消費者視標知物，並引起興趣和聯想，產生好感和信任。對於外國商品商標的譯名，也應力求做到信、達、雅，使之音義俱佳、易讀易記，而沒有中文意義的譯名，則往往不利於記憶和聯想。比如，「可口可樂」飲料給人以爽口快樂的聯想；「奔馳」汽車給人以質量卓越的聯想；另外，如「愛麗西施」化妝品、「精工」手錶、「美加淨」洗滌劑、「登喜路」和「萬寶路」等，都是上佳的譯名。如果商標的含義與商品特性不相符，詞不達意，或易引發不良聯想，

就會使商標缺少感染力，甚至引起反感。比如，食品用「金盾」「鋼花」；電冰箱用「火炬」「烈焰」；自行車用「蝸牛」「金龜」；或「白花」牌香皂、「雜物」牌垃圾箱等，都會令人產生十分不良的心理反應，給商品銷售帶來困難。當然，由於商標本身表達的局限性，不少商品難於找到與商品、企業或勞務相比附的而且形象化的名稱或圖案作商標，這時也通常使用「中性化」的商標。

例如「金利來」，當初取名為「金獅」（Goldlion）。廣東話的發音為「盡失」，「金獅」與「盡失」讓消費者產生了讀音近似聯想。在很長一段時間內，「金獅」總是無人問津，原因是誰也不願意用「金獅」而「盡失」。后來，金利來掌門人曾憲梓博士分析了原因之后，就將 Goldlion 分成兩部分，前部分取 Gold 的意譯為「金」，后部分 lion 音譯為「利來」，取名「金利來」。這樣，既符合中國人的文化心理，又保持了原有英文名稱的穩定性，從而成功消除了品牌危機。可以說，「金利來」取得如此輝煌的業績，與它取名吉利而讓人產生的美好聯想是密不可分的。

商標設計還要注意與目標消費者的喜好相適應。例如，「力士」這個品牌給人男性化的感覺，但我們知道，一般在家庭生活中採購香皂的大多數都是家庭主婦。而「舒膚佳」這一名稱更廣泛地貼合了目標消費者的偏好，而且通過強調「舒」和「佳」兩大焦點，給人以使用后會全身舒爽的聯想，因此它的親和力更強。

另外，對於外銷商品的商標設計，還應注意商品主銷國的種族、制度、宗教、法律、歷史、文化、語言、風俗等方面的情況，有意識地採用當地人喜愛的標誌，避免採用別人忌諱或易誤解的文字或圖案作商標，做到「入鄉隨俗」。例如，「熊貓」牌商品在日本受歡迎，而在伊斯蘭國家就可能觸犯宗教禁忌，因為伊斯蘭國家不允許以豬或與豬近似的圖案作為商標；印度人忌諱新月，認為不完整的月亮是不祥之兆，而歐洲人卻視新月為美好的象徵；日本人喜歡櫻花而不喜歡荷花；義大利人忌用菊花；法國人不喜歡孔雀；瑞士人不喜歡貓頭鷹；英國人忌用人像等。有的國家對顏色也有忌諱，如伊斯蘭教地區忌用黃色；新加坡和瑞士忌用黑色；巴西忌用紫色等。另外，有的國家的法律還對涉及商品原料、功能、形狀、質量以及地理名稱和數字的商標嚴加限制。應當指出的是，商標名稱的漢語拼音或英文名稱，一定要注意避免引起誤解。例如，「芳芳」牌唇膏，其牌號的漢語拼音在英語裡是「毒蛇毒牙」的意思；「白貓」牌洗衣粉的商標，將白貓的兩個英文首寫字母 WC 過分突出，使人與英語「廁所」的縮寫字母相聯

繫；「玫瑰」牌襯衫在歐洲打不開銷路，因為「玫瑰」在英語裡還有另一種解釋，即「生活不嚴肅的人」；「馬戲」牌撲克的漢語拼音在英文裡是「最大限度的嘔吐」的意思，這些意思自然會使人望而生畏，從而影響其銷售。

小案例：給汽車起個好名字

　　汽車製造廠家都想給生產的汽車起個好名字。美妙的商標名稱能取悅用戶，打開銷路。德國大眾汽車公司的桑塔納轎車，是取「旋風」之美譽而得名。桑塔納原是美國加利福尼亞一個山谷的名稱。在山谷中，經常會刮起一股強勁的風，當地人稱這種旋風為「桑塔納」。該公司決定以「桑塔納」為新型轎車命名，希望它能像桑塔納旋風一樣風靡全球，結果好名字帶來了好銷路。

　　汽車的商標名稱也有因疏忽而受「冷遇」的，並使其銷路大減。20世紀60年代中期，美國通用汽車公司向墨西哥推出新設計的汽車，名為「雪佛萊諾瓦」，結果銷路極差。后來經調查發現，「諾瓦」這個讀音，在西班牙語中是「走不動」的意思。又如，福特公司曾有一種命名為「艾特塞爾」的中型客車問世，但銷路不暢，原因是車名與當地一種傷風藥（艾特塞爾）讀音相似，給人一種「此車有病」之感，因此問津者甚少。

　　更有趣的是，美國一家救護公司成立30年來，一直以「態度真誠」「可靠服務」為宗旨，並將這4個詞的英文開頭字母「AIDS」印在救護車上，生意一直很好。然而，自從愛滋病流行以來，這種車的生產一落千丈。因為印在救護車上的4個英文字母恰恰與「愛滋病」的英文縮寫完全一致，患者認為這是運送愛滋病人的車而拒絕乘坐，也時有嘲弄司機的行為發生。這家公司最終只得更換了30多年的老招牌。

　　資料來源：給汽車起個好名字［EB/OL］. http://www.zybang.com/question/af476e4bcb8e91bf0f1a264ccc269a41.html.

　　3. 構思新穎，個性顯著

　　商標是企業或商品的獨特標誌，應當最大限度地同已出現的商標相區別，以幫助消費者辨認並留下深刻的印象。所以，商標設計，尤其是商標名稱的設計，應力求獨特新穎、別具一格、創出個性，以激起消費者濃厚的興趣和好奇心理，從而取得不同凡響之效，如「三毛」襯衫、「一匙麗」洗衣粉、「兩面針」牙膏、「康師傅」方便麵、「王麻子」剪刀等。但現在不少商標存在雷同和一般化

的現象，這主要是由於設計上過分集中於動物、植物、景物、亭臺樓閣等，如熊貓、牡丹、長城，以及商標名稱過多地採用常用詞，如春雷、友誼、幸福、光明等，這樣就使消費者缺少新鮮感，對消費者缺乏感染力，識別率也低。另外，在圖案設計上，還要注意應能反應企業的風格或商品的特色，並具有美學價值。比如，「雙箭」牌刀具採用兩只箭交叉的圖案形象等。現代商標設計在表現手法上，逐步由寫實圖形轉向抽象、幾何圖形，並以文字字母圖案的表現手法最為突出，從而易使商標達到嚴謹而活潑、多變而統一、純樸而高雅、概括而鮮明的視覺效果。

應該注意的是，品牌命名求新、求異無可厚非，但其創意必須符合當今社會的審美情趣和價值觀念。例如，上海某公司將一種兒童食品命名為「黑老大」，山東某公司把其生產的冰激凌命名為「大款」「小蜜」。而湖北某制藥廠把治療腸炎的藥品命名為「泄停封」，估計謝霆鋒見了這則廣告肯定會目瞪口呆！這些名稱有損於消費者的情感與心理健康，都是應該被拋棄的。

4. 濃縮產品信息

有一些品牌，從名稱一眼就可以看出它是什麼類型的產品，這就有利於快速傳播品牌信息。因此，在設計品牌名稱時，要與產品特點結合起來，盡可能多地將有利於企業、產品的信息濃縮其中，簡潔準確地表達出產品的特徵和性能。例如，品牌名稱「寶馬」用於轎車，準確地展現了產品的屬性，形象地表達了消費體驗與價值。「商務通」的命名，使得它幾乎成為掌上電腦的代名詞，消費者去購買掌上電腦時，大多數人會直接購買「商務通」，甚至以為「商務通」即掌上電腦，掌上電腦即「商務通」。又如「腦白金」這三個字不僅朗朗上口、通俗易記，而且這三個字在傳播的同時使人們自然地聯想到品牌的兩個屬性：一個是產品作用的部位，一個是產品的價值。

總之，商標設計應當做到語言精練貼切、形象生動別致、色彩鮮明和諧、構思獨到新穎、寓意健康良善、適應習俗、名實相符、尊重法規，以取得良好的心理效果，最大限度地發揮商標的心理功能。

小案例：以文化撐腰，樹至尊形象：國窖 1573

中央電視臺有這樣一則廣告：（留聲機的發明）可以聽到的歷史 124 年，（照相技術的產生）可以看到的歷史 246 年，（瀘州老窖國寶窖池興建）可以品

味的歷史 428 年。這則廣告詞配上古樸的畫面透出的廣告創意高貴別致，同時突出了瀘州老窖的悠久歷史和在國窖中釀造的至尊品質。廣告圍繞著「酒·生活·文化」這一中心展開的描繪，把瀘州老窖定位為見證著中國數百年歷史的「文化酒」。同時突出該酒釀造的獨特地點，彰顯該酒絕無僅有的釀造工藝。

據調查顯示，瀘州老窖的知名度在 90% 以上，但與茅臺和五糧液比起來，瀘州老窖似乎還稍遜一籌。在對消費者進行調查之后，瀘州老窖集團發現，消費者對瀘州老窖並沒有什麼具體的印象，因此廠方決定重新定位瀘州老窖，總結出該產品的幾個具體特徵：擁有 400 多年，沿用至今被稱為「國寶」的老窖池，可以釀造出品質獨一無二的「國窖1573」；有世界公認的釀酒技術，1915 年，國窖 1573 曾經獲得過「舊金山萬國博覽會巴拿馬金獎」；釀造濃香型白酒的技術功底最深厚：他們擁有瀘州所有的老窖池，使用時間達百年以上的就有 300 個，其中四個最古老，建造於明朝萬曆年間（公元 1573 年），這就是「國窖1573」的來歷。正是總結了這些原因，瀘州老窖才有底氣和實力打出這張「文化酒」牌，把自己擁有的 4 個老窖酒池的社會價值、文物價值、科學價值、生產工藝價值作為瀘州老窖的文化支撐，提升了自己的品牌形象和品牌價值。

資料來源：馬菡. 多模態視野下「國窖1573」廣告的意義構建［J］. 科技信息，2013（14）.

（二）商標運用的心理策略

商標的巧妙運用，也是樹立商品及商標良好形象的途徑。商標運用的心理策略有多種，如：

1. 是否使用商標

使用商標，對大部分商品可以起到積極的推銷作用，但對消費者而言，並非所有的商品都必須使用商標。因此，企業首先應對是否使用商標加以權衡。一般說來，以下幾種情況可以不用商標：

（1）商品本身並不因製造者不同而有所不同。例如，電力、鋼材、煤炭、木材等，屬於無差別商品，只要品種、規格相同，商品的性質和特點就基本相同。這種情況的商品就可以不使用商標。

（2）一些差異較小的日常生活用品和鮮活商品。例如，食鹽、蔬菜、魚、肉、蛋等，消費者一般沒有根據商標購貨的習慣，因此，也可不使用商標。

（3）一些臨時生產的一次性商品或作為商品銷售的物品。例如，紀念品等，

可以不使用商標。

（4）不動產通常不使用商標，如房屋、土地等。

2. 統一商標策略

統一商標策略又稱為家族定牌策略或系列定牌策略。它是指企業對其所有產品都使用同一商標。由於消費者對使用同一商標的商品在質量和信譽上會產生相似的聯想和概括，因而這種策略可以借已經建立起高信譽的商標來開拓新產品市場，消除消費者對企業新產品的不信任感；節省廣告費用；擴大企業聲望；避免在行銷工作中，針對分散的、為數眾多的商標，分別進行代價高昂的宣傳和推銷。這種策略尤其適用於馳名商標的系列產品，而且，企業名稱也常常與名牌商標名稱相統一。例如，「東芝」「索尼」「夏普」「日立」「豐田」「飛利浦」「可口可樂」「百事可樂」「蘋果」等名牌商標，均採用與企業相同的名稱。這樣有利於記憶和樹立企業及產品的良好形象。另外，同一名牌以系列產品的方式出現，其中有高檔、中檔和低檔，還可以滿足經濟能力有限的消費者追求名牌的願望。廣州油脂化工總廠原有五十多個商標牌號的產品，但產品及企業的形象模糊，甚至出現「自相殘殺」的現象，后來，企業對所有產品均以「浪奇」為商標名稱，企業也改名為「廣州浪奇實業公司」，使該名稱叫得更響。

當然，這種策略也有局限性，如難於進一步強調某種商品的特性，使之與同類商品有較鮮明的區別；如果某些商品出現質量問題，還可能引起連鎖反應，影響其他同類商品的銷售和聲譽。

3. 獨立商標策略

該策略是指企業對不同產品使用不同的商標，而且主要是對不同類別的產品分別採用不同的商標。如果企業的產品類別較多，產品系列之間的關聯程度較小，企業不同類產品在生產條件、技術專長以及產品質量上有較大差別時，採用獨立商標策略較為有利。

例如，聯合利華同寶潔一樣一直都採用多品牌制，聯合利華在全球有 400 多個品牌；旁氏、力士、夏士蓮、奧妙、中華、和路雪等 13 個品牌分屬家庭及個人護理用品、食品等三個系列的產品，使得在中國貼有聯合利華標籤的產品種類已經可供開設一家很像樣的商店，遍及人們日常生活的各個方面。試想如果當時將其旗下的冰淇淋和洗衣粉等都使用聯合利華的話，不知道消費者在吃「和路雪」的時候會不會吃出滿嘴的「奧妙」洗衣粉味道，或者吃出滿嘴的「高露潔」牙膏的味道？而當寶潔的 SK-II 被消費者投訴含有腐蝕成分並且詐欺消費者的

時候，消費者看到的只是SK－Ⅱ專櫃下架的情況，消費者並沒有將SK－Ⅱ和寶潔的其他產品相聯繫，因此，SK－Ⅱ專櫃下架沒有影響到寶潔在中國的銷售市場，去屑的消費者仍然鐘情於「海飛絲」，要求順滑的依然執著於「飄柔」，要給頭髮滋養的首選「潘婷」。

可見，這種策略有利於企業增加花色品種；明確商品的質量差別；容易適應商品目標市場不同的消費心理和消費習慣；而且，還可以在一定程度上避免因某一種商品的失敗而損及整個企業的全部產品的危險。當然，商標太多，容易削弱商標的宣傳攻勢；對企業的各種產品需要分別樹立商標形象，也比較困難；還可能給消費者以混亂的感覺。所以，應當根據情況適當加以控制。

總之，商標的設計和應用會對消費者的心理活動產生重要的影響。但是，應當指出，提高商品質量和服務質量才是樹立良好商標形象的根本保證，廣告宣傳也是十分重要的途徑。

小案例：娃哈哈的商標戰略

有了好產品，還得有叫得響的好名稱，這正在成為中國企業界人士的共識。探究杭州娃哈哈食品集團公司的發跡史，其中他們為「娃哈哈」這個名稱所付出的種種艱辛而又耐人尋味的努力是挺有意思的。

當初，工廠與有關院校合作開發兒童營養液這一冷門產品時，就「取名」之事花費了很多的精力。他們通過新聞媒介，向社會廣泛徵集產品名稱，然后組織專家對數百個應徵名稱進行了市場學、心理學、傳播學、社會學、語言學等多學科的研究論證。由於受傳統營養液起名習慣的影響，人們的思維多在「素」「精」「寶」之類的名稱上兜圈子，誰也沒有留意源自一首新疆民歌的「娃哈哈」三字。

廠長宗慶后卻獨具慧眼地看中了這三個字。他的理由有三：其一，「娃哈哈」三字中的元音a，是孩子最早最易發的音，極易模仿，且發音響亮，音韻和諧，容易記憶，因而容易被他們所接受。其二，從字面上看，「哈哈」是各種膚色的人表達歡笑喜悅之狀。其三，同名兒歌以其特有的歡樂明快的音調和濃烈的民族色彩，唱遍了天山內外和大江南北，把這樣一首廣為流傳的民族歌曲與產品商標聯繫起來，能夠提高它的知名度。一言以蔽之，取這樣一個別致的商標名稱，可大大縮短消費者與商品之間的距離。宗廠長的見解得到了眾多專家的

贊同。

　　商標定名后，廠裡又精心設計了兩個活潑可愛的娃娃形象作為商標圖形，以達到商標名稱和商標形象的有機融合。

　　俗話說，創名牌容易，護名牌難。這是因為，只要是名牌商品，恐怕十有八九都會出現假冒品。有鑒於此，娃哈哈在產品尚未投產的時候，便先行作了商標註冊。另外，還註冊了系列防禦性商標「娃娃哈」「哈哈娃」「哈娃娃」等，而且陸續在相關商品類別上註冊「娃哈哈」和它的「兄弟姐妹」商標。娃哈哈商標一經國家商標局註冊，企業便利用報紙、廣播、電視等大眾傳播媒介進行了大規模的廣告宣傳，以期先聲奪人，占領市場。這一招果然見效，在許多地區，一些侵權或變相侵權產品始終難以打開銷路，因為消費者只認娃哈哈。正是通過這幾年的廣告，形成了處處可見娃哈哈的良好銷售環境。

　　商品包裝的刻意改進，也成了有效的宣傳手段。為一改過去產品商標不引人注意、不便認讀的狀況，公司的設計者們擴大了娃哈哈的文字和圖形，使之占據包裝的大部分面積，醒目突出，讓消費者在購買和飲用商品時，首先認準商標，強化其對娃哈哈的印象。久而久之，娃哈哈在消費者心目中便自然取代了「兒童營養液」，甚至成為這類商品的代名詞。

　　回首往事，娃哈哈集團公司總經理宗慶后感慨良多：「娃哈哈如果沒有『娃哈哈』商標和成功的商標戰略，就不會有今天的市場，也就不會有我們企業的今天。」

　　資料來源：夏文革. 娃哈哈的商標戰略［J］. 江蘇紡織，1995（11）.

第三節　商品包裝與消費心理

　　商品不但要有響亮的名稱、設計出色的商標，還要有裝潢精美的包裝。包裝是人們借色彩、形狀、設計與商標等所烘托、醞釀出來的商品的附加價值。在現代行銷活動中，商品包裝對商品的形象及銷售產生著愈來愈大的影響，不少消費者往往首先被商品包裝所吸引，進而產生購買的慾望。商品包裝不僅具有承裝、儲運、攜帶和保護商品等物理功能，而且也是商品美化、商品識別、商品宣傳、商品增值和商品推銷的重要手段。商品包裝作為首先刺激消費者感官，並使之形成對商品「第一印象」的因素，對消費者的行為活動產生著不可忽視的影響作用。

國外曾有人做過一個實驗，把同一種洗衣粉分裝在不同裝潢設計的包裝中，迎合消費者心理的那種包裝設計的洗衣粉得到了消費者較高的評價，十分暢銷，而另一種卻反應不佳。在現實的行銷活動中，因包裝影響商品銷路的例子也不勝枚舉。

一、商品包裝的心理功能

(一) 激發購買動機

消費者對商品的認識是從包裝開始的。具有藝術性、時代性和名貴感的商品包裝，往往能提高商品在消費者心目中的地位，吸引消費者注意，引起消費者對商品的興趣和好感，甚至「一見鐘情」，從而誘發其購買慾望和購買動機。在市場上，不少消費者就是因受商品包裝的影響而選購商品的。一些高質量的商品包裝，即使提高了商品價格，消費者也可能出於某種心理性動機，而樂於購買；相反，粗陋、俗氣的包裝，非但不能促進銷售，甚至還會抑制消費者的購買慾望。以前，中國不少優質出口商品，就是因為包裝的簡陋、寒磣，而被外國消費者當成劣質產品，使銷售大受影響，形成「一等商品，二等包裝，三等價格，四等銷售」的情況。有的出口商品在經外國人重新包裝後，不僅價格較高，銷路也好。這樣的教訓是十分令人痛心的。

(二) 促進對商品的認識

商品包裝以其獨特的外觀設計區別於其他商品，有利於消費者辨認和識別。同時，許多商品信息，如功能、規格、型號、成分、分量、生產廠家、生產日期、保質期、產品證書的印章、使用方法、注意事項等，都在包裝上有所註明，這樣，消費者在接觸商品包裝物的同時，即可獲得商品的有關信息，並可通過研究包裝來研究商品，從而影響消費者對商品的認識和選擇。在包裝設計中，根據商品的主要特點和消費者的不同願望，在包裝上加上提示性的語言，往往會起到特殊的作用，如食品包裝上標上「新鮮」「酥脆」或「鬆軟」等，就可以適應不同消費者的心理要求，加強他們對商品的喜愛和購買動機。另外，還可以針對消費者所擔心的問題，在包裝上加以註明，使之對商品產生安全感、可靠感和信任感，如飲料包裝上註明「不含色素和糖精」、藥品包裝上註明「無毒、無副作用」等。

在實際生活中，消費者往往因為包裝未能傳達出令人滿意的信息，而難以下決心購買。尤其是在自選商場、開架售貨等方式盛行的當今社會，向消費者介紹

商品的責任，更多地將由包裝來承擔。

所以，有人稱包裝是「無聲的推銷員」，認為它是一種和商品最接近的廣告，也是影響消費者決定是否購買的最后廣告。

(三) 形成對商品的良好印象

商品包裝常被視為商品的象徵，影響消費者對商品的印象。對於名牌商品而言，精美的包裝會使之有錦上添花之感；而對於質量、功能一般的商品而言，好的包裝會起到美化商品形象的作用。富麗堂皇的商品包裝往往可以使消費者產生「愛櫝及珠」的購買心理，給商品賦予美好、高貴的形象，並滿足人們求榮、求美的心理需要。

美國某公司在超級市場和連鎖店具有強大的分銷優勢。利用這一優勢，它推出了標價 5 美元的小瓶香水。這種香水購買和使用均十分方便，然而銷售結果卻令人沮喪。開發這一產品所耗費的 1,100 萬美元的投資，幾乎血本無歸。誠如一位專家在評估這一虧損項目時所指出的：「香水屬於情感性售賣品，並非方便品和效用品，新產品包裝缺乏女性色彩和魅力，看起來像打火機。」

在實際生活中，有的消費者在難於瞭解商品的內部質量時，往往就是憑商品包裝的特點來判斷該商品的質量，有意或無意地把商品包裝的質量當成商品本身的質量。尤其是對於禮品，消費者十分注重包裝的象徵意義。

二、商品包裝設計的心理要求

商品的包裝設計不僅要考慮到防震、防壓、防潮、防污染等物理功能，還要注意滿足消費者的心理要求，使商品包裝能被消費者所喜愛或感興趣。

(一) 使用安全方便

消費者不僅要求保證商品的安全性，也要求包裝器材的安全性。對那些有毒、易燃、易爆、易揮發物質或食品、名貴品等，包裝的安全性是非常重要的。同時，包裝要使商品便於攜帶、便於存放、便於使用。市場上，一些採用密封式、攜帶式、掛包式、折疊式、拉環式、按鈕式、噴霧式的商品包裝，就符合方便、適用的要求。比如，易拉罐飲料儘管價格較高，也頗受人們的歡迎；而中國一些罐頭食品因包裝難以開啟，結果影響了銷路。另外，在包裝物上註明保管及使用方法、注意事項等，都可給消費者以安全感、方便感。

(二) 突出商品形象

因為消費者一般更關心商品本身的情況，所以，商品包裝應能突出反應商品

形象並和商品形象和諧地結合在一起，如印有鮮明、真實的商品實體或使用效果的攝影包裝；或使包裝便於消費者直接觀察商品，如食品的透明式包裝、服裝和工藝品的開窗式包裝等。這樣，便於消費者對商品特徵的瞭解和對商品的挑選，也利於發揮包裝的廣告宣傳作用。同時，包裝本身的設計也要生動且富有吸引力，並在造型、體積、色彩、圖案等方面力求與商品的特點、價值和使用者的個性心理相和諧。例如，婦女用品的包裝要秀美、精巧、柔和、雅潔、富有情感，突出藝術性與時代性；男性用品包裝要粗獷、大方、厚實、莊重、對比強烈，突出實用性與科學性，一些高檔耐用消費品和五金商品也宜採用男性包裝；兒童用品包裝要形象生動、色彩鮮豔、有幻想色彩，富有趣味性和活潑性；中青年用品包裝要美觀大方、華麗明快、新穎奇特，並根據消費者對商品的具體心理要求，或華貴或典雅或瀟灑或素淨，突出科學性和時尚感；老年用品的包裝則要樸實莊重、古色古香、色彩柔和、造型大方、便於攜帶，具有實用性和傳統性，並設計一些延年益壽、福樂康泰的圖案。比如，美國生產巧克力糖的廠家，就針對不同年齡階段消費者的心理特點，採取了年齡差別性的包裝策略。總之，商品的包裝要形象突出，內外協調，給消費者留下良好的「第一印象」。

（三）具有時代特色

富有濃鬱時代氣息和現代色彩的包裝，可以滿足消費者求新、求變、追求時尚的心理需要，贏得消費者的好感。因此，應力求包裝材料新型化，製作工藝現代化，圖案新穎獨特，色彩簡潔明快，造型富於變化，從而給人以新鮮感和時代感。當然，有些傳統的土特產品，使用柳條、竹、藤等傳統材料，加上現代工藝的包裝，更能突出其歷史的悠久和特色，也符合人們的習慣心理。

（四）富有藝術魅力

富有藝術魅力的商品包裝，往往是引起消費者好感，吸引消費者購買的重要因素。特別是對一些高檔工藝品、禮品，精美華麗的包裝可以提高商品的形象和社會價值。所以，商品的包裝應力求在造型、圖案、色彩等方面滿足人們的審美情趣。

（五）誘發美好聯想

商品包裝如能誘發消費者吉祥、歡樂、福壽、高雅等方面的美好聯想，就會加強消費者對商品的好感和購買慾望。所以，在包裝設計上，一定要注意主銷對象的喜好與忌諱，力求使包裝設計在色彩、圖案、文字等方面能符合目標消費者的良好願望和心理要求，使消費者易於聯想，並產生積極健康的美好意境。例

如，不同的顏色具有不同的心理效應，會引起不同的聯想，紅色使人感到熱烈，綠色使人感到清潔和安全，橙色使人感到醇厚，黑色使人感到穩重，白色和藍色使人感到潔淨等，不同商品的包裝就應採用不同的色彩，使色彩與商品的特性及使用環境相協調。如醫療用品宜用白色或綠色，科技產品或大件家用電器宜用黑色，廚房用品宜用淡藍色或乳白色，洗滌劑宜用藍色，天然物宜用綠色，化妝品或女用內衣宜用粉紅色，另外，不少商品採用白色包裝可使人感到素潔和輕巧。而且，不同的國家、民族和地域的消費者對色彩也有不同的喜好或習慣。如中國人民認為紅色是象徵吉慶的喜色，每逢喜慶之日，人們喜歡紅色包裝的禮品，而忌諱可能產生消極聯想的白色、黑色或灰色；但在德國和瑞典，紅色則被視為不祥之兆，所以，出口到德國和瑞典的用紅色包裝的菸花爆竹，自然就無人問津，而改用灰色，卻受到人們的喜愛。

小案例：「孔府家酒」的文化品位

「孔府家酒」原本用普通玻璃瓶裝，色彩語言與品牌思想風馬牛不相及，進入香港市場後被視為大路貨，難登大雅之堂。經過一番考證，孔府人意識到：只有選用古色古香的青色作為其色彩語言，才能準確表現孔府家酒「源遠流長的儒家文化和酒文化特色」的品牌思想。結果，採用青瓷罐做包裝后的孔府家酒，由於造型古樸典雅，極易讓人品出「紅磚青瓦」「殷商青銅」的文化韻味。此時的孔府家酒早已超出一般的文化範疇，成了儒家思想的延伸，顯示出飲者不落凡俗的文化品位，一時成為宴請、家用或送禮的上等佳品。

資料來源：佚名. 色彩是企業標誌設計的點睛之筆［EB/OL］. http://www.zhesich.com/sheji/zhishi/id/3189.html.

（六）反應商品聲譽

消費者在選購商品時，往往擔心商品的質量與性能是否可靠、有無副作用、使用是否方便、售后服務能否得到保證等。所以，在包裝設計上應注意宣傳商品的有關情況，如商標、廠址、電話號碼、出廠日期、有效期限、構成成分、使用與保管方法、售后服務方式等，以解除消費者的疑慮和不安全感，增加信任，同時反應廠家的信譽及負責精神，從而促進消費者購買。

三、商品包裝設計的心理策略

針對不同的商品或不同的消費群體，應當採用能產生不同心理效果的不同包裝策略，以充分發揮商品包裝的心理功能。

（一）慣用包裝

這是指採用某類商品長期沿用的、特有的包裝形式。它適應於消費者的習慣心理或傳統觀念，使消費者易識易記，也樂於接受，還可使包裝產生更好的廣告效果。如茅臺酒的大小酒瓶均是白色圓柱形瓷瓶，裝潢始終不變，成為茅臺酒的象徵。所以，某種商品一旦打開了銷路，就不要輕易更改其包裝。

（二）分量包裝

分量包裝是把商品按不同的數量進行包裝。如方便面、飲料、茶葉的一次用量包裝。它可以適應消費者的消費習慣或生理特點，使消費者有方便感；有的商品價格較高，而小分量包裝就能使消費者覺得可以接受；同時，小包裝商品也適於消費者試用，使其風險意識減小，購買信心增強。比如雀巢速溶咖啡就有多種不同大小的包裝。

（三）配套包裝

配套包裝是將同一類商品或具有相似功能的各種相關商品組合在一起的包裝。電工工具、禮品、文具、理髮用具、化妝品、兒童玩具、茶具等，都可以採用配套包裝，以方便消費者購買、攜帶和使用，節省購物時間，有時還可增加商品的名貴感和新鮮感，有利於擴大銷售。例如，化妝盒內包括口紅、粉餅、胭脂等常用化妝品，並附有化妝刷和小鏡子，便於消費者外出時隨身攜帶，深受女性消費者的青睞。

（四）系列包裝

系列包裝或稱類似包裝。這是生產廠家將種類不同而用途相近的商品，採用同一商標及同一圖案的包裝。這樣，使消費者對包裝形成統一的視覺印象，有利於企業系列產品和包裝的廣告宣傳，擴大商品的影響；也使消費者能從對某一商品上的好感，泛化到類似包裝的其他商品上，從而有利於知名度低的新產品打開銷路。如國外的一些名牌商品，多用此種包裝方法，而且不輕易變更包裝。

（五）等級包裝

等級包裝指按商品價值的大小，分高、中、低檔設計包裝。如對不同質量與價格檔次的服裝、工藝品等，在包裝上也應有所區別。高檔品的包裝要豪華氣

派，低檔品的包裝則要經濟實用。對同一商品也可進行不同的包裝形式，如書籍、香菸等商品的精裝與簡裝。這種方法可以滿足不同層次消費者的心理需要，也可體現商品的價值。

（六）特殊包裝

特殊包裝是為某些稀有、珍貴的商品設計的包裝。如對珍貴藥材、藝術珍品、文物古董、珠寶首飾等商品的包裝設計，往往要求構思獨到、選料上乘、製作精細、保護性強，具有較高的藝術欣賞價值。這樣，包裝本身就成了一件上佳的工藝品，它可使人倍感商品的名貴和稀罕，增加消費者對商品的信任感。它主要用於滿足消費水平較高或求榮、求名心理強烈的消費者的需要。

（七）復用包裝

復用包裝指能週轉使用或具有多用途的包裝形式。即當商品用完后，這種包裝可用作其他用途或再次使用。這類包裝應當具有適用性、耐用性和藝術性。它可以利用消費者一物多用的節約心理，吸引消費者購買，如市場上常見的一些美觀大方的糖盒、餅干盒、瓷制花瓶狀酒瓶等；有時，廠家為了降低包裝費用，減輕消費者負擔，或為了防止假冒偽劣產品，而對可重複使用的包裝物進行回收利用，如名酒酒瓶、汽水瓶、醬油瓶等。有些包裝容器設計成杯、瓶、碗、提包等式樣，既可作生活用品，又可作工藝品，往往對消費者有較大的吸引力。如重慶生產的龜苓膏，用完后即是一蓋碗，可用來泡茶，很受老年人的喜愛。有時，消費者就是因為喜歡一件漂亮而又有其他用途的包裝物，才產生了購買這種商品的慾望。義大利的國土面積很像女人的高跟長靴，一些飲料瓶、調味瓶等就採用這樣一種類似義大利地圖一樣的包裝瓶，又好看又有紀念意義，很受一些外國旅遊者的喜歡，其購買行為實際上主要是出自一種「買櫝還珠」的心理。

（八）禮品包裝

禮品包裝是對一些用於贈送他人的商品的包裝形式。它往往要根據不同民族的風俗習慣進行具有相應特色的裝潢設計。中國的禮品包裝一般裝飾華麗、色彩鮮豔，富有喜慶色彩和民族情調，從而可使禮品的社會價值倍增。但對於不同用途的禮品，在包裝上應有所區別。例如，中秋月餅的包裝，往往與明月、團圓有關；新年禮物的包裝可以扎上吉祥的紅綢帶，附上「恭賀新禧」等字樣；結婚禮物的包裝往往有「囍」字樣；生日禮物的包裝往往有「生日快樂」等字樣；送給老人的禮物的包裝往往印有福、祿、壽、喜、龜、鳳、麟、龍、仙、鶴等文字或圖案；有的名酒包裝上附有獎章吊牌和蝴蝶花結。這類包裝形式的心理效果

是：增添節日氣氛和歡樂情調；使送者感到大方、榮耀，也使受者覺得受人敬重、符合心意。

(九) 附贈品包裝

附贈品包裝是在包裝物內附有贈品或獎券的包裝形式。例如：兒童玩具或兒童食品的包裝中，附贈連環畫、識字圖片等；在名酒包裝中附送一只精巧的小酒杯；有的珍珠霜包裝中附贈一顆珍珠，十五顆即可組成一串美麗的項鏈，以此來鼓勵重複購買；盒裝「奧妙」洗衣粉的包裝內附送一塊「力士」香皂，以「買一贈一」的形式來吸引消費者購買。

(十) 簡便包裝

簡便包裝是一種成本低廉、設計簡單、突出實惠的包裝。常用於一些大量或經常購買的、與日常生活聯繫密切的日用品或食品，如衛生紙、日用工具、熟食品、食鹽、蔬菜、海帶等物品。這種主要採用塑料薄膜、紙袋等材料的簡樸的包裝，可以滿足人們求實、求利、求便的心理，產生實惠感。

(十一) 透明包裝

透明包裝採用透明的包裝材料，如玻璃、塑料，使消費者能看見全部或部分內裝商品的實際形態，能透視商品的新鮮度或色彩，從而可以滿足消費者的求知欲，使其放心地購買。這種包裝多用於化妝品、食品、服裝等。如襯衣的包裝均採用透明包裝。

(十二) 錯覺包裝

錯覺包裝是利用人們的錯覺心理進行的包裝設計。例如，笨重的物體用淺色包裝，會使人覺得輕巧、大方；分量輕的商品用黑色或深色包裝，會給人以莊重、結實的感覺；同樣的容量，扁形包裝要比圓柱形包裝顯得大一些，而菱形包裝看上去比正方形包裝大一些；同樣形狀的包裝物，字體和圖案粗大的包裝要比字體和圖案纖小的包裝顯得大，而圖案簡單、色彩明快的包裝要比圖案複雜、色彩凝重的包裝顯得大；一個圖案將三個面連在一起的包裝要比圖案僅在一個面上突出的包裝顯得大些等。

另外，包裝設計的圖案形狀，還要考慮到主銷地域或民族的消費習慣和心理。例如，羅馬人喜歡三角形的造型，而三角形包裝卻不受香港人喜愛，土耳其人將三角形用來表示「免費樣品」，還有不少國家將三角形作為警告標誌等。

總之，包裝設計要努力符合消費者的心理需要，充分發揮其心理功能，從而有力地推動商品的銷售。

第八章
商品價格與消費心理

影響消費者購買行為的商品因素中，價格和質量當首推前列。價格是所謂「性價比」的分母，是消費者購買商品支付的主要成本。商品價格直接關係著消費者的切身利益，是市場交易中消費者十分敏感的因素。不同的價格或價格變化，會引起消費者不同的價格心理反應，從而起到刺激或抑制消費者購買動機和購買行為的作用。所以，研究消費者的價格心理，探討如何制定符合消費者心理要求的價格策略，對於促進銷售、搞活流通，有著十分重要的現實意義。

政治經濟學認為，價格是商品價值的貨幣表現，價格是由商品價值所決定，並受市場供求關係的影響而圍繞價值上下波動。但價格與消費者心理之間還存在著相互作用的關係，有些根據價格構成的客觀依據所制定的理論上合理的商品價格，卻不被消費者接受；相反，有些不合理的商品價格，因為符合了消費者的某種心理要求，或被消費者認為付出的價格代價能換來其所需要的主觀效用，而能被消費者所接受。

所以，消費心理學認為價格是建立在消費者心理上所願意接受的貨幣形式，但它必須以反應商品的實際價值、反應供求關係、適應競爭需要和保護消費者利益為前提。市場交易得以進行的前提條件是，消費者願意支付的價格必須大於或等於行銷者願意出售的價格。

第一節 商品價格的心理功能

價格對消費者購買心理的影響作用，我們稱之為價格的心理功能。由於不同的消費者在價格的認識程度、知覺程度以及個性差異、經濟條件等方面存在差異，對商品價格會產生不同的心理反應。但研究和行銷實踐都表明，商品價格具有某些帶有普遍性的心理功能，並在一定程度上影響消費者的購買行為。

一、衡量商品價值和商品品質的功能

在日常生活中，消費者往往根據經驗，把商品的價格高低作為衡量商品價值和品質的標準，從價格上來判斷商品的優劣。認為價格昂貴的商品，價值就大，品質就好；而價格低廉的商品，價值就小，品質就差。尤其是在缺乏其他認識商品質價關係線索的時候，這種功能尤為突出。市場行銷活動也表明，價格低的商品，未必好賣；而價格昂貴的商品，銷路未必不好。常言道：「一分錢，一分貨」，「便宜無好貨，好貨不便宜」，就是價格在這種心理功能上的生動反應。

這種認識實際上也與政治經濟學的原理是一致的，因為價格是價值的貨幣表現，價格的差別也就在某種程度上反應了以貨幣為代表的價值差異。由於消費者往往難於真正瞭解商品的實際價值和優劣，因而，不管他們是否瞭解政治經濟學知識，都會很自然地把價格作為判別商品價值和品質的尺度和標準。

小資料：中國年輕人厭惡廉價商品，優先選品牌貨

《日本產經新聞》在2015年對亞洲20多歲的年輕人的消費動向進行了調查，其中中國年輕人注重商品質量和服務甚於價格的傾向十分突出，他們抱有「即使價格高也要買質量好的商品」的強烈意識，這與中國消費者「價格取向型」的傳統形象很不相符。在選購洗髮水或化妝品時，中國年輕人首先會排除最便宜的品牌，然後在具有一定檔次的品牌中進行比較、選擇。在不瞭解某類產品時，價格很容易成為衡量產品品質的標準。在食品安全等問題頻發的中國，人們已經不相信廠商能以低廉的價格提供優質商品。另外，新加坡的年輕人即使在網上進行個人交易也不大懷疑「是否為假貨」，他們在購物重視要素調查中則表現出「價格取向派」。可見，與其說是價格意識不同，不如說是對商品的依賴度在起作用。

資料來源：佚名. 中國年輕人厭惡廉價商品，優先選品牌貨［N］. 參考消息，2015－02－04.

實際上，在市場經濟條件下，價格與商品價值、品質之間並不存在絕對的對應情況，因為價格的制定本身就受多種因素的影響。比如有的廠商就利用價格的這種心理功能，故意將價格定得高於競爭對手，以使消費者產生「價高質也好」的認識。

西方學者認為，消費者在進行購買決策時通常會對購買這種產品的感知質量（利益）和感知成本做出比較，當感知質量（利益）大於感知成本時，意味著消費者對該商品具有正的感知價值，消費者才會產生購買意願。商家所定的價格在消費者的價值感知及購買行為決策中起著多重作用，一方面，價格作為消費者的貨幣付出會使消費者感到一種犧牲，這種感知的犧牲不光與價格的實際金額有關，還與消費者心目中的心理價格（或稱為參考價格，即消費者願意為購買該商品所付出的價錢）有關，價格高於心理價格的程度越高，感知的犧牲就越大；另一方面，價格與消費者的質量感知之間可能存在著一種正相關關係，即價格越高，消費者感知到的該產品的質量也越高，從而感知利益就越大。價格與消費者的感知價格、感知質量、感知的價值及購買意願之間的聯繫可用圖8-1表示。

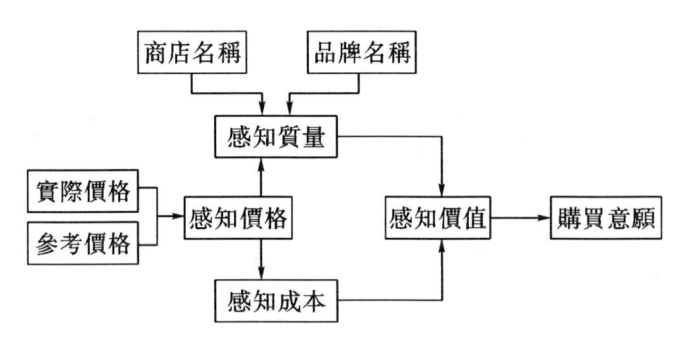

圖8-1 消費者感知價格、感知質量與感知價值之間關係模型圖

消費者的心理價格往往不是一個明確的價格點，而是設定一個可接受的價格範圍，低於最低可接受價格的產品，其產品質量會被懷疑，消費者一般不會考慮高於最高價的產品。

二、自我意識比擬的功能

商品的價格不僅表現商品的價值，在某些情況下，還具有表現消費者社會價值的心理含義，至少在某些消費者的自我意識中如此。這是因為價格能使消費者產生自我意識比擬的心理作用，即消費者通過聯想，將價格的高低與個人的情感、慾望、想像聯繫起來，進行有意或無意的比擬，以滿足個人的某種心理需要。這種比擬功能產生於消費者對自身和自身以外客觀物質的認識，也有個人的主觀臆想與追求。主要的內容有：

（1）社會地位、經濟地位的比擬：有些消費者熱衷於追求名牌、高檔的商

品，以出入高檔商店購物為榮，認為到地攤、小店處購物或購買廉價處理品有失其高貴身分；不少「比闊氣」「比豪華」的人，往往希望通過所購商品的價格來顯示自己的社會地位。相反，有的人卻樂於購買廉價品、折價品，即使手頭較寬裕，也很願意這樣做，因為他們心目中認為這類商品物有所值，適合自己的經濟能力和經濟地位，而價格貴的高檔品應是有錢人買的。這就是把商品價格與個人的社會地位、經濟地位進行比擬。

案例分析：便宜的綉花鞋為何不好賣？

中國某廠家的綉花鞋和韓國某廠家的綉花鞋曾經同時在美國市場出售。質量方面二者相差無幾，而中國綉花鞋的價格僅為韓國綉花鞋的1成。以常理推斷，中國鞋必定要占領這一市場了。然而事情偏偏出乎人們的意料：韓國鞋暢銷，中國鞋滯銷，最後中國鞋竟被擠到地攤上去了。這難道是美國人故意與中國產品過不去嗎？不是，美國女性購買東方綉花鞋的目的，並非為實際穿著而是被好奇心所驅使，或者是用於在親朋好友面前進行炫耀。一件價格極低的便宜貨值得如此炫耀嗎？顯然不能，它只能降低炫耀者的身分。一句話，中國綉花鞋滯銷的最根本原因就在於價格過低而無法滿足美國消費者的身分感與自尊感。韓國綉花鞋之所以暢銷，正是由於廠家把握並滿足了美國消費者的這種需要，故而引發了消費者的購買行為，同時也給自己帶來了高額利潤，正所謂皆大歡喜。

資料來源：佚名. 國際市場調研［EB/OL］. http://wenku. baidu. com/link？url＝TQOyS5ad9mi5jmc－FT0Jq9Lv83c＿j3dvBGMEQIytvJw＿＿pYCYifV84DPj9JuaTV8TplONFvDn－kZsqBKfc46cXblICKGuM4mNq0bzGl5XfW.

（2）文化修養、生活情趣的比擬：比如有些購買鋼琴者實際上不會彈鋼琴，甚至連一般簡譜都不識，但價格昂貴的鋼琴卻能顯示其興趣、風雅以及對培養子女的期望，從而滿足其某些心理需要。還有的人樂意出入高檔音樂會，願意購買昂貴的音響器材，或樂於求購名人字畫或高價文物、郵票等收藏品，這與其文化修養和生活情趣的比擬有關，同時也能贏得別人的羨慕。

價格的這種心理功能，其表現形式是因人而異的，它與消費者的興趣、動機、性格、氣質以及態度、價值觀等個性心理特點密切相關。但都有一個共同點，就是從社會要求和自尊出發，重視商品價格所顯示的社會價值或象徵意義。比如送禮的人，就十分重視禮品價格的社會價值，總是希望選擇符合自己身分以

及雙方知交程度的禮品，價格太低的禮品就拿不出手。而收禮品的人，也習慣於從禮品的貴重程度看出對方對自己的重視程度，並以此來推測對方的意圖。

三、刺激和抑制消費需求的功能

從商品價格與需求變化的一般規律來看，商品價格的漲跌會影響到商品需求的增減。即在其他條件（如供應量、幣值等）不變的情況下，某種商品價格上漲，則消費需求量會減少；當價格下降時，則消費需求量會增加。反過來，需求對價格的變動也有反作用。同時，價格對不同商品需求量變化的影響程度，又受商品需求彈性的制約。油、鹽、醬、醋、糧食等生活必需品的需求彈性小，價格變化對需求量的影響程度也小；而非生活必需品的需求彈性大，當價格變化時，需求量的變化就較大。

一般認為，商品的銷售量 = K × （消費者心理價格/商品自身價格）。這說明，企業產品的銷售狀況同消費者的心理價格成正比，同商品自身價格成反比。如圖 8-1 所示，商品價格和消費者心理價格並非各自獨立對商品銷售量起作用，但商品自身價格也能通過對消費者感知價格發生影響從而影響到感知價值（價格高低具有衡量商品價值和品質的功能），進而影響商品銷售量。

日本學者曾研究認為，價格上漲后，消費者會在一段時間內減少對這種商品的購買，但以后又會恢復到正常的水平，這個「回覆期」一般約在半年至一年之間。降價也是這樣，在價格剛剛降低時，銷售量會有上升，但隨著時間推移或者降價結束，銷售又會回落到正常水平。

從價格變化對消費心理的影響上看，商品價格變化與需求量變化之間的關係還要更複雜一些。這主要體現在三個方面：

（1）若消費者對某種商品的需求越強烈、越迫切，對其價格變化就越敏感，如生活必需品；反之，價格變化對消費需求的影響就小。尤其是流行、時髦的商品，需求量對價格變化的敏感性很高；而對於消費者不太需要的、過時的商品，即使降價幅度較大，也難於刺激消費需求。另外，消費者對於名牌、時髦商品價格上的小幅上漲，一般並不太介意或敏感，而對其價格的下降很敏感。

（2）消費者對價格變化的反應是不對稱的，通常人們對價格升高的反應要比對價格降低的反應更強烈，價格升高所帶來的損失感覺比降價所帶來的收益感覺對人們品牌的選擇影響更大。這是由於通常人們對損失的感受要比收益更深刻，所以對價格升高的反應要大一些。

（3）價格的變化可能使消費者產生「買漲不買跌」的消費心理，從而出現同價格與需求量變化關係的一般規律相背反的情況。這種價格逆反心理，主要是由於對價格變化的理解而產生的緊張心理或期待心理所致。當價格上漲，消費者可能認為價格還會上漲，或聯想到這種商品可能要短缺。或聯想到商品是熱門貨，結果價格上漲反而刺激了消費需求和購買動機。中國曾出現商品房價格不斷攀升的現象，住房具有投資性質，更主要的是消費者對住房價格上漲的預期心理，因而，商品房價格越漲越「搶」，進而又可能造成市場供應的短缺，從而還會造成價格的進一步上升。而當某種商品價格下跌時，人們又可能會期待價格還會繼續下跌而持幣觀望，或對商品的品質和銷售等情況產生懷疑，或猜測可能有新的替代品或競爭品出現，結果價格下跌並未導致需求量的上升，反而抑制了購買行為。這類似於股票交易市場中不少股民的「追漲殺跌」的心理。

有的商品存在價格彈性較大而且彈性系數為正值的情況，即隨著價格的提高，需求量不僅不降，反而會逆勢而上。而如果降價，就不僅會在短期銷售業績的表現上弄巧成拙，更有可能損害相關品牌在目標消費者心目中的形象，尤其當品牌提供或代表的是高品位、高質量和值得信賴的產品或服務時。20世紀80年代以前，在全球的威士忌酒行業中，蘇格蘭威士忌以悠久的歷史和精湛的工藝著稱於世。到了20世紀80年代的初、中期，威士忌酒市場供大於求，整個行業出現過量庫存，造成產品積壓。由於各公司向市場以低價傾銷過剩的威士忌，造成大量的廉價二等品和「等外品」充斥市場，奪走了已有品牌的份額，並嚴重降低了蘇格蘭威士忌酒的形象品位。此外，蘇格蘭威士忌酒行業還犯了一個更加嚴重的錯誤——由於錯誤地認為降價可以刺激消費，生產者降低了正常品牌產品的價格，從而降低了該酒的地位。同一時期，上等法國白蘭地的形象持續提高，蘇格蘭威士忌迅速降格為一般商品。相反，中國的茅臺酒長期處於價格上升過程，卻牢牢鞏固了其國酒地位，成為商務宴請不可缺少的主角。

總之，價格的心理功能要比價格的一般功能複雜得多。價格的心理功能既受社會生活的影響，又受消費者個性特徵的制約。同時，價格的心理功能又和消費者的價格心理密切聯繫，難於嚴格區分，並對消費者的購買行為產生著重要的影響。研究價格的心理功能以及消費者的價格心理對於市場行銷活動有著重要的意義。

第二節　消費者的價格心理

消費者的價格心理，是消費者認識商品價格時的心理活動。它是影響消費者接受商品價格的重要因素。它是由消費者對價格的知覺程度和消費者的個性心理共同構成的，而且受社會生活的影響，情況十分複雜。下面就消費者認識價格時的比較穩定或帶有規律性的幾種價格心理作一介紹。

一、消費者對價格的習慣性

消費者對價格的習慣性是由於消費者在長期的、多次的消費實踐活動中，通過對某些商品價格的反覆感知而形成的。消費者對商品價格的習慣認識一旦形成，就不易改變，並以此來作為衡量同類商品的價格高低或合理程度的重要標準。一般來說，消費者對滿足自然需要的商品價格有較強的定型，而對滿足心理需要商品的定型則較為模糊。

一般而論，由消費者對價格的習慣性所形成的參考價格（或心理價格）較為清晰，只具有一個很小的價格範圍。消費者參考價格主要是基於過去遇到的價格而形成的內心價格標準，從根本上講，內部參考價格起到一個向導的作用，幫助消費者估算該標價是否可以接受。除了對價格的習慣認識外，消費者對商品的心理需要程度、消費者個人的特點、促銷的頻率、商店的特點、價格的變化趨勢等，也會影響到對市場價格的認知以至心理價格的形成。例如，價格敏感的顧客價格知識要比價格不敏感的顧客準確；經常購物的消費者價格知識也要更準確一些；對同質化產品價格知識的準確程度就要高於異質化產品；對強勢品牌產品的市場價格較清楚；對經常購買的產品價格知識的準確程度就要高於不常購買的產品；價格經常發生變化或市場上價格越不一致的商品，消費者的價格知識就越不準確。另外，市場上的價格信息可得性也會影響到顧客的價格知識，如零售商在報紙、雜誌等媒體上公布它們的商品售價、權威機構公布它們對市場上價格的調查比較結果會使消費者對價格更加敏感，價格知識也會更加準確。

與心理價格一樣，消費者也會從習慣價格中去聯想和比較價格的高低漲落和商品質量的優劣差異。同時，消費者對許多商品價格的習慣性認識往往也是一個有著上、下限的價格範圍（或稱「價格閾限」）。如果商品價格超過上限，就認為太貴或價格上漲了；如果價格低於下限，則會對商品的質量產生懷疑；如果價格符合

消費者的習慣認識，則產生信任和認同。尤其是對於購買頻率高的日用生活必需品，消費者心目中的習慣價格十分清晰，對價格存在相對固定的認識，即形成一個相對較窄的價格閾限，如果商品定價偏離習慣價格，消費者往往一時難於接受。

因此，對於習慣性價格的調整，一定要慎重，價格變化的幅度不宜過大，速度不宜過快，一般不要超過這種習慣心理的變動範圍；同時，做好宣傳解釋工作，如價格高於習慣上限，應使消費者瞭解商品新的優良品質或性能，使消費者在心理上形成新的價格閾限，如價格低於習慣下限，應明確是由於銷售原因而非質量原因等，以求得消費者的理解。

價格的習慣性形成后是相對穩定的。但當商品價格變化時，在新價格的衝擊下，消費者也會逐漸適應和習慣，形成新的習慣價格。從總體上看，由於經濟的發展和人民收入與生活水平的提高，再加上通貨膨脹因素的作用，商品價格容易呈現穩步上升的趨勢，消費者心中的價格閾限也是一個穩步向上攀升的變量。

二、消費者對價格的敏感性

消費者對價格的敏感性主要是指消費者對商品價格高低及其變動的反應程度。由於價格的高低及其變動關係著消費者的切身利益，所以消費者對價格一般是很敏感的，並反應到消費需求量的增減上。但由於消費者在想像中對不同商品的價格標準高低不一等種種原因，從而影響人們對不同類商品價格變動的敏感性。對於想像中價格標準低、價格習慣程度高、價格的習慣性上下限範圍小、使用普遍、購買頻率高或質量易被體驗的商品，如主要副食品或主要日用工業品，其敏感性就高；而對於奢侈品、高檔耐用品、工藝美術品等商品，人們往往認為價格越高質量就越好，價格的習慣性上下限範圍也大，對價格變化的敏感性就低。比如，有的消費者對蔬菜每斤貴了幾角錢大為不滿，而當他購買高級家具或電器時，即使比購買其他同類商品多花幾百元也心安理得。價格敏感性的高低也與原價格的高低有直接的關係。價值越大、價格越高的商品，要使消費者對其價格變化產生反應的價格差異量就越大；反之，就越小。這種敏感性還與收入水平有關，低收入階層敏感性高，而高收入階層敏感性低。廣告、信息媒體能經常提供價格對比的信息，也可以提高消費者對價格的敏感性。

從需要類型上看，衣食住行等基本生活商品主要滿足人的自然需要，對於這一類需要，消費者大多只重視商品的使用價值，而較少考慮這種需要的社會意義，需求彈性較小，商品的性價比容易衡量，因此價格變化的敏感性就高。由此

看出，對日用消費品採取薄利多銷的策略，保持商品價格相對穩定，是符合消費者的價格心理的。相反，用於滿足心理需要的商品，消費者一般是以一定範圍內的社會環境為基礎，較多地考慮在購買和使用中的社會意義，消費者在購買和使用中會注入較多的個人情感，對商品性價比的衡量主觀性強、彈性大，價格變化的敏感性就低。因此，對於心理需要類商品的定價策略選擇應特別關注一定時期內消費者的心理動向，把握消費者對價格的一般心理反應。

有人認為，由於價格往往趨於不斷上漲，價格的習慣上限也不斷上移，會使人產生一種「通貨膨脹心理」，即對價格的上漲變得適應和麻木，而對價格下降卻更加敏感。

三、消費者對價格的感受性

消費者對價格的感受性是指消費者對價格高低的感覺和知覺程度。消費者對價格高與低、昂貴與便宜的認識，往往帶有濃厚的主觀色彩。一般而言，消費者對商品價格高低的認識或感受有以下特點：

（1）以「特性/成本」的方式決定商品價格的貴賤。「特性」主要指商品的質量、功能以及效益等。其中「效益」既與商品的功能、質量有關，更主要受消費者對商品使用價值、社會價值等方面價值的主觀認識以及對商品的色彩、造型、大小、包裝、知名度等商品屬性的主觀評價及主觀需要的影響。「成本」主要是指商品的價格，但對汽車、家用電器等商品，它還應包括使用時的電費、燃料費、保養及維修費、燃油稅等其他有關費用。例如，出租車公司的廣告可以提醒消費者，他們在開自己汽車的時候並不是免費的，因為汽車需要保險費、停車費、護理費用等，如果乘坐出租車將更加省錢。

可見，消費者對於非常喜愛和需要的商品，即使價格較貴也樂於接受；而消費者對於不需要的商品，即使再便宜，買了也不覺得劃算。例如，有些消費者對購買價格昂貴的進口或名牌商品，卻往往覺得比購買其他非名牌的同類商品更合算。這表現出似乎有忽視價格的傾向。因而，在商品介紹中，應當努力將消費者的注意力引向這種「相對價格」，強調商品能帶給消費者的好處。當然，當商品的特性明確或相同時，消費者對價格就特別重視了。

我們都知道在購物過程中消費者對價格的注意極高，但這種注意的心理基礎是對商品品質的衡量。就是說價格高的商品，一般被認為是質量、檔次也相對較高的商品；相反，則被認為是質量、檔次也較低的商品。同樣，也可以用商品品

質來說明商品價格，即高質、名牌商品，價格昂貴不會使消費者反感。因此，在企業的促銷活動中，用商品價格來傳播商品的品質，或者用商品的品質來說明商品的價格，進而使消費者樂於接受較高的商品價格。比如價格較高的化妝品一般比價格較低的化妝品更好銷，其原因就在於此。

（2）根據對價格的習慣性認識、心理價格以及對同類商品價格進行比較而得到對商品價格高低的認識。在價格放開的情況下，消費者購買價值較大的商品時，往往「價比三家」。另外，與其他不同類商品或服務消費支出的比較，也是消費者進行價格判斷的重要方法。

從圖8-2中可看出，消費者在評價某一商品的價格吸引力時，並不僅僅依據該商品的絕對價格，而是將商品的實際售價與內心的價格標準進行比較，如果售價高於這一標準，消費者會覺得這個價位太高，反之，則會覺得比較便宜，感知價格的高低決定著商品在消費者心目中的價格吸引力。

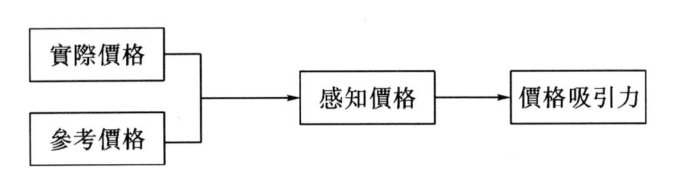

```
┌────────┐
│ 實際價格 │─┐
└────────┘ │   ┌────────┐   ┌────────┐
           ├──▶│ 感知價格 │──▶│ 價格吸引力 │
┌────────┐ │   └────────┘   └────────┘
│ 參考價格 │─┘
└────────┘
```

圖8-2　參考價格的作用過程

另外，廠商制定的「建議零售價」「原價」「市場價」等「外部參考價格」（消費者基於購買現場所觀察到的價格水平）也會對消費者的價格感受產生影響。但很多消費者也發現，實際零售價基本上都遠比建議零售價低，由此人們開始漠視「建議零售價」，認為它只不過是廠商玩的文字游戲。

不少研究發現以「外部參照價格＋銷售價格」形式表述的價格促銷廣告對消費者價格感知的影響最大，而且，價格促銷主要是通過影響顧客的內部參考價格而起作用的，如圖8-3所示。

（3）受商品價格背景、銷售方式以及現場氣氛的影響。同一商品的價格，如果分別擺放在高價系列和低價系列的營業櫃臺裡，由於周圍陪襯的各類價格不同，消費者會產生不同的價格感受。如果某商品處於高價系列中，其價格會顯得低而暢銷；而在低價系列中，其價格會顯得高而滯銷。這種價格感受性，主要是由於系列刺激產生的價格錯覺所致。另外，商品的歸類也會影響消費者對價格的感受性。例如，一種十幾元的用於化妝前后洗臉用的香皂，如將其歸為只用於

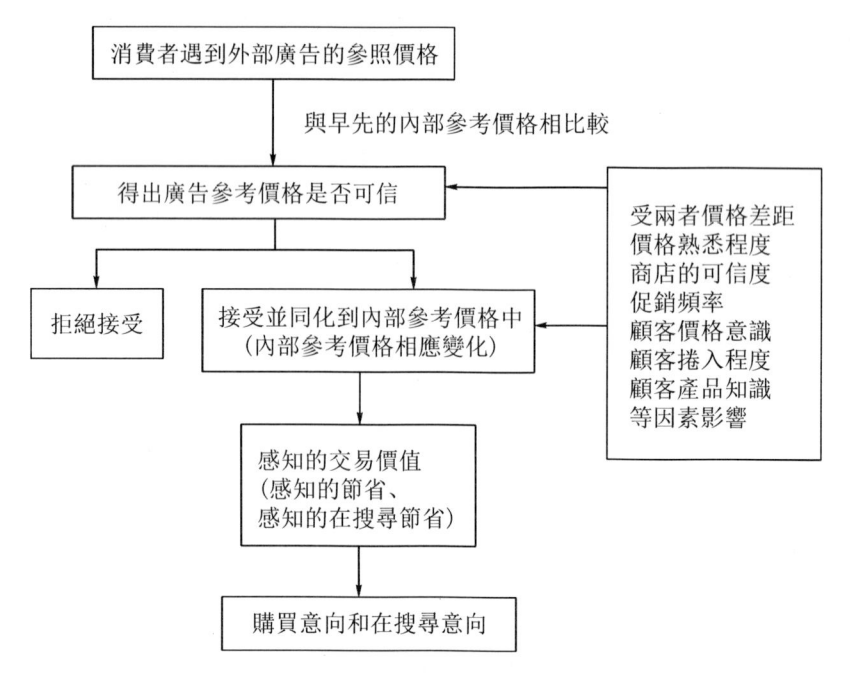

```
消費者遇到外部廣告的參照價格
            │
            │ 與早先的內部參考價格相比較
            ▼
    得出廣告參考價格是否可信 ◄──── 受兩者價格差距
      │            │                價格熟悉程度
      ▼            ▼                商店的可信度
  拒絕接受   接受並同化到內部參考價格中    促銷頻率
            （內部參考價格相應變化）    顧客價格意識
                   │                顧客捲入程度
                   ▼                顧客產品知識
            感知的交易價值             等因素影響
           （感知的節省、
            感知的在搜尋節省）
                   │
                   ▼
            購買意向和在搜尋意向
```

圖 8－3　價格促銷對顧客價格感知和行為意向的影響

「清潔」的日用雜品，其價格就顯得貴；但如果將其作為「美容」用的化妝品，價格就不覺得貴了，因為化妝品一般價格都較高，而且人們也存在「為了美，多花點錢也值」的心理，因而將這種香皂放在經營化妝品的商店或櫃臺出售，價格就不會顯得貴。

例如，在甲櫃臺中 20 元、25 元的商品給人昂貴的印象，而在乙櫃臺中 20 元、25 元的商品給人以價格低廉的感覺。這就是在商品擺放中，通過相互間的陪襯，形成的價格曲解，如下所示。

同種不同等級商品價格（元）

甲櫃臺	5	10	15	20	25		
乙櫃臺				20	25	30	35	40

對價格的判斷也受到出售場地、現場氣氛的影響。繁華地段、豪華商店、豪華娛樂場所的商品價格往往較高，但消費者的價格判斷卻不高。如果購物現場的氣氛十分熱烈、踴躍，消費者的價格判斷也會趨低。例如，同一價格的商品，如果擺放在自選市場或豪華百貨商店的專業櫃臺裡，消費者可能會感到前者「較貴」，因為消費者認為自選市場的東西應當是比較便宜的。有人曾經做過一個對

比實驗：把某大商場一件價值 1,800 元的名牌西服和地攤上一件價值 300 元西服去掉標籤互換，結果到地攤上賣的名牌西服沒有賣出去，而地攤上的西服在大商場卻已被 900 塊錢賣掉了。

高檔、貴重商品如果混放在一般商品中，或在日雜小店以及低價櫃臺中出售，不僅會使價格顯得貴，還會降低商品的形象、地位及特殊性，消費者也缺乏信任心理，並由此影響銷售。因為消費者往往還會通過銷售地點來理解產品。當一個品牌出現在高級奢侈品商店時，它所傳達的信息，就與擺在沃爾瑪、家樂福這樣的平價商店裡所傳達的信息有很大的不同。特別是那些代表身分地位的商品，如勞力士手錶，如果擺在平價商店裡的話，就會與它的品牌定位和價格信息發生矛盾。

（4）受消費者對商品需求的緊迫程度的影響。當消費者急需某種商品而又到處求購不到時，往往就不大計較商品的價格了。消費者在外出旅行、重大慶典、與戀人約會等情況時，也不大在乎花費是否太高。

消費者最終購物時樂於支付的價格，即消費者對價格的心理評價，取決於各自對商品的需求強度，取決於實際價格與心理價格的差距，即馬歇爾所說的「消費者剩餘」（支付意願減去實際支付量）。所以，在企業進行定價選擇時，必須瞭解消費者的心理價格，這樣就可使企業制定的實際價格盡可能接近消費者的心理價格。

事實上，在現實的買賣行為中都存在兩種價格。一種是由收入和偏好決定的消費者價格，另一種則是由市場供求關係決定的市場價格。前者遵循著邊際效用遞減規律，而后者則遵循著供求規律；前者之和體現了消費者獲得的效用之和的總量（對同一物品的購買），后者則體現了消費者為獲得一定的效用總量所實際支付的貨幣總量。消費者價格與市場價格之差，就是體現消費者滿足感或福利感的「消費者剩餘」，當然，這種「消費者剩餘」並不是實際收入的增加，只是一種心理感覺。

（5）受付款方式的影響。採用賒銷、分期付款、信用卡或利用銷售方的欠款購物等付款方式以及優質服務等行銷措施，也容易使消費者接受較高的商品價格。例如，一些商家通過使用代用幣來刺激消費者消費更多，例如電子遊樂場或賭場，就是通過代用幣使得玩家或賭徒在支付的時候不感覺到心疼。

但是，應當看到，對於消費者參與程度較低的商品和購買過程來講，貨幣價格可能對消費者感知、認知和行為影響很小或沒有影響。消費者對許多商品可能

僅有一個不明確的價格範圍，只要價格落在這一範圍內，消費者甚至可能不把價格估算作為購買參照標準。與此類似，有些產品在沒有任何價格質疑的情況下，就被輕率地購買下來，在購買時無論被索要多少，都會毫不猶豫地進行支付。在超市結款區和藥店中的衝動性購買商品，可能經常就是以這種方式進行的，就像消費者購買其他自己忠誠的品牌一樣。在后一種情況，消費者可能僅依據品牌標示進行購買，而無須再比較貨幣價格及其他消費成本。

有時消費者會對他們經常進行購物的商場的價格信譽形成依賴，故而不用仔細地分析比較價格信息。比如像沃爾瑪這樣的折扣商場，在消費者心目中一般被當成了廉價超市。故而也就無須再把這些商場的商品價格與其他商場進行比較。消費者並不經常在記憶中仔細地儲存那些瑣碎的價格信息，即使對於他們曾買過的商品也不例外。比方說，研究人員發現消費者即使對剛剛進行完的購買活動的價格信息的關心和記憶也是如此殘缺不全，僅有不到一半的消費者能夠回想起他們剛剛放在購物籃中的商品的價格。對於一些實行優惠價格的「廣告商品」，也只有極少數消費者是在既知道商品原市場價格，又清楚減價幅度的情況下進行購買的。

四、消費者對價格的傾向性

消費者對價格的傾向性是指消費者在購買過程中對商品價格進行選擇的傾向。對於各方面沒有明顯差別的同類商品，消費者當然傾向於購買價格比較低的商品。而對於不同檔次的商品，不同的消費者出於不同的價格心理，對商品的價格檔次、質量和商標的選擇會表現出不同的選擇傾向。比如，有的消費者認為價格和商標是質量好壞的主要標誌，高價意味著高質，在「要買就要買好的」這種求質、求名心理支配下，對高價商品或名牌有明顯的傾向性；而有的消費者認為不同價格檔次的商品在質量和使用價值上相差不大，商標的社會意義和實際意義也不大，就傾向於購買價格低廉、經濟實惠的商品，甚至商品不太理想也無所謂。

1. 消費者對不同類型商品的價格傾向性

對於不同類型的商品，消費者在價格傾向性上也有不同。一般而言，對於日常生活用品、使用期短的時令商品，消費者傾向於價格較低的商品；對於高檔耐用消費品、高級奢侈品（如化妝品、首飾等）、禮品、技術性強的商品、流行時髦商品以及特殊商品（如文物、工藝品、嗜好品等），消費者可能在求質、求名、求榮等心理因素或「一次到位」及保值的消費觀念的支配下，傾向於選擇

價格較高的商品，消費者對這些商品在質量、功能、款式等方面的追求往往強於對價格的要求。這種價格傾向性還會形成消費者的主觀偏誤，如對滿足心理需要的商品，特別是情趣類、榮譽類商品等一般表現為對價格超高認定的正向主觀偏誤，如化妝品或裝飾品等價格偏低反倒引起消費者對商品質量、性能等方面的疑慮，而價格稍高卻能符合一般人的心理願望。因此，以成本為基礎的求實定價，反倒不能起到促銷的作用。而對於大多數普通日用消費品，即滿足自然需要的商品，消費者多表現為偏低認定的負向主觀偏誤，這時企業應通過廣告等手段，校正消費者過低的偏誤，提高消費者的心理價格水平，以使消費者樂於接受企業制定的市場價格。

2. 消費者個人特徵對價格傾向性的影響

消費者價格傾向性心理的形成，主要與消費者的收入水平、個性心理、購買經驗、購買動機、消費方式以及對價格的知覺理解有關。在中國目前的經濟條件下，工薪階層的消費者比較傾向於選擇那些價格適中、具有一定使用功能的比較實惠的商品。同時，這種傾向性還要受消費者個人的價值觀、需要程度、主觀願望以及價格的自我意識比擬功能的影響。比如，有人認為選擇高價奢侈品可以影響別人對自己社會地位的評價；喜愛音樂的「發燒友」，不惜重金購買高檔音響器材；喜愛攝影的人，對購買昂貴的高級照相機毫不心痛，一般人卻為之咋舌；有的婦女購買高級時裝或化妝品時，追求高檔，而在修補自行車胎、交自行車停車費時卻覺得價格高；有的人請客吃飯不吝嗇，看病吃藥卻覺得不劃算；有的人覺得花很多錢去飯店吃頓飯簡直是傻瓜，而對具有社會價值或使用時間長的服裝等商品卻捨得花錢。

3. 心理帳戶理論

美國芝加哥大學的薩勒（Thaler）教授最早提出的「心理帳戶」概念可解釋消費者的非理性消費行為。與傳統的金錢概念不同，心理帳戶最本質的特徵是「非替代性」，也就是不同帳戶的金錢不能完全地替代，由此使人們產生「此錢非彼錢」的認知錯覺，導致一系列的非理性經濟決策行為。也就是說，人們根據財富來源、支出及存儲方式可劃分成不同性質的多個分帳戶，每個分帳戶有單獨的預算和支配規則，金錢並不能容易地從一個帳戶轉移到另一個帳戶，不同的心理帳戶購買商品時會表現出不同的價格傾向性。

例如：從財富來源上看，人們一般捨不得花辛苦掙來的錢，而如果是一筆意外之財，可能很快就會花掉。李愛梅和凌文輇（2006）進一步研究表明：不同

來源的財富有不同的消費結構和資金支配方向。獎金收入最主要的支配方向排序依次為：儲蓄、人情花費、家庭建設與發展開支；彩票收入最主要的支配方向排序為：人情花費、儲蓄、享樂休閒開支；正常工資收入最主要的支配方向排序為：日常必需開支、儲蓄、家庭建設與發展開支。

從不同消費項目上看，名菸名酒等奢侈品是「買的人不用，用的人不買」，說明作為日常生活開支，這些商品是太貴了；而作為禮物送給朋友或官員，屬於情感開支，能滿足社會性需要，就捨得花錢。因此人們欣然接受昂貴的禮品卻未必自己去買昂貴的物品來用。

消費者有為不同的消費支出帳戶設置心理預算的傾向，並且嚴格控制該項目支出不超過合適的預算，而不願意由於臨時開支挪用別的帳戶。例如，每個月的娛樂支出 300 元，每個月的日常餐飲消費 1,000 元等。如果一段時間購買同一支出項目的總消費額超過了預算，人們會停止購買該類產品。即使在同一個消費項目中，不同的消費也會有不同的預算標準，同是娛樂消費，看電影的消費是 200 元人民幣，買一本武打小說的消費是 50 元人民幣。一般來說，人們當前在某一類項目的消費支出會減少他們未來在同一類項目的支出，而對其他項目的支出幾乎沒有什麼影響。這是心理帳戶通過心理預算調節著人們的消費行為，但這種心理預算通常會低估或者高估購買特定商品的價格，因此常使人們產生「窮鬼」和「大富翁」的認知錯覺，從而出現消費不足和過度消費的消費誤區。

小案例：「心理帳戶」

實例 1：一個偶然的機會，一對在外打工的農村夫婦花 4 塊錢買了兩張彩票，沒想到竟中了 500 萬元大獎。他們興奮之余，將其中的 100 多萬元分別贈送給自己的親朋好友，多的達十幾萬，少的也有好幾萬。如果這不是意外之財，而是辛苦打工所得，他們會這麼隨便贈予別人嗎？從理性的角度分析，不管錢是如何得來的，500 萬元就是 500 萬元，不會有什麼差別。為什麼意外之財會使人產生不同的甚至不可思議的行為呢？

實例 2：李女士打算買一床新被子，她計劃買豪華雙人被。到了商場，發現有 3 種款式可供選擇——普通雙人被、豪華雙人被和超大號豪華被。而且這個星期被子促銷，所有款式的被子售價一律為 400 元。這是一筆不小的折扣，3 種被子的原價分別是 450 元、550 元和 650 元。她覺得既然價錢一樣，何不買原價最

貴的超大號豪華被呢？這樣「賺」得最多。她非常得意於自己的選擇，結果發現每天早上醒來，這超大的被子都會拖到地上，她不得不經常換洗被套。從理性的角度考慮，豪華雙人被最合適，效用最大。為什麼人們在消費決策時會受到原始價格的干擾？

實例3：約翰先生一家已經存了15,000美元，準備購買一棟理想的度假別墅。他們計劃5年以後購買，這筆錢放在商業帳戶上的利率是10%。可是他們剛剛貸款11,000美元買了一部新車，新車貸款3年的利率是15%。明明貸款利率高於存款利率，他為什麼不用自己的15,000美元購買新車呢？

實例4：王先生非常中意商場的一件羊毛衫，價錢為1,250元，他捨不得買，覺得太奢侈了。月底的時候他妻子買下那件羊毛衫並作為生日禮物送給他，他非常開心。儘管王先生的錢和他的妻子的錢都是這個家庭的錢，為什麼同樣的錢以不同的理由開支心理感覺不同？

實例5：小王和小劉都是今年畢業的大學生，被分配在同一個部門工作，月底的時候兩人都領到了第一個月的工資2,000元錢。小王非常高興，因為他之前聽說第一個月試用期的工資在1,000元左右。小王卻很沮喪，他預期這樣一個高科技企業工資至少在2,500元以上，他開始後悔自己的選擇。為什麼同樣的工資導致兩個人的情感體驗截然不同？

實例6：小周準備去中華廣場花200元買一件襯衫，但走了一圈覺得200元左右的衣服都不適合自己，有一件300多元的倒是比較合適，但嫌貴沒買。出來的時候碰到一位中學時候一起打球的同學，相約到一個地方打了一場球，而且請朋友吃了晚飯，花了320元。為什麼買衣服捨不得300多元，請客吃飯就捨得300多元呢？

實例7：有人對出租車司機提了一個問題：你是在生意好的日子工作時間長還是在生意不旺的日子工作時間長呢？司機的回答是：當然是在生意不好的日子工作時間長。為什麼？回答是：同樣長的工作時間，在生意不好的日子賺錢少，為了避免經濟損失，自然要多工作一段時間，而生意好的日子不必額外增加工作時間，也能賺到同樣多的錢。按照「經濟人」的理性分析，單位時間裡生意好的時候經濟效益更高，為什麼生意好的時候不多工作一些時間賺更多的錢，而在生意不好的時候增加工作時間呢？這種做法符合經濟學的理性假設嗎？

實例8：如果你去一個離家1千米遠的超市買了3千克大米、1千克雞蛋和1千克蔬菜，你會不會打的士回家？反之，如果你在這家超市買的是5千克重的電

腦主機，你會不會打的回家？絕大部分人在前一種情況下選擇不打的回家，而在後一種情況下選擇打的回家。為什麼類似的兩種情況下會有截然不同的選擇？

實例9：李小姐講了自己的一個體驗：未辦理信用卡的時候，我用現金購物消費，當衣服超過500元以上時，往往覺得過於昂貴，一般不買。但當使用了信用卡以後，往往不覺得心痛，500元以上的衣服也慢慢消費起來了，花費大幅上漲。大部分人是否都有同樣的感覺呢？都是自己的錢，為什麼用信用卡消費和現金消費心理感覺不一樣呢？

……

資料來源：李愛梅. 心理帳戶與非理性經濟決策行為的實證研究［D］. 廣州：暨南大學，2005.

上述的決策實例每天都在發生，可這顯然違背了傳統經濟學理論中的理性人決策假設。那麼，造成人們上述非理性決策行為的內在心理機制是什麼呢？

心理帳戶的運算法則是根據值函數假設得來的。值函數假設是卡尼曼（Kahneman，1979）在前景理論中提出來的。如圖8-4所示：①得與失是個相對概念而不是絕對概念，人們對某一價值主觀判斷是相對於某個參照點而言的，高於預期參照點視為得，低於預期參照點視為失。②得與失都表現出敏感性遞減的規律。因為值函數是一個S形的曲線。因此，人們感覺20~30的差額比1,000~1,010的差額要更大。③值函數中，損失曲線的斜率比獲得曲線的斜率要更大。因此，我們說得到的快樂遠遠小於失去的痛苦。值函數的三個特點，對心理帳戶的運用有許多啟示：①設計不同的參照點，可以改變人們對於結果的認知。②同樣差額在不同的原始價格下，影響作用是不同的。③相同的決策結果，表述為損失還是獲益會改變人們的風險偏好。

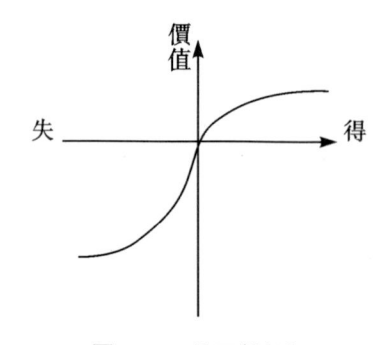

圖8-4　值函數假設

五、消費者對價格促銷的逆向心理

一般情況下，價格下降對消費需求量的上升有刺激作用。因此，不少企業喜歡採用價格競爭這一有力的行銷手段。但人們很快發現，雖然短期能促進銷售的增長，但卻損害了品牌的形象和企業的長期利益，而又迫於競爭者也都在這麼做，只好不得已而為之，從而陷入「促銷陷阱」和「過度促銷」。產生的結果是：隨著價格促銷強度的不斷加大，價格促銷效用卻越來越低，即出現所謂「強度」與「效用」上的「二律悖反」現象。這種現象的產生主要是由於消費者對價格促銷產生了逆向心理，它表現在以下幾個層面：

1. 價格促銷的社會刻板印象

價格促銷在國內似乎具有與「虛假、欺騙」等義的「社會刻板印象」。

（1）「疑價效應」。儘管價格削減是價格促銷的靈魂，但是很多企業在搞價格促銷時經常玩弄虛假價格促銷的方法欺騙消費者。如先將商品的常規售價提升，然后在提高後的常規價格基礎上進行打折，以給消費者一種讓利幅度很大的錯覺，試圖以此來提高打折促銷的吸引力。這些行為的直接后果不僅造成了價格促銷策略「公信力」的降低，而且還導致了消費者「疑價效應」心理的產生。

（2）「疑質效應」。價格和質量存在密切的關聯，價格促銷造成的價格變化會降低消費者對產品質量的感知。再加上國內消費者長期飽受價格促銷中「三無產品」的困擾，必然促使消費者將價格促銷與低質量相聯繫。這種心理在食品購買中最為明顯。

（3）「庫存效應」。企業通過價格促銷清理庫存可以實現庫存成本向消費者或渠道的轉移。在國內，由於經常受到零售商「處理、過期品促銷」等信息的不斷強化，消費者較容易將價格促銷看成是企業處理庫存的基本手段。

（4）「過時效應」。過時效應與庫存效應有一定的聯繫，因為廠家在清理庫存中也會經常解決一部分已經過時（過期）的產品。但是，這裡的「過時」是與產品「風格、時髦、技術創新」等特點有關的概念。在一些以技術和時尚為特徵的行業中，大規模的促銷往往意味著技術或款式的淘汰。例如在家電、手機、計算機、服裝等行業中，在新產品上市前，往往都會有一大批舊型號的產品降價出售，而且降價幅度一般都比較大。對於消費者來說，一旦將產品款式和技術創新特徵與價格促銷結合起來，那麼極易認為搞促銷的產品有可能是市場即將淘汰的產品。

2. 過度促銷的社會認知

這個層面與企業過度競爭有關。價格促銷是一種易於模仿並富有攻擊性的工具，其使用稍有不慎，即會導致整個產業內因競爭壓力而形成濫用的局面。對消費者來說，過度促銷一方面意味著「刺激泛化」，即促銷策略會變得越來越沒有吸引力；另一方面則會使消費者感到「信息超載」，進而將價格促銷作為生活中的「經常事件」，對其充耳不聞、視而不見。

（1）「程式化效應」。程式化意味著形式趨同甚至雷同。事實上，價格促銷程式化與價格性促銷泛濫、促銷時間選擇、地點安排和激勵力度規律化等有關。例如，新產品推出時必然試用，零售商進入新市場必然利用「特價品」。程式化不僅讓價格促銷失去新鮮、刺激感，而且也讓消費者發現可以利用的機會。

（2）「麻木效應」。麻木效應是信息超載和刺激泛化導致的結果。科特勒（1999）指出，促銷媒介（優惠券、競賽）等快速增長，已造成與廣告喧囂相同的促銷喧囂。在這種條件下，優惠券和其他促銷工具的效果大大減弱。為了克服喧囂，企業不得不加大促銷力度。

（3）「敏感度增大效應」。促銷敏感度增加是指消費者對價格促銷激勵強度要求變高了。現實生活中，消費者由於受到大量價格促銷激勵行為的衝擊，進而對低水平激勵沒有任何反應。美國學者喬治（2000）的研究顯示54%商品是在促銷激勵下購買的。

3. 價格促銷的規律認知

這個層面與消費者有意識地學習與總結有關。如果價格促銷有規律的話，消費者就會知道並利用其策略性安排。價格促銷的規律認知可歸納為以下四個方面：

（1）「零售促銷規律」。例如，新店開張、法定節假日及傳統節日都是要促銷的，這些日子打折幅度也較大。顏亮（2002）發現，由於節日時間跨度不大，因此在購買高價商品時，顧客往往會等待節日促銷而不是立即購買。因為消費者購買行為不僅會受當前價格影響，而且還受預期價格影響。不僅如此，有規律的零售促銷還會導致不促銷顧客不來，促銷了來的都是敏感度較高的顧客，又賺不到錢。孫豐國（2007）認為，零售促銷期間的銷售量中有80%是消費者原本就要買的。

（2）「季節性促銷規律」。季節性促銷規律反應的是商品或服務在一個年度以內的商業週期，也就是「淡季」和「旺季」的促銷規律。由於一些商家經常

會在淡季對旺季堅決不降價的產品進行大幅度地降價促銷，如女性品牌服裝。因此，對於諳熟其中規律的消費者來說，就會持幣觀望。而對於平時買不起流行性商品的消費者來說，在換季時購買此類商品是非常值得的一件事。

（3）「製造商品牌規律」。代維等（David, 2002）發現，零售商喜歡對市場份額高的品牌進行促銷，而品牌印象會降低小品牌的促銷效用。由於一般消費者容易受到品牌光環的影響，因此，有好名聲的產品促銷會收到加倍的效果。事實上，由於知名品牌的價格變動較少，因此在很多人眼中，購買正在促銷的知名品牌是值得的。

（4）「零售商品牌規律」。現在零售商也注意打造企業的品牌形象，零售商品牌規律並不是完全指零售商的自有品牌產品，這裡指零售作為一個企業的外在形象和標誌。由於消費者和零售商之間並非只打一次交道，因此，零售商必須關注消費者的利益。消費者一般會認為知名零售商以及大型國有零售商店促銷打折比較真實、可靠。

當然，在不同的價格促銷方式下（如打折、返券、買贈等），這些心理效應對消費行為的影響也存在差異。

正是由於以上效應的存在，一些商家把價格促銷活動看成是一種「保健因素」，也就是說，在很大程度上，它只能讓消費者的不滿意感消失，但並不能說消費者就滿意了。然而如果不做促銷，消費者的不滿意是肯定存在的。這樣，雖然商家投入了很多人力物力，但是並沒有收到理想的效果，還不得不在競爭的壓力下硬著頭皮去做。

第三節　商品定價的心理策略和方法

定價是企業經營活動的重要環節。通過價格的制定可以起到調節需求、引導消費、搞活流通、刺激生產、獲取利潤的作用。從消費心理學上看，價格制定的主要目的就在於鼓勵消費者購買商品。因此，應當充分考慮到消費者對商品價格的行為反應和接受標準，根據不同的商品和不同的購買對象，採取相應的定價心理策略和方法。

一、新產品的心理定價策略

由於市場上沒有同類商品存在，沒有競爭價格可供參考，消費者對新產品也

缺乏瞭解和購買信心，因而新產品的定價有較大的選擇余地，但又比較困難。

（一）撇脂定價法

這是一種先高后低的價格策略。在新產品進入市場初期，由於沒有競爭的替代物，可以採取較高的價格，等到出現競爭或市場銷路縮減時，再逐步降低價格。這就好像從鮮牛奶中撇取乳油一樣，從厚到薄、從精華到一般，因此也稱為「取脂定價法」。它的好處是：利用消費者「一分錢，一分貨」及「優價優質」的心理，提高新產品的身價；盡快收回投資和賺取利潤；可以隨時調低價格，在競爭中處於主動地位。

這種定價策略主要是利用消費者的求新、求奇、趕時髦的心理。一般適用於新穎奇特、易流行、有獨到使用價值的高檔品、奢侈品和特殊商品，或短時間內無競爭對手和替代品出現的專利產品。

（二）滲透定價法

這種定價法與撇脂定價法正相反。新產品進入市場初期，消費者一般不熟悉，有疑慮，可以先低價出售，以打開銷路，然后再逐步滲透，擴大市場佔有率，當產品為消費者所認可或形成消費習慣后，再逐步將價格提高到一定水平。這種策略主要是利用消費者求廉、求實的心理，給消費者以價廉物美、經濟實惠的良好印象，吸引消費者注意和購買，擴大銷售量，同時也使競爭對手感到得益不大，而不會積極仿製。這種策略適合於一些低檔品、適應面廣的生活必需品，也適合於一些專用性不強、替代性高的新產品。但要求產品必須具有較高的品質或特殊的優點，能夠一進入市場就能打開銷路或樹立起良好的聲譽並吸引大量購買者，從而為以后逐步提高價格打下基礎。這種策略的主要問題是其后調高價格時可能引起消費者的反感和抵制，因此，掌握好提價時機十分重要。

（三）反向定價法

反向定價法即通過預測消費者對某產品所期望或願意支付的價格來確定零售價，由此倒算出對生產成本和費用的要求，然后再去考慮產品的質量、包裝等生產標準。這種方法不是通常的依據產品定價格，而是依據價格定產品，所以被稱為「量入為出」的反向定價法。

這種定價法由於適應了消費者在價格上的期望和要求，能夠與大多數消費者的消費能力和價格心理相一致，使消費者比較滿意這種價格標準，所以也被稱為「滿意定價法」。有人認為，在目前激烈而殘酷的競爭中，這種以消費者為導向的定價方法才是能讓企業的產品得到顧客的認可和接受，從而得以生存和發展的

主要方法。這種策略主要適用於日用品、禮品和技術性要求不高的新產品。

在商品的行銷過程中，這種方法也可採用。由於消費者受價格的自我意識比擬功能的影響，對商品總有他所期望支付的價格，如果商品符合其價格期望，就可使之產生購買行為。有些價格高得令人咋舌的服裝、名表、名菸、名酒仍有銷路，主要就是因為符合了某些人的價格期望。

(四) 引導試用法

引導試用法主要是採用免費試用樣品、免費諮詢、有獎銷售、附送贈品、提供配套服務和現金折扣等方法來減少消費者對新產品的風險心理，吸引消費者的注意，鼓勵和引導其試用，還可以培養消費者對廠商的親近感情和對新產品的信任感，為以後的購買奠定基礎。國外一些企業經常採用免費試用樣品的形式，讓消費者通過親身體驗來發現新產品的好處，並對廠家和產品產生較深的印象和好感，同時，節省廣告費用。免費的試用品，不應是高檔、名貴的耐用消費品，一般是低價的、需要經常購買的日用品或副食品，如牙膏、牙刷、清潔劑、調味品等。

二、市場銷售過程中的心理定價策略

在商品的市場銷售過程中，應充分考慮到商品所處的生命週期階段、市場狀況、商品特點等方面，根據消費者的價格心理特點，採用有效的心理定價方法，以促進商品的銷售。

(一) 非整數定價法

非整數定價法也稱尾數定價法。就是給商品定一個帶有零頭數結尾的非整數價格。歐元區和美國的零售企業由於普通商品價格的面值一般不大，所以比中國市場更常採用非整數定價法。其主要的心理功能有：

（1）給消費者以定價精確的印象。非整數價格使人覺得這個價格是經過仔細核算成本和差率等費用而制定的，是比較精確合理的，從而產生一種信任感而樂於接受。相反，整數價格易讓消費者認為是粗糙、概算的價格，從而產生疑慮或討價還價的心理。

（2）給消費者造成價格偏低的感覺。非整數價格與整數價格雖然相差不大，但傳達給消費者的心理信息卻易產生感覺上的差距比實際差距大的價格錯覺。比如，97元的商品，給人的感覺是「100元以下的商品」，而101元的商品則給人的感覺是「100多元的東西」的概念，似乎貴了許多。

據調查，在美國，在低於 2 美元的商品價格中，尾數為 9 的較多，如：0.19 美元、0.49 美元、1.99 美元等；在 5 美元以上的價格中，尾數為較「乾脆」的 5 較多，如：9.95 美元、29.95 美元、38.50 美元等，這樣也利於計算和節省找零的時間。另外，中國和美國的商品價格尾數中，以奇數為多，因為很多人有種心理定式：單數比雙數少，所以價格尾數採用奇數似乎顯得比偶數便宜。

(3) 給消費者一種商品降價的心理錯覺。非整數價格可能使人覺得是在原價上打了折扣。而且，當一種商品價格靠近某一整數線以下，同時，數字系列又趨小時，如：95 元、820 元、985 元等，容易使消費者產生價格下降的心理錯覺，從而使消費者的購買動機在無意識中被刺激。

(4) 易滿足消費者數字中意的心理要求。由於民族傳統、風俗習慣、社會文化等因素的影響，不同國家和地區的人對數字有不同的偏好和忌諱。比如，中國不少人覺得 8、6、7 是吉祥數；日本人較喜歡 8、7、5、3 等，討厭 4、9；西方人忌諱 13。非整數定價法易於有意識地選擇消費者偏愛的數字，迴避其忌諱的數字，使價格數字符合其心意，而增強其購買動機。

(二) 習慣定價法

這是根據消費者對某類商品價格的習慣心理而採取的定價策略。某些商品價格，在長期的購銷活動中，逐步形成了一定程度的固定性，消費者對此類商品的價格也有較穩固的習慣認識。這種價格就是習慣價格（或稱通常價格）。習慣價格的商品多是一些已有消費習慣的、適應面廣的、銷量大的主副食品、日用工業品，如糧食、食鹽、肥皂、牙膏、火柴、洗衣粉以及公路、鐵路運費和水、煤、電、氣的費用。採用習慣定價法的主要好處是：

(1) 可以給消費者價格穩定的感覺。由於形成習慣價格的商品多是與人民日常生活密切相關的商品，消費者對習慣價格的變化是很敏感的，即使上調幅度並不大，也可能使消費者產生強烈的反應。

(2) 給消費者以價格合理的感覺。消費者往往把習慣價格作為衡量價格高低和質量好壞的標準。如果商品質量等因素未變，而價格較習慣認識高，消費者就會認為不合理；如果價格下降了，人們又會懷疑商品品質有問題，或是積壓賣不出去了。

因此，對習慣價格的調整要十分慎重。在提價時，應盡可能採用漸進式或變通式的方式。如提高商品的質量與功能、改變型號和品種、更換商標、改變包

裝，使消費者產生新的商品形象；或者在消費者感知的差別閾限內，適當降低商品的品質或減少分量，同時作好解釋工作，使消費者在心理上和感情上容易接受習慣價格的上調，避免或減輕消費者對新價格的抵觸情緒，並逐步形成新的價格習慣。

（三）整數價格法

整數價格法或稱方便價格法。多用於特別高價或特別低價的商品以及名牌產品、稀罕品、高級禮品等，難於準確估計價值大小的服務性收費也多採用這種方法。其主要作用有：便於記憶和宣傳；方便收款找零，比如 5 元錢一袋的小包裝兒童餅干或糖果；起到加強商品形象的心理作用，尤其對於高價的名牌、時髦商品，整數價格可賦予商品高貴的形象，顯赫的整數價還可以給人以身分感和自豪感，滿足個人的自尊和社會性需要。比如 880 元一套的西服，如定為 878.50 元，就會影響商品的形象和信譽。

徐剛（2002）通過實驗發現，電飯煲的整數價格策略的銷售量比零數價格策略低 16%，而禮品的整數價格策略卻比零數價格策略的銷售量增長 35%。這是因為消費者對電飯煲講求「實惠」，屬理性需求。而禮品主要針對以個人或組織為對象、商品購買者與使用者相分離的特殊消費群，消費者購買商品的目的不是自己使用，而是饋贈他人，在商品的價格需求主要是考慮社交禮儀的要求時，儘管禮品的整數價格高於零數價格，但實驗的結果是禮品的整數價格銷售效果比零數價格的好。

（四）聲望定價法

聲望定價法又稱威信定價法。這是利用消費者求名、求榮心理以及價格衡量商品質量的心理功能，通過制定較高的價格來滿足消費者崇尚名牌商品、名牌商店的心理而採用的一種定價策略。它可以起到抬高消費者以及商品、商店身價的心理作用。該策略適用於知名度較高、廣告影響力大的名牌或高級消費品。消費高價商品是現代人身分地位的象徵，如戴勞力士手錶、提 LV 包等，被會認為是有地位的成功人士。用於正式場合的西裝、禮服、領帶等商品，且服務對象為企業總裁、知名律師、外交官等職業的消費者，則都應該採用聲望定價策略。否則，這些消費者就不會去購買。微軟公司的 windows 98（中文版）進入中國市場時，一開始就定價 1,998 元人民幣，便是一種典型的聲望定價。因此，企業可利用名牌、極品的聲望，制定出能使消費者在精神上得到高度滿足的價格。另外，

聲望定價策略還被運用在質量不易鑑別而消費者又特別關心質量好壞的這一類商品，如收藏品、中藥、金銀首飾以及餐飲、娛樂服務等行業。

當然，聲望定價和其他定價方法一樣，也有其適用範圍和界限。正確使用必須明確其適用條件，而不能照抄照搬。在使用聲望定價策略時應注意以下兩點：首先，必須是具有較高聲望的企業或產品才能適用聲望定價策略；其次，聲望定價策略的價格水平不宜過高，要考慮消費者的承受能力，因為消費者往往清楚價格中的一部分是為牌號、商標、信譽和服務付的款，價格太高會使消費者「望名興嘆」，轉而購買替代品。

(五) 組合定價法

在經營兩種以上相互關聯的商品時，可以根據消費心理採取互相補充的定價方法即組合定價法。它適合於家具、化妝品、文具、食品、鮮花等可以成套、配套使用的商品。一種做法是實行成套優惠價格，既使消費者能得到實惠，又可鼓勵成套購買而擴大銷售。另一種做法是壓低價格較敏感或購買次數少的商品的價格，而對配套使用的但價格不太敏感或購買次數多的商品定價提高一些，以引誘消費者購買，並獲得整體和長遠的利益。

(六) 招徠定價法

利用消費者的求廉心理，有意識地降低少數具有習慣價格的商品的價格，甚至可以低於成本，借此招徠消費者購買，而消費者到商店購買時，往往還會順便買走商店的其他商品，從而提高整個銷售額。選用的商品被稱為「誘餌商品」，它應該是消費者普遍需要、購買頻率高、低值、市場價格和質量都較熟悉的商品，如日用生活必需品，以使消費者能明確意識到購買這些商品而獲得的實際利益。

許多商場經常會開展優惠促銷活動，並進行廣告宣傳。如圖 8-5 所描述的，僅僅估量被廣告產品的購買情況遠遠低估了零售促銷廣告的實際影響。因被廣告產品吸引進入商店的顧客購買其他產品被稱為「外溢銷售」。研究表明，外溢銷售額幾乎與被廣告產品的銷售額相等，所以，零售店在評價價格或其他促銷手段帶來的利益時，應該考慮它們對商店的整個銷售額和利潤額的影響，而不僅僅是對那些做了促銷廣告的商品所做的貢獻。

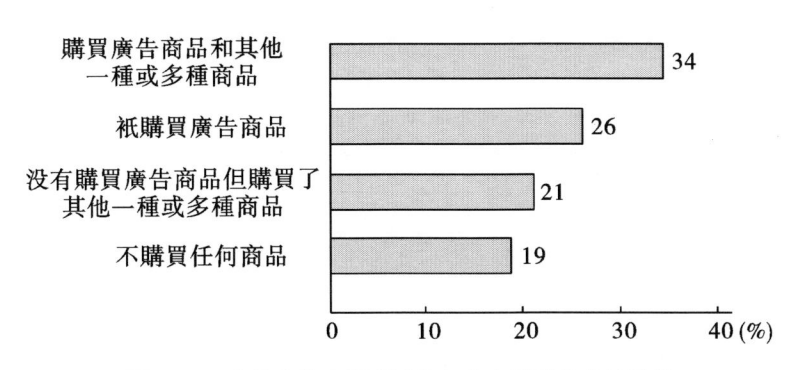

```
購買廣告商品和其他
一種或多種商品         34
祇購買廣告商品          26
沒有購買廣告商品但購買了
其他一種或多種商品      21
不購買任何商品          19
            0   10   20   30   40(%)
```

圖 8－5　由於廣告商品吸引進入商店的購物者的消費

超市的定價模式主要有兩種，一種為天天低價模式（Everyday Low Pricing，EDLP）；另一種為高低價促銷模式（Hi－Low Pricing，HILO）。在 EDLP 模式中，其商品平均價格要低於 HILO 模式，且價格比較固定，較少發生變化；在 HILO 定價模式中，商品平均價格高於 EDLP 定價模式，但是總會有某些產品價格低於 EDLP 定價模式中的產品，且產品的價格經常發生變動，造成這種價格變動的原因是零售商的促銷策略。一般而言，零售行業內的成本領先者往往採用 EDLP 定價模式，典型代表是沃爾瑪。行業內，成本處於劣勢的零售商往往採用 HILO 定價模式，通過高低價促銷模式增加價格的變動，消除自身的成本劣勢。但是，解志韜（2006）也發現不同超市之間採用的定價模式往往是模糊的，即無法明確判斷一家超市的定價模式是 HILO 還是 EDLP。

其中，HILO 定價模式實際上就是一種招徠定價法。例如，家樂福、好又多等大型超市經常對一些日常生活食品，如雞蛋、魚類、大米、蔬菜進行優惠以吸引消費者，而消費者前來購買這些食品時，又往往會產生不少計劃外購買行為。而且還可能產生「暈輪效應」，使消費者以為這家超市所有東西都較便宜。在貨品陳列上，他們會將最具有吸引力的特價品放在容易引起消費者注意的位置，其餘則分散擺放在超市的各個地方。為了尋找特價商品，消費者往往會把整個超市轉一遍。不知不覺中，消費者在超市裡待的時間延長，非特價品也會被他們順便購買很多。

又如，有一個大型商場，貨架上的商品品種齊全，每類都有一些價格相當昂貴的商品，擺放了很久，一件都沒賣掉，卻一直占據著一塊銷售區。有人可能會認為是售貨員偷懶，沒有及時撤掉滯銷的商品。事實上，這些商品是有意保留的，其目的是利用人們購買產品時的對比心理：當發現一種商品比另一種商品更

貴時，通常會下意識地選擇價格便宜的。上面提到的那些昂貴商品，無形中就起到了促進商品銷售的作用。

小案例：小藥店的「招徠定價」

日本松戶市原市長松本清，本是一個頭腦靈活的生意人。他經營「創意藥局」的時候，曾將當時售價 200 日元的膏藥，以 80 日元賣出。由於 80 日元的價格實在太便宜了，所以「創意藥局」連日生意興隆，門庭若市。由於他不顧血本地銷售膏藥，雖然這種膏藥的銷售量越來越大，但赤字卻免不了越來越高。那麼，他為什麼要這樣做呢？

原來，前來購買膏藥的人，幾乎都會順便買些其他藥品，這當然是有利可圖的。而其他藥品的利潤，不但彌補了膏藥的虧損，同時也使整個藥局的經營出現了前所未有的盈餘。

這種「明虧暗賺」的創意，以降低一種商品的價格，而促銷其他商品，不僅吸引了顧客，而且大大提高了知名度，有名有利，真是一舉兩得的創意！

採用招徠定價策略時，必須注意以下幾點：

（1）降價的商品應是消費者常用的，適合於每一個家庭應用的物品，否則沒有吸引力。

（2）實行招徠定價的商店，經營的品種要多，以便使顧客有較多的選購機會。

（3）降價商品的降低幅度要大，一般應接近成本或者低於成本。只有這樣，才能引起消費者的注意和興趣，才能激起消費者的購買動機。

（4）降價品的數量要適當，太多則商店虧損太大，太少則容易引起消費者的反感。

（5）降價品應與因殘次而削價的商品明顯地區別開來。

資料來源：遲竹強．創意行銷 賺錢奇招［N］．河北經濟日報，2010-08-30．

（七）拆零定價法

這是指將大包裝商品改為小分量包裝後，價格拆零計算的方法。商品因包裝分量不同，價格就不同，一般情況是，包裝數量越大，單位價格就越低。但消費者一般難於或不願很快去換算商品數量與價格的關係，甚至會感到小包裝商品便宜，而且可避免浪費，購買風險也小，因而購買小包裝商品時也就較少猶豫。有

的超市或不標明單位價格，或利用單位價格計算比較複雜搞亂消費者。比如，商家自產的涼拌小菜7元/袋，標註的單位價格是4元/200克，消費者覺得還便宜，但如果知道它是10元/500克，就會覺得它貴了。實際上，現在廠家的各種袋裝食品都沒有單位價格，而是「元/袋」，包裝上雖也印有重量，但重量五花八門，如150克、288克、356克、410克，等等，就是很少有500克、1,000克的。如果換算成單位價格，消費者就會發現，這些商品比農貿市場的散裝商品要貴得多。筆者常去成都伊藤洋華堂春熙店的食品館購物，就從沒計算過其包裝食品的價格高低，其商品即使有單價，重量單位也不統一，很少看到500克單位的。

相反，如果要鼓勵消費者購買大包裝商品，或者方便消費者比較和選擇商品價格，則應當統一同類商品的單位。如：310克裝或1,000克裝的洗衣粉，在包裝或價格標籤上既註明整件價格，又標出「元/斤」的單位價格，使價格直觀明瞭。這種方法又稱為「單位標價法」。

(八) 一攬子定價法

或稱安全定價法。有些大件耐用消費品，不僅其價格昂貴，而且搬運、安裝、調試、維修等售後問題也會影響消費者的購買慾望，成為其購買時的心理障礙。如分體式空調器的安裝問題，是一般消費者難於解決的。因此，工商企業可以實行一次收費一條龍服務的一攬子定價法，如送貨上門、代為安裝和調試、附送易耗零配件、保修期免費維修等。這種方法可以解除消費者的后顧之憂，使消費者感到便利、快捷、放心；售後的安全保證也可以降低消費者對價格的認識；還能使消費者對商品和服務產生好感，增進買賣雙方的感情和信任感，因為消費者可能以為這些服務是廠商額外提供的。反之，如果在一些小事上向消費者收費，就會因小失大，引起反感，並使消費者對價格變得敏感起來。

「心理帳戶」理論認為，在不同情況下，人們在面臨得與失的時候，其分開估價和整合估價將發生有規則的變化，例如人們傾向於「分離收益、整合損失」。這一規律可以解釋生活中的很多現象：假如想送朋友兩件禮物——一套衣服和一個健身器，最好分兩次送，兩次分別送一件禮物所帶來的心理體驗之和比一次送兩件禮物的心理體驗更好，這是「分離收益」規則。「整合損失」是說個體對負的收益偏好於整合價值。例如跟團旅遊時，先付掉旅行所有的費用可以盡情玩樂，因為錢已付了。如果先付一部分錢，然後每次門票費再另付，可能路線、費用都一樣，但客人的舒服度和情緒就不如前者好，因為總是在掏錢。又

如，開會收取會務費時，應當一次收齊並留有餘地，若有額外開支一次次增收，雖然數量不多，會員仍會牢騷滿腹。售房也是這樣，售樓合同書一定要清晰，將所有的成交流程、費用列清，不能採取「先上車再買票」的策略，讓客戶一步一步地感受痛苦。

（九）投標定價法

利用購買者的競爭好勝心理，事先不規定價格標準或只確定底價，以拍賣或招標方式，讓購買者競相出價，最後以最有利的價格或條件成交，從而取得最大利潤。它適合於難以辨別價值而又十分珍貴、稀少的商品，如收藏品、文物、名人字畫、手工製品、工藝品、吉祥號碼等，也用於貴重的罰沒品、抵押品。中國一些地方在處理黨政機關「超標」小汽車時，就曾採用拍賣的方式。另外，工程承包、土地或房屋轉讓等商業活動，也常使用招標的方式。

（十）分檔定價法

也稱分級定價法。這種方法將同類的不同牌號、規格、花色、式樣的商品分成若干個檔次，對每一檔次的商品制定一個價格，而不是傳統的一物一價。例如，將出售的各種皮鞋分別歸為五個檔次，分別標價為：34.95元、49元、54.72元、68.50元、82.50元等。通過制定不同檔次的商品價格，使消費者認識到價格檔次反應了不同的商品品質水平，從而可以滿足不同消費者的消費水平與消費習慣；也可以簡化消費者選擇商品時的斟酌過程，方便其挑選；同時，也簡化了交易手續；還可以滿足某些消費者自我意識中「不是斤斤計較之人」「做事要瀟灑」的心理需要。

在決定分級檔次時，級數不要過多或過少，檔次間的差別也不宜過大或過小。如果檔次標價過於接近，消費者可能不理解這一檔為什麼比那一檔高，從而對分檔產生疑問；如果檔次間價格相差太大，一部分期望中間價格的消費者，就會另找其他商店購買。

（十一）統一定價法

對於生活日用品，對不同款式花色的商品甚至價值相近的不同種商品，採用統一價格能給顧客以便宜感，很多消費者都期望能從中找到符合自己需要而又便宜的商品。同時也能方便顧客選購付款，便利交易。一些商家在價格促銷時採用「全場七折」「所有商品一律10元」等也是這個道理。

圖8-6顯示的是東京銀座一皮具商店的統一定價法，其中一些高檔箱包也採用了5,400日元的價格。

圖 8-6　東京銀座皮具商店的統一定價法

小案例：各式襪子只賣一個價

20 世紀初，日本人盛行穿布襪子，當時各種大小、布料、顏色的布襪子品種達 100 多種，價格也多樣，買賣很不方便。有位專門生產經營布襪子的石橋先生，受電車無論遠近都統一收費的啓發，產生靈感，決定以同樣價格出售布襪子來擴大銷路。同行全都嘲笑他，認為如果價格一樣，大家便會買大號襪子，小號的則會滯銷，那麼石橋必賠本無疑。但石橋胸有成竹，力排眾議。由於統一定價方便了買賣雙方，深受顧客歡迎，布襪子的銷量達到空前的數額。

資料來源：佚名. 商品定價策略組合 [EB/OL]. http://www.docin.com/p-1315312047.html.

三、商品調價的心理策略

價格調整是指在原有價格的基礎上，降低或提高商品價格。價格調整的原因是非常複雜的，可能是由於商品價值、進貨渠道、市場供求、競爭需要、通貨膨脹等方面因素的變化而引起的。隨著條形碼和光學掃描收款儀的廣泛採用，各家大型零售企業累積了大量詳盡的即時銷售數據，這些銷售數據可以幫助研究者探討不同調價措施對銷售額的影響，如根據所關注的時間跨度，研究促銷對短期銷售額的影響、對促銷期后銷售額的影響、對長期銷售額的影響等問題，從中掌握調價對消費者心理和行為的影響，幫助行銷者正確地運用調價的心理策略。

(一) 商品降價的心理策略

商品降價可分為被動型降價和主動型降價兩種。被動型降價是指由於商品滯銷或存在質量問題，以及急需週轉資金或降低庫存等原因，迫不得已採取的降價措施。比如，殘次商品、換季商品、積壓商品、換代商品的降價處理。相應的價格策略稱為處理性定價策略。主動型降價又稱為進攻型降價，是在商品各方面沒有多大變化的情況下，出於競爭和擴大銷售的目的而進行的。比如，國外的商業企業就經常利用大減價來招徠消費者，刺激購買慾望，其銷售額往往比平時增加兩三倍。在日本，每年的6～12月都要組織一次大規模的降價推銷，平時不少企業也經常定期降價銷售。這種價格策略也稱為優惠性價格策略。優惠性價格策略的形式是多種多樣的，如：節日優惠、淡季優惠、展銷優惠、試銷優惠、批量優惠、重複或累積數量優惠、「消費指導者」優惠等多種形式。某些優惠性價格策略不僅能滿足消費者的心理要求，還能在一定程度上滿足消費者的自尊心理。比如，「六一」兒童節前後，對兒童用品進行折扣優惠，可以體現對少年兒童的關心，有利於樹立企業的良好社會形象，這種節日優惠對於專業性商店尤為重要。

降價帶來的銷售增長有四個來源：

* 現有品牌使用者提前購買未來所需的產品（儲存）。

* 競爭品牌的使用者可能會轉向降價品牌。這些新的品牌使用者可能會也可能不會成為該品牌的重複購買者。

* 從來沒有使用這類產品的消費者也許會購買該產品，因為它比替代品或沒有該產品時能帶來更多的價值。

* 不經常在此店購物的消費者，也許會來光顧和買該品牌商品。

古珀塔（Gupta，1988）研究發現，降價促銷帶來的銷售增長大部分都來自於品牌轉換，只有少部分來自於消費增加和儲存備用。但也有學者認為造成促銷時銷售增長的主要原因是因產品而異的，比如人們通常不會因為促銷而大幅增加大米的消費量，而零食就不同，促銷很可能會誘使顧客增加消費量。伯萊特伯格（Blattberg，1989）研究還發現，品牌之間的促銷，其相互影響是不對稱的，高質量品牌在開展促銷活動時，從低質量品牌那裡吸引來的品牌轉換者數量要遠遠大於低質量品牌開展促銷時從高質量品牌那裡吸引來的顧客數量；而在提價時，低價品牌的損失則要比高價品牌更大一些。可見，對於高品牌資產的商品來說，促銷是更有力的競爭手段。

降價策略主要是利用消費者的求廉心理，刺激和鼓勵消費者購買。所謂

「倉市」「平價超市」「廉價商場」「十點利商場」「最低價商場」等以及國外的「跳蚤市場」，也都是利用價廉物美來爭取消費者。但必須要讓消費者得到的實惠是明白和確實的，使之覺得確實「買得劃算」「占了便宜」「這是購買的好機會」，而不能採取先暗中提價，再虛張聲勢地誇大降價幅度；或隱瞞商品實情，借機推銷假冒偽劣商品的做法，這些做法是違背商業道德的。

消費者對優惠性價格策略和處理性價格策略在心理反應上並不完全相同，比如消費者對於處理商品在質量及銷路上的疑慮相對較重。而且，消費者在對商品降價的理解上與商家可能會有一定距離的，在價格下調時，消費者還可能產生如下心理反應和行為表現：

* 便宜→便宜貨→質量不好等一系列聯想引起心理不安。
* 便宜→便宜貨→有損購買者的自尊心和滿足感。
* 可能有新產品即將問世，所以降價拋售老產品。
* 降價商品可能是過期商品、殘次品或低檔品。
* 商品已降價，可能還會繼續降，暫時耐心等待，以購買更便宜的商品。

從某種程度上講，價格是一把「雙刃劍」。企業應當注意降價手段的合理使用，以使商品降價行為能為眾多的消費者所接受。

1. 做好宣傳和解釋工作

可通過多種廣告手段，大造聲勢，引起注意。同時，將商品的情況、降價原因（如周年慶典）、降價幅度等問題如實告訴消費者，以打消其疑慮，尤其是對於難以從表面上判斷質量情況的包裝商品或食品、藥品、菸、酒等，如果對有關情況避而不談，消費者的疑慮、警惕心理就會更重，甚至產生逆反心理，而抑制購買動機的形成。實際上，像香菸這類商品的價格彈性很小，因為香菸的重度使用者通常具有相對較高的品牌忠誠度，消費者不容易理解和認同降價的行銷措施。如果不做好解釋工作，除非同時轉移目標市場，而且新的目標市場是價格敏感型的顧客，否則，只會帶來收入和利潤的降低，而在銷量和市場份額上不會有明顯的效果。

另外，銷售時間也不宜太長，力求短暫而熱烈，這樣就容易激發消費者機不可失的緊迫感和求同意識，甚至形成搶購風。

2. 盡可能採用暗降的形式

價格下降，尤其是主動型降價，往往對商品的形象會產生不利的影響，並對以後價格的回升產生困難，還可能招致同行的不滿而引發「價格戰」。同時，如

果商店經常採用降價措施，還會使人覺得商店經營不善，並影響商店的形象。所以，應當盡可能採用諸如有獎銷售、使用優惠券或優惠卡、附送贈品或連帶品、賒銷或分期付款、廠家退還部分貨款以及簡化包裝、更換品牌，使商品以「新面貌」出現等多種暗降形式。代蒙德（Diamond 等，1989）將促銷方式分為「非金錢性促銷」與「金錢性促銷」兩種，發現非金錢性促銷會被消費者視為收益，而金錢性促銷會被消費者視為損失的減少。

在實際經營活動中，不少知名廠家或商家往往希望穩定價格，而通過提高「心理價格」來贏得消費者，一般都採用大做廣告、增加服務項目、提高產品質量等非價格競爭策略來擴大市場佔有率，實現價格促銷向價值促銷的轉化，其原因同出一轍。比如，美國的可口可樂與百事可樂公司，在多年的競爭中，主要採取非價格競爭策略。而中國一些地方的電信營運商為爭取用戶，紛紛低價競銷，導致手機資費大戰，結果是兩敗俱傷，當然，消費者從中得到了實惠。

3. 採用合理的降價促銷方式

對於大同小異的促銷活動，消費者往往見慣不驚，商家應當研究消費者在購買不同產品時的購買心理，從消費者購買行為的角度，有針對性、創新性地設計降價促銷方式。例如，對於實用型產品來說，採用金錢性促銷更有效；對享樂型產品來說，採用非金錢性促銷比較有效。西漢和史密斯（Sinha and Smith，2000）的研究發現，產品的可存儲程度不同，同一促銷方式的效果也不同，越容易失去消費價值的低可存儲性商品，直接打折的效果較好；相對來說較容易存儲的商品，贈送的效果會好一些。

王煥弟（2010）研究了習慣性購買（如牙膏）、多樣化購買（如餅干）、複雜性購買（如數碼相機）三種購買行為類型與三種促銷方式之間的關係。如圖 8-7 所示。

其研究結果表明，促銷方式對消費者購買意願的影響與購買類型存在一定相關性。在習慣性購買行為下，能夠促成消費者購買行為的促銷方式由高到低排序是：特價促銷、贈禮促銷和抽獎促銷；在多樣化購買行為下，能夠促成消費者購買的促銷方式由高到低排序是：贈禮促銷、特價促銷和抽獎促銷；與多樣化購買行為一樣，在複雜性購買行為下，能夠促成消費者購買的促銷方式由高到低排序是：贈禮促銷、特價促銷和抽獎促銷。即僅從比例分析而言，對於習慣性購買來說最有效的促銷工具是特價促銷，對於多樣化購買來說最有效的促銷工具是贈禮促銷，對於複雜性購買來說最有效的促銷工具也是贈禮促銷。另外，抽獎促銷對

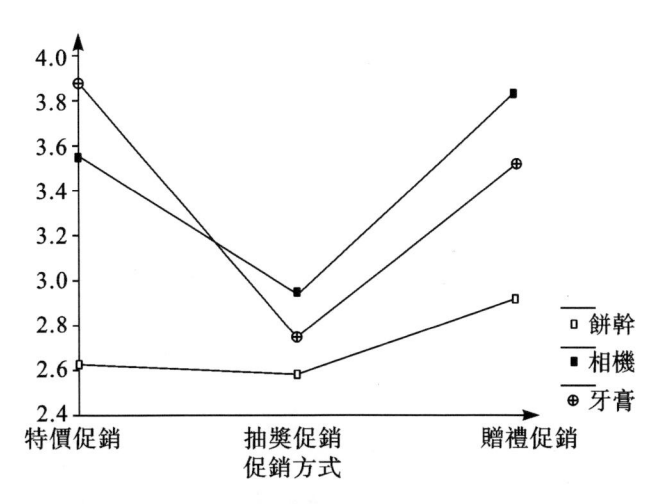

圖 8-7　在特定購買行為下受特定促銷方式影響的效果比較圖

三種購買行為的影響都不明顯；對於多樣化購買來說，特價促銷、抽獎促銷、禮品促銷的作用都不是特別明顯。

　　從消費心理來看，不同的降價策略可能影響消費者的決策。例如：「買一送一」的策略傾向於使消費者認為單個商品物超所值，產生好的購買體驗；「贈送購物券」的方式讓消費者為了使用購物券，必須再投入現金，迫使其購買一些並不需要的商品；採用「折上折」或「省上省」的捆綁銷售策略，由於消費者往往樂於分開計算二筆節省額，因而能更有效地促進消費；折扣降價可使消費者更傾向於買質量更好的產品，因為在同樣折扣情況下，價格高的商品消費者獲利更大；而現金返還對消費行為的影響就小一些，因為可把節省來的錢用作別的用途；從四種基本促銷手段來看，在不考慮商品類型的情況下，其效果好壞依次為：獎券、折扣、獎品（贈禮）、抽獎活動。

　　4. 降價幅度既要能引起消費者的注意，又要避免造成消費者的疑慮

　　進行價格調整時，要考慮消費者的價格閾限，也就是消費者對價格變動的最高和最低的心理接受界限。降價的目的在於促銷，如果降幅太小，就引不起消費者的注意和興趣，難以激起其購買行為。尤其對於過季或過時商品，如果降價幅度過小，消費者是不屑一顧的。有時，還人為設置偏高的「原價」，變相「加大」優惠幅度，以增加人們的購買過程中評估得出的「交易效用」（即商品的參考價格和商品的實際價格之間的差額效用）。但是，降價幅度也並非越大越好。由於多數消費者缺少專門的商品知識，降幅太大，比如超過 50％，就會增加消

費者對商品質量的疑慮，甚至懷疑商品的可使用性、安全衛生情況、是否偽劣商品等，而不願去承擔購買風險。

消費者價格閾限的幅度對企業有正反兩個方面的影響。一方面，價格閾限較寬，有利於企業的價格調整，也能穩定消費者的價格心理，不會引起消費者對價格調整的過激反應；另一方面，價格閾限較寬，消費者對價格變動的反應程度降低，這時，企業利用價格促銷，則往往難以奏效。如果價格閾限較窄，則有利於價格促銷。在實際生活中，一般講，用於滿足消費者自然需要商品的價格閾限較窄，而滿足心理需要商品的價格閾限一般較寬。所以，在企業定價中，掌握消費者不同時期、不同商品價格閾限的變化，有利於企業選擇合理有效的價格策略，以實現促銷的目的。

降價的方式有差率和差幅兩種。前者多用於大範圍的降價及折扣，如主動型降價。后者的靈活性較大，可採用非整數定價法等多種心理定價方法。但有時使用整數價格，反而顯得大方一些，能避免因數字繁瑣而引起消費者的反感，因為降價差額本來就是粗略性的定價形式；同時，整數價格也便於記憶、宣傳和購銷。研究表明，對於單價低的商品，宜採用和宣傳降價差率；而對於價格很高的商品，宜採用差額的降價形式，這樣可以使消費者主觀上的「便宜」感覺相對增強。例如，購買200元的商品能節省10元，突出的是節省金額；如果購買20元商品能省10元，就應當同時強調節省的金額和比例；當購買3元能節省1元的商品時，就應當突出節省的比例。同時，在任何一種情況下，原價都應予以標明。日常價（節省金額計算的基礎）應當是這樣一種價格，即商店出售合理數量的該種商品時所制定的正常價格。

小資料：價格感知——絕對值優惠與相對值優惠

1982年，特維爾斯基和卡尼曼研究了對絕對值優惠與相對值優惠的價格感知現象。他們通過設計以下情景實驗引入「心理帳戶」與消費者購買決策行為。

實驗情景A：假定你要買一件夾克和一個計算器。在某商場夾克的價格是125美元，計算器的價格是15美元。這時候有人告訴你，開車20分鐘去另一個街區的一家商場計算器的價格是10美元。請問：你會去另一個商場買計算器嗎？

實驗情景B：假定你要買一件夾克和一個計算器。在某商場夾克的價格是15美元，計算器的價格是125美元。這時候有人告訴你，開車20分鐘去另一個街

區的一家商場計算器的價格是120美元。請問：你會去另一個商場買計算器嗎？

在這兩個情境中，其實都是對「是否開車20分鐘從140美元的總購物款中節省5美元」做出選擇。然而，實驗對象在兩個情境中的回答卻不一樣。在情境A中，68%的實驗對象選擇去另一家商場；而在情境B中，只有29%的實驗對象選擇開車去另一家商場。選擇偏好發生了逆轉。

卡尼曼提出，消費者在感知價格的時候，是從三個不同的心理帳戶進行得失評價的。一個是最小帳戶，就是不同方案所優惠的絕對值帳戶。在本實驗中的最小帳戶就是5美元。另一個是相對值帳戶。例如，在實驗情境A中開車前往另一家店的「相對值帳戶」表現為計算器價格從15美元降為10美元（相對差額為1/3）；而在實驗情境B中的「相對值帳戶」表現為計算器價格從125美元降為120美元（相對差額為1/25）。第三個是綜合帳戶，綜合帳戶就是總消費帳戶，該實驗的綜合帳戶為140美元。

卡尼曼認為，在上面的實驗中，消費者自發地通過相對優惠值來感知價格。情境A有33.3%的優惠；而情境B僅有4%的優惠。因此，人們的購買行為發生了反轉。表現為在實驗情境A中，68%的實驗對象選擇去另一家商場；而在實驗情境B中，卻只有29%。

李愛梅、凌文輇（2006）通過情景實驗研究進一步發現：人們對相對值優惠與絕對值優惠的心理感知不同。在絕對值優惠低時，相對值優惠效應明顯；在絕對值優惠高時，相對值優惠效應不明顯；而且相對值優惠與絕對值優惠效應受原始價格影響。當某種商品的購買金額或價格較小時，相對值優惠效應更突出；隨著購買金額或價格的增加，絕對值優惠效應與相對值優惠效應之間的差距逐漸縮小直至相等；當購買金額或價格超過某一點後，優惠體驗就會出現相反的結果，此時，絕對值優惠效應更明顯。

資料來源：李愛梅. 不同的優惠策略對價格感知的影響研究［J］. 心理科學，2008（2）.

5. 準確選擇降價時機

如果降價時機選擇得好，會大大刺激消費者的購買慾望，否則，可能會降低降價的吸引力。如流行商品在流行高峰期剛過，就要採取降價措施；季節性商品在季中時，就要考慮降價以減少庫存；對於一般性商品，在成熟期階段的后期就要開始降價，以免成為過時商品而無人問津。

杰德（Jeddi，1999）研究了價格促銷頻率和幅度對促銷效果的影響，發現

當商家大幅打折時，顧客常有超量購買或過量貯存打折商品的現象。而頻繁打折促銷會增加消費者的價格敏感度，使品牌資產下降，給品牌的長期發展帶來負面影響。而且，促銷越頻繁，促銷所帶來的銷售增長就越低，其原因主要有兩方面：一方面是頻繁打折會降低消費者內心的參考價格，一旦恢復原價，消費者將原價與降低了的參考價格進行比較，會感到一種損失，為避免損失發生，消費者會迴避購買，而且由於參考價格降低，今后再開展促銷活動時，促銷的吸引力會下降；另一方面頻繁促銷還會將消費者培養成只在促銷時購買的習慣，不少消費者能夠摸索出頻繁促銷商品的促銷規律，他們會將自己的購買週期和購買數量根據促銷規律來進行調整，形成在更少的購買場合（促銷期間）購買更大數量商品的消費模式，這就使得零售商的利潤受到一定的影響。但這種促銷所帶來的長期效應可能從品牌經理的角度來看是比較有利的，因為消費者一次購買較大數量的產品會使他們在一段時間內保持較高的存貨水平，無須多次重複購買，這就使得消費者在一定程度上遠離了競爭者的產品。

例如，不少專業市場的商家反應，在節日或週末進行促銷活動時，會刺激銷量上升，但「活動」期一過，便會門庭冷落，因為不少消費者已形成打折消費習慣，即只在優惠期間出手購買諸如家具、潔具等非急需大件生活用品。這樣，由於銷量一升一降，商家似乎並沒得到好處，但是由於別的競爭市場搞促銷活動會分流走客源，所以還得通過這種形式來參與競爭。

但是對於零售商而言，經常淺幅打折的 EDLP 模式與高低定價結合的 HILO 模式相比，前者所塑造的商店價格形象更低，更能夠吸引消費者。艾伯等（1994）研究發現，在平均價格相同時，被調查者往往認為經常針對不同商品進行淺幅度打折（每日低價）的商店總體價位比偶爾深幅打折的 HILO 模式的商店更低。而且 EDLP 零售店的消費者的總體消費額度也要大於 HILO 零售店的消費者。這一研究結果為沃爾瑪等零售商 EDLP 策略的成功提供瞭解釋。

6. 保持價格的相對穩定

採取降價策略應當事先掌握好降價幅度，最好能「一步到位」。如果價格在短期內連續向下波動或變化不定，就可能加大消費者對商品質量和業績上的疑慮。或認為價格不穩定，期待價格繼續下跌，從而持幣觀望，推遲購買時機。有的企業在商品開始降價時，往往降幅較小，如果仍不能銷售出去，再加大降價幅度。這種做法其實不妥。

（二）商品提價的心理策略

消費者對商品的漲價往往有一種本能的反感，因為價格上漲意味著購買同一商品需要支出更多的貨幣。但由於物價指數、收入水平、原材料價格、成本、產品質量、市場供求、國家政策、進貨渠道等因素的變化或不同，企業有時不得不提高商品價格。當企業迫於各種原因不得不提價時，應充分考慮消費者的購買力和心理承受能力，認真分析和預測提價後消費者可能產生的心理反應，注意因提價而可能發生的消費需求轉移，並採取相應的心理策略。通常採用的提價策略有：

1. 提價幅度不宜過大

心理學研究給商家的啟示是：若要上調價格，應以低於差別閾值的幅度進行系列價格微調，這比一次性大幅度上調（漲幅達到或超過差別閾值）的方法要成功有效得多（即每次上調一點）；若要下調價格，降價幅度則必須一次性達到差別閾值，才能使消費者的感知價值明顯提高，達到刺激消費需求的目的。

所以，產品在提價過程中應注意盡量壓低提價幅度，避免引起消費者的抱怨和不滿，減少消費者的恐懼心理。國外漲價幅度一般以5%為界，這樣符合消費者的心理承受能力。同時，產品提價應循序漸進，讓消費者有一個接受適應的過程。

2. 注意採用暗調策略

直接提價往往使消費者產生反感。在可能的情況下，企業最好採用暗調策略進行提價。首先，可以更換產品型號、規格、花色、包裝等。同一產品只要稍作改動，在消費者沒有覺察的情況下提價，不會引起消費者心理上的反感。其次，減少產品原料配比或數量，而價格不變，以達到實質上提價的目的。

3. 做好宣傳解釋工作

從實際應用效果看，明調的影響最大，企業最好避免使用，但在迫不得已的情況下，提價已成為必然，企業應當針對不同的提價原因，積極做好相應的解釋工作，使消費者理解和接受價格的上漲。比如，強調成本提高、原材料漲價、此類商品價格在市場上普遍上揚等客觀原因；增加服務項目，改善銷售環境，提高服務質量，依靠良好的聲譽和服務來提價，使消費者感到較多的花費給自己帶來的實際利益或好處，而且，額外的服務項目也往往被視為某種形式的合理補償或降價。

比較好的方式是對商品進行一些改進，如增加某種功能，使其成為換代產

品，就容易吸引消費者購買漲價新產品，尤其是耐用消費品。如不少品牌將產品分為 N 代，高一代的產品自然會有所改進，但這些改進未必實用，性價比也不如原來的產品高，但消費者大多還是喜歡漲價后的最新產品，手機市場就是一個新品迭出的市場。

在房地產經營中，往往分期進行開發，且房價呈上升趨勢。盡早購買期房會比購買現房便宜很多。這主要是為了適應人們「買漲不買跌」的消費心理，來促進購買，而如果價格下降，就不僅會引起人們的觀望心理，還會導致老業主的不滿。所以，一般是先將位置較差的地方進行一期開發或銷售，房屋銷售完以后，已購房業主自然會抬高二手房的價格。然后再進行后期開發，並形成價格上漲態勢，同時刺激新客戶的緊缺心理，新客戶就會接受較高的房屋單價。如果因為國家宏觀調控或市場環境變差，開發商往往會採用明升暗降的方式，維持市場信心，即表面上單價是上漲的，但由於贈送的面積較大，實際上房價是下跌的。

總之，商品提價關係著消費者的利益和企業的聲譽，一定要謹慎從事，要充分考慮到消費者的心理要求，要讓消費者瞭解漲價的原因，又要使之感到多花錢能帶來的實際利益，並嚴格掌握提價的幅度。

第九章
消費者的決策

從一定意義上講，購買行為的全過程實際上就是消費者不斷進行決策的過程。決策在消費者購買行為中占據重要地位。因為：首先，決策的進行與否決定著購買行為的發生與否。當消費者經過認定需要、選擇商品而作出購買的具體決定時，一次購買行為才實際發生。其次，決策的內容規定著購買行為的發生方式。經決策確定的具體商品、購買地點及購買數量決定著消費者何時、何地、以何種方式進行購買。最后，決策的質量決定著購買行為的效用大小。正確的決策可以促成消費者以較少的費用、時間買到質價相符、稱心如意的商品，最大限度地滿足特定的消費需要。反之，錯誤的決策不但使消費者的花費超過所得，需要無法得到全部滿足，而且可能導致不同程度的經濟、時間的浪費與損失，進而對以后的購買行為產生不利影響。

由於消費決策在購買行為中的核心地位，影響消費心理和行為的因素往往也是影響消費者決策的因素，如消費者個人因素、消費者所處環境以及商品刺激因素等。

第一節　消費者決策的內容

一、消費決策的含義

（一）消費決策的含義與特點

消費決策或稱消費者購買決策，它是指消費者為了滿足某種需求，在一定的購買動機的支配下，在可供選擇的兩個或者兩個以上的購買方案中，經過分析、評價、選擇並且實施最佳的購買方案，以及購后評價的活動過程。它是一個系統的決策活動過程，包括需求的確定、購買動機的形成、購買方案的抉擇和實施、

購后評價等環節。

消費決策除具有決策的一般特點外，還具有決策主體單一、決策範圍有限、決策影響因素複雜、決策具有情景性等特點。

(二) 消費決策的基本原則

消費者在發生購買行為前，會對特定的購買形成一定的感知。消費者在做購買決策時，會選擇感知價值最大的方案、感知風險最小的方案。

（1）最大滿意原則：在制定購買決策時，力求通過決策方案的選擇、實施，取得最大利益，使某方面需要得到最大限度的滿足。遵照最大滿意原則，消費者將不惜代價追求決策方案和效果的盡善盡美，直至達到目標。實際上，這只是一種理想化原則，現實中，人們往往以其他原則補充或代替之。

（2）相對滿意原則：現代社會，消費者面對多種多樣的商品和瞬息萬變的市場信息，不可能花費大量時間、金錢和精力去收集制定最佳決策所需的全部信息，即使有可能，與所付代價相比也絕無必要。因此，在制定購買決策時，消費者只需做出相對合理的選擇，達到相對滿意即可。貫徹相對滿意原則的關鍵是以較小的代價取得較大的效用。

也可以用詹塞曼（Zeithaml, 1988）提出的「感知價值理論」來說明：消費者在購買商品時存在兩種感知：想要的特性（感知利得）與不想要的特性（包括確定性的成本和不確定性的感知風險），將這兩者相減就是感知價值。即，感知價值是消費者所能感知到的利得與其在評估、獲得和使用商品時所付出的成本（包括貨幣成本、時間成本、精力成本和體力成本）進行權衡後對商品效用的總體評價。而相對滿意原則就是力圖使消費的感知價值最大化。

（3）風險最小原則（或稱遺憾最小原則）：估計各種方案可能產生的不良後果，比較其嚴重程度，從中選擇情形最輕微的作為最終方案。風險最小原則的作用在於減少風險損失，緩解消費者因不滿意而造成的心理失衡。

消費者任何購買行為，都可能無法確知其預期的結果是否正確，而某些結果可能令消費者不愉快。消費者會對發生不良後果的可能性與不良後果的重要性進行主觀估計，風險的大小來自於二者的乘積。感知風險的測量和估計可用下面公式來說明：

$$OPR_j = \sum_{i=1}^{n}(PL_{ij} \times IL_{ij})$$

上式中，OPR_j 為對品牌 j 的感知風險；PL_{ij} 為購買品牌 j 發生 I 損失的可能

性；IL_{ij}為購買品牌 j 發生 I 損失的嚴重性。

（4）預期—滿意原則：有些消費者在進行購買決策之前，已經預先形成對商品價格、質量、款式等方面的心理預期。消費者在對備選方案進行比較選擇時，與個人的心理預期進行比較，從中選擇與預期標準吻合度最高的作為最終決策方案，這時運用的就是預期—滿意原則。運用預期—滿意原則，可以大大縮小消費者的抉擇範圍，迅速準確地發現擬選方案，加快決策進程，同時可避免因方案多而舉棋不定。

二、消費者決策的主要內容

在購買前，消費者的決策會遇到各種各樣的問題，而且消費者必須對這些問題作出決策。從一般意義上歸納起來，主要有以下幾方面的問題：

（一）为什麼購買（Why）

為什麼購買即權衡購買需要和購買動機。消費者的購買需要和購買動機複雜多樣，而且往往有較大的差異。例如，同樣是購買一臺影碟機，有的消費者是為了欣賞優美的音樂，享受生活；有的消費者是為了攀比、趕時髦；有的消費者是為了社交需要；有的消費者則是為了防止漲價、貨幣貶值；有的消費者注重質優；有的消費者注重價廉等。

對於行銷人員而言，應當用「消費者的眼光」來瞭解商品，搞清楚幾點：消費者為什麼買我的商品或服務？為什麼不買？在消費者眼中，自己的商品到底好在哪裡？消費者的購買需要往往是多元化的，因此其購買動機也是複雜的，不只限於某單一因素。有些動機是顯而易見的，例如買洗髮水是為了清潔頭髮，令頭髮漂亮；有些動機是潛在的，例如駕駛汽車可能會令男性消費者聯想到駕馭女人。有的動機連消費者本人都不易察覺。行銷人員必須從多方面透視消費者的深層動機，並從中發掘出最主要、最有影響力的「優勢動機」，以便集中火力攻其要害。

（二）購買什麼（What）

購買什麼即確定購買對象，這是決策的核心和首要問題。購買什麼是由為什麼購買決定的。決定購買目標不是只停留在一般類別的商品上，而是要確定具體的購買對象及其具體的內容，即確定購買商品的名稱、商標或牌號、產地、規格、等級、款式、價格、包裝和售後服務等。

在消費者購買行為中，一般是從眾多品牌中選擇出最適合自己的。因此，行

銷人員應該建立這樣一個重要概念：任何產品都是可以被替代的。首先要搞清楚：競爭者是誰？目標消費者以本產品替代什麼產品？或有可能以什麼產品替代本產品？這些同類商品之間的優劣關係是怎樣的？這些問題也涉及消費者的「品牌忠誠度」。而影響品牌忠誠度的因素亦十分複雜，例如消費者的本身特性（如心理性格、年齡、性別、角色），購買行為的特性（如購買量的多寡、購買時間間隔長短、以前購買效果的優劣）、市場結構特性（如可供選擇的品牌數量、產品的銷售策略、產品的市場佔有率）等皆是。掌握了相關信息，有助於行銷人員制定行銷策略：一方面增加忠誠於己方品牌的消費者人數及其購買量，並吸納新的忠誠消費者；另一方面改變其他品牌的忠誠消費者的購買行為。

商品效用（即消費者從消費該商品所獲得的滿意程度）是影響消費者商品選擇的重要因素。按照西方經濟學的觀點，消費者應當按照等邊際原理來進行決策，即在貨幣收入和商品價格一定的條件下，如果購買各種商品的邊際效用（指每增加購買一個單位數量的商品時，所增加的滿意程度）與其所付價格的比例相同，就能獲得效用總和最大化。換句話說，如果購買不同數量的各種商品所花費的單位貨幣所能提供的邊際效用相等，可使貨幣總量能提供總效用的最大化。但現實中人們在做出消費決策時有時不會考慮得非常周全，並不能達到其效用的最大化，從而產生非理性消費行為。美國心理學家與經濟學家卡尼曼（Daniel Kahneman）認為恰恰是人的非理性消費行為，會影響到客觀的市場，並由此獲得了2002年度諾貝爾經濟學獎。

小資料：非理性消費行為

非理性消費是指消費者在各種因素影響下做出的不合理的消費決策。根據其形成及表現的形式，可以將非理性消費行為分成以下常見的幾類：

1. 沒有實現效用最大化的非理性消費行為

有人曾做過一個冰淇淋試驗：有兩杯哈根達斯冰淇淋，一杯冰淇淋A有7盎司，裝在5盎司的杯子裡面，看上去快要溢出了；另一杯冰淇淋B是8盎司，但是裝在10盎司的杯子裡，看上去還沒裝滿。研究者以此調查人們願意為哪份冰淇淋付更多的錢。試驗結果顯示，在分別判斷的情況下，人們反而願意為分量少的冰淇淋付更多的錢，這就是一種未能達到快樂最大化的非理性消費行為。

至於消費者在購買商品時為何未能實現效用的最大化，主要有兩方面的原

因：一方面，是消費者購物時未仔細考慮或對商品缺乏足夠的認識和瞭解，主觀上形成決策上的失誤，例如，購物時未能做到貨比三家，對商品瞭解的信息不完備等；另一方面，是受到商家降價、虛假廣告促銷、詐欺等手段的誘惑，掉入「消費陷阱」。這些陷阱都是商家抓住消費者貪圖便宜、一味追求新產品、新鮮事物的心理，使消費者上當受騙，不能實現其購物的效用最大化。

2. 不滿足邊際效用遞減規律的非理性消費行為

西方經濟學認為，商品的邊際效用是遞減的。它反應了隨著相同消費品的連續增加，從人的生理和心理的角度講，從每一個單位消費品中所感受到的滿足程度、對重複刺激的反應程度是遞減的。但事實上，有些商品或服務在人們消費過程中的邊際效用並非遞減的，比較典型的就是能夠使人上癮的消費產品，如毒品、菸、酒、某些藥品、賭博、某些游戲產品、電腦上網等成癮性商品或服務，在消費者使用該類商品達一定時間以後，會產生依賴性，消費得越多，其所感受到的滿足程度不僅不會減少，反而會越來越高，即邊際效用不是遞減的。

3. 沒有考慮收入或收入階層等約束條件的非理性消費行為

消費者在購買商品時，必然會受到自己的收入水平、社會收入階層、商品價格水平、購買商品的成本、消費文化習慣背景等約束條件的限制。在西方經濟學中，理性消費者是在滿足收入和價格約束條件的預算線上，實現其效用和偏好最大化的。如果消費者在購買商品時忽視了自己的收入水平，一味追求商品或服務的效用，盲目攀比高檔消費，就會導致非理性消費行為的出現。

理性的人們會按照自己所處的收入等級階層來選擇消費品，廠商正是利用這一點進行市場細分。如果消費者在消費決策時不考慮自己所處的收入階層約束，而選擇與自己的地位、收入階層差別比較大的消費階層，一般就認為這是一種非理性的消費。

消費者在做出消費決策之前，對消費品（特別是大件消費品）往往會花上一定的時間收集有關產品的信息，進行對比比較。在購買消費品時，也存在運輸、搬運等程序，這些都構成購買的成本，成為消費的一種約束條件，如果消費行為全然不顧購買成本的大小，當然也是非理性消費的一種。例如，有人在衝動之下，為了掃蕩香港的打折名牌，而專程打「飛的」購物；為奔赴某大賣場搶購那便宜幾毛錢的紙尿布而在出租車上暗暗著急等。

4. 錯誤的風險、機會等預期意識導致的非理性消費行為

現實經濟生活中，人們對風險的意識也決定著其消費行為和決策的變化，如

果正確地判斷和意識到風險的來臨，可以通過購買有效的消費品或保險等各種手段來規避風險。但如果受不正當消息的誤導錯誤地估計或過分地意識風險的存在，會導致非理性（特別是群體非理性）的發生，比較典型的就是「搶購風」。有時，人們錯誤地認識購買的機會，認為這次不購買，下次就沒有機會了，會導致消費者購買到質次價高的商品，也導致非理性行為。

5. 異常消費行為中的非理性消費

這裡指的消費行為「異常」有兩方面的含義：一方面是個體消費行為異常於群體消費行為；另一方面是指個體的某些消費行為異常於其過去或平時的消費行為。產生異常消費的原因，多數是由於消費者的好奇心理、對利益的衝動、貪圖便宜、不計后果等心理。例如，細心的年輕父母經常發現自己的孩子異常購買一些混裝玩具的食品，他們購買的目的不是吃其中的食品，而是偏好於食品袋中的玩具。再如，一些小學生狂買「小浣熊」乾脆面，其目的並非滿足食欲，而是收集乾脆面中的「水滸風雲卡」，更有甚者購買后直接把乾脆面扔進垃圾桶裡，只保留風雲卡。這顯然是一種異常的消費行為，也是非理性的。

資料來源：黃守坤：非理性消費行為的形成機理［J］．商業研究，2005（10）．

（三）何時購買（When）

何時購買即消費者確定購買時間。消費者購買商品的時間受到許多因素的影響，包括消費的地點離銷售地的遠近、商品性質、季節、節假日、休閒時間、商店營業時間、消費者需要的急迫性、資金以及存貨的多少等。商品的性質不同，購買的時間也不一樣，如日用消費品，以工作勞動之余購買為多，高檔耐用消費品則大都在節假日購買；季節性商品，往往是季節前少量預先購買，季初購買達到高潮，季中購買開始有所下降，季末只有零星購買。

總之，何時購買是購買決策的重要內容，它也與購買主導動機的迫切性有關。工商企業必須研究和掌握消費者購買商品的時間、習慣，以便合理調整營業時間和在適當的時間將產品推向市場。例如，日本的「7-11」連鎖便利店以及「好又多」「家樂福」等大型超市就是考慮到消費者一般都是在上班前后才有充足的時間來商場購買商品，因此，將營業時間延長到上班之前和下班之后。另外，一般地講，在大中城市、娛樂中心、鬧市街區和車站碼頭的商店，營業時間要長些；在夏天的晚上和節假日，商店營業時間也應長些；飲食業、百貨商場、綜合服務部門的營業時間也應長些。這樣，才能更好地滿足消費者購買時間上的要求。

（四）何處購買（Where）

何處購買即確定購買地點。購買地點是由很多因素決定的，如商店信譽、路途遠近、交通情況、可挑選的商品品種數量、價格、運送以及服務態度等。它既與消費者的惠顧動機有關，也和消費者的求廉動機、求速動機有關。如對於副食品、日用雜品等日用消費品，消費者都習慣就近購買；而對於服裝、家具等選購品，則願意到集中的商業區、專業市場去購買；名牌商品願去專賣店買；特殊品則寧願多走路到信譽好的大商場或專業商店去購買。再如對工薪階層來說，現在有不少的消費者喜歡到價格低廉的批發市場、自選商場去購買商品。於是，商店店址選擇就非常重要了，商店的地理位置好，到店裡購物的顧客就多，銷量自然就會增加。

為了節約時間和精力，消費者更願意在某一次計劃的購物中，以最節省時間的方式把所需要的物品或服務全部買回來。為了避免這些麻煩和時間上的耗費，「一站購齊」式服務把傳統的農貿市場、超市、銀行、電影院、洗衣店、餐飲店等的功能都集中到一起，使得消費者只要在一個購物地點，就可以買到他所需要的一切產品和服務，從而減少了消費者去別處購買所帶來的成本，自然就能吸引消費者前往。我們看到，家樂福、沃爾瑪、好又多等外資超市經營各種老百姓每天必需的生鮮食品，在提高人流量方面就比傳統的百貨商場有很大的優勢。

一般地講，店址應力爭選在商業活動頻繁、居民聚居、人口集中、方便顧客、同類商店集中的地方，同時還要根據目標市場和所經營商品的特點的不同，合理地設置商店，如日常用品的商店應在居民區、居民點，特殊品的商店則應集中，而且要注意專業化。

對於一般生活用品而言，消費者大多喜歡到超市購買。主要是因為超市能充分滿足消費者自主隨意比較、選擇甚至后悔的心理，同時消費者也能方便而快速地獲取商品信息。但是消費者對於大額商品的購買行為較為慎重，希望獲得有關該商品較為詳盡的信息，甚至有時候為了瞭解一項商品的信息而不惜花費大量的時間和金錢。這時，由銷售者主動提供商品信息的銷售方式反而會節約交易成本，從而更利於交易的完成。比如，一個人在購買轎車時往往選擇能夠提供較為詳盡信息的商家，而不是選擇那些可以自由選擇的汽車超市。

解志韜（2006）認為消費者對超市的擇店行為和消費額度是緊密聯繫的，這體現在兩個方面：消費者預期消費額度的大小是消費者作出擇店決策的重要依據；同時，消費者一旦作出擇店決策，其所選擇的超市類型又對消費額度的大小產生影響。如圖9-1所示。

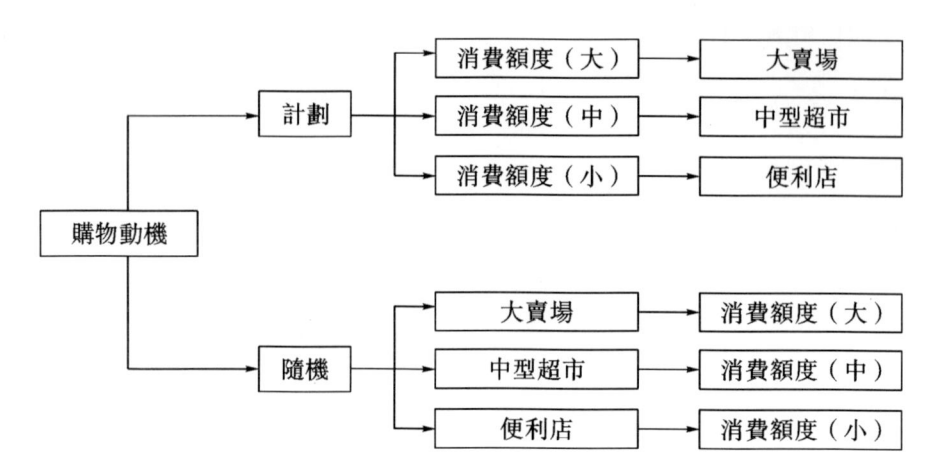

```
                    ┌─消費額度（大）──→ 大賣場
          ┌─ 計劃 ──┼─消費額度（中）──→ 中型超市
          │         └─消費額度（小）──→ 便利店
購物動機 ──┤
          │         ┌─ 大賣場 ──────→ 消費額度（大）
          └─ 隨機 ──┼─ 中型超市 ────→ 消費額度（中）
                    └─ 便利店 ──────→ 消費額度（小）
```

圖9-1　消費者擇店行為同消費額度之間的關係

商店知覺圖是在二維或者三維空間上表現的消費者對商店的看法（或知覺狀態）。圖9-2是由多屬性量表法來分析的各商店形象的知覺圖。橫軸表示價格/質量，縱軸表示品種的寬度/深度。根據這個知覺圖，商店A、B、C的商品品種比較少且主要銷售低價/低質量的商品；相反，商店D和E是以中間水平的價格/質量來銷售品種較多的商品；商店F的產品品種有限，但銷售高價/高質量的商品，所以具有高檔的形象；商店G、H、I具有產品品種一般，但具有價高/質量高的形象。這些商店形象可利用於目標市場的選擇上。社會經濟地位低的消費者一般重視產品品種的寬度（各種各樣的產品群），所以可能偏愛商店D和E；相反，社會經濟地位較高的消費者更重視產品品種的深度（特定商品群的各種各樣的品牌），所以會選擇商店F。

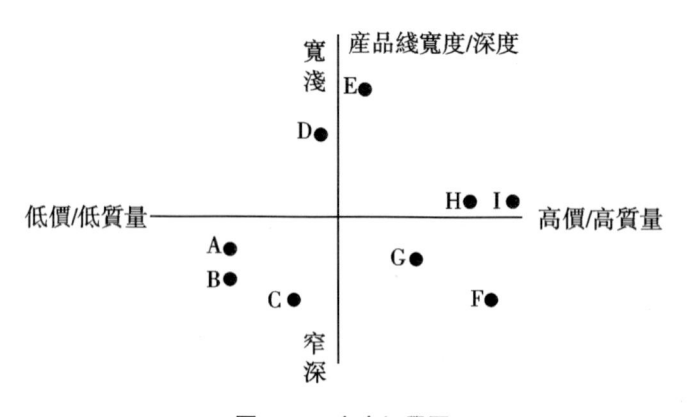

圖9-2　商店知覺圖

有時，消費者還會為產品貼上「空間」的標籤，認定一項產品「只適宜」或「最適宜」於某個地方購買或使用，這將影響產品的銷售渠道。如某公司看好臺灣的減肥市場，就從美國引進碧芝減肥糖。碧芝減肥糖雖有減肥功效，但實際上是一種食品而非藥品，在美國一直以食品的銷售方式零售，售價低廉，只有在超市和食品店才買得到。但在臺灣市場狀況卻遠非如此，為此該公司進行了行銷策劃。在廣告方面，該糖仍以食品的姿態出現，以強調重要性；但在銷售渠道上，通過藥房出售，這樣可凸顯該糖的減肥功效，又可配合高價值策略（碧芝糖的售價比普通糖果高出許多）。此舉使碧芝糖的銷售大獲成功。

傳統消費行為中，消費者的購買行為會受到商家場地的極大影響，包括距離、交通、營業時間等各方面的限制。但是在網路時代，配合新的發達的物流體系，地點與區域已不再成為人們的限制；同時日益完善的物流配送體系可以將消費者購買的物品配送至消費者指定地點。消費者的購買行為也從以前的單一渠道即實體店購買轉變為複雜的跨渠道購買：在線查詢—實體店購買；實體店體驗—在線查詢—在線購買；宣傳單頁（廣告）—在線查詢—在線購買；宣傳單頁（廣告）—在線查詢—實體店購買等多種形式的跨渠道購買行為。這種「信息搜索—購買轉移」的消費行為是目前關注的熱點，特別是從線下轉移到線上。

（五） **如何購買**（How）

如何購買即確定購買方式：是網購、郵購、電話電視購買、托人代購還是自己去買；是現金購買，還是信用卡支付；是預購、一次性付款，還是分期付款等。有的消費者願意在超級市場自選，有的願意就近購買或在家通過電話購物、網上購物；對一般消費品，消費者願意一次付清貨款，對住房或汽車等高檔耐用消費品，消費者則可能希望分期付款等。現在，越來越多的消費者選擇網路購物的方式。

（六） **購買多少**（How many）

購買多少即確定購買的數量和頻率。購買數量一般取決於消費者的實際需要、商品的使用週期、家庭人口、支付能力以及市場的供應情況等。一般來講，實際需要大，購買數量就多；商品使用週期長，購買數量就少；家庭人口多，購買數量就多；優惠幅度大，多買會優惠，也會刺激消費者增大購買數量；而市場供應充裕，購買數量就不會太多。工商企業要準確把握消費者的購買數量特點，這有助於對生產和銷售規模的掌握。

購買頻率和購買數量之間有較為緊密的聯繫。在其他因素（指家庭人數、

家庭收入、消費能力等）相似的情況下，一段時間內的消費總數差別並不顯著，購買頻率就會因購買數量的增加而減少。購買頻率和購買數量從理論上講存在負相關關係。

總之，一般消費者的決策，都是在外界各種信息的刺激下，決定購買什麼、為什麼購買、怎樣購買、到哪兒去買、什麼時候買以及買多少。無論消費者有什麼樣的購買行為，都要對上述幾方面的問題進行決策。

三、消費捲入

1. 消費捲入的含義和種類

消費捲入，也稱消費者介入或消費者參與，是指消費者為滿足某種特定需要而產生的對購買活動的關心或感興趣的程度。如果消費者對平板電腦捲入程度高，會被激發去搜尋大量不同品牌的信息。相反，消費者購買一雙在家裡用的拖鞋，卻不願過多捲入，價格便宜一點即可。

捲入從程度上可以分為高度捲入和低度捲入，相應地，也可把消費決策分為深涉決策和淺涉決策。高度捲入是指消費者對某一具體事物（如產品或商店）的積極強烈的關注和參與，這種關注和參與最后落實到消費者積極的信息搜集、加工和評價上。低度捲入通常表現在消費者日常生活用品的購買當中，因為此時的購物風險相對較低，通常不會引起消費者內心大的波動，這時消費者的購買決策過程就會縮短。主觀上對於這些因素的感受越深，表示對該產品的消費捲入程度越高，稱為消費者的「高捲入」，該產品則為「高捲入產品」，反之則稱為消費者的「低捲入」或「低捲入產品」。高、低捲入的行為差異如表9－1所示。

表9－1　　　　　　　　高、低捲入程度的行為差異

行為＼捲入程度	高捲入程度	低捲入程度
產品採用過程	知曉→瞭解→興趣→評估→試用→採用	知曉→試用→評估→採用
學習方式	認知→態度→行為	認知→行為→態度

消費者的捲入程度不同會反應在處理信息、評估品牌和購買決策等方面，從而表現出消費行為差異（見表9－2）。

表9-2　　　　　　　　　　　捲入程度與消費行為

捲入程度＼行為	高捲入程度	低捲入程度
信息處理的積極性	信息處理者	隨機學習信息
信息搜尋的主動性	主動搜尋	被動接受
廣告影響	積極觀眾，影響很弱	消極觀眾，廣告影響大
品牌評估	購買前評估	購買后評估
決策目標	尋求最大期望滿意水平，對品牌進行比較，尋求利益最大化的品牌，屬性是關鍵	尋求可接受的滿意水平，購買問題最小化的產品，熟悉是關鍵
個性和生活方式的影響	有關，與消費者形象和信念體系有關	無關
相關群體的影響	影響不大	影響大，產品與群體規範和價值有關

捲入理論在市場研究中正獲得越來越廣泛的應用。對於具有獨特優勢的高附加值產品，商場行銷人員往往希望消費者能高度捲入，因為沒有消費者的高捲入，產品的價值和特點就會不被發現。進一步來說，高捲入的消費者通常也是接受新產品的創新者和口碑傳播者，甚至還是輿論領導者。而對於沒有市場競爭優勢的產品，提高消費者捲入度並沒有什麼好處，這樣的品牌和商品為了保護自有的市場份額而進行防禦時，往往只有降低銷售價格，把降低價格作為其競爭利器。

2. 捲入的理論模型

（1）捲入四水平說

格林沃德和勒威特（Greenwald and Leavitt）參照個體進行信息加工時所提取的注意資源和對記憶產生的影響，把受眾捲入分為四個層次，即前注意、集中注意、理解和精細加工，並指出如果提高捲入水平，那麼信息分析的抽象水平同樣得到提升。

（2）FCB網格模型

FCB廣告公司職員維格漢（Vaughn）為了研究在不同的產品或服務情況下，理性與感性訴求會有何種影響，提出了FCB網格模型（FCB Grid）。他用矩陣對商品進行了四個象限分類，即縱軸表示高捲入和低捲入、橫軸表示思考型和情感型，如圖9-3所示。

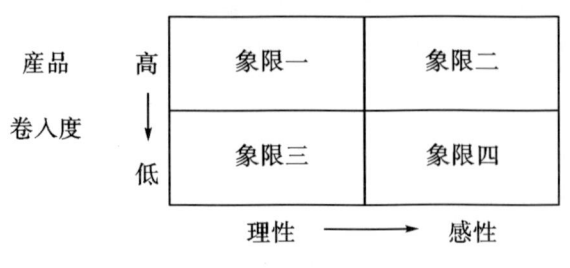

```
              象限一    象限二
產品    高
卷入度   ↓
        低   象限三    象限四

             理性 ——→ 感性
```

圖 9-3　FCB 模式基本構架

第一象限：高捲入/理性。在購買此象限中的產品時，消費者需要大量的信息以供參考。由於產品的重要性和理性的關聯性頗高，主要可能是因為第一次購買該項目產品，或是對剛上市新產品的購買，如車子、房子、家具等。消費者對於此類產品的功能、價格及效益會相當重視，因此可稱這類消費者為「理智者」。

第二象限：高捲入/感性。此類產品的購買決策屬於高捲入，但是與第一象限不同的是，消費者購買此類產品的態度及感覺卻比特殊資訊更為重要，這是因為與個人的自我意識有關，如珠寶、化妝品和流行事物都屬於此象限，可稱此類消費者為「感覺者」。

第三象限：低捲入/理性。消費者在購買此類產品時的捲入程度較低，且消費者傾向於習慣性、方便為主的購買行為。此時，資訊所扮演的角色只是提供產品之間的差異而已。多數的消費者會經由習慣發展出忠誠度，但是其可接受的品牌可能多於數個，而非僅單一品牌，食品及日常用品皆屬於此象限，可稱此類型消費者為「行動者」。

第四象限：低捲入/感性。此類產品是為了滿足個人的品位，如香菸、酒、糖果、電影等，消費者對於此類產品的購買可能源自於同伴之間的影響，且此類產品的購買較難以持久，可稱此類消費者為「反應型」。

思考一下：當你分別購買牙膏、電腦和服裝時，你的行為過程有何區別？你在旅遊過程中購買商品與你在家中網購商品，為什麼會有不同的捲入程度？

四、消費者購買決策的類型

決策類型通常是根據消費者決策過程的複雜程度進行的分類，但顯然與消費捲入程度也有很大關係。

（一）慎重型決策

如果消費者屬於高度捲入，同類產品不同品牌之間具有顯著差異，則會產生複雜的購買行為。慎重型決策指消費者需要經歷大量的信息收集、全面的產品評估、慎重的購買決定和認真的購后評價才能作出的決策。一般來講，消費者對於購買不熟悉、價格比較高、風險比較大、質量的可靠性較重要的商品，如高檔耐用消費品、禮品、服裝等，都採取慎重型的決策。例如，消費者準備購買一臺新上市的汽車，就需要通過廣告、產品說明書、別人介紹等，力求搞清楚該產品的性能、質量、功能設計、操作特點以及維修保養等問題，比較該品牌與其他品牌的優劣，最后決定購買目標。

（二）習慣型決策

習慣型決策即消費者按照自己的購買習慣或喜愛的牌子購買商品時採用的決策，經常購買的低值日用品和頻繁購買的一般商品多屬於這種情況。消費者對這類商品的種類、特徵和主要品牌等都比較瞭解和信任，甚至具有「牌子偏愛」心理。他們購買這類商品時，不必經過過多的挑選和比較，行動迅速，並且經常重複購買。

對習慣性購買行為的主要行銷策略是：

（1）利用價格與銷售促進吸引消費者試用。由於產品本身與同類其他品牌相比難以找出獨特優點以引起顧客的興趣，就只能依靠合理價格與優惠、展銷、示範、贈送、有獎銷售等銷售促進手段吸引顧客試用。一旦顧客瞭解和熟悉了某產品，就可能經常購買乃至形成購買習慣。

（2）開展大量重複性廣告加深消費者印象。在低捲入和品牌差異小的情況下，消費者並不主動收集品牌信息，也不評估品牌，只是被動地接受包括廣告在內的各種途徑傳播的信息，根據這些信息所造成的對不同品牌的熟悉程度來選擇。消費者選購某種品牌不一定是被廣告所打動或對該品牌有忠誠的態度，只是熟悉而已。購買之后甚至不去評估它，因為並不介意它。購買過程是：由被動的學習形成品牌信念，然后是購買行為，接著可能有也可能沒有評估過程。因此，企業必須通過大量廣告使顧客被動地接受廣告信息而產生對品牌的熟悉。

為了提高廣告宣傳效果，廣告信息應簡短有力且不斷重複，只強調少數幾個重要論點，突出視覺符號與視覺形象。只要不斷重複代表某產品的符號，購買者就能從眾多的同類產品中識別出該產品。

（3）增加購買捲入程度和品牌差異。在習慣性購買行為中，消費者只購買

自己熟悉的品牌而較少考慮品牌轉換，如果競爭者通過技術進步和產品更新將低捲入的產品轉換為高捲入並擴大與同類產品的差距，將促使消費者改變原先的習慣性購買行為，尋求新的品牌。提高捲入程度的主要途徑是在不重要的產品中增加較為重要的功能和用途，並在價格和檔次上與同類產品拉開差距。

比如，洗髮水若僅僅有去除頭髮污漬的作用，則屬於低捲入產品，與同類產品也沒有什麼差別，只能以低價展開競爭；若增加去除頭皮屑的功能，則捲入程度提高，提高價格也能吸引購買，擴大銷售；若再增加營養頭髮的功能，則捲入程度和品牌差異都能進一步提高。

(三) 隨意型決策

隨意型決策是消費者在一定購買環境下臨時作出的購買決策。此類購買行為通常沒有明確的購買目標和計劃，如消費者漫無目地地隨便逛店，碰到感興趣的商品或受環境氣氛的影響后就決定購買。通常情況下，零星的、價格不高的非生活必需品以及即興商品、短缺商品的購買，其決策就屬於隨意型購買決策，由於購買時間所限，消費者一般不多加考慮。

還有一種情況是尋求多樣化的購買決策，也稱為求變購買行為（Variety - Seeking - Behavior，VSB）。有些商品牌子之間雖有差別，但消費者並不傾向於做習慣性的購買決策，也不願在上面多花時間，而是不斷變化所購商品的牌子。如在購買點心之類的商品時，常常會換一種新花樣。這樣做往往不是因為對產品不滿意，而是為了尋求多樣化。布瑞克曼（Brickman，1975）認為，消費者長期暴露在一個特定的刺激下會產生厭倦心理，並以「消費者厭倦」來解釋求變行為。杰蘭德（Jeuland，1978）的解釋是：對一個品牌的先前的消費經驗減少了消費者對這個品牌的效用。諾特尼特（Ratneretal，1999）指出：消費者從不同喜歡程度的產品當中轉變以尋求變化，即消費者總是會不斷地從不同的產品當中尋找一些主觀滿意度，來嘗試一些不同的東西。

求變分為主動求變和由外部刺激引起的被動求變。從個體特徵來看，年齡、性別、教育程度、收入水平等會對消費者的求變行為產生影響。朱瑞庭（2003）認為，通常情況下年輕的消費者比年老的消費者有更多的求變傾向；男性消費者會比女性消費者更頻繁地尋求變化；收入越高，購買行為的求變傾向越強；較高的受教育程度的消費者具有較高的求變傾向；性格外向、樂於冒風險、容易受外部刺激影響的衝動性消費者，具有較高的求變行為。從產品類別和消費行為特徵上看，產品的挑選範圍越大，產品之間的區別越小，涉入程度越淺，購買風險越

小，消費頻次越高，對產品的忠誠度越低，購買風險越小，產品關注程度越低，那麼消費者的求變慾望就越強，消費者就越會改變原有的購買行為。比如購買餅干，他們上次購買的是巧克力夾心，這次購買的是奶油夾心。這種品種的更換並非對上次購買的餅干不滿意，而是想換換口味。

對於尋求多樣化的購買行為，市場領導者和挑戰者的行銷策略是不同的。市場領導者力圖通過佔有貨架、避免脫銷和提醒購買的廣告來鼓勵消費者形成習慣性購買行為。而挑戰者則以較低的價格、折扣、贈券、免費贈送樣品和強調試用新品牌的廣告等行銷措施來吸引消費者的注意，鼓勵消費者改變原習慣性購買行為。

第二節　消費者決策的過程

消費者決策並不僅僅指決定「買」與「不買」的簡單問題，事實上消費者在購買之前，都要經歷一個決策過程，即作出購買決策的過程。這個過程是一個有意識、有目的的心理過程。

消費者決策過程（尤其是深涉決策）主要包括以下階段：認識需要、尋求商品信息、比較評價、做出決定、購後評價與行為等，如圖9-2所示。

認識需要 → 尋求商品信息 → 比較評價 → 做出購買決定 → 購後評價與行為

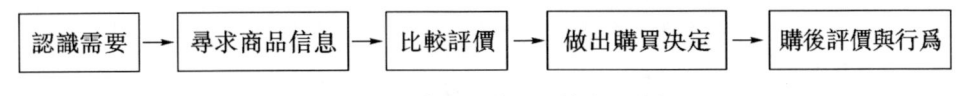

圖9-2　消費者決策過程的主要階段

顯然，購買決策過程早在實際購買前就已開始，而在購買後還會有影響。但是，並不是說消費者的任何一次決策都會按次序經歷這個過程的所有步驟。在有些情況下，消費者可能會跳過或顛倒某些階段，尤其是捲入程度較低的購買。比如購買特定品牌牙膏可能會從確定需要牙膏直接進入購買決定，跳過了信息搜尋和方案評價階段。

思考一下：描述你最近的一次購買，此次購買在多大程度上遵循本章介紹的消費者決策過程？你如何解釋其中的差別？

一、認識需要階段

認識需要是消費者決策的第一階段，當消費者意識到一種需要並準備購買某

種商品以滿足這種需要時，購買決策過程就開始了。在這一階段，消費者要搞清楚：要滿足的需要到底是什麼？希望用什麼樣的方式來進行滿足？想滿足到什麼程度？消費者只有意識到其有待滿足的需要到底是什麼，才會發生一系列的購買行為。

（一）認識解決問題的意願水平

從根本上講，認識需要是指消費者意識到理想狀態與實際狀態存在差距，並且考慮是否有必要採取進一步行動。消費者是否採取行動或採取何種行動取決於問題對於消費者的重要性、當時情境、該問題引起的不滿或不便的程度等多種因素。

一方面，消費者解決某一特定問題的意願水平取決於兩個因素：理想狀態與現實狀態之間差距的大小；該問題的相對重要性。例如，某個消費者覺得自己汽車的油耗水平與他的期望水平有差距，但這一差距並不會大到促使其產生購買新車的地步。另一方面，即使理想與現實之間差距很大，如果問題並不是十分重大，消費者也不一定著手收集信息。例如，某個消費者現在擁有一輛開了 10 年的吉利汽車，他希望能有一輛新款奧迪 A6，應當說差距是相當大的。但是，與他面臨的其他一些消費問題（如住房、子女教育）相比，這個差距的相對重要性可能很小。相對重要性是一個很關鍵的概念，因為所有的消費者都要受到時間和金錢的約束，只有相對更為重要的問題才會被重視和解決。總的來說，重要性取決於該問題對於保持消費者理想的生活方式是否關鍵。

認識需要是消費者購買決策的中心階段，沒有需要的認識就無須消費者決策，消費者購買決策的其他階段都是圍繞需要而展開的，都是以實現需要為其最終目標。

企業發現消費者問題的方法主要有兩種：一是直覺和經驗。如靜音吸塵器和洗碗機的發明就是針對消費者面臨的潛在問題得出的合乎邏輯的解決方法。二是市場調查。美國一家公司進行了一次面向全國婦女的調查，內容是她們怎樣護理頭髮及在護理過程中遇到了哪些問題。調查發現現有洗髮水品牌均未能解決頭髮的油膩問題，於是，該公司針對這一問題開發了一種新的香波和一種新的清洗液，兩種新產品均獲得了極大的成功。

思考一下：消費者往往對一些商品存在「消費惰性」，你覺得應當採取哪些措施來激發消費者的消費熱情？

(二) 認識問題的性質

需要的滿足根據其性質的不同可分為幾種不同的類型，如按照問題的緊迫性和可預見性兩個指標可將需要滿足的問題劃分為以下類型（見表9-3）：

表9-3　　　　　　　　　　需要解決的問題

預見性	緊迫性	
	需要立即解決	無須立即解決
在預期之中	日常問題	計劃解決問題
非預期之中	緊急問題	逐步解決問題

（1）日常問題。日常問題是預料之中但需要立即解決的問題。事實上消費者經常面臨大量的日常問題，如主副食品、牙刷牙膏、毛巾肥皂等，經常要購買。在解決日常問題時消費者的購買決策一般都比較簡單，而且容易形成品牌忠誠性和習慣性的購買。但是，如果消費者感到前一次購買的商品不能令人滿意，或發現了更好的替代品，他也會改變購買商品的品牌或品種。

（2）緊急問題。緊急問題是突發性的而且必須立即解決的問題。如汽車爆胎、眼鏡鏡片失手打碎等。緊急問題若不立即解決，正常的生活秩序將被打亂。緊急問題一般難以從容解決。這時消費者首先考慮的是如何盡快買到所適用的商品，而對商品的品牌、銷售的商店甚至商品的價格都不會進行認真的選擇和提出很高的要求。

（3）計劃解決問題。計劃解決問題是預期中要發生但不必立即解決的問題。計劃解決問題大多數發生在對價值較高的耐用消費品購買，例如，一對開始籌備婚事的戀人準備年內購買一套家具等。由於消費者計劃解決問題從認識到實際解決的時間比較長，因而對於這種類型的購買活動，消費者一般都考慮得比較周密，收集信息和比較方案的過程比較完善。

（4）逐步解決問題。逐步解決問題是非預期之中也無須立即解決的問題。它實際是消費者潛在的有待滿足的需求。例如，一種使用新面料做成的服裝出現在市場上，大部分消費者不必立即購買它，當然也無須計劃過多長時間去購買它。然而隨著時間推移，這種面料的服裝的優點日益顯示出來，到時購買者便會逐漸增多。一旦該種面料的服裝得到社會的充分肯定，原先的逐步解決問題很可能就演變成了日常問題或計劃解決問題。

(三) 消費需要產生的影響因素

直接使消費者產生需要認知行為的影響因素主要有：

(1) 消費物品缺乏。如果消費者原來就想擁有某一物品，但並不急於獲得，這種消費需要尚處於潛在狀態，而一旦條件具備，消費者就會從「不足之感」發展為「求足之願」。另外，當消費者用完了一種產品而必須補充時，消費需要也會出現。此時的購買行為通常是一種簡單和慣例的行為，通常是去選擇一個熟悉的品牌或該消費者信任的品牌來解決這個問題。

(2) 消費者對正在使用的產品或接受的服務不太滿意。如覺得一體機電腦的有線鍵盤與有線鼠標不雅觀，打算換成無線的。

(3) 情況的變化。消費者生活中的變化（如收入、需求環境的變化等）不僅影響期望狀態，也影響實際狀態，從而導致新需要。比如，當你搬家時，就可能重新購置一些新的家具；當你經濟條件有所改善后，你可能會考慮購買一輛高檔轎車。

(4) 相關產品的獲得。某些商品之間存在互補性關係，因此消費需要也可以由某種產品的購買激發起來。有時，設計時尚、精巧實用的配套商品也可能形成新的消費熱點。例如，一些廠家雖然不能與手機巨頭們展開競爭，卻能夠在手機充電寶、手機自拍杆等配套品上分享手機市場的高速發展帶來的效益。手機自拍杆使遊客在景點拍照時可以更方便，而不用麻煩他人，也與近年來流行的「自拍文化」相適應，不僅受到獨自旅行者和自戀者的喜愛，許多女孩子或情侶們也將之視為「自拍神器」。在前往旅遊目的地的班機、專列上推銷此產品，常會受到熱捧。

從消費需要的數量變化上看，消費者對於有互補性關係的不同商品，其需要數量間變化的關係是正相關的。尤其是主導商品對配套商品有較強的消費拉動作用。例如，隨著汽車快速進入家庭以及自駕遊的日漸流行，汽車的娛樂功能、生活功能也在不斷拓寬，「后備廂經濟」逐步升溫，拉動了行車記錄儀、車載導航儀、車載電視、車載電源逆變器、汽車護航表、車載氧吧、車載冰箱、充氣床墊等產品的熱銷。比亞迪還率先將汽車「觸網」，通過配套的「雲服務」實現了手機端、PC 端、車載終端間的無縫連結，可以遠程汽車控制（開空調、解鎖、上鎖）、導航及定位（GPS 定位、歷史行車軌跡查詢等）、整車體檢（胎壓、發動機、ESP 等）、汽車上網、應用商店、電話通訊（汽車間組隊通訊、呼叫客服）等功能。

思考一下：你覺得在生活中還有哪些配套產品可以開發？

（5）新產品的上市。市場上出現了新產品並且這種新產品導致了消費者期望狀態的提高時，也能成為問題確認的誘因。行銷商應當經常介紹新產品和服務，並且告訴消費者他們解決問題的類型。例如，消費者最初購買手機，主要考慮到無線通話這一功能，但隨著手機在功能、性能方面不斷更新換代，消費者會對原有手機感到不滿意，顯然，智能手機的出現，大大推動了手機產業的更新換代。

（6）行銷因素。消費需要是可以被行銷商激發或「創造」出來的，尤其是廣告宣傳能幫助消費者認識商品，激發消費者的潛在需要。比如，很多個人衛生用品的廣告是通過創造一種不安全感，使消費者確認需要，而消除這種不安全感的最佳方式就是使用他們推薦的產品。又如，行銷商通過改變服裝的款式、質地和設計，在消費者中製造其原有服裝落伍的感覺，幫助消費者確認需要。

有時候，廣告或其他環境信號會使消費者產生不平衡的心態。例如，一向對自家花園引以為自豪的某位男性，可能會看到廣告中的新式割草機比自己使用的割草機更好看、效率更高，這則廣告使他產生了嚴重的心理不平衡，由此產生了對新式割草機的購買需要。

當然，對於行銷商刺激消費者產生需求確認的企圖，消費者並不總是買帳的，在有些情況下，消費者也許看不到問題或意識不到行銷商正售賣的產品到底有什麼用。比如，許多消費者不願意購買家用攝像機的主要原因是他們習慣使用數碼相機，而操作相對複雜的攝像機似乎沒有多大的用處。因此，有些精明的製造商曾嘗試用這樣的方法來激發消費者的需要，即強調攝像機在記錄孩子成長過程，尤其是畢業慶典這樣一些重要時刻時所起的作用。

被「激發」的消費需要問題可分為一般性問題和選擇性問題。一般性問題對消費者往往是潛在的或至少對於目前不是特別重要的，相關產品處於生命週期的前期，而且由於產品的差異度小，問題認知後的外部信息搜尋也相對有限。如銀杏產品既具有藥用價值，又具有很強的保健作用，而且受到醫藥界的推崇。然而，一般消費者對這些產品瞭解很少，而且也缺乏主動瞭解這些產品的積極性。因此，經營這類產品的企業需要激發消費者對這類產品的一般性問題認知。顯然，這一推廣工作需要全行業的通力合作和努力，受益的是全行業，最大的受益者是行業的領導企業。

而選擇性問題認知涉及的理想狀態與現實狀態的差別，通常只有某個特定品牌才能解決。例如，某新型環保塗料宣稱其產品不會造成任何空氣污染，是「可以喝」的絕對環保的綠色產品。所以，企業激發選擇性問題認知要強調其產品或品牌的獨特性，它有助於增加某一特定品牌或特定企業的產品銷售量。

思考一下：一般性問題認知與選擇性問題認知有何區別？公司在什麼條件下試圖影響一般性問題認知？

（7）社會潮流的興起、消費觀念的變化。追求時髦能給人以心理上的滿足，所以社會上的消費流行或消費時尚可以刺激消費者產生新的消費需要，並形成新的購買慾望。例如，隨著可穿戴設備成為不少年輕人的時尚選擇，一些年輕白領開始淘汰曾經引以為豪的「勞力士」手錶以及智能手機，轉而購買具有強烈信息時代特徵的智能手錶。蘋果智能手錶Apple Watch就代表著這一發展趨勢。相信隨著智能手錶配置越來越多的功能和技術，傳統手錶未來可能會逐步消失在歷史的印記之中。

另外，新的消費觀念也會使消費者對已有狀態產生不滿足感，從而形成新的消費需要。例如，新奢侈主義消費觀念使得一些消費者對LV、Gucci、Hermes等國際名牌商品趨之若鶩，即使它們只是「披著洋皮的國貨」也無所謂。

（8）個人情緒。各種情緒（如厭煩、抑鬱或狂喜）可能被作為支配購買行為的問題而被認知（「我心情不好，所以我要去看場電影」）。有時，這些情緒會導致未經認真思考的消費行為，如一個感到焦躁不安的人會下意識地決定去吃頓快餐。在這種情形下，「問題」並未真正被認知（在有意識的層次上），其嘗試的解決方法通常也並不奏效（大吃一頓並無助於焦躁情緒的緩解）。

二、尋求商品信息階段

一旦消費者意識到一個問題或需求可以通過購買某種產品或服務得到解決，他們便開始尋找與購買決策相關的信息。如果需要很強烈，對可滿足需要的商品又很熟悉且易於得到的話，消費者就會馬上採取購買行為，購買有關商品或勞務來滿足自己的需要，有時也會通過電視廣告或經驗來源進行消極的信息搜尋。但是，在多數情況下，消費者往往需要積極尋找或收集信息，確定滿足需要的方案，作出購買決策。

對要做出購買決策的消費者來說就面臨著各種購買決策的不確定性或者風

險，而消費者盡量減少這些購買不確定性或風險的方案之一就是在購買產品之前搜尋相關信息。圖9-5描述了消費者交易行為的不確定性與信息不對稱之間的關係，σi表示消費者第i階段掌握產品信息後進行交易的具體產品選擇範圍。可以看出，隨著消費者對產品信息的不斷深入瞭解，其消費行為波動空間逐漸縮小，不確定性在逐漸降低，這也正是企業所追求的品牌鎖定效應，品牌傳遞給消費者更多的產品信息和質量保證，消費者購買產品時需要的是品牌確認而不是在同類產品中反覆的挑選與比較。

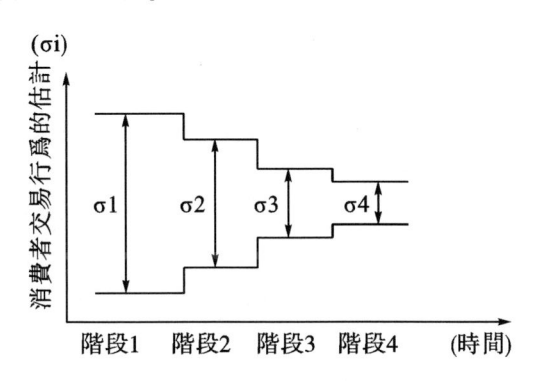

圖9-5　消費者擁有為信息與交易行為不確定性的關係

小案例：中關村鼎好電子商城商販耍騙7博士

某高校的訪問博士李先生在北京中關村鼎好電子商城內某商家處花6,400元購買了某品牌的筆記本電腦，可回家一查發現新買的電腦還沒有他的舊電腦配置高，而且在網上的報價竟然只有3,199元。第二天，他和6名博士好友一起找商家理論，要求退貨，但商家只同意退回4,900元。李先生說，被扣的1,000多元是店家要求支付的折舊費和損失費，自己就當花錢買了個教訓。李先生的同學董先生也很無奈：「我們七個博士竟然沒搞定一個商戶……」

工商局和商城工作人員則認為，對於電子產品，經營者有自主定價的權利，消費者自行選擇消費。若因非質量原因退貨，目前沒有統一的處理辦法，只能由消費者與商家自主協商解決。同時提醒消費者在購買電腦前應當充分瞭解商品信息，不能倉促購買。

資料來源：佚名. 博士中關村買電腦被騙：我們7個博士竟沒搞定1個商戶 [N]. 北京青年報，2015-01-24.

(一) 影響消費者搜尋信息努力的因素

(1) 市場環境：包括方案的數量（如可選擇的品牌數）、方案的複雜性（產品之間的差異）、方案的市場行銷組合、方案的完全性（新方案的出現）、信息的可用性、商店的分佈等。消費者能利用的備選方案（品牌、產品、商店等）越多，就越要搜尋更多的信息。但是在方案之間類似性大的時候或者商店之間的距離比較遠的時候，消費者就不努力去搜尋信息。極端的情況是，在完全壟斷狀態下，如接受公用事業服務和辦理駕駛執照，根本無須收集外部信息。

(2) 情景因素：包括時間、空間或財政方面的因素和利用信息源的可能性以及其他心理上或物理上的條件。如需要在較短的時間內解決消費問題，消費者因時間壓力就來不及搜尋更多的信息；為贈送禮品而購買產品的時候，消費者為減少可感知的風險就需要搜尋更多的信息；在求大於供時的搶購情況下，人們對信息的搜索是有限的；面對擁擠的店堂和行銷人員不耐煩的服務，消費者最基本的反應是盡量減少外部信息收集。

(3) 產品因素：包括產品價格、可感知風險、方案之間的差異以及重要屬性的數量等。產品的價格越貴，消費者可感知的風險就越大，為減少或消除這些風險就要搜尋更多的信息。在產品之間存在顯著差異的時候，消費者也要搜尋更多的信息。一般的情況下，消費者購買感知風險大的產品（例如價格昂貴、社會象徵性高、技術複雜的產品）的時候需要搜尋更多的信息。例如，消費者要買商品房，由於價格高，對生活影響大，因此，這是一項風險較高的決策。為了降低風險，他開始廣泛地收集有關商品房的信息，包括房子的質量、結構、位置、交通狀況、周邊環境、物業管理費用、開發商的信譽等方面的信息，可能會花費更多的時間查找資料。相反，購買商品的風險小，就不會花費這麼大的精力。

西方市場行銷學將產品分為搜索產品、體驗產品和信任產品三大類。搜索產品一般不需要經過複雜的信息搜尋過程，日常生活中許多小的生活必需品大多屬於此類。體驗產品是消費者在購買之前一般不可能準確獲悉其質量特徵的產品，只有在使用之后才能做出判斷，因此，消費者需要花費一定的時間和精力搜尋這類產品的信息，這類產品有汽車、住房和大宗家用電器等。而對於信任產品，消費者需要進行長期的信息搜集和整理，信息成本非常高，如化妝品和一些特定功能的保健品等。

我們在第三章曾把商品分為實用商品（滿足某些功能目的的商品）和感性

商品（為消費者創造愉快、想像、享受等體驗的商品）兩大類，也有人將之稱為功能性產品和享樂性產品。當消費者把某個產品視為實用商品或感性商品時，他們的信息搜尋模式是不一樣的。如表9-4所示：

表9-4　　　　　　　　感性商品與實用商品的信息搜尋對比

感性商品	實用商品
感官刺激為主	產品屬性信息為主
持續地搜尋信息	具體購買時的信息搜尋
個人來源信息最重要	非個人來源信息最重要
符號和象徵最有效	產品信息最有效

另外，企業也可以利用上述區分以進行更有效的行銷溝通。例如，某品牌運動自行車為了重建它在自行車愛好者中的形象，它的廣告試圖以公路上的自行車手挑戰小汽車的圖像來打動自行車愛好者的心弦。這個廣告絕大部分是圖像，只有很少的文字。與此相反的是，它的自行車頭盔的廣告幾乎全是文字，用以宣傳它的產品屬性。自行車頭盔可能很難引發愉悅和想像，它是為了實用的安全目的而設計的。相對來說，感性產品的信息易於通過符號和形象來傳遞，而實用產品的信息則更易於通過文字來傳遞。

（4）個人因素：包括過去的經驗與知識、興趣、風險知覺、解決問題的方法、搜尋信息方法、捲入意願（即搜尋態度或對購物活動的重視程度）以及人口統計特性（如收入水平、教育程度等）。例如，消費者對產品或服務瞭解得越多，搜尋的範圍小，效率就越高，搜尋時間也就越少；自信心強的消費者，信息搜尋的範圍小，時間短；有先前購買某種商品經驗的消費者，與沒有經驗的消費者相比會減少信息搜尋的範圍和時間，但對產品領域一無所知的消費者可能因為新信息太多而產生對外部信息搜尋的懼怕感，反而不願意從事外部搜尋；對某產品很感興趣的消費者會花費很多的時間搜尋信息；消費者在購買低捲入商品時，品牌意識往往起著突出的作用。

但也有人發現，單就經驗本身而言是不會減少信息搜尋的，只有當經驗帶來了滿意並且產生了對相同品牌的重複購買時，信息搜尋才會減少。例如，打算換車的消費者，其信息搜尋努力並沒有隨過去購買汽車數量的增加而減少，但是，如果消費者重複購買相同的品牌，其信息搜尋就會減少。這可能還與捲入程度、

風險知覺等因素有關。

調查表明，人口統計特性與信息搜尋努力有一定關係：

＊中等收入的消費者較更高或更低收入水平的消費者搜尋水平更高。

＊外部信息搜尋程度似乎隨社會地位的增加而增加。

＊購買者的年齡與信息收集呈反比。也就是說，隨著年齡的增長，外部信息搜尋呈下降趨勢。這是由於隨著年齡的增長，消費者知識增加，對產品也更加熟悉。

＊新組成的家庭，以及步入家庭生命週期新階段的家庭，較之於既有家庭對外部信息有更大的需求。

對某一產品領域捲入程度很高或「持久性捲入」的消費者一般會隨時搜尋與該領域有關的信息。這種隨時搜尋和由此形成的知識背景可能導致這些消費者在購買前無須進行外部信息搜尋。當然，這也可能隨他們對該類產品的捲入程度的不同而變化。例如，追求多樣性的葡萄酒嗜好者更多地從事外部信息搜尋活動。

孫曙迎和徐青（2007）對消費者網上信息資源的搜尋努力及其影響因素進行了實證研究，結論是消費者網上信息搜尋努力與網路使用頻率、購買經歷、網上信息搜尋能力感知、產品捲入、產品知識正相關，與時間壓力、網上信息搜尋收益感知無關，而與知覺風險、傳統信息資源的使用負相關，網路信息源成為傳統信息源的替代信息源。

孫曙迎和徐青的研究認為，雖然知覺風險與消費者的傳統信息搜尋努力存在顯著的正相關關係，但在網路環境下，知覺風險與網路的信息搜尋有負相關關係。其原因是：消費者的知覺風險水平越高，則其對網路信息搜尋的收益感知水平就會越低；對於知覺風險較高的消費者而言，網路信息本身就存在風險，因而，知覺風險高的消費者會更傾向於從傳統的途徑獲取信息。據消費決策經驗來看，這一結論值得懷疑。因為對有較大風險的購買，越是傾向於網上信息搜尋，除非購買僅涉及社會風險，因為網上信息更豐富、更全面。

(二) 信息來源

信息搜尋可以從內部、外部或內外部同時產生。

1. 內部信息來源

內部信息來源即通過對記憶中原有的信息（知識、經驗）進行回憶。例如，一個消費者可以通過回憶自己過去購買活動的情況或廣告中的有關內容，來搜尋

滿足自己當前需要的信息，他現在需要購買一個電腦配件，他就會設法喚起以前購買或自己經驗中有關這種配件應該在什麼地方去買、價格如何以及配件質量怎麼樣等情況的印象，從而找到購買商品的有關信息。

通常消費者在做購買決策時，都會先通過內部搜尋。對許多簡單的、日常的、習慣性和重複性的購買行為來說，使用以前的消費經驗就足夠用了。

2. 外部信息來源

如果內部搜尋沒有產生足夠的信息，或者以前的知識與經驗已不適應市場的快速變化，消費者便會通過外部搜尋來得到另外的信息。外部信息搜尋通常是指消費者的主動信息搜尋，而被動搜尋類似於被動接收信息。

對外部信息來源可進行不同的分類。例如，根據「行銷人員可控制性」和「人際來源」兩個維度將外部信息來源分為四類：可為行銷人員控制且屬人際來源，如銷售員；可為行銷人員控制且屬非人際來源，如廣告和銷售點展示；不可為行銷人員控制且屬人際來源，如親友之口碑和專家意見；不可為行銷人員控制且屬非人際來源，如商業評論或新聞。根據信息來源與消費者關係的遠近，可把消費者信息來源分為私人來源、專業來源和行銷來源。

不同的信息來源具有不同的客觀公正性，這些外部信息來源包括：

（1）商業來源：即消費者從廣告、經銷商、商店售貨人員介紹的途徑以及商品展覽或商店商品陳列、商品包裝、商品說明書等途徑得到信息。一般地說，消費者尋求的商品信息大多來自商業來源。

（2）公眾來源：即消費者從報紙、雜誌、廣播、電視等大眾宣傳媒介「中立」的或客觀的宣傳報導和消費者組織的有關評估中得到信息。

（3）網路來源：互聯網具有傳統渠道和媒體所不具備的特點，使得網路信息搜索行為與傳統信息搜尋行為有所不同：

＊信息獲取的成本（如交通成本、時間成本）大大降低了；

＊信息獲取的便捷性增加了，幾乎可以隨時隨地通過網路獲得需要的信息；

＊網路信息資源極其豐富。

因而，在購買某種商品前通過網路搜尋有關信息已成為很多年輕消費者的習慣行為，相比網路瀏覽而言，使用搜索引擎成為他們獲取商品信息的最流行途徑。

思考一下：網上商店與實體店所提供的商品信息有什麼差異？

（4）個人來源：即消費者從家庭、親友、鄰居、同事和其他熟人等處得到信息，也就是所謂的「口碑」。在一般情況下，「口碑」效果是在使用過產品的消費者向其他消費者傳遞有關其使用經驗信息的時候產生的。這條信息來源渠道有其特殊的地位。很多研究都表明，人們通過日常的直接或間接的接觸，在消費者面對面的傳遞中所交換的商品和服務的信息比正規的廣播、電視等專門宣傳的信息源有更重要的作用。所以，對企業來說，在消費者中形成肯定的「口碑」效果是非常重要的。

在個人來源中，意見領袖有著特別重要的作用。所謂意見領袖（或稱消費指導者）是指在日常生活中，那些對商品有經驗的「內行」或知名人士，他們對周圍人的購買決策出主意、提建議並協助最終選購，直接將自己的意識和影響施加於他人。意見領袖具有較強的說服力，會直接影響消費者的購買決策。假設你打算購買一種不太熟悉的產品，並且這種產品對你十分重要，如一套新的音響、一個雪橇。你是怎麼做出購買什麼類型、什麼品牌的決定的呢？在你的多種可能行動中，你很可能跑去向一個你認為深諳這種產品的人諮詢。那個人就成了你的意見領袖。

表9-5顯示消費者在不同情景下尋求意見領袖的可能性的高低。如果購買者知識有限但購買介入程度很高，就很可能向意見領袖進行諮詢。在低度介入的購買中，人們則較少詢問意見領袖（想像你找到一位朋友，然后問他哪種鉛筆最好的情形），然而，意見領袖同樣會自動為那些低度介入的產品購買提供信息。當然，對於意見領袖，這些產品的購買也許並非是低介入度的。

表9-5　　　　　　　　　尋求意見領袖的可能性

產品/購買介入程度	產品知識	
	高	低
高	中	高
低	低	中

工商企業應當善於識別意見領袖，並給予特殊贈送產品樣品、提供產品資料、提供特殊服務或獎勵等。例如，《健身世界》雜誌的訂閱者可能是健身產品的意見領袖；由於意見領袖很合群，某些俱樂部和社團成員，特別是俱樂部的活躍分子會成為相關產品的意見領袖；某些產品領域有職業性的意見領袖，如裝修

設計師與裝修產品、藥劑師與保健護理品、教師與教材、理髮師和髮型師與護髮產品、計算機專業人士與個人計算機及相關配件。瞭解意見領袖對產品的意見，並有重點地作好行銷工作，對提高市場影響力有重要意義。

（5）經驗來源：即消費者通過推斷、聯想以及參觀、操作、檢查、試驗和實際使用商品等方式得到信息。消費者往往相信他們自己主動尋求到的商品信息，而不大相信被動接受的信息。他們認為個人接觸到的商品信息較可靠，而其他渠道獲取的信息則不太可靠。

對很多新產品而言，消費者最初的產品信息主要得自商業來源，即由企業控制的來源起著告知作用。而個人來源則起著認同或評價作用，也是最有效的外部信息來源。行銷人員要調查瞭解顧客的信息源，瞭解不同信息源對消費者的影響程度，根據調查結果擬訂廣告及促銷計劃，就能擴大對自己產品有利的信息傳播渠道，提高信息傳播的有效性。

(三) 信息收集的範圍

消費者決策通常需要如下的信息：

(1) 解決某個問題的合適評價標準；
(2) 存在哪些潛在或備選解決方案；
(3) 每一備選辦案在每一評價標準上的表現或特徵。

如圖9-6所示，信息搜集就是尋找上述三種類型的信息。

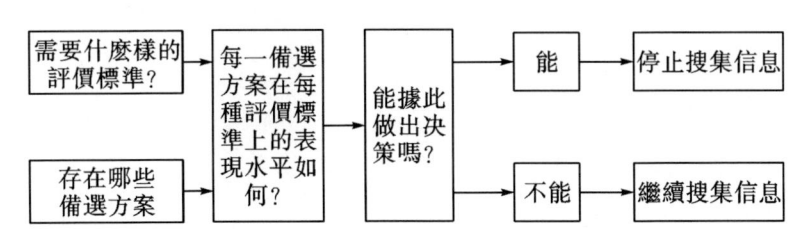

圖9-6 消費者決策中的信息搜尋

思考一下：請使用互聯網為后面所列產品找到有關以下方面的信息：①合適的評價標準；②備選方案；③表現特徵。

　　a. SUV汽車；b. 便攜式電腦；c. 減肥食品；d. 旅遊勝地

消費者所面臨的可解決其需要的問題的信息是眾多的，他們一般會對各種信息進行逐步地篩選，直至從中找到最為適宜的解決問題的方法。這個過程將針對

特定的品牌而不斷縮小搜尋範圍。如圖 9-7 所示，能被消費者注意的品牌是意識域。激活域是消費者為了解決某一特定問題將要進行評價的品牌，激活域對於隨後的信息搜尋和購買行動具有特殊的重要性。如果消費者尚未形成對某類商品的激活域，或是對已形成的激活域缺乏信心，則可能會進行外部搜尋去瞭解其他的品牌，以形成一個完整的激活域。排除域是消費者認為完全不值得進一步考慮的品牌，即使有關這些品牌的信息唾手可得，它們也會被置於一旁。還有些品牌消費者雖然也知道，但消費者對它們沒有特別的印象和好感，這些品牌被稱為惰性域或不活躍域。消費者通常會接受有關這些品牌的正面信息，但它們不會主動搜尋這些信息。當偏愛的品牌無法獲得時，惰性域中的品牌通常是可以接受的。也有人把各種品牌集合稱為「注意圈」「選擇圈」以及「淘汰圈」「中性圈」等。

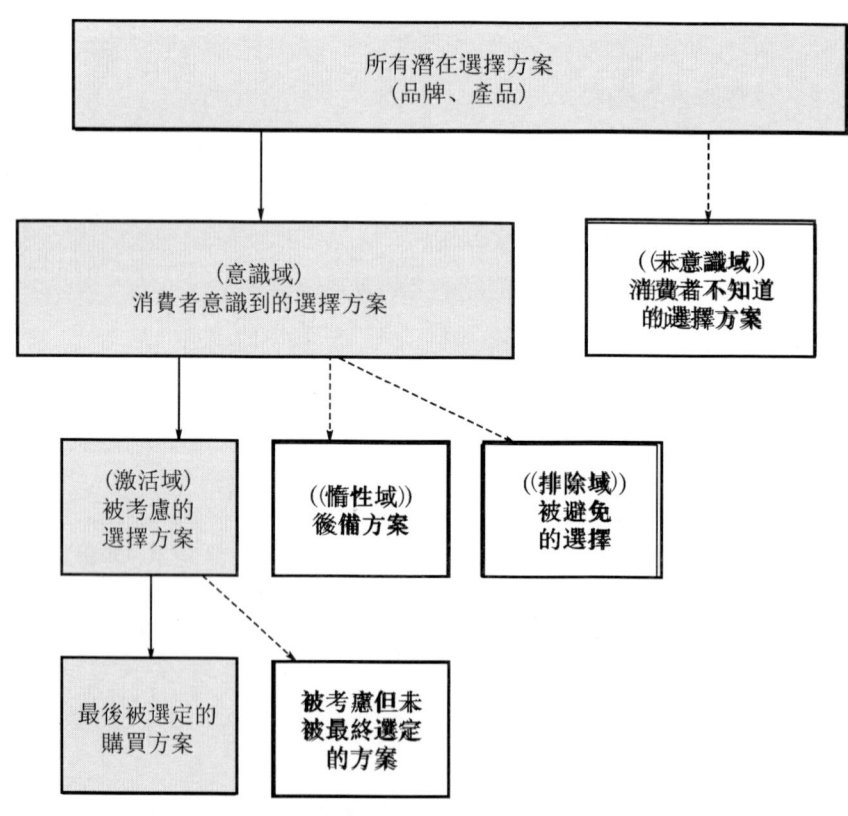

圖 9-7 消費者決策時所涉及的連續性集合

雖然消費者可能不將廣告或其他行銷者提供的信息立即用於購買決策，但那些持續展露的廣告信息會影響消費者對產品需求的感知，會影響意識域和激活域的構成，也會影響消費者所採用的評價標準和關於每一品牌表現水平的信念。應當注意的是，在所有情況下，激活域都遠遠小於意識域。由於消費者通常是從激活域中選擇最終品牌，因此，行銷戰略僅僅以提高品牌知名度為目標是不夠的。行銷者必須努力使消費者在做購買選擇時想起自己的品牌，同時覺得值得一試。

思考一下：對下列產品，描述你的意識域、激活域、排除域和惰性域是哪些品牌：

a. 便攜式電腦；b. 牙刷；c. 香水；d. 鞋店；e. 餐館；f. 轎車。

另外，當信息缺乏或無法提供時，也會出現缺失信息的現象。而消費者面臨信息缺少時，會進行缺失信息推論，從產品或服務的已知屬性來推論未知屬性。例如，消費者在網上選購服裝時，往往可以借由其配件（例如拉鏈和環扣）來判斷所用材料的好壞，因為配件不錯，通常所選用的主要用料也不會差到哪裡去。

三、比較評價階段

消費者在這個階段將已收集到的有關商品信息進行加工、整理、對比和評價，最後挑選一種商品作為購買目標。各種品牌的商品各有利弊，消費者要權衡利弊後方能作出購買決定。

這一階段是購買決策過程中的決定性一環。這一階段如圖9-8所示：

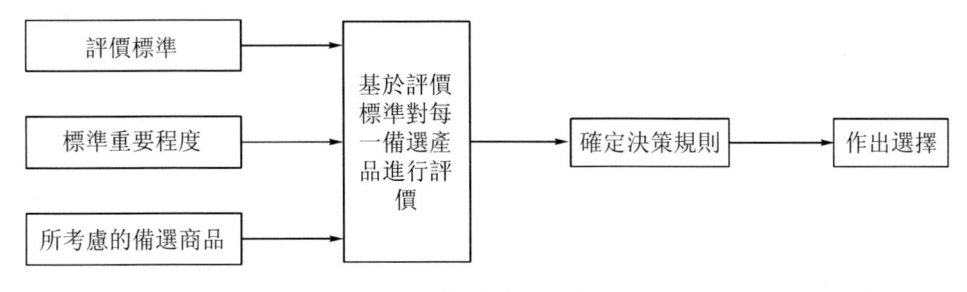

圖9-8 購買評價與選擇階段

消費者通過收集到的信息對各種商品的評價主要從以下幾個方面進行：

（一）確定評價指標與標準

在尋求商品信息階段，消費者已經知道了應當從哪些屬性來對商品進行評

估。在本階段，消費者還要根據本人的使用需要，進一步明確評價指標，即商品能夠滿足消費者需要的屬性。這些指標其實就是商品一系列主要屬性所組成的集合的子集。例如消費者對一些熟知的產品，所關心的屬性可能是：

照相機：照片清晰度、操作方便性、體積大小、價格等。

智能手機：操作系統、處理器、運行內存、顯示屏等。

牙膏：潔齒、防治牙病、香型等。

輪胎：安全性、胎面彈性、行駛質量等。

手錶：準確性、式樣、耐用性等。

同時，消費者還要根據本人的實際需要，明確相應的評價標準，即對商品在這些指標方面應達到的水平。如有的老年人對手機的音量和字體大小有較高的要求。

（二）確定各評價指標的相對重要程度

確定各評價指標的相對重要程度即消費者對商品評價指標所賦予的不同的重要性權數。消費者不一定對所有感興趣的商品屬性都視為同等重要，而是有所側重的。而且這種權數的確定也是因人而異的，如有的消費者看重質量，而有的消費者看重價格。一般而言，商品的功能是影響消費者是否決定購買的最基本的因素。而對於功能相同的商品，消費者就會考慮質量、外觀、包裝、商標、價格、服務等方面的因素，並有所側重。市場行銷人員應更多地關心屬性權重，分析不同類型的消費者分別對哪些屬性感興趣，以便進行市場細分，對不同需求的消費者提供具有不同屬性的產品，既滿足顧客的需求，又最大限度地減少因生產不必要的屬性所造成的資金、勞動力和時間的耗費。企業應該努力在目標消費者認為最為重要的方面超過競爭對手，並且應該向消費者傳遞自己的產品在這些屬性方面擁有很強的優勢。

思考一下：當你購買（或租用）以下物品時，所使用的評價標準及每一標準的重要程度是怎樣的？

a. 一次週末旅行；b. 太陽鏡；c. 一間公寓；d. 一只手錶；e. 一份快餐；f. 一份父親節禮物；g. 一臺手提電腦。

（三）評價商品屬性

消費者根據各評價指標及其相對重要程度，對各品牌的商品進行主觀評價，從而建立起對各個品牌的不同信念。比如，確認哪種品牌在哪一屬性上占優勢，哪一屬性相對較差。這裡，消費者還必須具備一定的購買經驗和擬購商品的信

息，否則無法對商品進行評價。

消費者用來評價商品好壞的產品屬性可以大致區分為內在線索和外在線索兩種。

（1）內在線索，即內在於產品的屬性，如大小、色彩、香味、手感、所用材料等。如果要改變這些屬性就要伴隨產品物質性的變化。消費者往往更相信內在線索，因為根據內在線索做出的購買決定更為合理、客觀。但是以評價指標來利用的物質特性有時也與產品的質量無關。例如，消費者決定咖啡品牌的時候以味道作為評價指標來利用，但是在對味道的盲目測試（blind test）中卻常常識別不出品牌。雖然產品質量對品牌的評價來說非常重要，但有時消費者缺乏客觀評價質量的能力，難以認識品牌之間的質量差異，消費者就會以與物質特性相關的內在線索作為替代指標來利用。例如，根據麵包的柔軟程度來判斷麵包的新鮮度。

（2）外在線索，即像價格、品牌形象、原產國、出售場所等產品的外在特性，這些特性的變化不會引起產品物質性能的變動。由於交易雙方信息不對稱，消費者不能完全掌握賣方產品的內部信息，因而產品外部線索可以幫助消費者識別產品的品質和購買風險。消費者缺乏產品的使用經驗時，就常以這些外在線索作為評價產品特性的替代指標。

不少消費者都有一種「原產地信念」，認為原產地不會有假冒產品、更正宗，所以不少旅遊者喜歡到原產地購買土特產品。對於外國知名品牌商品，往往認為原裝進口商品比合資品牌可靠，合資品牌又比自主品牌商品質量好。中國消費者在選購汽車時就常有這種「原產地信念」。

小案例：購車者為何不看發動機，反而反覆開關車門？

汽車廠商在設計汽車時，必須在成本、售價、性能、用戶體驗之間做出最佳平衡。把所有裝備都配置得很高級，固然可以提升用戶體驗，但高昂的成本和價格會把更多的顧客拒之門外。所以，根據好鋼用在刀刃上的原則，必須把錢花在最能提升用戶體驗的地方。

於是，汽車廠商在汽車銷售現場安置了大量的攝像頭，錄下了大量顧客選購車輛的視頻數據，對顧客看車時的各種行為進行統計。結果發現：大量顧客喜歡在購車時反覆地開關車門，不進出車廂而無意義的開關車門次數平均達到 6 次。

這一反常現象引起了研究人員的關注，開關車門對選一輛好車難道有什麼幫助嗎？這個問題似乎很難用常識來回答。他們在進一步的調查中得知，很多顧客說他們反覆開關車門，是為了感受車門的重量，並聽車門開關的聲音。

研究汽車成交率與車門重量、車門開關聲音之間的關聯，發現它們之間有明顯的相關性：

* 車門開關越費勁的，成交率越高；
* 車門關閉時聲音越沉的，成交率越高；聲音越尖細的，成交率越低。

原來，消費者認為，開關門越費勁，關門時候的聲音越沉，說明車門越重、越厚實，車就越安全。於是汽車廠商在汽車出廠時，故意把車門軸承的潤滑搞差一點，讓車門開關起來比較費勁一點；同時調整車門接口處的材料，讓車門關上時發出的聲音盡量低沉。

在本案例裡，消費者自己都沒有意識到，他們把汽車的安全性等同於關車門的聲音，他們也沒意識到自己需要低沉的關門聲音。而當企業發現這種潛意識的需求之後，就可以把這種需求轉化為產品優勢。

資料來源：陳碩堅. 透明社會——大數據行銷攻略［M］. 北京：機械工業出版社，2015.

（四）確定決策規則

消費者在確定了評價指標以後的問題就是：如何評價各種牌號的商品，最後從中選出哪種商品。這就得先確定「決策的規則」。需要注意的是，消費者進行決策時的決策規則不一定是單一的，而大多數情況下，均是多規則的決策。實際上，消費者有很多比較評價策略。

應當說明的是，對於習慣型、情感型商品的購買，消費者往往並不需要這麼理性的決策規則。例如，消費者購買流行時裝時，消費者的評價常常會全部或主要基於對產品或服務的即時情感反應。

消費者的決策規則主要有補償性規則、連接規則、析取式（分離式）規則、排除式規則和排序式（編纂式）規則五類。具體描述如下：

（1）補償性規則：該規則是將屬性的重要性和屬性的評價水平綜合考慮，採用加權求和的方法，計算每個品牌商品的得分。所得分數反應了該品牌商品作為一種潛在選擇的相對值。假定消費者將選擇所有被選對象中分值最高的品牌商品。

（2）連接式規則：該規則是消費者為商品的每一個屬性建立一個獨立的最低可接受水平。在這種情況下，如果有商品在任何一個屬性上的取值低於最低水平，則該商品將不在消費者的考慮範圍之內。連接規則往往導致可接受的商品選項過多，需要結合其他規則輔助才能做出最終決策。例如，在購買房屋或租房的交易中，消費者對所有不符合其最低要求的價格範圍、地理位置等重要特徵的房子都將被排除在進一步作信息調查的範圍之外，對符合這些最低標準的選項則再採用其他規則來做出選擇。

（3）分離式規則：該規則只對一些較重要的屬性建立一個最低可接受的表現水平（它通常比較高），任一品牌商品只要有一個屬性超出了最低標準都在可接受之列。這一規則同樣可能導致滿足最低標準的商品選項過多，需要結合其他規則輔助做出最終決策。

（4）排除式規則：該規則將商品的各個屬性按重要程度排序，並對每一屬性或指標設立最低標準。從最重要的屬性開始考察，將低於最低要求的商品排除在考慮範圍之外。如果不止一個品牌超出最低標準，考察過程將根據第二重要的指標重複進行，這將持續到僅剩一個品牌為止。

（5）排序式規則：該規則也要求將商品屬性按重要程度排序，然後他將選擇最重要屬性中表現最好的品牌。將這一規則應用於目標市場中，你必須保證你的產品在最重要的屬性上的表現等同於或超過其他任何競爭品牌，這是十分關鍵的。如果我們不能在最重要的屬性上具有競爭力，那麼次重要屬性上再好的表現也不重要。

總的來說，消費者在評價選擇過程中，有以下幾點值得生產企業注意：

* 產品性能和質量是消費者購買商品考慮的首要問題；
* 不同消費者對商品的各種性能給予的重視程度不同或評估標準不同；
* 消費者既定的品牌信念（品牌形象）與產品的實際情況，可能有一定的差距；
* 消費者的評估過程的時間有快有慢，一般來說，市場上的緊俏商品、名牌商品、低檔商品、日用生活品等，消費者選擇所花的時間較短，而對高檔的商品，選擇的時間就較長；
* 大多數消費者的評選過程是將實際產品同自己理想中的產品相比較。

四、做出決定階段

消費者經過比較評價后，就會形成購買決定。

(一) 購買決定類型

通常購買決定有幾種情況：

＊消費者認為商品質量、款式、價格等符合自己的要求和標準，決定立即購買。在決定進行購買以後，消費者還會在執行購買的問題上進行一些決策：到哪裡去購買；購買多少；什麼時候去購買；購買哪種款式、顏色和規格；選擇何種支付方式等。

＊消費者認為商品的某些方面還不能完全令人滿意而延期購買。

＊消費者對商品質量、價格等不滿意而決定不買。

＊消費者對商品是否能符合自己的需要還沒有把握，這樣就可能回到前幾個階段，重新認識需要、尋求商品信息、比較評價選擇，以做出另外的決定或克服、控制自己的消費需要。

(二) 風險知覺

消費者的風險知覺直接關係著消費者是否作出購買決定，現代行銷學之父科勒爾（Kotler，1997）也指出：消費者改變、推遲或取消購買決策在很大程度上是受到感知風險的影響，因此研究消費者的感知風險無論在理論上還是實踐中都具有重要的意義。

1. 風險知覺的含義

消費者對購買風險的評估又稱為感知風險、風險知覺或風險認知。它是指消費者在進行購買決策時，因無法預料其購買結果（是否能夠滿足購買目的）的優劣以及由此導致的不利后果而產生的一種不確定性認識。風險知覺包括兩個因素：

（1）決策結果的不確定性（尤其是不利后果發生的可能性）；

（2）錯誤決策的后果嚴重性，亦即可能損失的重要性或主觀上所知覺受到的損失大小。

庫里格漢曼（Cunningham，1967）將以上第一個因素稱為不確定因素，第二個因素稱為后果因素。消費者知覺風險是兩者的函數。也就是說，風險知覺主要是對發生各種不良后果的可能性以及不良后果的重要性進行的主觀估計，風險的大小來自於二者的乘積。

風險知覺是個體對損失的主觀預期，就預期本身而言，它並不能給消費者帶來任何損失，同時它也並非是真實風險。因為個人在產品購買過程中，消費者可能會面臨各種各樣的實際風險，這些風險有的會被消費者感知到，有的則不一定

被感知到；有的可能被消費者誇大，有的則可能被縮小；個人只能針對其主觀感知到的風險加以反應和處理。因此，風險知覺與消費者在購買產品時遇到的客觀風險是有區別的，無法感知的風險，不論其真實性或危險性多高，都不會影響消費者的購買決策。例如，人們對乘飛機的知覺風險一般要大於它的實際風險，事實上按公里計算的因空難而死亡的人數要遠遠低於因車禍而死亡的人數。

消費者對購買風險的評估並不只存在於購買行為過程中的購買方案評價階段，實際上，消費者在購買的整個過程中都冒有某種程度的風險，每個消費者都在努力迴避或減少這種風險。但在購買過程的各個階段，感知風險的水平是不同的。一般情況是：在確認需要階段，由於沒有立即解決問題的手段或不存在可利用的產品，感知風險不斷增加；開始收集信息後，風險開始減少；感知風險在方案評價階段繼續降低；在購買決策前，由於決策的不確定性，風險輕微上升；假設購買後消費者達到滿意狀態，則風險繼續走低。如圖 9-9 所示：

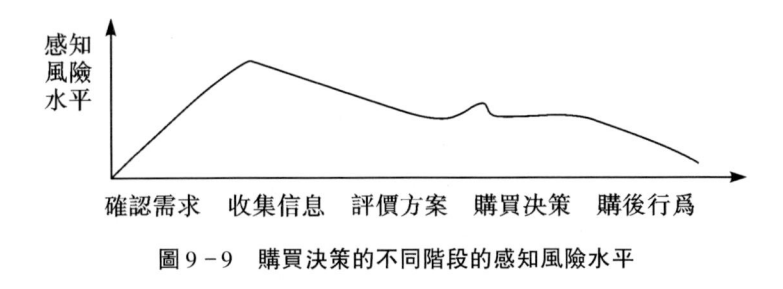

圖 9-9　購買決策的不同階段的感知風險水平

2. 風險知覺的種類

風險知覺是從不同類型的潛在消極后果中產生的，主要的風險種類或維度包括：

（1）功能風險：指產品沒有所期望的功能的風險。如擔心減肥商品沒有效果。

（2）經濟風險：如買了 iPhone 6 蘋果手機，卻擔心是否物有所值、是否還有更優惠的促銷、是不是會很快降價等。

（3）社會風險：擔心所購買的商品不被親朋好友所認同、降低自身形象、給社會關係帶來損害、造成環境污染等問題。如擔心買價格低檔的商品是否被取笑，買高檔商品是否會被人指責擺闊、逞能。又如，高保真音響設備可能會給周圍的鄰居帶來噪音污染，而影響與周圍鄰居的友好關係，造成鄰里不和，帶來社會關係的負面影響和損害。

（4）心理風險：產品可能無法與消費者自我形象配合或者因為所選購的商品不能達到預期的水準時，造成對心理或自我感知產生傷害的風險。如對自尊心、自信心的打擊。

（5）生理安全風險：擔心產品是否會對自己或他人的健康和安全造成傷害。比如，就餐的食品是否衛生、財物是否安全、人身安全能否得到保障等。

在當今社會，消費者往往對涉及身體健康方面的產品質量問題尤為看重。例如，由於中國內地的嬰兒奶粉曾出現三聚氰胺等質量問題，導致中國消費者對國內奶業產生了嚴重的不信任感。許多中國內地的消費者寧可舍近求遠，千里迢迢去境外搶購奶粉。面對中國大陸的「奶粉購買大軍」，香港、澳門和許多國家不得不採取了奶粉限購措施。同時，在進口奶粉大量進入中國市場的同時，國內大型乳製品企業出於產品安全和重塑企業形象的考慮，不願意收購散戶奶源，而出現了許多奶農「倒牛奶殺奶牛」的現象。這成為令國人尷尬的一大市場奇觀。可見，忽視消費者食品安全需要的弄虛作假行為，最終將受到市場的懲罰。

許多研究發現，這五個主要的維度能夠解釋風險認知中相當大的一部分，但也有人認為時間風險和機會風險也是消費者風險認知的種類。當然，在不同產品的購買決策中，各個維度的相對重要性會有明顯不同。

另外，大衛寧（Dowling, 1994）提出整體風險知覺（OPR）可以分為兩個要素，一是對某產品類別中的任意產品都知覺到的風險，即產品類別風險（PCR）；二是針對具體產品的風險的特定產品風險（SR）。其衡量風險的模式為：

OPR = PCR + SR

例如，如果一個消費者認為口紅這種產品具有很大的潛在風險，同時她有自己一個喜歡的品牌，那她也可以放心購買。在這種情況下，雖然產品類別風險大，但特定產品風險低。當產品特定風險大於消費者可接受的風險（AR）時，消費者將不會選用該產品。

3. 影響消費者風險知覺的因素

（1）個體特徵對風險知覺的影響

消費者對風險大小的估計以及他們對冒險所採取的態度，都將影響到他們的購買決策。但不同消費者面對同一產品的風險知覺會存在明顯差異。其影響因素包括人口統計變量、購買經驗、產品知識、購買意願、捲入程度、風險態度和情緒狀態等。其中，人口統計變量主要指消費者的年齡、性別、職業、受教育程

度、收入等，是對個人的客觀描述，也是市場行銷管理中區分消費者群體最常用的基本要素。

一般而論，消費者的個人特點與風險知覺有以下關係：

* 性別：男性消費者比女性消費者感知的生理安全風險小；
* 年齡：老年消費者比年輕消費者更多地知覺到生理安全風險；年輕女性比年齡較大的女性更看重社會風險；
* 職業對風險知覺的影響不大；
* 受教育程度與風險知覺呈負相關：學歷越高，風險知覺越小；
* 收入與風險知覺呈負相關：收入越高，風險知覺越小；而且收入較低的消費者更容易知覺到經濟風險；
* 捲入程度與風險知覺呈正相關；
* 購買經驗、產品知識與風險知覺呈負相關；
* 購買意願與風險知覺呈負相關；
* 風險態度與風險知覺呈正相關，即風險規避型的消費者感知到的風險比冒險者要多；
* 情緒狀態與風險知覺存在正相關。情緒狀態越高，消費者捲入程度也越高，因而感知到的風險也更高。

（2）產品類別對風險知覺的影響

風險知覺應該是基於具體產品而言的，購買不同的產品，消費者的風險知覺也是各異的。茲卡莫德（Zikmund，1973）考查了個人辦公用品、割草機和彩色電視這三種產品類別的風險性質和維度，發現消費者對三者認知到的總體風險依次是從低到高的，而且風險的評價維度和風險要素在不同產品中也是不同的。一般來說，購買不熟悉的高檔商品要比購買價低的日常用品知覺到的風險大些。

消費者產生感知風險的原因之一是信息不足或缺乏經驗。缺乏信息和有關的知識會加深感知風險。顯然，幾乎不需要信息就能購買的產品或是幾乎沒有什麼消極結果的產品，可能被感知為低風險購物。而需要大量信息，信息又匱乏時，感知風險會增加，如果不良選擇會帶來不良後果，那麼消費者的感知風險也可能增加。如那些價格較高、較複雜的產品。不少消費者對於手機、存儲卡等技術含量較高的電子產品，缺乏辨別能力，往往認為京東商城這樣的 B2C 平臺比 C2C 的淘寶商城更可靠一些。

對於搜索產品而言，生產者無法隱藏產品質量的信息。而對於體驗產品，一

般而言，生產者瞭解體驗產品的質量，而消費者在第一次購買之前則不清楚，因此生產者和消費者之間便產生信息不對稱問題，消費者就容易產生較高的風險知覺。

另外，網上購物、電話或郵寄定購通常比店內購物時知覺到更高的風險。隨著網路購買的支付手段和信用體系的不斷健全，買家有了拒付和對賣家進行公開評價的權利，網上購物的風險有所降低，但一些消費者仍然對網路存在懼怕，故風險認知的維度也有了新的含義，如個人數據（或信息）風險、權益保障風險。

從市場因素上看，市場信息不對稱是風險知覺產生的一個重要原因。所謂信息不對稱是指經濟行為人對於同一件事所掌握的信息量有差異，即部分行為人擁有更多事件信息，而另一部分人則擁有相對較少而不完全的事件信息的狀態。市場上有「買家沒有賣家精」的說法，也就是說，商家對自己所經營的商品情況很瞭解，而消費者所進行購買活動大多是非專家型購買，不具有所欲購產品或服務的完整信息，同時搜尋信息的活動本身也會給消費者帶來一定的搜尋成本，因而其所掌握的市場信息總會與商家存在信息不對稱的情況，也就容易產生風險知覺。例如，保險公司的統計師可以依據大量歷史數據通過精算來估算風險的可能性，而普通消費者掌握的信息卻非常有限，他們經常會面對全然陌生的產品服務或購買情境，依據自己對產品的內在質量和實際價值的猜測作出的購買決定不一定可靠，因而消費者就會感覺到購買風險的存在。

4. 減少風險知覺的方法

如圖 9-10 所示，當消費者的風險知覺大於可接受的風險時，消費者就會試圖利用某些方法來降低風險，主要有兩個途徑：減少結果的不確定性（如購買名牌等）；降低損失的程度（如退款保證）。當風險知覺降低到消費者可以接受的程度或者完全消失，消費者會決定購買。否則，消費者會因為風險太高而放棄購買的行為。

阿坎（Akkan，1994）分析了直銷購物中風險降低因素的相對重要性，結果發現，退款保證是最重要的策略，接下來依次是製造商名、產品價格、分銷商美譽度、免費試用、信任者認可、過去經驗和產品新舊程度。但這些策略在不同產品類別中體現出的相對重要性是不同的。一些零售商採用無條件退貨、免費試用來減少消費者頭腦中已覺察到的風險。如某大型商場「不滿意就退貨」、天貓商城「7 天無理由退換貨」等。

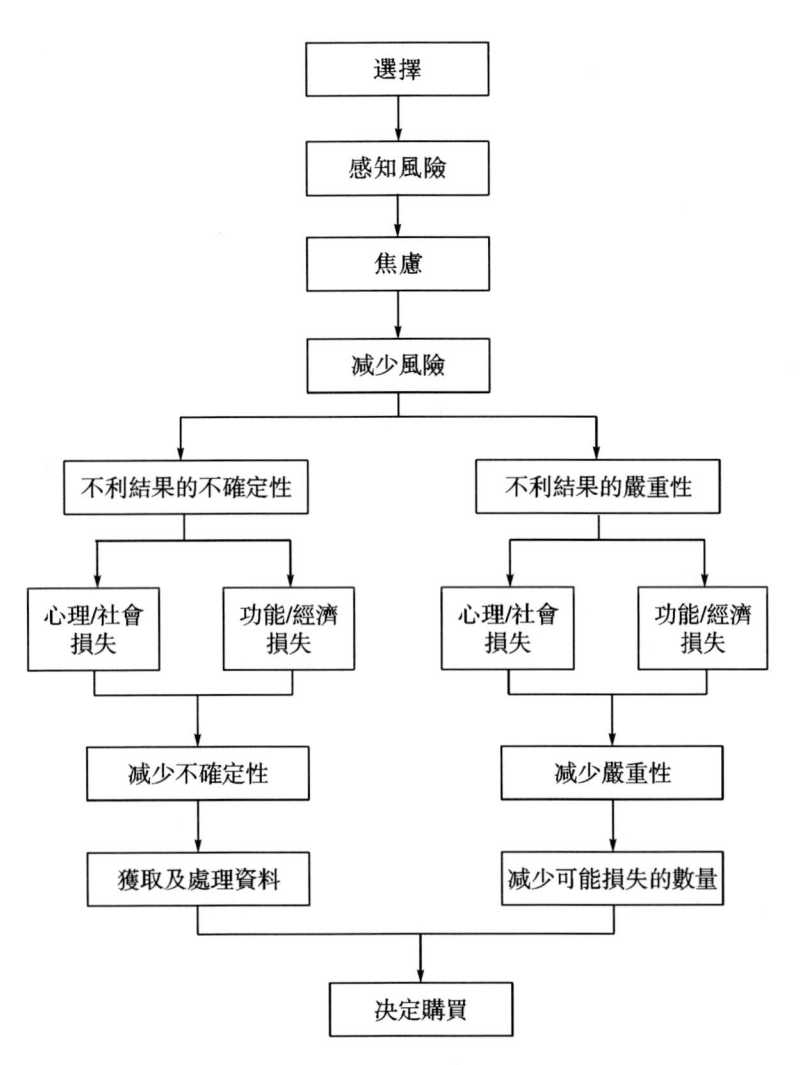

```
                    ┌──────────┐
                    │   選擇   │
                    └────┬─────┘
                         ↓
                    ┌──────────┐
                    │ 感知風險 │
                    └────┬─────┘
                         ↓
                    ┌──────────┐
                    │   焦慮   │
                    └────┬─────┘
                         ↓
                    ┌──────────┐
                    │ 減少風險 │
                    └────┬─────┘
            ┌────────────┴────────────┐
            ↓                         ↓
    ┌───────────────┐         ┌───────────────┐
    │ 不利結果的    │         │ 不利結果的    │
    │ 不確定性      │         │ 嚴重性        │
    └───┬───────┬───┘         └───┬───────┬───┘
        ↓       ↓                 ↓       ↓
   ┌────────┐┌────────┐       ┌────────┐┌────────┐
   │心理/社會││功能/經濟│       │心理/社會││功能/經濟│
   │ 損失   ││ 損失   │       │ 損失   ││ 損失   │
   └────┬───┘└────┬───┘       └────┬───┘└────┬───┘
        └────┬────┘                 └────┬────┘
             ↓                           ↓
      ┌────────────┐              ┌────────────┐
      │減少不確定性│              │ 減少嚴重性 │
      └─────┬──────┘              └─────┬──────┘
            ↓                           ↓
      ┌────────────┐              ┌──────────────┐
      │獲取及處理資料│             │減少可能損失的數量│
      └─────┬──────┘              └─────┬────────┘
            └─────────────┬─────────────┘
                          ↓
                   ┌────────────┐
                   │  決定購買  │
                   └────────────┘
```

圖 9-10　消費決策的風險承擔架構圖

　　從消費者方面看，為了減少購買決策的風險，消費者經常會求助於啓發式，或者是一些經驗法則，如高價格產品是高品質產品。儘管有時候這種捷徑可能不一定會給消費者帶來最佳利益，但有助於把風險知覺減輕到可以容忍的水平。例如：

* 購買名牌貨；
* 從眾購買；
* 到信譽高的商店或服務好的商店購買；

* 使用試銷品或觀察、試驗；
* 購買小包裝商品；
* 反覆購買自己熟悉的商品；
* 尋找更多信息以降低不確定性；
* 買高價貨或低價貨；
* 購買政府檢驗過或獎勵過的商品；
* 多對幾家商店的商品進行比較；
* 尋求商家保證：如購買有「三包」保證的商品；
* 推遲購買等。

思考一下：在你的購買活動中，曾經產生過哪些風險知覺？你是如何降低這些風險的？

當然，這些方法也並非完全合理。例如，僅選擇自己熟悉的產品，可能放棄獲得更適合自己的消費品的機會。但是，信息對稱有時需要付出成本，這種成本只有在不對稱的損害風險大於「信息收集＋加工＋決策」的成本時才成為必要。所以，如果產品涉及的決策風險較低，且收集正確決策所需成本較高，消費者將傾向於忠誠已經使用過的產品。另外，在許多發達國家，由於市場規範性高，產品同質性強，消費者購買產品沒有什麼風險，也沒有必要收集更多的信息，從而沒有品牌選擇的決策必要，產品品牌忠誠度也相對較低。

一般情況下，消費者作出購買商品的決定後，就會很快著手購買，但決定購買畢竟不等於購買，有時由於意外情況也可能有中斷購買行動的情況發生。因此，行銷人員應消除或減少從購買意圖到購買決定再到購買行為之間的干擾因素，鼓動、刺激消費者盡快採取行動。

五、商品的使用與處置階段

行銷人員要研究消費者對產品的使用與處置，以便發現可能存在的問題或機會。

（一）商品的使用

消費也是指消費者對所購買商品的使用。深入跟蹤、理解消費者在商品使用過程中的特點，可以發現現有產品的新用途、新的使用方法、產品在哪些方面需要改進，還可以為廣告主題的確定和新產品開發提供幫助。可以從以下幾個方面

來瞭解商品的使用情形：

1. 何時使用商品

當我們在購買商品時，就已經決定了將在何時消費它。在餐館吃飯，購買和消費是同步的，但大多數情況下，二者是不同步的。比如，買了期刊、書籍，閱讀是在購買之後完成的。對病人而言，何時使用藥物對治療效果和身體健康尤為重要，例如有的藥物應當飯后服用；有的應當空腹服用。

對企業而言，有時鼓勵及時消費要比鼓勵購買更有價值。美國食品製造商發現，很多消費者在購買食品後很長時間才消費這些食品，這一發現使得公司發起一場廣告運動：鼓勵消費者在晚上將這些食品當夜宵吃掉。西方的消費者習慣於在早餐喝果汁，西方的橙汁製造商們就試圖用其著名的運動口號「橙汁不僅僅是為早餐準備的」來擴大其橙汁的銷量。

2. 何地使用商品

理解消費者在什麼環境、什麼地點使用商品也是很有用的。有研究發現，美國80%～90%的進口啤酒是在酒吧、飯店等公共場合消費，而70%的國產啤酒則是被人們帶回家飲用，由此，經銷商重新調整了進口啤酒的分銷渠道與廣告策略。又如，城市寫字樓裡的不少公司白領為了節省時間以及省卻煮飯、洗餐具等工作，喜歡購買便當、外賣來解決中午飯，有時也用微波爐來加熱食品，但市場上大量使用的以聚苯乙烯為主要原料的一次性泡沫餐具，在微波爐裡加熱時會釋放出有害物質，從而影響了消費者的使用信心。有廠家為此開發出了綠色生態的玉米澱粉一次性餐具，這是一種不會產生對人體有害物質的環保產品，適合在辦公室使用，結果一投放市場就受到了歡迎。

3. 如何使用商品

企業在設計產品時不僅要確保產品在正常條件下的使用安全，還應預計消費者可能採用何種創新性方式使用產品，或將產品使用到設計時所沒有考慮到的場合，並對有可能導致身體傷害的使用行為作出警告。如果企業發現消費者對正確使用其產品存在困惑，則應通過重新設計使產品更便於使用，或通過詳盡、易懂的使用說明書使其掌握正確的使用方法。消費者的使用創新有時也有積極作用，如發現產品的新用途，從而有利於產品的銷售和改進。例如，洗滌靈在人們的日常生活中通常用來洗碗刷鍋、清潔水池等，但實際生活中，有許多消費者用它代替領潔淨來洗衣服，甚至刷運動鞋，且洗滌效果強於洗衣粉和肥皂。這樣的話，企業就不能用一般的預測數據來做生產計劃的標準了，它必須考慮到消費者對洗

滌靈的額外需求。

消費者的商品使用方式多種多樣，但從消費目的上看，可以分為功能性、象徵性和享樂性使用等類型，弄清產品的使用方式，有助於企業改進產品設計（包括款式、包裝）和廣告策略。對於象徵性產品，由於其具有重要的象徵意義、紀念意義或品牌價值，即使它已不具有先進的功能或已過時，消費者也會無所謂。對於享樂性產品，消費者主要考慮能它能否給自己帶來快樂，強調包裝、款式等情緒化的因素。但大部分商品的使用都是功能性使用，對於這類商品，消費者一般會在初始目的背景下使用商品；但也有可能在購買後發現商品無法完成其初始目的，卻能完成其他目的。如購買了洗碗機的顧客發現用其洗碗很不方便，卻可用來進行餐具消毒。這時消費者就可能採用創新性方式使用產品，改變使用目的而繼續使用該產品。因此，瞭解消費者如何使用商品（尤其是使用創新）有利於開發新的商業機會。

案例連結：寶潔公司從消費者使用產品調查中受益

寶潔公司的設計人員長期認定消費者在廚房洗碗碟時，是先將洗潔精倒入盛滿水的水池中，再用抹布將碗碟擦乾淨，然后用清水漂。后來的調查發現，絕大部分消費者並不是如此行事。相反，他們先將洗潔精直接擠到要洗刷的碗碟上，用抹布將污漬擦掉后再用清水沖洗。這一調查結果對公司開發新產品大有幫助，例如，可以開發出濃度更低的洗潔劑，這不僅可以降低產品成本，也可減輕消費者的漂洗負擔。

資料來源：J. 布萊恩. 消費者行為學精要 [M]. 於亞斌，等，譯. 北京：中信出版社，2003.

4. 使用數量的多少

企業還應瞭解消費者對產品的使用頻率、每次使用量以及消費總量，以便採取相應的行銷措施。不同的消費者會使用同一種產品，但他們消費的量卻有很大的差別。比如，常年乘坐民航班機的人，一年到頭在天上飛來飛去，從一個國家到另一個國家；而有的乘客則是偶爾為之，一年半載才坐上一回飛機。對於前者，世界各大航空公司無一例外地均對他們有里程獎勵、票價折扣優惠等。

企業可以通過促銷來擴大現有消費者對現有產品的使用量，也可以通過改進自身產品的方法來達到這一目標。比如，可樂、雪碧的瓶裝容量從 1.5～2 升的

變化；巧手洗衣粉從1.5～1.7千克超值家庭裝的變化，都會在相當程度上鼓勵人們更多地消費企業的產品。同樣，隨著人們消費文化水平的提高，在日常生活中大家也會自覺減少對某些商品，特別是食品的消耗量，如含糖量高、缺少營養價值的烹炸食品以及垃圾食品的銷售量，都呈下降趨勢。

對消費者進行累積性數量優惠可以刺激消費者不斷地購買某種品牌，如購買某品牌小食品達到一定數量后，可以兌換獎品或得到現金折扣。對於耐用消費品，雖然在產品的使用壽命期內勸說消費者重複購買比較困難，但卻可以通過一定的刺激促使消費者購買相關的產品，實現大量的相關銷售。在很多時候，只有相關配套產品的購買比較方便，才能使得消費者打消各種顧忌，促成購買決策。以成套優惠的方式推銷有互補關係的商品，不僅會給消費者的購買帶來方便，還會擴大商品銷售。對於IT產品、家具、床上用品等，都宜採用系列組合性的產銷策略，使商品成龍配套。

（二）商品的閒置

消費者購買的產品並非全部使用。產品的閒置或不使用是指消費者將產品擱置不用或者相對於產品的潛在用途僅作非常有限的使用。如銀行發行的信用卡數量不小，但消費者使用率較低；家庭儲存的名酒尤其是洋酒多是作為擺設。

產品閒置主要有兩大原因：一是購買決策與使用決策不是同時做出，存在一個時間延滯，購買時所設想的某種使用情境未出現，使得消費者推遲消費甚至決定將產品閒置不用。例如，有的消費者會在商品優惠降價的時候買了一些以後打算使用的商品，或並不需要的商品甚至是根本用不了的商品。二是產品的使用和消費缺少相應的條件與環境。例如，有的消費者買了電磁爐，卻因為難以防護電磁輻射污染和電價上漲而閒置不用；有的消費者購買淨水器時沒考慮后續保養成本，以後才發現更換濾芯不僅成本高昂且不方便，而如果濾芯失效，會造成了二次污染，淨水器變成了「污水器」，只好閒置不用了。在某些情況下，企業也通過提醒或在合適的時機給予啓發，推動消費者使用所購的產品。比如消費者有體育場所的會員資格，但由於消費者認為自己根本不在運動狀態或其他原因而將產品閒置。行銷者通過消費記錄發現消費者很少使用會員卡，這時可以電話詢問並邀請這位消費者開始消費或參加某種培訓活動。這時的促銷任務不是鼓勵購買，而是促使消費者趕緊消費。

（三）商品及包裝物的處置

產品在使用前、使用過程中和使用後都可能發生產品或產品包裝的處置。只

有完全消費掉的產品（如蛋卷、冰淇淋）才不涉及商品處置問題。消費者處置商品或包裝物的方式大體有保存、永久性處理、暫時性處理三種方案（見圖9-11）。行銷人員要研究消費者對產品或包裝物的使用與處置，以便發現可能存在的問題或機會，有利於使自己的產品與消費者更新換代的週期相匹配。

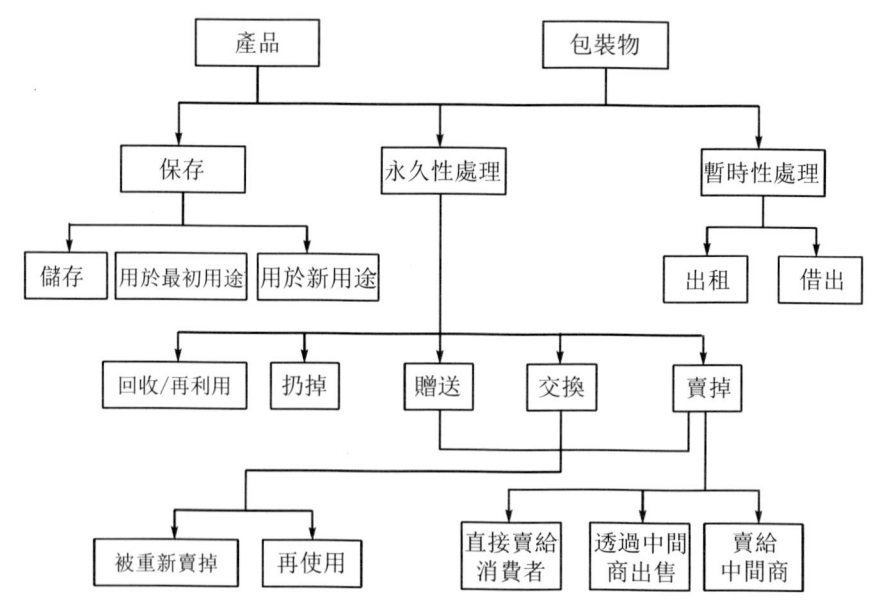

圖9-11 消費者對產品或包裝物的處置方式

1. 保存

消費者購買產品以後，一般會用於最初用途，也可能用於新用途，如將舊衣物作為抹布使用。但有些產品並不馬上使用或消費，而是將之暫時儲存。不僅是產品，有些產品的包裝也成為消費者的收藏對象，例如，馬爹利XO製作精美的瓶子是許多收藏愛好者的目標。

2. 永久性處理

大部分商品或包裝物在使用后會被扔掉，但很多商品被閒置或淘汰后，其基本的使用功能並沒有完全喪失，可以進行易物交換或贈送他人。尤其是一些更新換代較快的電子、電器產品，雖然過時但又捨不得扔掉，如一些城市家庭裡往往有多餘的手機，有的拿給小孩或老人使用，有的送給經濟狀況較差的親友。

面對物價的上漲，網購市場上的換客族也變得越來越多，以物易物、各取所需逐漸變成一種時尚的生活方式。不少換客族將自己用不著的東西交換目前需要

的可用物品，既解決了舊物品占用空間的問題，又能夠不花錢獲得實用的東西，可謂一舉兩得。一些網站也提供了專門的服務，如淘有網、換客網、95TIME 交換網、以物易物在線等。換客族為避免上當受騙，應選擇正規的換客網站，最好是同城交易，並在換物時仔細驗貨。

更多的不用物品會被賣到二手市場，除了傳統的線下舊貨市場，網路給二手商品的交易了提供了更多方便。趕集網、58 同城、淘寶網、京東商城、天貓等 C2C 或 O2O 等電商網站都提供了閒置或二手商品的交易市場。但閒置商品與二手商品不完全一樣，閒置商品指的是買家自用但很少或從未使用的物品，閒置物品很有可能是全新的，而二手商品一般指的是已經使用過的商品。

另外，一些產品使用後可以被回收或再利用，尤其是容易引起環境污染或部分材料有回收價值的產品，如對用過的電池、舊手機、舊電腦等電子垃圾的回收或循環使用，一些廠商也開始翻新舊構件以安裝到新產品上。固體廢棄物的處理已經成了一個日益受到社會各界重視的環境問題，企業應該把握消費者的環保意識，重視產品或包裝物的回收或再利用，滿足消費者對綠色產品的需求。

3. 暫時性處理

消費者暫時不用的產品可用於出租或借給第三者。這種情況主要出現在價格高企的住房（或挖掘機等大型生產資料），但房屋出租也會附帶家具、家電等耐用消費品出租。

處置決定不僅影響那些對產品進行處置的個體的購買決策，還會影響該市場上其他個體的購買決策。處置決策主要通過 4 種方式影響廠商的行銷策略：

（1）由於物理空間或財務資源的限制，在取得替代品之前必須處理掉原有產品。例如由於空間較小，住公寓的家庭在買入新的家具之前必須處理掉現有的家具。或者，某人需要賣掉舊車以籌錢購買新車。若現有產品難於處理，消費者可能會放棄新產品的購買。因此，協助消費者處置產品無論是對製造商還是零售商均是有利的。

（2）消費者經常做出的賣出、交易或贈送二手產品的決策可能會導致巨大的舊貨市場，從而降低市場對新產品的需求。低收入消費者是二手舊貨商店的主要惠顧者，而絕大多數經濟敏感型群體均會進行消費者對消費者的銷售。

（3）消費者有節儉心態，感到丟棄物品是件浪費和痛心的事。例如，如果一個人確信舊吸塵器會被重新利用或轉賣，他可能會樂意掏錢買一個新的。然而，他們卻不願意將舊吸塵器扔掉或自己設法將其折價賣出去。因此，製造商和

零售商可以採取措施以確保這些舊的或二手物品被重新利用。例如，家電產品的「以舊換新」策略曾大大促進了產品的更新換代。

在以舊換新消費中，衡量消費者如何平衡買方和賣方的角色既複雜也至關重要。消費者同時扮演買方和賣方的雙重角色，消費者是如何把兩個部分信息整合到一起從而做出整體性價格評估的呢？安德森（Anderson）認為，消費者可能通過對新產品和舊產品賦予一定的權重來評估總體的交換過程，消費者可能給一部分賦權更加重要而另一部分賦權不那麼重要，而使得對重要部分的變化更加敏感。

許多學者援引稟賦效應（以及相關的損失厭惡觀）來研究以舊換新消費行為，認為在相同淨價格的情況下，消費者更為重視舊產品價格，並歸因於所有者權益或隸屬關係所產生的心理成本。普若漢特（Purohit）發現，購買汽車的消費者寧願在舊車上獲利而不願在新車上得到優惠。朱、陳和達斯古帕塔（Zhu, Chen & Dasgupta）從心理帳戶理論視角研究以舊換新，認為購買新產品是開啟一個新的心理帳戶，出售舊產品是關閉一個舊的心理帳戶，對消費者來說關閉一個心理帳戶更為重要。因此，在相同淨價格的條件下，消費者更願意在舊車價格上受益（在新車價格上損失）而非在新車價格上受益（舊車上損失）。

相反的觀點則認為，消費者更加重視獲得好的新產品價格。首先，新產品購買才是以舊換新消費的焦點，舊產品僅僅作為獲得新產品的抵押，只是作為輔助部分。而且，新產品價格對淨價格的影響遠大於舊產品價格的影響。

（4）在有些細分市場，消費者將產品包裝能否回收視為產品的一項重要屬性。因此，在贏得這類消費者的過程中，包裝處理的簡單易行（包括不使用包裝）可作為行銷組合的重要變量。如果扔掉的產品、包裝不能被重新利用或者會對環境造成危害，消費者可能在做購買決定時會猶豫甚至退縮。

六、購后評價與反應階段

消費者在購買商品后，往往通過對商品的消費使用與體驗、自己的選擇是否明智進行檢驗和反省，形成購買后的行為及感受。具體包括：購后衝突、消費者的購后滿意度、品牌忠誠、抱怨行為等方面，其中消費者滿意度通常被認為是形成其他購后行為變量的中間變量。

（一）購買后衝突

購買后衝突是消費者購買后對購買的懷疑和焦慮。但並不是所有的購買都會

產生購後衝突，這反應出消費者對自己的決策仍缺乏信心。消費者產生購後衝突的可能性及其激烈程度，是由以下因素決定的：

* 忠誠度或決定不可改變的程度。決定越容易改變，購後的不和諧就越不易發生。
* 決定對消費者的重要程度。決定越重要，越有可能產生購後衝突。
* 在備選品中進行選擇的難度。越難做出選擇，就越有可能產生衝突且衝突的激烈程度越高。決策難度大小取決於被選品的數量、與每一備選品相聯繫的相關屬性的數目以及各備選品提供的獨特屬性。
* 個人體驗焦慮的傾向。有些人更易感到焦慮，而越易於感到焦慮的人就越可能產生購後衝突。

購後衝突或不和諧之所以發生，是因為選擇某一產品，是以放棄對另外產品的選擇或放棄其他產品所具有的誘人特點為代價。在習慣型購買決策和隨意型決策中，由於消費者不考慮被選產品不具有其他替代品具有的特色，因此這類決策不會產生購買后衝突。例如，某位消費者的激活域裡有4個咖啡品牌，他認為這幾個品牌除了價格外在其他屬性上都旗鼓相當，此時，他會選擇最便宜的品牌。這樣一種購買一般不會帶來購後衝突。

由於大多數購買捲入度高的決策涉及一個或多個引發購後衝突的因素，因此，這些決策常伴隨購買後衝突。而且，由於衝突令人不快，消費者會設法減少衝突。消費者常用的減少購後衝突的方法有：

* 增加對所購品牌的欲求感；
* 減少對未選品的欲求感；
* 降低購買決策的重要性；
* 改變購買決策（在使用前退回產品）。

儘管消費者可以通過內心的再評價減少購買後衝突，收集更多的外部信息來證實某個選擇的明智性也是很普遍的方法。支持消費者選擇的信息自然有助於消費者確信其決策的正確性。

(二) 消費者的購后滿意度

1.「期望—實績模型」

消費者選擇某種商品、品牌或零售店是因為認為它在總體上比其他備選對象更好。無論是基於何種原因選擇某一商品或商店，消費者都會對其應當提供的表現或功效有一定的期望。奧利弗（Oliver, 1980）提出的「期望—實績模型」認

為，消費者購買商品后的滿意度或不滿意度是消費者對商品的期望功效 E 和商品使用中的實際功效 P 的函數，即 S = f（E，P）。這就是說，如果購后商品在實際消費中符合預期的效果，消費者就感到基本滿意；如果購后商品實際使用的性能超過預期，消費者就感到很滿意；如果購后在實際使用中不如消費者預期的好，消費者則感到不滿意或很不滿意。實際同期望的效果差距愈大，不滿意的程度也就愈大。另外，消費者的購后滿意度還受他人的意見和看法、購買行為的社會相似性等因素的影響。但是，這個模型只強調了認知因素（期望、實績和兩者之差）對消費者滿意度的影響，忽略了情感因素的作用。奧利弗后來也認為，消費者滿意度是消費者對其消費經歷的認知與情感反應的綜合。但是，汪純本（1990）等人的研究表明，與實績和期望之差相比較，消費者需要滿足程度對其滿意程度的影響更大。

2. MH 理論

既然功效的期望水平與實際功效是消費者滿意與否的主要決定因素，因此我們需要對產品與服務的功效予以瞭解。對許多產品而言，功效包括兩個層面：工具性的和象徵性的。工具性功效與產品的物理功能相關，如對洗碗機、電腦或其他主要電器產品，正常運轉和發揮作用至關重要。象徵性功效同審美或形象強化有關。運動衣的耐穿性是工具性功效，而式樣則是象徵性功效。

日本學者小島外弘根據美國心理學家赫茨伯格的雙因素理論，在消費者行為學研究中提出了 MH 理論：M 是激勵因素，是魅力條件；H 是保健因素，是必要條件。MH 理論認為，工具性功效的缺陷是導致消費者不滿的主要原因；象徵性功效的不足並不會使消費者感到強烈不滿，而完全滿意則同時需要象徵性功效達到或高於期望水平。如果一件產品不具備某些基本的功能價值，就會導致消費者的不滿。比如收音機雜音較大、電冰箱制冷效果差、洗衣粉去污力不強等，都會使消費者產生強烈的不滿，並可能因此而採取不利於生產商的行為（如把不滿告訴其他消費者、轉換品牌、向媒體或監管部門投訴等）。另外，產品具備了某些基本功能和價值，也不一定能保證讓消費者非常滿意。要讓消費者產生強烈好感，還需在基本功能或價值之外，提供某些比競爭對手更優秀的東西，比如某種產品特色更具個性化，或者更有內涵和象徵價值的品牌形象等。

可見，雖然象徵性功效與工具性功效在消費者評價產品時的重要性可能隨產品種類和消費者群體的不同而異，但一定程度上說，工具性功效主要起著消除不滿的作用，而象徵性功效才可能產生高度滿意的作用。這就提醒生產企業應致力

於將導致不滿意的屬性功效保持在最低期望水平，同時要盡量將導致滿意的屬性功效保持在最高水平，而后者並不會花費太高的成本。

小案例：「使顧客100%滿意」

美國著名的IBM公司（國際商用機器公司）規定，售貨員要針對流失的每一位顧客寫出一份詳細的分析報告並採取一切辦法來使顧客恢復滿意。因為他們知道，一個滿意的顧客會：

(1) 再次購買本公司的產品；
(2) 購買公司以后生產的新產品；
(3) 較少注意其他品牌和廣告；
(4) 對其他人說公司的好話。

越來越多的企業懂得：顧客不是我們要與之爭辯和鬥智的人，從未有人會取得與顧客爭辯的勝利。

資料來源：鄧學芬. 企業如何提高顧客滿意度並培養顧客忠誠 [J]. 現代管理科學，2005（4）.

（三）品牌忠誠

多數學者認為，顧客滿意度是顧客忠誠度的必要條件，卻不是充分條件。在滿意和重複購買的消費者中，有一部分人會對品牌產生忠誠。

1. 品牌忠誠的含義

所謂品牌忠誠，是指消費者對某產品或品牌感到十分滿意而產生的情感上的認同，是對該產品或品牌有一種強烈的、持久偏愛，並試圖重複購買該品牌產品的傾向。

品牌忠誠所表現出的特徵主要有以下四點：

(1) 再次或大量購買同一企業該品牌的產品或樂於接受其延伸產品；
(2) 主動向親朋好友和周圍的人員推薦該產品或服務；
(3) 幾乎沒有選擇其他品牌產品或服務的念頭，能抵制其他品牌的促銷誘惑；
(4) 發現該品牌產品或服務的某些缺陷，能以諒解的心情主動向企業反饋信息，求得解決，而且不影響再次購買。

忠誠的消費者在購買商品時不大可能考慮搜集額外信息。他們對競爭者的行

銷努力如優惠券採取漠視和抵制態度。忠誠的消費者即使因促銷活動的吸引而購買了另外的品牌，他們通常在下次購買時又會選擇原來喜愛的品牌。忠誠消費者對同一廠家提供的產品線延伸和其他新產品更樂於接受。而且，忠誠消費者極可能成為正面口傳的來源。正是由於這些原因，很多行銷者不僅試圖創造滿意消費者，而且致力於創造忠誠的消費者。

西方國家的銷售學信奉「8：2法則」（帕累托法則），即企業80%的業務是由20%的顧客帶來的。顯然，忠誠消費者比單純的重複性購買者能為企業帶來更多的利潤，而重複購買者同樣比偶爾性購買者更具吸引力。實行會員制或累積消費優惠等措施可強化消費者的重複購買與品牌忠誠，如某航空公司設計的「常客計劃」：乘客在一年內乘機飛行的距離越長，獲得的「積分」就越多，積分足夠大時甚至可以獲得一次免費乘機的優惠。

雖然保持住對品牌忠誠的客戶是企業生存的關鍵，但在競爭逐漸加劇、產品和服務日趨同質化的環境下，絕對選擇一個品牌或店鋪的專一消費者逐漸減少。例如，很多人認為單反數碼相機中，佳能和尼康都是可信任的品牌，在實際購買中主要根據具體型號的性價比較來決定品牌選擇。不同的消費者對品牌的忠誠程度可以用從連續的、專一的品牌忠誠至品牌中立的購買序列來表示（見表9-6）。

表9-6　　　　　　　　以購買序列表示的品牌忠誠程度

購買類型分類	品牌購買順序
專一的品牌忠誠	A A A A A A A A A A
偶然改變的品牌忠誠	A A A B A A C A A D
有改變的品牌忠誠	A A A A A B B B B B
分散的品牌忠誠	A A B A B B A A B B
品牌中立	A B C D E F G H I J

其中，專一的品牌忠誠是最理想的狀態。而更常見的是偶然改變的品牌忠誠，偶然轉變的原因形形色色：慣用的品牌無貨了；新品牌上市，嘗試一下新品牌；一種競爭性品牌以特殊低價銷售；或在極偶然的情況下購買了一種其他品牌。這種消費行為在購買日常生活用品中較為普遍。分散的品牌忠誠（多品牌忠誠）是指對兩種或兩種以上品牌的連續交替購買，例如，許多消費者喜歡交替選擇不同品牌和藥用功能的牙膏，以使牙齒得到多方面的保健和治療作用。可

274

見，為滿足忠誠消費者「見異思遷」的需求，企業可以通過開發新的系列產品來迎合消費者。例如，寶潔公司設計並推出了9種不同品牌的洗衣粉來滿足不同的顧客。有些品牌強調洗滌和漂洗功能；有些品牌會使織物柔軟；有些洗衣粉具有氣味芬芳、鹼性溫和的特點。

2. 影響消費者品牌忠誠形成的因素

影響品牌忠誠度的因素很多，如產品和服務質量、消費者滿意度、品牌信任度、轉換成本、替代者吸引力、自我概念等。如圖9-12所示。

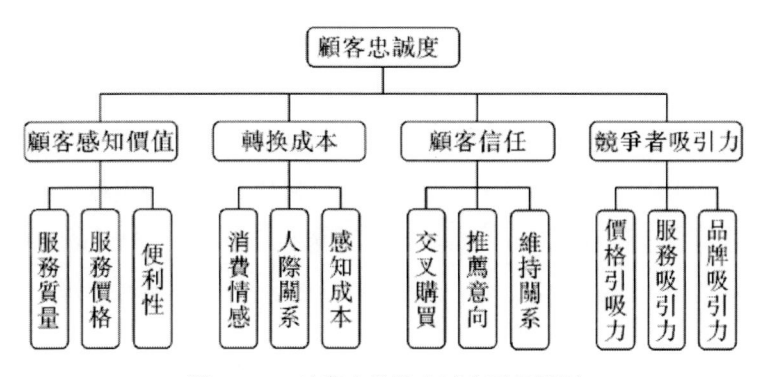

圖9-12 消費者品牌忠誠度測評模型

小資料：客戶忠誠度

客戶忠誠是從客戶滿意概念中引出的概念，是指客戶滿意后而產生的對某種產品品牌或公司的信賴、維護和希望重複購買的一種心理傾向。客戶忠誠實際上是一種客戶行為的持續性，客戶忠誠度是指客戶忠誠於企業的程度。客戶忠誠表現為兩種形式，一種是客戶忠誠於企業的意願；另一種是客戶忠誠於企業的行為。而一般的企業往往容易對此兩種形式混淆起來，其實這兩者具有本質的區別，前者對於企業來說本身並不產生直接的價值，而後者則對企業來說非常具有價值。道理很簡單，客戶只有意願，卻沒有行動，對於企業來說沒有意義。企業要做的，一是推動客戶從「意願」向「行為」的轉化程度；二是通過交叉銷售和追加銷售等途徑進一步提升客戶與企業的交易頻度。

例如，許多用戶對微軟的產品有這樣那樣的意見和不滿，但是如果改換使用其他產品要付出很大的成本，他們也會始終堅持使用微軟的產品。調查發現，大約25%的手機用戶為了保留他們的電話號碼，會忍受當前簽約供應商不完善的服務而不會轉簽別的電信供應商。但如果有一天，他們在轉簽的同時可以保留原

來的號碼，相信他們一定會馬上行動。

資料來源：周鵬義. 客戶忠誠度計劃的設計與實施［J］. 電子商務，2010（9）.

大量的研究表明，現代企業維繫老顧客比爭取新顧客更重要。據調查，保留一個老顧客所需的費用僅占發展一個新顧客費用的1/5，例如證券公司發展一個新客戶將付出很高的代價（贈送iPhone4s或平板電腦等）；挽留一個不滿意的客戶的成本是保持一個老客戶的10倍；而且新顧客的獲利性低於長期顧客。大量的行業研究顯示：客戶保持率提高5%，利潤將會提高25%以上。因此，企業在發展新顧客的同時，不可忽略老顧客的流失。而維繫老顧客的重要措施之一是心系顧客，充分利用感情投資。同時，企業應該把有限的資源投入到有利可圖的客戶，確定哪些是企業應該保持的客戶，對於有效地開展客戶保持、增強盈利能力有著重要的意義。因此，客戶細分是保證企業成功實施客戶保持的關鍵。

思考一下：網購消費者是否比傳統消費者更容易形成品牌忠誠？為什麼？

3. RFM 模型

胡格思（Hughes，1994）提出的RFM分析是以三個行為變量來描述和區分客戶。「R」（recency）指上次購買至現在的時間間隔，「F」（frequency）為某一期間內購買的次數，「M」（monetary）是某一期間內購買的金額。基於這三個要素的評分方法模型稱為RFM模型，如圖9-13。該模型在客戶關係管理領域中得到了廣泛的應用，可用於評價客戶的忠誠度、客戶流失傾向和衡量客戶生命週期值。

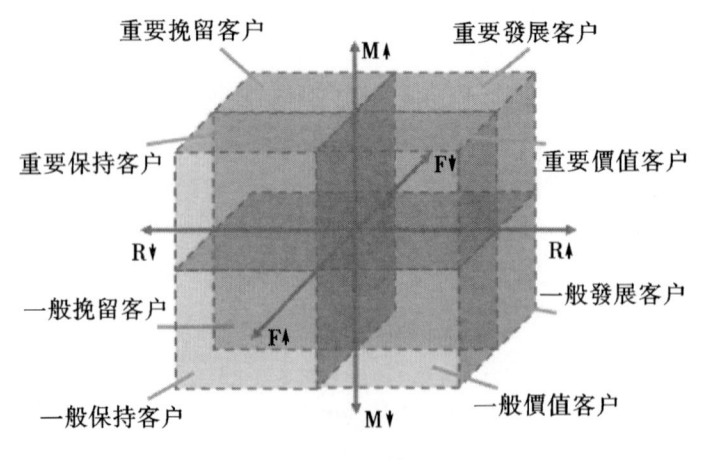

圖9-13 RFM模型

4. 客戶價值矩陣分析

馬科思（Marcus）為了消除 RFM 模型中購買次數與總購買額間的多重共線性，採用平均購買額代替總購買額；另外，為了解決傳統 RFM 分析過多細分客戶群的缺陷，他提出用購買次數（F）與平均購買額（A）構造的客戶價值矩陣來簡化細分的結果，如圖 9-14 所示。第三個變量「recency」在客戶價位矩陣中被剔除，「recency」與其他的變量（如交易類型、關係的長度與客戶價值矩陣）結合使用。

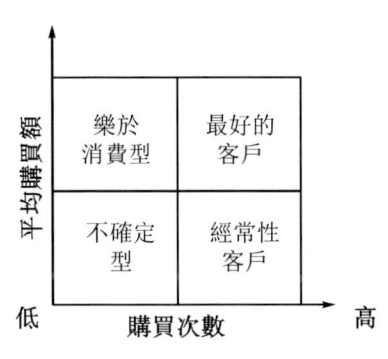

	購買次數低	購買次數高
平均購買額高	樂於消費型	最好的客戶
平均購買額低	不確定型	經常性客戶

圖 9-14　馬科思客戶價值矩陣圖

（四）抱怨行為

1. 消費者抱怨行為的表現方式

西方消費行為學家研究了不滿意的消費者的抱怨行為反應，如圖 9-15 所示：

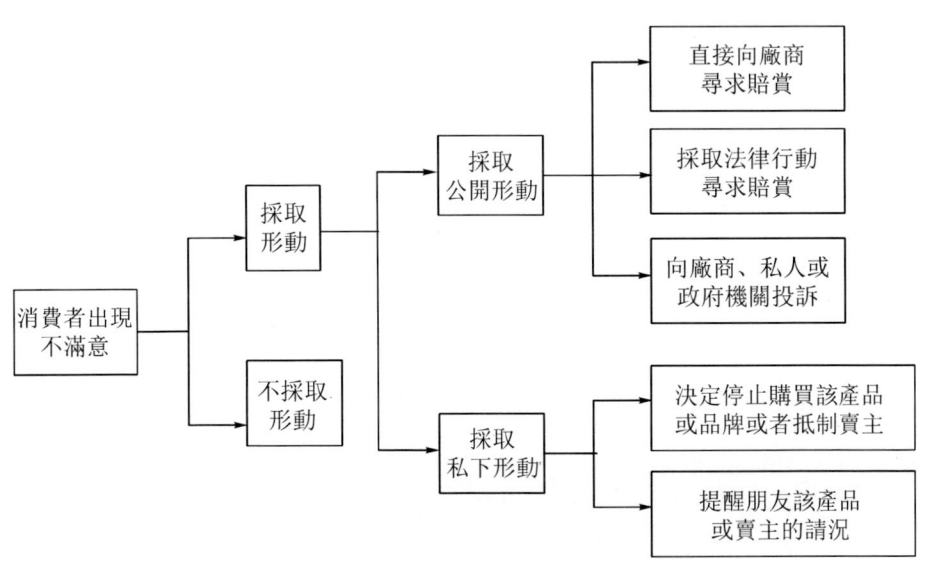

消費者出現不滿意 →
- 採取形動
  - 採取公開形動
    - 直接向廠商尋求賠償
    - 採取法律行動尋求賠償
    - 向廠商、私人或政府機關投訴
- 不採取形動
  - 採取私下形動
    - 決定停止購買該產品或品牌或者抵制賣主
    - 提醒朋友該產品或賣主的請況

圖 9-15　消費者處理不滿意時所採取的方式

由圖9-15可知，消費者若對產品不滿意，並非只會無助地自認倒霉，而是通過多種途徑進行「反擊」。尤其是在網路信息時代，消費者還會通過在網上散布各種信息來發泄不滿，從而對企業的形象、信譽產生負面影響。

消費者對產品是否滿意不僅會影響其以後的購買行為，還將影響到其他人的購買行為，對企業信譽和形象關係極大。如果消費者感到滿意或很滿意，他們可能再去購買這種商品，並且會對別人介紹這種商品的好處和優勢；如果消費者感到不滿意或失望，就會對商品產生不良印象，甚至勸阻別人購買。為何有些消費者願意提供購後評價，而另外一些消費者又樂意接受呢？消費者之所以願意提供購物評價，一是可能滿足自己的潛在需要，減少或者消除消費者購後對自己購物行為的疑慮；二是可能表達自己對產品的滿意或不滿意，由於他們自己對商品十分感興趣或過分失望，心理上感到不告訴別人不行；三是借此增加與相關群體其他成員之間的交往。其他人之所以樂意接受他人對商品的評價並作為自己購買商品時的重要決策依據，可能由於下述原因：一是來自親戚、朋友或相關其他成員的購物經驗，因其非營利性而被認為要比商業性信息來源更加可靠；二是對於那些性能複雜而又難以檢測的產品，消費者傾向於充分聽取他人意見以減少購買風險；三是通過向其他人獲取購買信息以減少自己信息搜尋的成本，這種購後評價以口頭傳播的形式，往往以高可信度影響消費者的購買決策。有關研究表明：一個滿意的顧客向3個人介紹好產品的優點，而一個不滿意的顧客會向11個人講它的壞話。如果擴展開來，聽壞話的11個人再去講壞話，則這些不良口碑會對企業形象、信譽度產生極大的負面影響。

所以，有人說：「最好的廣告就是滿意的顧客。」消費者不僅僅是簡單的消費者，而且也是商品的評價者和宣傳者，經營者贏得一位消費者，也就意味著贏得一群消費者；而失去一位消費者，無異於失去一群消費者。行銷人員不能抱著「錢到手便了事」的短視心理而忽視消費者購買後的信息處理及行動的重要性。

2. 消費者的投訴心理

投訴是指消費者在購物活動中，由於商品和服務因素而引發的矛盾和衝突，或者在他們的權益受到損害時，向銷售人員或有關部門提出自己的意見和要求的行為。消費者投訴到市長熱線、工商局或消費者協會，大都能使問題得到合理解決。儘管我們處於一個信息社會，但有時只是零售商對消費者的抱怨有較深的感受，製造商並沒有直接面對消費者，這會影響製造商對改良和創新產品的積極性。

消費者投訴的原因是多方面的，除了產品質量、售后服務方面的問題外，廠商對待投訴的態度往往是矛盾激發的重要因素，中國消費者總體上是很寬容的，他們覺得在一定程度上是「態度決定一切」。

消費者投訴時的心理包括：

（1）求尊重。消費者採取投訴行為，總希望別人認為他的投訴是對的和有道理的，渴望得到同情、尊重和重視，並向他表示道歉和立即採取相應的行動等。

（2）求發泄。消費者在購物活動中，由於受到挫折，會利用投訴的機會把自己的煩惱、怨氣、怒氣發泄出來，沉重、鬱悶和煩躁的心情因此會得到釋放和緩解，以維持心理上的平衡。

（3）求補償。由於服務因素、商品因素或其他原因，消費者的權益受到損害，消費者希望他們的損失能夠得到補償。例如，侵犯人權的賠償，質次商品的免費修理、換貨、折價賠償或退貨等。由於消費者因產品質量問題的投訴會耗費一定的時間、精力和錢財的損失，廠商還應當給予消費者某種產品本身以外的額外補償。

第十章
網路消費心理

20世紀末，對人類社會發展進程最有影響的莫過於互聯網，由於網路的出現，商品零售迎來了新的方式——網路銷售，網路已經成為一個非常有價值的行銷渠道。網路銷售的方便快捷、海量信息、交易成本低、即時性、跨地域性、互動性以及多媒體等特性，對傳統的店鋪商業活動產生了巨大的衝擊，傳統中間商甚至有被取代的可能，出現「去中間化」的趨勢。

而網路消費者與傳統市場消費群體有著截然不同的特性，企業要想卓有成效地開展網路行銷活動，就必須瞭解和把握網路消費者的特徵，分析網路消費者的消費心理與行為，盡可能地為行銷活動提供可靠的數據分析和行銷依據。

思考一下：你覺得網路購物比線下購物具有哪些優勢？

第一節　網路消費者的特徵分析

一、網路消費者的群體特徵

網路購物已成為中國網民的一種普遍行為，不論是在 PC 端還是在移動端，2014年以來中國網購用戶屬性均已基本接近整體網民。網路消費者的群體特徵包括：消費者的人口統計變量（年齡、性別、收入、教育程度、職業、家庭大小等）、購物導向、相關經驗與知識（計算機、網路經驗和知識、過去直銷購物經驗等）。

例如，香港網上消費者主要由男性、35歲以下、高學歷者和家庭人均收入較高的消費者組成（sheehan，1999），這與美國網上零售早期發展相吻合。但隨著互聯網的普及，消費者的人口統計變量在網上購物行為中的影響作用將逐步弱化，網上購物者在性別、年齡、收入和教育等方面將逐漸與總人口的特徵相符合。

（一）網購消費者整體男性偏高

從性別分佈來看，中國網購消費者男性用戶略高於女性，且移動端相對更高。一項針對美國網民的調查也表明，男性比女性更傾向於運用網路搜尋產品和服務的信息。男性網民的網上交易次數一般是女性網民網上交易次數的 2.4 倍。但從淘寶網、天貓的統計上看，中國女性網購消費者與男性大體相當。

如果說女性是商場、購物中心等實際購物場所的主力消費群體，那麼按照邏輯來看她們同樣應該是網路環境中的主體消費者。為什麼研究得到的結論並非如此呢？性別差異下暗含的原因在於男性相對於女性來說對於網上購物更加信任，感知的風險比較低；同時男性在傳統環境下羞於討價還價和探討產品細節，而在網路購物過程中不存在這樣的顧慮與問題，相對於女性來說更會喜歡網上購物方便快捷的特點。另外，也與女性多使用配偶（或男朋友）註冊帳號進行網路購物的習慣有關，其原因或者是便於男方進行支付貨款，或者是便於將商品配送至男方地址由男方搬運回家，等等。這也與中國整體網民男性占比稍高的特徵相符。

（二）年輕人是網上消費的主流

根據調查，絕大多數網路消費者在 35 歲以下，表明網路消費的主體是年輕人。年輕人一般都追求創新、新潮觀念，容易被新事物所影響，而且接受新思想、新知識快。成功的網購經歷會使他們越加信賴網路，變成對網路形成依賴的網購族。並且，上網歷史越長，購物比例也越高。

根據天貓對近年來網購消費者的年齡變化分析，發現 36～40 歲（包括 40 歲以上）的人群比重在不斷增加，整個網路購物人群的年齡寬度越來越寬，這是中國電子商務普及和大眾化的反應。

（三）以大專以上學歷為主，但較低文化水平的網民增加較快

與人口總體相比較，網路消費者是屬於其中學歷較高的人群。主要是由在校大學生以及參加工作不久的大學畢業生組成。可見網路消費不僅僅是一種時尚，而且是一種需要一定文化修養的消費形式。但不同學歷人群的互聯網使用正呈現出逐步向較低學歷人群擴散的趨勢。

（四）中低收入者所占比重可觀

據統計，目前中國上網用戶大都屬中低收入。另外，無收入者也占了一定的比例。家庭電腦的普及、上網途徑的多樣化、上網費用的降低都為低收入者涉足網路提供了便利。

(五) 具有相關購物經驗

網路群體往往都具有一定的網購經驗，而 60 歲以上的消費者大多對計算機不熟悉，對網上購物的感知風險較高，不願對網路購物進行學習和嘗試。相反，擁有較多計算機、網路經驗和知識的消費者就比較容易接受網上購物；擁有直銷購物經驗的消費者對網上購物也有一個比較正向的態度和意向。

二、網路消費者的心理特徵

網路消費者的心理因素包括購物動機、個性特點、認知、學習、信念和態度等。

科高卡特等（Korgaonkaretal，1999）分析使用網路動機對消費者行為的影響，發現可能的網上購買與信息收集、交互、社會化、經濟動機正相關，與交易安全、個人隱私擔心負相關。逃避現實、交互、經濟動機、年齡和收入與網上購物頻率正相關。從購物導向上看，便利導向的消費者更傾向於採用網上購物方式，社會交互、購物體驗導向的消費者對網上購物的興趣少一些。

中國互聯網路發展中心（CNNIC）第十次調查結果顯示，中國消費者網上購物的主要動機依次是：節約時間（48.5%）、價格便宜（43.67%）、購物操作方便（42.4%）、尋找稀有商品（33.5%）、嘗試新事物和有趣（25.5%）等。國內外許多研究都發現價格便宜、方便快捷是兩個導致消費者網上購物的主要因素。

(一) 個性化心理

網購消費者多以年輕、高學歷用戶為主，他們喜歡擁有不同於他人的思想和喜好，渴望變化、喜歡創新，其具體要求越來越獨特，個性化越來越明顯。而網路時代的消費品市場呈現出產品設計多樣化、選擇範圍全球化的特點，網上的消費品在數量和種類上都極為豐富，加之網路系統的強大信息處理功能，使得消費者在選擇產品時有了巨大的選擇餘地和範圍，為滿足消費者的個性化需求提供了良好的條件。同時，在網路環境下，消費者在購物過程中有效避免了環境的嘈雜和各種影響的誘惑，消費者在購買活動中的理性大大增強，理性增強的結果是需求呈現出多樣化的特點，個性化隨之顯現出來。當然隨著經濟的不斷發展，人們收入水平的提高，也促進了消費者的個性化心理。

在傳統模式下，進行市場細分和市場定位的對象是顧客群，不可能是單個顧客。而大數據條件下可以把市場細分到單個消費者，實現「超市場細分」和一

對一行銷，能充分滿足顧客的個性化需求，為其提供特定的產品和服務，同時盲目的促銷也會大大減少。同時，廠商與消費者之間信息傳遞的便捷性尤其為那些具有特殊需要的消費者提供了方便，消費者可以繞過中間商直接向生產者訂貨，消費者和生產者直接構成了商業的流通循環，消費者可以直接參與產品的設計之中，按照自己的特殊需要要求企業生產適合自己的產品。如 IBM 的「Alphaworks」就是讓消費者直接參與 IBM 的產品設計，生產消費者需求的特定產品。

海爾在中國率先推出了 B2B2C 全球定制模式，可以按照不同國家和地區不同的消費特點，進行個性化的產品生產，目前可以提供 9,000 多個基本型號和 20,000 多個功能模塊供消費者選擇。用海爾首席執行官張瑞敏的話說就是「如果你要一個三角形的冰箱，我們也可以滿足您的需求」。在短短一個月時間裡，海爾就拿到 100 多萬臺定制冰箱的訂單，說明產品定制化的時代已經到來。海爾現在完成客戶化定制訂單只需 10 天時間，而一般企業至少需要 36 天。海爾在國內已建成 42 個配送中心，每天可將 50,000 多臺定制產品配送到 1,550 個海爾專賣店和 9,000 多個行銷點。在中心城市實現 8 小時配送到位，輻射區域內 24 小時、全國 4 天以內到位。

(二) 主動心理

網購消費者往往比較主動、獨立性很強。隨著互聯網技術的發展，消費者已經不習慣被動式的單向溝通，他們善於和樂於主動選擇或搜索信息並且進行雙向溝通，而不是被動地接受廠商的廣告信息。他們在作出購買決策前，常常都會主動運用各種搜索引擎去「貨比三家」，並積極地去查看已經使用過產品的消費者的評論，而不僅僅只聽企業說什麼。同時由於網路自身的特點，他們對產品和服務的體驗得不到滿足，因此消費者在對產品產生興趣的時候就會同時產生很多疑問和要求，網路消費者會通過網路通信技術，在第一時間積極主動地與商家取得聯繫。如果此時賣方不能及時地解答消費者的疑問，而是消費者發出購買諮詢後很久才能得到回覆，那麼消費者極有可能對賣方產生不滿進而轉向其他賣主。

同時，如果市場上的產品不能滿足其需求，網購消費者還會主動向廠商表達自己的想法，自覺不自覺地參與到企業的新產品的設計開發等活動中來，這又同以前消費者的被動接受產品形成鮮明對照。消費者主動參與生產和流通，與生產者直接進行溝通，有助於減少了市場的不確定性。

在網路 2.0 時代，消費者不僅是信息的接受者，也是信息的發布者，消費者

願意主動地將自己的消費體驗和商品評論發布在網上，傾訴自己的情感並希望獲得共鳴，並為其他消費者的商品選擇提供有益的參考。

(三) 理性心理

在現實的購物中，消費者往往容易受現場的購買氣氛、商品的豐富程度、陳列方式以及售貨人員的態度等的影響，產生衝動性的購買行為。而在網路環境中，消費者面對的是計算機，能夠在沒有干擾的情況下，冷靜思考，理性分析。網購消費者利用在網上得到的信息，經常進行大範圍的選擇和比較，力求所購買的商品價格最低、質量最好、最有個性，使商家欲通過不法手段獲利的概率幾乎為零。

網購消費者以大城市、高學歷的年輕人為主，不會輕易受輿論和外界環境左右，對各種產品宣傳有較強的分析判斷能力，購物的動機往往是在反覆思考、比較、精打細算後產生的。有數據顯示，在網上購物時，女性比男性更乾脆，決策時間更短。這與網下購物時的表現是完全相反的，也說明男性網上購物會比網下更加理性、穩重。

還有一個現象，網購消費者有時會把自己看好的商品放在虛擬「購物車」裡面，以方便選購，但拋棄「購物車商品」的現象經常發生。相反的是，實體店的消費者很少有挑選了商品到購物車中最后卻放棄付款而走人，因為實體消費者會承受很大的心理壓力；而且，在親眼看見、親手觸碰、親身嘗試的體驗刺激以及銷售員的熱情推銷下，也令實體店中的消費者容易情緒化地更快地做出購買決定。

(四) 快捷方便心理

在傳統的購物環境下，消費者不但會遇到諸如交通安全、尋找商品、購物環境、服務質量、禮貌服務等方面的問題，還要經過到收款臺排隊、支付、打包，再把商品帶回家等繁瑣的購物過程。現代消費者大多不喜歡繁瑣、費力的購物活動，而網路購物為其提供了前所未有的便利，網路作為媒介直接溝通了賣家與買家，簡化了更多程序，使購物活動更為方便快捷。網上商店全天候營業、網上支付、送貨上門等服務特色帶給了消費者許多便利，消費者可以隨時在電腦或智能手機上查詢商品資料並完成購物過程。正如天貓廣告語所言：「沒人上街不等於沒人逛街。」

網上購物還從時空兩個方面體現出便捷性：

(1) 時間便捷性。網上商店可以每天 24 小時營業，全年無休，而不像在傳

統模式下受到商店營業時間的限制。艾瑞諮詢的統計顯示，國內網民每周網購主要集中於工作日，每日網購高峰出現在上午 10 點和晚上 9 點，這與傳統購物時間很不一樣。

（2）空間便捷性。「貨比三家不吃虧」是人們在購物時常採用的技巧。在網上挑選商品時，可以足不出戶利用搜索引擎的強大功能，方便、快捷地獲得全國乃至全世界的相同產品信息，商品挑選余地大大擴展。而且，消費者還可通過公告欄告訴成千上萬的商家自己的需求，在家中坐等商家與自己聯繫。再者，網上商場還可提供異地買賣送貨的業務，例如，為外地父母通過網路商場購買老人用品，購買餽贈禮品等。

（五）價格敏感心理

網路購物之所以發展起來，很重要的一個原因就在於網上產品的銷售價格比傳統渠道要低。消費者也對網上商品的價格有一個心理預期，認為其價格應該比傳統渠道的價格要低。原因在於網路銷售可以減少傳統行銷中的店鋪費用、廣告費用、人工費用、推銷費用、中間環節的經銷代理費用及相關的信息費用等，使網上商店能夠提供比實體店低得多的商品價格。

價格始終是消費者最敏感的因素，而網上購物的商品的價格是可以比較和透明的，消費者可以非常方便地借助現有的網路工具查看同一種商品在所有網上商店的價格和相關信息，可以保證自己在網上買到的東西是便宜或最實惠的。隨著商品質量和服務質量的不斷提高，一些消費者開始從注重品牌轉向最低價格，把主要注意力轉向挑選最便宜的商品上。同時，很多網上商店採用「攻擊型」的靈活價格策略，即競爭性定價，甚至有人說網購價格「沒有最低，只有更低」。因此，網購行業容易出現「至『賤』者無敵」「價低者得」的競價文化，不適合創意產品和奢侈品的銷售。有的創意產品一出現，就會被山寨、抄襲，並利用低價把創意的價值降低。而注重產品質量升級的奢侈品，也很難在網上與低價的類似產品競爭。

（六）躲避干擾心理

在傳統商店購物時，總要接觸到服務員，有時還會有旁邊的顧客，會有人群所帶來的壓力。態度不佳或過分熱情的營業員、嘈雜擁擠的購物環境、自助式購物環境下服務員警惕的眼光等，都會使消費者產生不良的消費體驗。而網上購物恰恰能夠彌補這些不足，消費者可以輕鬆自由、隨心所欲地獲得商品信息並完成購物過程，而不需要其他人的服務。這樣，消費者可以始終保持心理狀態的悠閒

自在和精神的愉悅,也不用擔心自尊心會受到隱形傷害。同時,對於購買某些私密性較強的商品和願意自助的消費者,網路購物也提供了一個非常寬鬆的環境,例如網上商店是性用品的主要銷售渠道。

(七) 時尚心理

網路時代新生事物不斷湧現,產品生命週期不斷縮短,產品生命週期的不斷縮短反過來又會促使消費者的心理轉換速度進一步加快,穩定性降低,在消費行為上表現為需要及時瞭解和購買到最新商品。不少網購消費者喜好新鮮事物,追求時尚,希望與時代同步,而網上行銷正好適應了這一心理變化要求。

三、網購消費者的具體行為特徵

我們從以下幾個方面來說明中國網購消費者的具體消費行為特點:

(一) 網購時間

統計網購消費者周購物時間分佈數據發現,購物高峰集中在工作日,特別是周一至周四。相對而言,周六、周日是兩週之中的「購物淡季」,如圖10-1所示。分析認為,周購物高峰集中於工作日,與中國購物主體用戶的工作及購物習慣緊密相關。中國網購用戶以女性且在19~35歲的用戶群為主體,這部分用戶因平時工作的原因,工作日接觸互聯網的時間長,購物也多集中在工作時間;週末作為工作人群休息的時間,更多地會選擇外出逛街或遊玩,因此導致網路的使用包括網購的頻次都明顯降低。

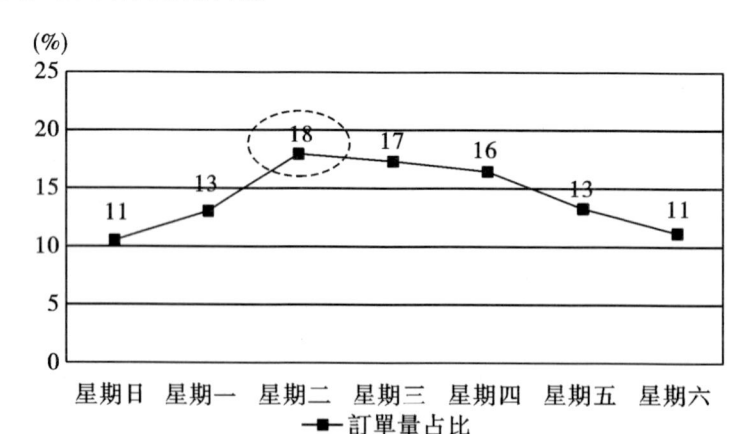

圖10-1 中國網民每周網購時間變化

圖10-2的數據還顯示，用戶白天的購物高峰在上午10點。從上午10點到下午6點網購熱度總體呈下降趨勢，下午6點到晚上9點則再次上升，並在晚上9點達到全日網購的次高峰，此后直線下跌。

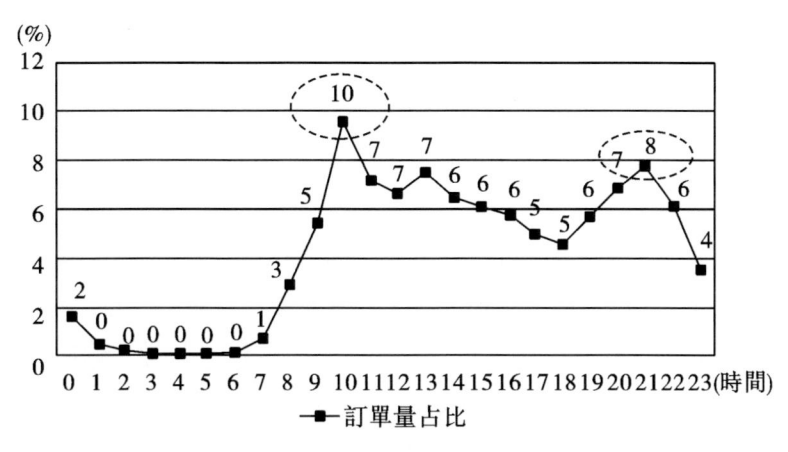

圖10-2　中國網民每天網購時間變化

（二）消費次數與消費金額

《2015中國網路購物用戶調研報告》顯示，中國網民已基本養成網路購物習慣，約八成用戶平均每月至少網購1次，網購頻率領先於全球平均水平。從性別上看，女性的高頻度購買用戶比例顯著高於男性，但從實際消費金額上看，男性要高於女性。基本上呈現出「女性高頻率單次消費低，男性低頻率單次消費高」的網路購物性別消費特徵。

（三）消費商品類別

消費者對價格低的商品捲入程度也低，購買風險相對較小，容易產生網購行為。大多數消費者的網路購物都開始於與日常生活聯繫較為緊密的低價用品，對較為昂貴的產品網上消費持謹慎態度。亞馬遜最初成功的重要因素在於產品的類型，因為書籍的標準化高，消費金額較低，在消費者看來網上購書的風險小。而若網上購買高價產品，消費者的潛在風險就大。

據統計，網購消費者在網上經常購買的產品類別前十位依次是：外穿類服裝、鞋類、圖書音像、日用品、家居用品、化妝品與護膚品、食品與保健品、內衣類服裝、小型數碼產品、配飾。與關注的產品類別相比，購買最多與最為關注的產品類別大體一致，但圖書音像類商品的購買排名要高於關注度排名，而小型數碼產品則屬於「關注度高、購買率低」的商品。另外在購買過成人用品的網

購用戶中，其大部分的成人用品是通過網路購買的。可見，對於某些私密性較強的「難為情」商品，網路為其提供了一個便捷的銷售渠道。

與消費者經常在網上購買的商品相對應的就是消費者拒絕在網上購買的商品類別，主要是：奢侈品、收藏品、保險、交通工具、樂器、食品、服務類產品、大家電、虛擬產品等。有意思的是，雖然中國消費者到國外大量購買奢侈品，但對網路購物中的奢侈品消費不買帳，這與國內仿製品太多、購物網站信譽度缺失、價格不透明、風險大等因素有關。拒絕網路購買的產品類別大都有價格高、質量要求高的特點。

在網路購物環境中，根據消費者對產品特性的瞭解程度及瞭解方式，可將產品分為搜索產品、體驗產品與信任產品。一般來說，搜索產品是指消費者在購買前就能夠對質量和適用性有所瞭解的產品，它往往是一些具有標準化特性的產品，如書籍、電器、電子產品、化妝品等。體驗產品是指消費者在購買前對產品的主要屬性沒有直接體驗，如服裝；或對產品主要屬性的相關信息的搜索成本很高或很難，如香水。信任產品是普通消費者無法驗證某種品牌的產品所具有某種特性的質量如何，通常只能給予信任，如維生素、醫療服務等。其中，搜索產品更適宜網路銷售，消費者對其作出錯誤的購買決定的風險較低。雖然消費者無法通過網路對產品的觸覺、味覺等屬性進行體驗，但布朗（Brown，2001）發現，一種物質產品當它的觸覺屬性在網上有語言描述時，消費者會更喜歡購買。因為產品的觸覺屬性是消費者很難在網上評價的，增加對觸覺屬性的描述就降低了消費者的評價難度，也就增強了消費者的購物意願。從信息搜索行為上看，購買體驗產品的消費者比購買搜索產品的消費者趨向於更頻繁地使用網路信息，且更為重視從其他消費者以及從中立方收集到的網路信息資源。與之相反，消費者在購買搜索產品時，零售商及製造商的網頁被覺得更有用（Bei，2004）。這就提醒經營搜索產品的商家要特別重視網站所提供的信息質量；而經營體驗產品的商家建立顧客社區和聊天室等，讓消費者交換對產品的意見、增加互動機會將有利於產品的銷售。

費奧和波恩（Phau and Poon，2000）在比較消費者對不同類別的產品的網上購物意願時發現，與低區別產品相比，消費者更願意購買高區別產品；與高價格低購買頻率的產品相比，消費者更願意購買低價格高購買頻率的產品；與有形產品相比，消費者更願意購買無形產品。因為許多網上銷售的無形產品是標準化的產品，如上網卡、銀行服務、軟件等，網上網下購買產品質量並無差異，而網

路購物具有價低、方便、快捷、即時服務的優勢。

(四) PC 端與移動終端的網購頻次

網購用戶在 PC 端的購物頻次相較於移動終端（手機和平板電腦）更高，而使用移動終端購物的用戶的學歷和收入較 PC 端高。在用戶眼中，手機網購存在的三大問題依次是：商品瀏覽不方便、圖片不清晰、有客戶端的網站數量太少。由於一些網站對使用移動終端購物採取了一些優惠措施，不少消費者會通過 PC 端選擇商品而在移動終端上進行下單的購物方式，因而部分移動終端的購物頻次實際上是兩種方式的結合。

網路購物打破了人們購物的地理界限，坐在電腦前幾乎可以買到全世界的商品，而移動終端購物則打破了消費者網路購物的場所限制，消費者可以在任何地點、任何時間瀏覽購物網站或購買商品。圖 10-3 是中國網購用戶使用不同終端的購物場景分佈。從中可以看出，家庭是最主要的網購場景，移動終端對碎片化時間利用最充分，戶外場所是手機購物的主要場所。不僅是移動購物，移動終端在實體店消費中的應用也越來越多。特別是手機二維碼的應用，只需用攝像頭掃描商品對應的二維碼，就能夠實現價格比較、優惠券下載，甚至直接進行購買消費。雖然從總體上看，電腦 PC 端由於屏幕大、瀏覽方便、用戶習慣等原因，仍是最主要的瀏覽和購物終端，但是手機的輕巧隨身性和客戶端使用的便捷感，消

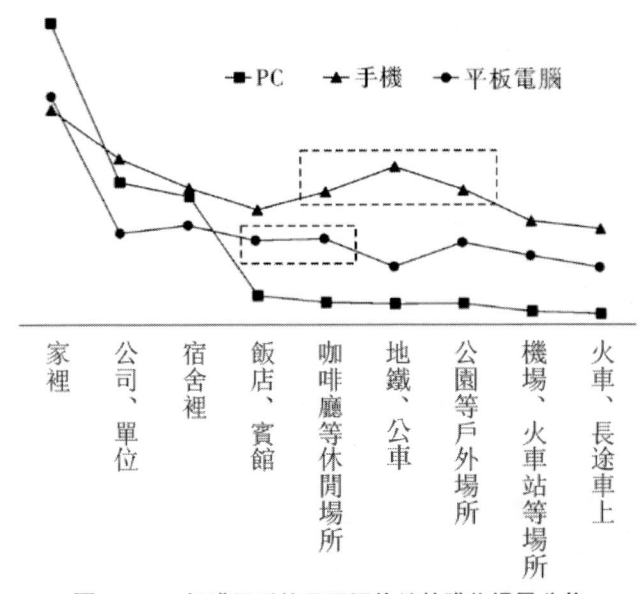

圖 10-3　網購用戶使用不同終端的購物場景分佈

費者可以隨時隨地利用各種碎片化時間進行消費活動，移動網購正在快速發展，隨著網民移動端購物行為的逐步養成和移動購物場景的不斷延伸，移動端網購頻次將會逐步上升。

(五) 電商 App 的使用

2014 年中國約 60% 的網購用戶經常使用的電商 App 個數為 2～3 個，且女性網購用戶傾向於使用更多的電商 App。一方面女性本身對購物更有興趣，樂於嘗試多種購物渠道，發現優質商品；另一方面近年來以唯品會、聚美優品、蘑菇街、美麗說等為代表的女性垂直類電商 App 大量湧現，吸引女性網購用戶下載使用，在一定程度上也使得女性用戶使用電商 App 的個數偏多。

另外，使用電商 App 數量越多的消費者移動端購物的頻次越高，對場景的敏感度越低，累計消費額越大。這是因為不同垂直類電商 App 分別滿足了消費者對不同商品的需求，從而導致移動端購物的頻次增加，而且，同時使用多個電商 App 的消費者往往也是移動端購物的熱衷者，移動端網購需求較強。

(六) 付款方式的選擇

在網購支付市場上，傳統的支付方式（如貨到付款、自提現場付款等）並不占優勢，線上支付是網購的主要支付方式。其中第三方支付的用戶比例最高，從中國消費者對第三方支付的品牌認知率和使用率上看，依託於淘寶的支付寶有十分明顯的優勢，其次是財付通和快錢。另一種網上支付方式是網上銀行支付。微信支付、支付寶直接支付等手機移動支付也隨著移動網購的興起而異軍突起，手機網購也推動了消費者嘗試使用多種網購支付方式，如 NFC 近場支付、刷卡支付、掃碼支付、短信支付、搖一搖支付、圖像識別支付、手機銀行、帳戶餘額支付等。

在第三方支付的用戶群中，有近半數的消費者樂於在帳戶中存錢以備消費，說明消費者使用第三方支付的頻率較高且具有較強的消費意願，同時也反應出對第三方平臺持信任態度。尤其是支付寶打造的余額寶還能提高現金的利息收益，受到很多消費者的喜愛。

(七) 購物網站的選擇

消費者選擇傳統購物方式時，對零售商家或是店鋪的選擇，通常會考慮自己的居住地點、前往店鋪購物的交通狀況、該零售商業網點的分佈狀況、商店的信譽，以及產品促銷情況等因素。而網上購物消費者對零售商家的選擇主要體現在

對商業網站的選擇上，主要考慮的因素包括網站的知名度、商品的齊全、網路零售商的信譽、提供的產品信息的充分度、對同類產品性能和價格的公正等比較信息等。另外消費者選擇傳統購物方式時，主要考慮商家在購物現場以及售後的服務質量、購物環境的舒適度、購買過程中對產品的觸摸和試用等，網上購物消費者卻更多地考慮支付方式、信息安全性和隱私保密程度、購物界面的友好和方便，以及購物過程的便捷和省時等。

中國的購物網站主要分為五大類：① B2B：如阿里巴巴；② B2C：如京東商城、當當、亞馬遜、1號店等綜合類（全品類）商城以及凡客誠品、麥包包等垂直類網站；③ B2B2C（供應商對交易平臺對消費者）：如天貓、QQ商城；④ C2C：如淘寶、拍拍網；⑤ 團購網站：如美團、聚劃算。另外，很多企業自設平臺（企業官方網站）開展行銷活動、表達企業意志或進行商品（服務）交易，如聯想官網。隨著網購市場的逐步完善，B2C取代C2C成為網購主流是行業發展的必然趨勢。

劉德寰（2011）的調查表明，從消費者網路購物習慣與偏好上看，綜合類購物網站以其大而全的特徵，具有傳統超市「一攬子購物」的特點，使消費者在網上不必受「奔波」之苦，也能夠滿足多數消費者的一般需求，有72.90%的網購消費者更偏好綜合類網站（見圖10－4）。而在新品方面，由於瀏覽的便利性和高頻度，新品的推出有助於提升消費者的新鮮感和關注度。而事實上，對於網路購物消費者而言，對於新品的關注度也較高，67.45%的消費者會關注網站推出的新品。網路購物除了足不出戶的便利，在商品、價格、多店比較方面也具備實體店不能比擬的優勢，特別是在比價導航網站興起之后，「貨比三家」的難度大大降低，有73.80%的消費者在購物前會瀏覽多家網購網站進行比較。不過雖然網路購物讓消費者選擇網站的轉換成本幾乎為0，但消費者對於已偏好的網站依然形成了一定的忠誠度，每次購物瀏覽必然光顧，形成了較強的品牌意識，85.91%的消費者擁有固定瀏覽的網站，這也是幾項測量指標中用戶比例最高的。

消費心理學

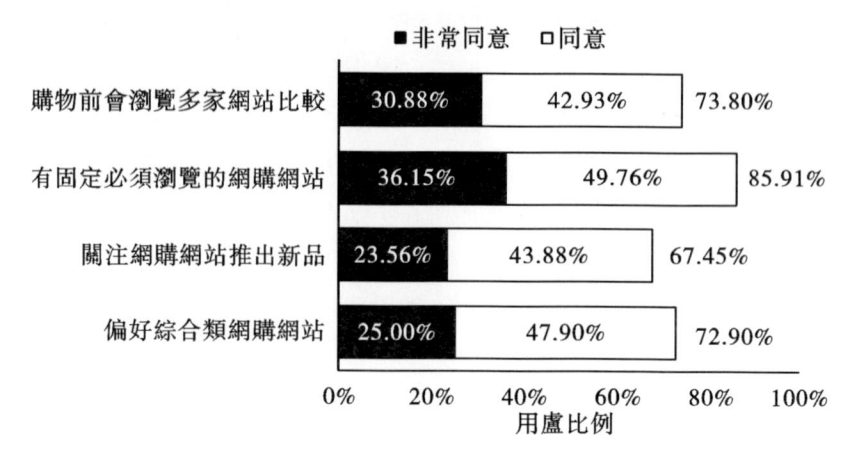

項目	非常同意	同意	合計
購物前會瀏覽多家網站比較	30.88%	42.93%	73.80%
有固定必須瀏覽的網購網站	36.15%	49.76%	85.91%
關注網購網站推出新品	23.56%	43.88%	67.45%
偏好綜合類網購網站	25.00%	47.90%	72.90%

圖 10-4　消費者網路購物習慣與偏好

數據來源：2011 年第三季度網路購物消費者研究。

從消費者對網站品牌的認知，到產生瀏覽行為，最終形成購買，其中經歷著瀏覽和購買的轉換過程，在這一過程中，體現出產品和商家品牌的共同吸引作用。這一過程可以用瀏覽轉換率和購買轉換率來考查，相互關係是：品牌認知率（知名度）——瀏覽轉換率——瀏覽率——購買轉換率——購買率。第一象限市場諮詢公司推出了反應網購品牌的綜合實力水平的第一象限網購指數（UP指數），通過對網路購物品牌的知名度（主要指標是：品牌提示后認知率、品牌無提示提及率）、瀏覽率（點擊率）、購買率（下單率）等指標的綜合分析，形成評價品牌實力水平的指標體系。調查發現，淘寶網的第一象限指數在各網路購物品牌中遙遙領先，是唯一位居強勢品牌區域的網購品牌，這與淘寶網產品豐富、價格低廉、支付方便可靠的特色有關；其次是天貓、京東、亞馬遜、當當等。一些小型特色網站（主要是專業類的垂直型購物網站），雖然整體認知率不占優勢，但在購買轉換率和重複購買率上高於整體水平，因此打造知名度、提高瀏覽率是這些網站需特別注意的問題。某些垂直型購物網站在其細分領域仍占據優勢，如購買書籍的消費者大都選擇當當網。

（四）網路消費行為的影響因素

許多關於網路消費行為的影響因素的研究是基於 TRA、TPB 和 TAM 展開的，加入了網路環境因素和傳統消費行為的相關因素。

鐘秀妍（2009）對網路消費行為的文獻進行整理，從變量層面將相關文獻分為四類，並總結出相關的網路消費行為影響因素，如圖 10-5 所示。

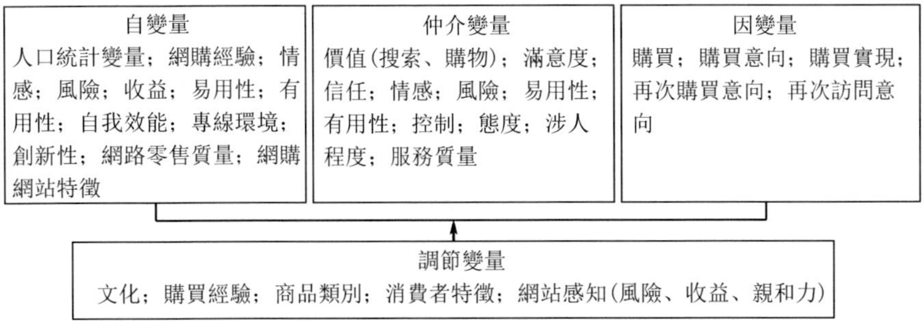

```
┌─────────────────┐    ┌─────────────────┐    ┌─────────────────┐
│     自變量       │    │    仲介變量      │    │     因變量       │
│ 人口統計變量；網購│    │價值(搜索、購物)；│    │購買；購買意向；購買實現；│
│ 經驗；情感；風險；│──▶│滿意度；信任；情感│──▶│再次購買意向；再次訪問意│
│ 收益；易用性；有 │    │；風險；易用性；有│    │向                │
│ 用性；自我效能；專│    │用性；控制；態度；│    │                 │
│ 線環境；創新性；網│    │涉入程度；服務質量│    │                 │
│ 路零售質量；網購 │    │                 │    │                 │
│ 網站特徵         │    │                 │    │                 │
└─────────────────┘    └─────────────────┘    └─────────────────┘
          │                     │                      │
          └─────────────────────┼──────────────────────┘
                                ▼
                    ┌─────────────────────────┐
                    │        調節變量          │
                    │文化；購買經驗；商品類別；│
                    │消費者特徵；網站感知(風險、│
                    │收益、親和力)            │
                    └─────────────────────────┘
```

圖 10-5　基於文獻綜述的網路消費行為影響因素

在網路環境下，消費行為的內涵得以進一步擴充。網路消費行為不僅包括傳統消費行為中的購買行為，還包括信息消費與生產行為。結合對以往文獻的梳理，可以將網路消費行為的影響因素分為三類：①個體因素，包括個人因素和心理因素；②產品（服務）或信息本身的因素；③網路相關因素，包括網站設計和網站技術（見表 10-1）。

表 10-1　網路消費行為影響因素的研究要點

個體因素	產品(服務)或信息本身的因素	網路相關因素
個人所處的環境（文化、亞文化、線上和線下的周邊群體） 人口統計因素（性別、年齡、受教育程度、收入等） 心理因素（動機、態度、以往經驗、信任度、學習等）	產品（商品類別、價格、質量、品牌、新穎性） 服務（商品交易的服務質量、信譽、物流配送、客戶服務、溝通及時性） 信息（價值性、獨特性、網路口碑）	網站設計（頁面環境、內容、導航） 網站技術（穩定性、流暢性、隱私性、互動性）

思考一下：分析你自己的網購行為有哪些特點？

第二節　消費者網路購買的行為過程

在傳統的店鋪購買過程中，消費者的消費行為和購買過程分為五個階段：需要認知、信息搜尋、比較評估、決定購買、購後評價與購後行為。這個連續的完整的過程表明了消費者從產生需要到滿足需要的整個過程。同樣，在網上購物時，這些步驟基本沒變。但其內涵卻因購買模式的不同而有所不同。我們將網路

消費者的購買過程分為七個階段，相互關係如圖10-6所示：

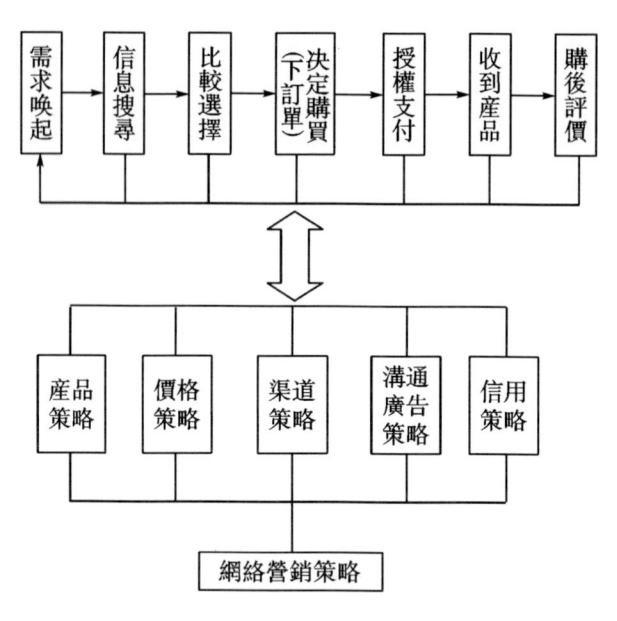

圖10-6　網路消費者的購買過程模型

一、需求喚起

與傳統購物模式相同，網上消費者購買過程的起點是需求的喚起或誘發。不同的是，網上購物的消費者中，除了實際需要的消費需求之外，更多的消費需求誘發來源於互聯網上商家店鋪頁面中源源不斷的低價廣告宣傳對消費者視覺和聽覺方面的雙重刺激。互聯網的多媒體技術運用在網路經濟中產生了強大的廣告宣傳效果，聲畫同步、圖文結合、3D動畫、聲情並茂的廣告，以及各種各樣的關於產品的文字表述、圖片統計、聲音配置的導購信息都成為誘發消費者購買的直接動因。

淘寶Tanx還可以根據消費者查詢、瀏覽、購買等網上行為的Cookie資料，判斷消費者的消費興趣，從而有針對性地推出「一對一」「多對一」的廣告信息，避免了傳統廣告行銷中「一對多」信息方式的盲目性。

互聯網作為信息溝通工具，聚集了許多興趣、愛好趨同的群體。不同的人們根據自己不同的喜好，建立了各種各樣的網上虛擬社區。將SNS的互動和分享功能融入電商平臺，也會刺激消費者的需求，如人人網的「人人愛購」，尤其是

美麗說、蘑菇街等 SNS 網站在幫助女生抉擇購物的同時，也強烈地刺激著她們的購物慾望。一些電商平臺也強化了 SNS 功能，如淘寶的「淘江湖」與「掌櫃說」、比價返現平臺易購網的「曬單秀」等，以通過社交關係來影響消費者的需求喚起。有的電商主頁在用戶登錄後會有針對性地個性化推薦，呈現出千人千面的效果。用戶進入個人 SNS 頻道後，可以看到自己關注的店鋪動態和好友動態，有的甚至採用有 3D 效果的 SNS 社區。

沃爾瑪的社交網應用軟件 Shopycat 利用 Facebook 的數據來判斷某個人最好的 10 個好友，然后根據他們在 Facebook 上共享的信息判斷出他們的興趣，再根據他們的興趣向消費者提供最適合那些好友的禮物。與此類似，eBay 的 Gifts Project 提供了團購禮物服務，該服務可以將 eBay 購物者與 Facebook 好友聯繫在一起，以便集體購買禮物。比如單位上某個同事過生日，想送禮物但是又缺錢，此時大家可以搞一個團送，號召其他同事一起出錢買禮物，而 Gifts Project 就基於這樣的需求把在線商家組織起來，為購物者提供團購禮物的服務。

二、信息搜尋

互聯網對消費者的信息搜尋行為產生了重大影響，信息獲取的主動性和便捷性大大增強。消費者只要輕點鼠標，就可以通過互聯網瀏覽購物網站、商家店鋪的網頁上顯示的文字、圖片等說明性資料來瞭解自己所需要商品的具體信息。同時，搜索引擎為消費者的信息搜尋提供了極大的便利，節省了搜尋時間和成本。中國互聯網路信息中心（CNNIC）的統計顯示，網路搜索已成為消費者獲取商品信息的首選方式。另外，網上不同類型的虛擬社區的存在，使消費者不僅從身邊獲取信息，還可以向素不相識的人瞭解信息。各種網站也提供了各種類型的商品信息，消費者可以很容易地瞭解商品的市場行情以及其他消費者的網上評價。網路中各種信息應有盡有，信息的廣泛性、可信度（當然也不免會有一些虛假信息）以及獲得信息的速度和效率大大提高，可以基本上解決傳統交易過程中買賣雙方間的信息不對稱性問題，使消費者能在及時和充分獲取商品信息的基礎上作出正確的購物決定。網店的信用評級和消費者的網上評價也會促使商家建立良好的信用機制，從而形成講誠信的經營環境。

網路購物也使消費者的主動性得到最大限度的發揮。消費者一方面可以根據自己瞭解的信息通過互聯網跟蹤查詢，另一方面，消費者還可以在網上發布自己對某類產品或信息的需求信息，得到其他上網者的幫助。

網上零售商還可以通過採用操作視頻、3D 動畫、AR 互動技術（實際與虛擬視頻結合的增強現實技術）、即時通訊（如旺旺、QQ）等手段或開設消費論壇、建立網上虛擬展廳等一系列措施，幫忙消費者對產品的各個方面有較為全面的瞭解，滿足消費者的信息需求，促進購買行為的產生。而用戶評論是影響消費者做出購買決策的最關鍵的因素，網上買家評論信息的重要性超過了親戚朋友的意見，成為目前網路購物者購物前最關注的外部信息。Forrester 調研公司 2012 年研究發現，在訪問過帶有用戶評論的零售網站的消費者中，半數人表示用戶評論對其購買決策非常重要。

根據孫曙迎（2009）的調查結果，從網路消費者的角度看，消費者更加關注的是商品自身屬性方面的信息，包括「款式信息」「功能信息」「價格信息」「品牌信息」「質量信息」，而對商品附加屬性方面的信息，如「售後服務信息」「產品的最新技術信息或相關知識」則相對關注較少，「贈品信息」被關注得最少。

案例連結：王老吉的在線口碑病毒行銷

2008 年 5 月在中央電視臺舉辦的四川地震賑災捐款晚會上，王老吉捐款 1 億元，引起了網民的廣泛關注。之後，5 月 21 日天涯論壇上發表了一篇「正話反說」的標題為《封殺王老吉》的帖子，短時間內迅速成為熱門帖子而被瘋狂轉載，登上各大論壇、博客之首，互聯網上網民和媒體關注度均直線攀升。這條口碑病毒式的傳播直接鼓動了網民對王老吉產品的購買熱情，甚至導致王老吉在一些城市出現了斷貨的情況。

資料來源：佚名．一句話說明王老吉病毒性行銷之道［EB/OL］．http://www.wm23.cn/very123/462142.html.

三、比較選擇

為了使消費需求與自己的購買能力、購買動機、興趣愛好相匹配，比較選擇是購買過程中必不可少的環節。消費者對各條渠道匯集而來的資料進行分析、比較、研究、評價，從中選擇最為滿意的一種。一般來說，消費者的綜合評價主要考慮產品的功能、可靠性、性能、樣式、價格和售後服務等。

網路購物不直接接觸實物。消費者對網上商品的比較依賴於廠商對商品的描

述，包括文字的描述和圖片的描述。網路行銷商對自己的產品描述不充分，就不能吸引眾多的顧客。而如果對產品的描述過分誇張，甚至帶有虛假的成分，則可能永久地失去顧客。因此，把握好產品信息描述的「度」，是擺在廠商與網頁製作者面前的一道難題，而判斷這種信息的可靠性與真實性，則是留給消費者的難題。

雖然網路購物不直接接觸實物，但網路仍具有信息評估比較的獨特優勢。首先網路擴大了評估比較的對象範圍，網路的跨地域性特徵使消費者的評估比較對象很容易擴展到全世界任何一個國家；其次網路可以幫助消費者篩選和排列評價標準，並自動更新評估比較的結果，通過排行榜向消費者推薦商品。這些排行包括價格、銷量、店鋪信用等級、好評率、售後保障等方面。另外，還可借助一些輔助工具來對電商平臺的商品價格、快遞費、已賣出數量、賣家信用、賣家好評率等信息進行搜索、比較、排序。如「淘寶大買家」與「淘寶一籮筐」。

尤其值得注意的是相關群體的影響在網路市場中的作用將大大提高，並往往成為消費者評價方案的主要外界因素。在傳統市場中，由於消費者受到個性、興趣、職業和交際手段、範圍等因素的影響，其相關群體的規模相當有限。而在網路市場空間中，由於交流手段的革命和多種虛擬群體的出現，一個人的相關群體規模大大擴展，相互交流的能力也大大提高。他們在網上相互推薦商品，分享各自所收集的信息，對消費者的比較評估影響很大。

四、決定購買（下訂單）

在傳統購物中，消費者只要做出了選擇，就會交錢馬上拿到商品，但在網上由於是通過網路媒介，所以網路消費者在完成了對商品的比較選擇之後，還要進入到下訂單階段。下訂單階段實際上也就是作出購買決定的階段，同傳統購物模式相比，網上消費者的購買決策有許多獨特之處。首先，網路消費者理智動機比重較大，感情因素相對較少。這是由於消費者在網上尋找商品的過程本身就是一個思考的過程，有足夠的時間和空間來分析商品的性能、質量、價格和外觀，再從容地做出自己的選擇。因此這類消費者較一般消費者而言更接近於「理性經濟人」的假設，即時刻依據充足的市場信息進行完全理性的最優購買決策。其次，網路購買受外界因素影響較小，購買者面對電腦屏幕瀏覽商品信息，受到實物及其他消費者購買行為的影響較小，作出的決策理性成分較多，衝動性購買行為較少。最後，網上購物的決策行為較之傳統的購買決策要快得多。

在傳統購物模式中，消費者在確定了購買目標以後，還可能會考慮購買時間或購買地點的問題，但在網路購買中，購買目標與「何處購買」往往是不加區分的，因為消費者確定的商品也就在相應的網店之中。同時，由於網路購買更為方便快捷，購買決策也很少受外界因素的影響，網路購買更多地表現為即時購買。對網上商家來說，要在貨品的訂購、支付和交割等「如何購買」問題的環節上為消費者提供最大的便利，如提供虛擬的購物車，供他們存放所選商品；提供銀行卡（或信用卡）的快捷支付方式等。

消費者在網上的虛擬環境中購買商品，而且一般需要先付款後送貨，不同於傳統購物的一手交錢一手交貨的現場購買方式，網上購物中的時空發生了分離，交易過程中物流與資金流是相互分離而且非同步發生的，消費者有失去控制的離心感。因此，網路環境下的購買者面臨著交易和購買結果的雙重不確定性，這些不確定性增加了消費者的風險認知，進而直接地影響了消費者的購買決策過程。消費者的顧慮主要體現在支付的安全可靠性、產品質量的可靠性、產品信息的可靠性、個人信息的安全性、物流配送的可靠性、售後服務的保障程度等方面。傳統購物環境下的經濟風險、性能風險、身體風險、社會風險、心理風險、時間風險、信息風險等感知風險類型，在網上購物環境下同樣存在。除了網上購物對消費者造成的身體風險和社會風險類似於傳統購物，其余風險類型的表現則有所不同。

小資料：淘寶與國家工商局的約談事件

2014 年 8～10 月，國家工商總局網監司委託中國消費者協會開展了網路交易商品定向監測活動。從各購物網站的檢測結果來看，淘寶網的樣本數量分佈最多，但其正品率最低，僅為 37.25%。三大知名 B2C 平臺中，京東的正品率為 90%，略高於天貓的 85.71% 和 1 號店的 80%，同時京東和 1 號店的非正品均來源於非自營的商家。從各行業的檢測結果來看，手機的假貨、翻新產品、山寨產品等偽劣產品現象比較嚴重、化肥農資行業假冒偽劣現象嚴重。消息一出，阿里巴巴市值在一夜間蒸發了 680 億元。

當然，工商總局的抽檢程序和抽檢邏輯也不盡完美。一位「80 后」淘寶網營運小二發出公開信，質疑這份報告監測的樣本數據、統計範圍、自營和非自營平臺的概念混淆。巨人集團董事長史玉柱也在微博調侃說，「對於 10 億總量

（網購商品總量），僅抽樣這點點樣本，在抽樣統計學面前有點蒼白」。

隨后，國家工商總局首度披露了 2014 年《關於對阿里巴巴集團進行行政指導工作情況的白皮書》（下稱《白皮書》），《白皮書》指出阿里系網路交易平臺存在主體准入把關不嚴、對商品信息審查不力、銷售行為管理混亂、信用評價存有缺陷、內部工作人員管控不嚴 5 大突出問題。

資料來源：淘寶發聲明質疑抽檢：投訴國家工商總局網監司司長［EB/OL］. http://news.163.com/15/0128/16/AH2FF7EV00014JB6.html.

一些年紀較大或對網路購物不熟悉的消費者，可能由於擔心交易安全性和送貨等方面的問題，而採取在網上搜集信息，在傳統店鋪中購買的方式。但更多的消費者為了克服網購無法觸及實體的弊端，同時又能獲得網購「省錢」的好處，往往採取「線下體驗、線上買」方式，尤其是服裝鞋帽等體驗商品。為此，淘寶商家還專門開設了家裝體驗館，以體現網上購物和線下體驗的無縫結合。在美國服裝品牌商 Gap 的網站上，消費者有機會預訂到特定大小和顏色的服裝；之后他們被鼓勵到就近的店裡試穿，然后再決定是否購買。這是在美國已經流行開來的「在線預定 + 實體店取貨」模式的一個變體。

不可否認，如今越來越多的實體店慢慢地淪為成了體驗店，很多顧客基本屬於抄碼族，只試不買。那要碰到喜歡的東西怎麼辦？回去打開電腦，不管是淘寶還是京東，不管是衣服還是電器，總有一家電商適合你。而且最為關鍵的是價格便宜，特別是 B2C 的電商，售后還有保證。像是拍拍的免郵退換，凡客的 30 天免郵退換，淘寶的退換郵費保險等一系列措施，還有 7 天免費無理由退換，商城優先賠付等措施。消費者自然會偏向於網購。而實體商場所採取的辦法也是各不相同，一般的實體商場碰到客人用手機拍照或短信記型號的，會禮貌地制止。有的實體商家則採取了，遮擋貨號；更改貨號；商標調換等不是很友好的措施。有的廠家則加強代理商的管理，嚴禁在網上銷售新款商品，只能銷售過季打折商品。當然現在越來越多的知名品牌公司在網購的衝擊下，也開通網上商城，比如「蘇寧易購」等網商旗艦店，直接在網上賣商品，同時不放棄實體店的經營，線上線下一起賣，雙管齊下。

小資料：網購「抄碼族」不斷壯大，實體店只當試衣間

　　隨著網購越來越盛行，在廣大的網購人群中出現另類的一群人，而且不斷地壯大起來。他們出入各大型商場，但只看不買，不斷試穿衣服鞋帽，詢問店員種種問題，把商店當成免費試衣間，只為挑選一款適合自己的商品，但是從來都不買，只是在試衣間用手機偷偷拍照，或者抄下或默記尺碼、貨號或型號，但最終還是回家上大型購物網站以較低的價格購買中意的商品。這就是所謂的網購「抄碼族」。

　　在網上有人專門總結這群「抄碼族」的幾項特點。第一，他們都是資深網購達人，最清楚哪裡能買到物美價廉的商品。第二，經濟能力相對有限所以節約，甚至有些摳門。第三，心理素質夠強，在店員的註視下依然能面不改色地「抄碼」，還能自得其樂。單是最后一點，很多人還是不容易做到的。

　　面對「抄碼族」，最尷尬的當屬這些實體店了。導購忙活了大半天，顧客卻最終離去，選擇網購，這不能不說是對實體店的一種巨大衝擊。

　　顧客們對「抄碼族」這種「只看不買」的行為又怎麼看呢？有人覺得很實惠，有人覺得不道德，也有人覺得這個很正常：網店賣的東西比較便宜，網上購物也比較便捷，但因為網上購物有很多缺陷，無法實地看東西的品質，所以就把實體店當作「體驗店」了。

　　資料來源：佚名．「抄碼族」壯大，實體店淪為試衣間［N］．深圳特區報，2012-11-23．

五、授權支付

　　網路購物的另一個便捷的特徵就是它改變了傳統消費過程中面對面的、一手交錢一手交貨的交易方式，可以採取多種多樣的網上結算方式。例如，可以通過匯款、信用卡、網上銀行支付，但更為安全和通行的方式是第三方電子支付，如支付寶、財付通、國付寶、Paypa 等專業的電子商務支付方式。甚至出現了移動手機支付方式，如將手機充值的話費金額用於購物，實際上是將通信營運商作為了支付平臺；但前景更好的是微信支付以及手機錢包方式，即將銀行卡裝載在具有移動支付功能的手機 SIM 卡，實現刷手機消費。

　　從網路購物的消費者群體總體來看，消費者使用第三方電子支付手段遠遠高

於使用貨到付款的支付方式。這一手段可以減少買賣雙方的資金安全問題，使買賣雙方都覺得較為安全可靠。有人曾經在淘寶網上購買價格較高的新款三星弧形電視機，結果多個標價低廉的賣家都試圖採用 QQ 聯繫，迴避收貨後確認支付（也是支付寶，但直接付款）的方式進行詐騙。可見，有的商品價格很高，成交量小，騙子往往只做「一錘子買賣」，就會企圖用直接支付的方式騙取錢財。

六、收到產品

與傳統購物一手交錢一手交貨所不同的是，在網上購物，即使已支付了貨款，也不能立刻拿到產品，這中間往往要經歷一段產品物流或郵寄時間，產品才能到達買者手中。消費者也能通過網路及時跟蹤查詢貨品的物流狀況。物流時間過長，可能導致賣家申請延期支付或退貨，如每年的「雙 11」期間，不少快遞公司出現「爆倉」，快遞成了「慢遞」，有的商品還因時間超過了 15 天，在消費者尚未沒收到貨物時，網購系統就進行了自動確認收貨。所以網路賣家要盡量縮短這個時間，並確保產品完好無恙，消除消費者的不安全感。

通常賣家會要求貨到后一定要驗收後才可簽收，並及時「確認收貨」。但有一些快遞員卻要求先簽收再給包裹，對開包驗貨持不耐煩的態度，而不少消費者往往出於對買家的信任也喜歡先簽收取貨，再回到家裡開包驗貨。對於貴重物品、易碎物品等一定要注意外包裝是否完整，並在快遞人員在場的情況下開箱檢驗，以確認商品質量問題是賣家還是物流公司的責任。一些消費者在網上購買家具就遇到了型號不符、質量瑕疵、運輸過程中造成磕碰、退還費用高等問題，如果消費者不及時驗貨就簽收，往往會給自己的維權帶來困難。另外，少數消費者還沒有在網上「確認收貨」和及時評價的習慣，當然系統也會在一定時間後自動確認收貨的。

七、購后評價

對於網上購買的商品，消費者試用和體驗后，會根據自己的感受進行評價。網站、服務（包括售中與售後）、物流和商品的體驗都是影響消費者網路購物整體滿意度的顯著因素。在傳統的店鋪銷售中，購物環境、地理位置、人際互動等許多因素都會對消費者的滿意度產生重要影響，而在電子商務活動中，買家主要通過提供信息進行服務。由於網購消費者事先無法觸及實體，對商品的使用等方面也沒有切身的體驗，往往要求賣家及時而耐心地解答其提出的各種問題，消費

者對網店的滿意度主要也體現在這一方面。

　　在傳統市場上，由於缺乏傳播的媒體，這樣的消費者宣傳往往較被動，即在他人詢問時才提供，傳播範圍也相當有限。但網路極大地提高了信息傳遞的速度與廣度，大大方便了消費者購後感受的傾訴，並使其影響面大大擴大了，不僅會影響到親朋好友，還可以通過購物網站（如在原購物網站商品下方）、網路論壇、虛擬社區、即時通訊、個人博客等各種渠道發表評論並對素不相識的人產生影響。

　　如商品確有質量問題，消費者還會通過電商平臺申請售後或投訴，要求退款或退貨，有時還會在運費或郵費問題上發生爭執。網商應主動與消費者協商售後處理方案，或積極配合電商平臺客服人員（如「淘寶小二」）妥善處理有關爭執。商家還應當事先就售後保障範圍、保障方式、保障期、相關費用作出清晰的說明。不少電商為了減少消費者的購買風險，大多承諾「簽收貨物后7天內，在不影響2次銷售的前提下，不滿意可無理由退換貨」，但應明確「若非質量問題（如對貨物主觀不滿意），應由買家承擔來回郵費或運費」，以避免惡意退賠，但屬質量問題的退換貨，則應由賣家承擔相關費用。

　　總之，廠商應密切關注消費者的購後感受，充分利用各種即時交流（IM）工具在溝通廠商與消費者信息上的便利性，及時與消費者進行溝通，並採取有效的售後措施，以最大限度地降低消費者的不滿意感。同時還可要求消費者修正其原來的負面評價或增加新的正面評價，例如，有的商家在網店上明示：「有什麼問題請及時溝通解決，喜歡中評或差評的買家請繞行」，並積極與給出「中評」或「差評」的買家溝通，瞭解他們遇到的問題，希望他們能重新給予「好評」；有的買家在消費者收貨後，通過短信及時與之聯繫，詢問意見，希望其給予「好評」，並許諾贈送優惠券以鼓勵重複購買，因為不少消費者第一次購買可能是試購，有可能還會再次購買或贈送他人。

　　思考一下：根據你的網購體驗，你覺得商家、網購平臺或物流服務還有哪些需要改進的地方？

第三節　網路口碑傳播

互聯網的出現為消費者之間進行口碑溝通提供了新的渠道，大大拓寬了消費者之間的社會關係網路。越來越多的消費者習慣於借助網路口碑瞭解產品或服務的信息，分享彼此的購物體驗，主動發表自己對產品、服務或品牌的看法。網上口碑不但是消費者購物決策的重要影響因素，而且成為影響企業行銷活動的重要力量。

一、網路口碑概述

1. 網路口碑的定義

傳統口碑是指個人間關於產品、品牌、組織或服務的非正式的面對面信息交流行為。而網路（或在線）口碑（online－word－of－mouth，EWOM 或 OWOM），亦可稱為鼠碑（word－of－mouse），是指消費者通過網路媒介（如產品頁面評價、UGC 網站、電子郵件、在線論壇、QQ 群、微信群、博客、聊天室等途徑）進行的關於某種產品或服務信息的在線溝通和交流。其中消費者基於自己對商品的消費經歷對商品做出的在線評論是在線口碑的主要形式，其可信度和影響力要大大高於企業發布信息的影響。

消費者在搜索到目標商品後，大部分網購用戶首先會關注商品本身的一些屬性，但還有很多信息是消費者無法通過網站直接瞭解到的，這就促使消費者在做出購買決策之前，瀏覽一些網路口碑信息。大多數網民在購買商品之前都會瀏覽用戶評論（見圖 10-7）。用戶評論可以傳遞他人的直接購買經驗，為其他買家提供建議，瞭解更多的隱性信息，從而降低網路購買的風險，成為網購用戶進行購買決策的重要幫手。

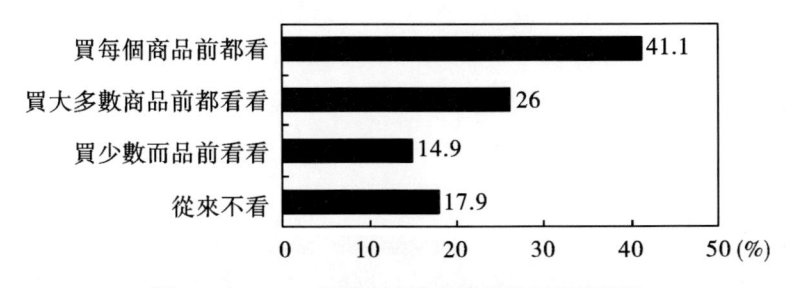

類別	百分比
買每個商品前都看	41.1
買大多數商品前都看看	26
買少數商品前看看	14.9
從來不看	17.9

圖 10-7　2014 年網購消費者閱讀用戶評論情況

資料來源：2015 年中國網路購物市場研究報告 [EB/OL]．http://wenku.baidu.com/view/b7955d61b8f67c1cfbd6b802.html．

森尼克（Senecal，2004）在其關於在線產品推薦對消費者在線購買決策影響的實驗研究中指出，如果消費者參考了顧客評論，則其選擇被推薦商品的概率是沒有參考顧客評論的消費者的兩倍。美茲林（Mayzlin，2006）研究證實了在線書評對於亞馬遜的書籍銷售量具有正面的影響，而且書評質量的提高對於該網站上圖書銷售量的增加有很大的幫助；負面評論比正面評論的影響要大；消費者更注重評論的內容而不是簡單的評分的數字。

2. 消費者網路口碑傳播的意願及動機

對消費者來說，關注口碑信息的最基本動機就是希望通過口碑信息來減少決策時間、降低決策風險、獲得滿意的決策結果。辛德勒（Schindler，2001）認為，消費者進行網路口碑溝通的動機有三類：信息動機、支持動機和娛樂動機。

（1）消費者關注網上口碑的主要動機之一是進行信息搜尋，通過網上口碑來支持其大大小小的購物決策。當利用互聯網進行信息搜尋時，其他人的觀點是最受消費者關注的口碑信息，消費者尤其對產品的負面口碑感興趣。

（2）消費者通過網上口碑尋求對自己已經做出的決策的支持。當消費者做出了某項購物決策，他會尋求加入該項產品或服務的網上虛擬社區，以此尋找能夠支持或肯定決策正確性的信息。

（3）很多消費者關注網上口碑僅僅為了找樂。他們熱衷於在討論區中閱讀生動有趣的故事，認為觀看討論區的信息交流活動是很有趣的事情。同時，他們也會因此瞭解到被討論產品或服務的信息，從而影響他們未來的購物決策和行為。

3. 網路口碑的傳播特點

計算機網路媒介的特殊性使網路口碑在傳播方式、傳播速度、影響範圍與表現形式等各方面都呈現出與傳統口碑不同的特點，對消費者信息搜尋、購買決策、態度的形成和變化都具有更強的影響力和更大的傳播放大效應。對於網路口碑區別於傳統口碑的特點，基本可以概括為以下幾個方面：

（1）傳播範圍廣、傳播速度快、傳播效率高。傳統口碑的傳播是口耳相傳，是個人層面上的非公開的信息傳播，而網路口碑則是在群體層面上傳播的公開信息，在互聯網的環境下能夠很容易地被引用、複製和轉載，這就使網路口碑信息的擴散速度和範圍不斷翻番，因此網路口碑的傳播範圍和速度都是傳統口碑所無法比擬的。

（2）匿名性。互聯網上的信息發布者通常都使用一個虛擬身分而不會透露

他們真實的身分，因此，信息接收者看到的通常都不是信息發布者的真實身分。所以，網路口碑信息的傳播者擁有更大的自由空間，他們的隱私權受到保護，承受的社會輿論壓力也相對較低，就可以更加自由大膽地發表自己真實的想法和意見，更願意提供以及分享真實的消費體驗，而無論是正面還是負面內容。同時，在特定領域越專業、懂行的人越願意充當網評信息的傳播者，這也保證了網路口碑信息具有一定的質量和價值。但是，網路口碑的匿名性、非面對面溝通等特點又加大了接受者的風險，降低了信息的可信度。

（3）傳播方式多樣化、非面對面接觸。傳統口碑的傳播方式是人與人面對面接觸的口耳相傳，接收者基本是被動的。在網路環境中，信息可以以各種形式存在，而且傳遞形式也各不相同。網路口碑信息的傳播是以計算機和互聯網為媒介的，可以借助網站頁面、電子郵件、博客、討論區、論壇等溝通方式進行。用戶之間可以以不同的對應關係進行信息的傳遞活動，既可以進行一對一的口碑信息傳遞（如即時QQ聊天等），也可以進行一對多的口碑信息傳遞（如郵件列表等），還可以進行多對多的口碑信息傳遞（如聊天室和討論區等）。

（4）信息有形化。由於傳統口碑信息是口耳相傳的，是無形的信息，很難把握，因此具有易逝性。而網路口碑信息則表現為文字、圖形或多媒體等形式，是有形的，可以永久保存並隨時獲取的，這就有利於消費者搜索、瀏覽和借鑑這些信息內容，強化網路口碑的持續影響力。此外，創造性的言論和新信息的加入，常常使得討論經久不衰，進而使得口碑內容不斷累積，吸引更多的注意，並使得其傳播發揮更強的持續影響力，實現邊際效應的遞增。

（5）超越時空性。傳統口碑的無形性決定了它必須是當傳播者和接受者所處的時間和空間一致時才可以進行傳播，具有同步性。而網路口碑是有形的，傳播者發布信息的時間和地點是任意的，沒有限制的，接受者也可以不受時空限制地在網站上隨意獲取、瀏覽網路口碑信息。因此，網路口碑具有超越時空性的特點，這一特點也加強了其影響的廣度和深度。

這些特點決定了網路口碑可以為消費者提供很多方便，消費者可以通過網路毫無顧慮地發表自己的真實意見、主動吐露出不滿和抱怨，

（6）網路口碑的傳播具有互動性的特點。由於網路技術的應用，網路口碑的傳播使得網路中的人際傳播方式更加豐富和高效，網友之間的傳播和相互影響比以往表現得更加積極主動，接受方可以通過互聯網主動搜尋、查證自己所需要的口碑信息。

4. 網路口碑與傳統口碑的比較

網路口碑與傳統線下口碑的區別，表 10-2 進行了較全面的歸納。

表 10-2　　　　　　　　網路口碑與傳統線下口碑的異同點

比較項	在線口碑	傳統線下口碑
傳播媒介	電腦互聯網為仲介，如購物網站、第三方網站、Email、BBS、QQ、微信、博客、網上社區、網上論壇等	人際間面對面接觸
傳播形式	數字化多媒體信息（包括文字、圖片、數據、聲音、錄影、Flash、音樂等）	語言、聲音、表情、肢體語言
傳播方式	一對一、一對多、多對一、多對多、網路非線性傳播	一對一傳播
傳播時間性	同步或異步	即時同步
溝通情境	傳播者與接收者所處情境不同	傳播者與接收者所處情境相同
傳播者與接收者關係	熟人或陌生人；弱連結關係	僅限於熟人；強連結關係
交流廣度	連結來源數量多，交流廣度大，使不同背景的人信息交換更加容易	連結來源數量少，交流廣度小，僅限於能接觸的個體
溝通環境	更自由、更開放的虛擬社會環境	人際溝通的社會環境
傳播效果	病毒式、幾何級數速度傳播	一對一傳播，傳播速度很慢
隱私	大多匿名溝通	以實際身分溝通
接收者信息接收方式	搜索和選擇均具有自主性	被動接收
存儲持久性	可長久保存	溝通結束后隨即消失
歷史可溯性	可查歷史口碑記錄	無法查詢過去口碑記錄
便利性	打破時空局限，信息分佈集中，傳播或搜尋都很方便	受時空限制，無搜尋功能
可複製性	以文本形式呈現，可複製性強	依賴人的記憶力，可複製性弱
信息損耗	可直接轉貼，減少了傳播過程中的信息損耗和扭曲	依賴人的記憶力，信息損耗和扭曲變大

可見，網路口碑（在線評論）在傳播速度、廣度以及傳播威力方面均大大超過了傳統口碑。在網下如果一個人不滿意，可以告知 5 個人，但如果網路中一個人不滿意，可以通過網路即刻告知約 6,000 人。

二、網路口碑傳播的影響因素

網路口碑的傳播效果受到多種因素的影響和調節。

(一) 網路口碑對消費者說服效果的影響因素模型

趙丹青（2010）認為，網路口碑或網民點評信息對消費者的影響作用主要取決於信息源特徵（如可信性、人口統計特徵）、信息接收者特徵（如專業性、捲入度、個人特徵）、信息特徵（如數量、質量、情感傾向與強度）和環境因素（如網站的性質或聲譽、商品類型、文化背景差異）等因素，如圖10-8所示。

(二) 網路口碑的傳播者因素

1. 發送者的專業性和影響力

相關研究將網路意見領袖作為主要研究對象，分析該類用戶對於其他用戶的影響。較早從事該類研究的伯森和斯塔奇（1999）將通過網路傳播信息的意見領袖定義為「在線影響者」。研究發現：每個意見領袖可潛在影響14人，他們總體上能夠代表1,100萬美國人。由於意見領袖具備某個領域的專業知識，他們通常樂於同社區內的其他用戶分享其知識，表現出主動發表對某話題的看法或回覆相關話題等行為，因此，他們對於虛擬社區發展的維繫和其他用戶購買決策的影響起著非常重要的作用，例如，他們發出的信息影響在線口碑的交流和轉發，且交流和轉發頻率隨意見領袖的影響力增大而提高。

通常認為，信息發布者專業性程度越高越容易贏得消費者的信賴。但畢繼東（2009）的研究得出了相反的結論，原因在於：網路口碑是消費者之間對企業相應信息的非正式交流，每個人的觀點往往是主觀的、零星的、非系統性的；而系統、全面、專業性的網路口碑讓消費者感覺可能是企業相關人員傳遞的信息，被認為是和廣告類似的行銷行為，從而降低了對消費者購買意願的影響。

另外，因為網路匿名性的特徵，口碑發送者的形象是模糊的，他們可能是真實的普通消費者，也可能是所謂的「網路水軍」，所以消費者對網上信息的可信度持懷疑態度，也會懷疑某些貌似很在行的口碑發送者的身分。

2. 口碑發送者和接收者的社會關係

網上口碑與傳統口碑溝通過程的一個重要差異就是溝通雙方社會關係強度的差異。格瑞維特（Granovetter, 1973）認為，溝通雙方的關係強度能夠決定雙方待在一起的時間和感情的深度、親密程度以及相互推薦的產品或服務數量。他進一步指出，強關係是群體內部口碑溝通的紐帶，而弱關係則是群體之間口碑溝通的橋樑。

消費心理學

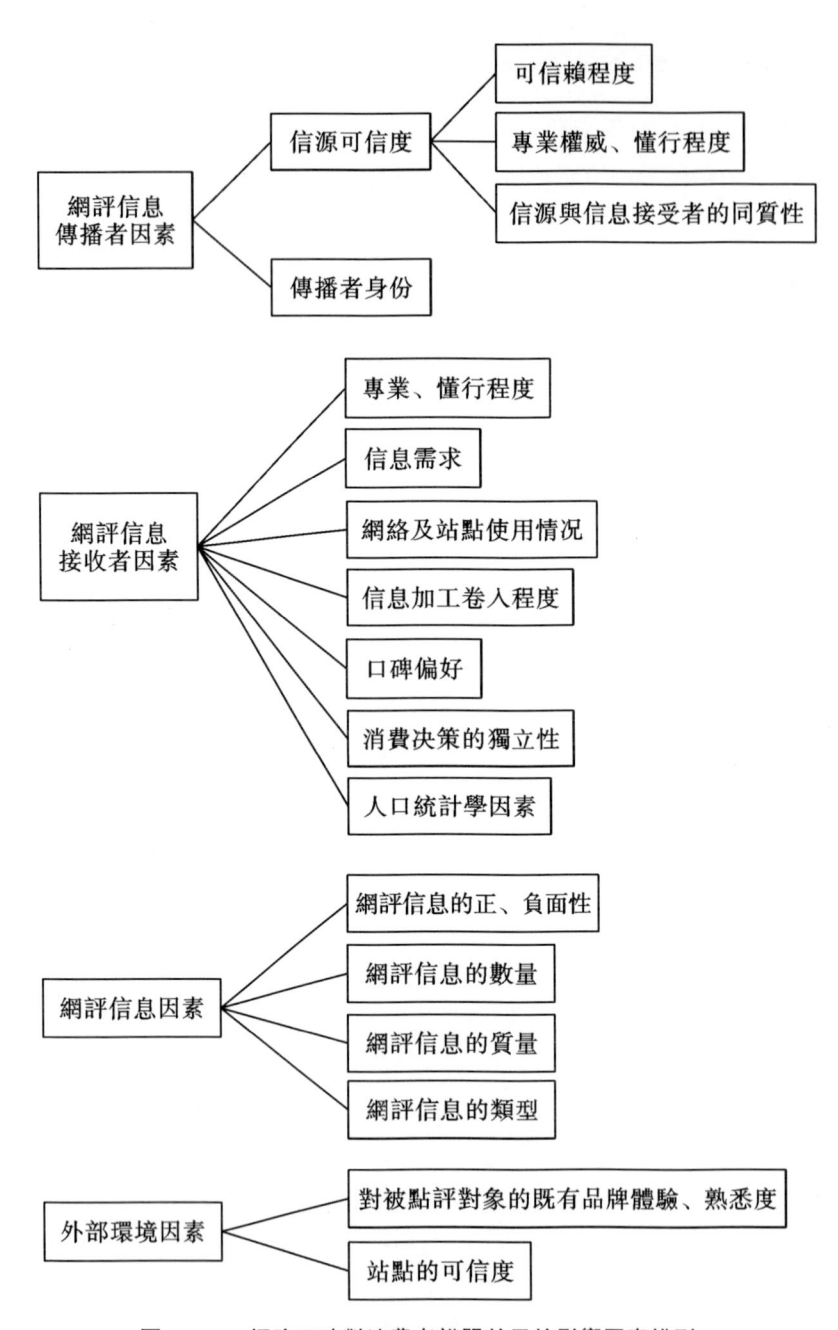

```
網評信息          ┌─ 信源可信度 ─┬─ 可信賴程度
傳播者因素 ──────┤              ├─ 專業權威、懂行程度
                 │              └─ 信源與信息接受者的同質性
                 └─ 傳播者身份

                 ┌─ 專業、懂行程度
                 ├─ 信息需求
網評信息          ├─ 網絡及站點使用情況
接收者因素 ──────┼─ 信息加工卷入程度
                 ├─ 口碑偏好
                 ├─ 消費決策的獨立性
                 └─ 人口統計學因素

                 ┌─ 網評信息的正、負面性
網評信息因素 ────┼─ 網評信息的數量
                 ├─ 網評信息的質量
                 └─ 網評信息的類型

外部環境因素 ────┬─ 對被點評對象的既有品牌體驗、熟悉度
                 └─ 站點的可信度
```

圖 10-8　網路口碑對消費者說服效果的影響因素模型

網路口碑的發生處於弱連結的關係，但連結來源數較多，可以為消費者決策提供更多的潛在支持，獲得的信息比通過強關係獲得的信息更具多樣性，也可能得到更高質量的決策支持信息。當然，基於弱關係的網上口碑也會給消費者帶來很多問題。比如，消費者難以評價網上口碑信息的質量、不清楚網上口碑發布者的動機、不知道發布者是否真的在某方面有所專長等。布朗（Brown，2007）的研究發現，口碑傳播者與口碑接收者之間強關係的推薦比弱關係的推薦更有可能引起雙方主動地搜尋和傳遞信息，而且強關係對接收者的行為影響要比弱關係大得多，其原因可能在於，強關係的雙方較之弱關係的雙方在接觸頻率、關係承諾、人際信任等方面更高所致。由於網路的匿名性等特點，消費者網路在線關係主要體現為弱連接。但隨著消費者在線交往的頻繁和溝通程度的加深，其關係強度也會不斷增強，並有可能延伸為線下交往。

3. 口碑發送者和接收者的背景相似性

社會網路理論認為，相似的背景有利於信息的流動。背景相似的人之間的互動較多，溝通起來也比較容易。口碑溝通最容易發生在年齡、性別和社會地位等相似的人之間。但是，在某些情況下，消費者可能更喜歡與自己背景不同的人說話，因為這些人可能會提供更多的信息和經驗。

就網上口碑而言，比起有疏離感的商家廣告或者高高在上的名人說教，購買同種商品的消費者分享使用心得，更容易互相信任，交互體驗的影響力會越來越突出。如果溝通雙方有更為相似的經歷和背景，將增進雙方的信任感和親密感，接受口碑信息的一方認知產品、對產品感興趣，進而評價產品並最後做出決定的可能性就大。

(三) 網路口碑的接受者因素

1. 口碑接收者自身的商品專業知識和能力

當個體對所涉事物有線下的直接品牌經驗時，媒體信息對之的影響力會減弱，反之則加強。在網路商業傳播的條件下也不例外。直接經驗有著約束網上信息影響的作用。對於有著大量正面經驗的消費者，廣告和口碑信息很難在根本上改變其消費態度和意願。對於有著充分網下經驗的個體而言，網上信息僅可以調整其選擇的幅度，但難以從根本上改變其建立在網下經驗上的基本判斷。

有關網路用戶使用經驗的研究表明：經驗越豐富的用戶越傾向於查看負面評價；自己鑒定產品的專業能力越強的用戶越傾向於向其所在的社區提供更多的知識，包括轉發、回覆或發起關於某話題的建議；網路使用能力越強的用戶越可能

從事信息搜索活動，並向別人轉發、推薦或與之探討。

對於商品知識水平較低的消費者，負向信息強烈暗示商品質量，診斷性比正向信息更強，而正向信息具有模糊性，其不能準確判斷正向信息是否反應事實，因而負向在線評論對這類消費者的影響要大於正向在線評論的影響。而對於商品知識水平較高的消費者，其有信心從信息中分析商品的實際質量，因而，正負在線評論診斷性的差距縮小。

2. 口碑接收者的產品捲入與網路捲入程度

消費者對網路的捲入程度和借助網路搜集信息的主動性也對網評信息的說服效果有一定的影響。布瑞格斯和赫利思（Briggs and Hollis，1997）認為，消費者通過網路進行信息搜尋是出於個人需求而採取的主動行為，搜尋的信息會更加符合搜尋目的，對於接收到的信息會產生較低的排斥感，因而信息更容易影響消費決策。

網路涉入的高低能夠影響消費者利用網路的能力和信息質量的判別能力，並對其行為意願有影響。消費者網路涉入程度深，則對網路操作更熟悉，有助於增強網路口碑感知易用性程度；對網路信息的辨別能力也會增加，從而增強了網路口碑傳播效果。另外還包括信息接受者在網路使用經驗、線下品牌熟悉度及在特定領域的專業程度等方面的差異。

3. 口碑接收者的口碑偏好或信任傾向

郭國慶（2010）認為，接收者的信任傾向對在線評論感知可信度具有顯著的正向影響。巴克哈特（Backhart，2001）認為從網上獲取的來自其他消費者的口碑信息比廠商主導的網路信息更易引發消費者對產品的興趣，並提出了3種解釋：首先，消費者認為論壇中發表的信息不會受到人為的商業操控，這些評述值得信任；其次，信息發送方和接收方的相似性也會提高讀者對信息的信任度；最后，信息接受者被給出負面點評者所描述的消費遭遇所激發的同情心也會加大網路口碑的影響力。同時，網評信息為潛在顧客提供了一種使用經驗的有效參考，特別是在針對服務的購買情境中，網評信息具有降低購買風險與不確定性的功能，因此更能為信息接受者所採信。

4. 口碑接收者和發送者的文化背景差異

存在文化背景和價值觀差異的口碑傳播雙方通常會在口碑信息的選擇、整合和傳播方式等方面有差異，並最終影響口碑的傳播效果。例如，日本消費者在口碑接收方面較美國消費者有更強的主動性。這源於崇尚集體主義文化的日本消費

者習慣於將自身置於群體當中，因此，需要參考他人的相關經驗來幫助作出購買決策。在中美文化差異下，口碑傳播行為亦有不同，這在關於在線非意見領導者的研究中有所體現。與美國消費者崇尚個人主義不同，中國消費者崇尚集體主義，且自信程度相對較低，加上兩國的市場特徵有差異，中國消費者通常更容易受到網路口碑的影響。

(四) 網路口碑的信息因素

1. 網路口碑的內容

在線環境使得口碑信息的內容融入了網路媒體的特徵。相關研究表明，網路推廣方式的互動性、易用性、即時性、趣味性、豐富性等都會影響消費者的接受度和傳播意願。麥克米蘭（2003）對網路評論和電子郵件進行的實證研究得出結論：趣味性最易強化消費者的正面情感和態度而提高點擊、瀏覽、購買、回覆、轉發和推薦等行為意向。

翟麗孔（2011）的研究表明：消費者更注重評論的內容而不是簡單的評分的數字。陸海霞、吳小丁等（2014）也認為：當消費者瀏覽差評時，通常不會僅僅根據差評的數量做出判斷，他們更希望瞭解差評的發布者是因何原因給出差評的。不包含負面評論的差評對消費者影響不大。而只有那些包含了負面評論的差評才可能真正對消費者的購買行為產生影響。

顯然，如何使網路口碑的內容對消費者產生更大的影響力是更值得關心的問題，口碑內容既包括消費者的主觀評價，也包括消費者對商品及服務的客觀描述和對消費經歷的客觀介紹。李健（2009）把網路口碑的內容分為商品評價、店主評價、店鋪評價和物流評價四個方面。翟麗孔（2011）的研究表明：在商品、店主和物流三方面的負面評論中，各方面的要素都有主次之分，有一些是消費者十分看重的，而有些是對消費者基本沒什麼影響的。比如，消費者更注重評論的內容而不是簡單的評分的數字；在負面評論內容中，商品質量差、店主服務態度差和物流運輸途中貨物破損這三個因素分別是三類負面評論內容中消費者最看重的因素，對消費者購買意願的影響最大；而「商品價格不合理」「商品與描述不一致」「店主發貨速度慢」「店主不講信用」「物流速度慢」和「運輸途中貨物破損」這幾個要素的影響很明顯，但不是最重要的；「店主不能有效解決問題」「店主經常不在線」「物流價格不合理」與「物流公司不送達收貨地」這四個因素對消費者購買意願的影響不顯著。

2. 網路口碑的質量

李（Lee，2007）通過實驗法證明高質量網評信息比低質量的網評信息的影響力更大。信息質量的維度包括：準確性、時效性、及時性、可靠性、完整性、簡潔性、結構性、相關性、有用性、可理解性等。無論是正面評價還是負面評價，論據質量越高、越具有可信性；信息所包含的內容越廣泛、越充分、越詳細、越清晰、越具體，對消費者的說服效果越好。相反，如果內容模糊、論據不充分、缺乏可信性，消費者就會將其歸因於評論傳播者的偏見或情緒化等自身的原因，因而對消費者購買行為的影響效果就較差。

郭國慶（2010）認為：評論內容的質量對感知可信度的影響是最大的。評論內容的質量越高，接收者感知可信度越高。通過分析發現，如果評論的內容與產品/服務密切相關，有較多的關於產品/服務細節的介紹，包含了大量有用的信息，描述的評論者對該產品/服務的直接體驗，則其對於接收者的感知可信度影響越大。

3. 網路口碑的數量

翟麗孔（2011）以及其他學者的研究表明：網路口碑數量與消費者購買意願之間有顯著的正相關關係。布尼（Bone，1995）提出，兩條或兩條以上的信息相互印證時，口碑效果好於單一網評信息，被察知的信源及信息可信度更高。在用戶評價系統中，一次購買可形成一條評價，評價越多則購買者越多。實踐中，網路商戶可以通過刪除負面口碑或扮演消費者發表正面口碑兩種方式來提高自己的可信度。但信息來源越多，意味著此商品擁有更多的購買者，而新的購買者就更能聽到眾多消費者的不同的聲音，因而口碑的說服力越強。若網路口碑數量較少，則其真實性將會受到質疑。在評價總數量較多的商品中，好評率本身也較高。而在評價總數量較少的商品中，好評率起到的作用是較小的。可見，網路口碑的數量與消費者的數量會呈現滾雪球的關係：越多的商品評價帶來越多的消費者，越多的消費者給出更多的商品評價，而更多的商品評價帶來更多的消費者。

但是，口碑信息過多也會造成信息過載。信息過載的一個嚴重后果是，干擾評論閱讀者對商品質量的有效判斷，增加信息處理成本，降低決策效率。另外，在海量的信息中並非所有信息都有價值，由於網路的匿名性、非面對面地接觸、溝通成本低廉等特徵，一些評論者會不負責任地隨意發表評論，導致信息質量良莠不齊，而只有被消費者感知為有用的信息才更可能對消費者下一步的購買決策

產生影響。

4. 網路口碑的性質

就網路口碑的性質而言，正面的評論可以增強消費者對某商品的好感，提高其購買慾望，刺激購買；而負面評論則會降低消費者對該商品的信任程度從而抑制購買，但這種負面影響可隨著消費者對店鋪的熟悉而減小。此外，負面口碑對於那些因求廉心理而購買商品的消費者影響更大。

網路口碑不同的性質與情感傾向反應了不同的勸說作用，負面口碑對消費者品牌評價和購買決策的影響力大於正面口碑的影響力（Mayzlin，2004），負面信息更能吸引人們的注意。在瀏覽網路口碑時，對於那些褒獎、誇讚商品的正面的評論，消費者會認為這些正面評論是理所應當的，而如果看到一些充滿抱怨和不滿的負面評論，就格外會引起消費者的關注。負面評論一般與可能發生的風險或損失相聯繫。當消費者看到他人關於某商品的負面評價時，就會感覺到購買風險的存在，如果不相信這些負面評論而購買該商品就可能蒙受一些損失，因此，人們更傾向於採取規避風險的行為，減少可能發生的損失。

亨瑞（Herr）等人基於信息可獲得性及診斷性理論，從理論和實證兩方面驗證了負面信息比正面信息更有診斷性的論斷。他們指出：根據信息可獲得性及診斷性理論，負面信息之所以比正面信息更具有診斷性是因為，負面口碑強烈暗示了商品的質量差，根據負面口碑可明確地將商品質量歸為「差」這一類；而正面口碑本身具有模糊性，可用來描述質量低、質量中等或質量高的商品。

5. 網路口碑的強度

鄭小平（2008）的研究表明，在線評論強度對購買意願有顯著的正面影響。在線評論強度越大，對消費者購買意願的影響越大；反之，在線評論強度越小，對消費者購買意願的影響越小。

如果網路口碑信息充滿了非常豐富而強烈的正面或者負面的情感並且語氣堅定，態度強烈，就會給消費者留下較深刻的印象，因此能對消費者產生較強的影響。網路口碑的正面情感越強烈，越能加強消費者的購買意願；網路口碑的負面情感越強烈，越會動搖消費者對該商品的信任態度，削弱消費者的購買意願。而如果網路口碑語氣平平，沒有特別明顯的感情色彩，就不會給消費者留下太過深刻的印象，對其購買意願的影響也不大。

德拉瑞克思（Dellarocas）等人指出，人們更傾向於發表或關注極端評論而不是中間評論，因為對產品極端正向或負向的體驗更容易引發口碑交流行為。胡

（Hu，2007）則認為通常在網上發表評論的顧客是對產品非常滿意或非常不滿意的顧客，大量態度中立的消費者較少發表評論，這使得評分呈現兩極分化的形態，並不呈正態分佈，而現實中的產品質量的分佈呈正態分佈，因此評論情感傾向的平均評分並不能代表產品的真實質量，也不能充分預測或反應商品的銷量情況。

6. 網路口碑信息的類型或形式

相關研究證明，網民點評信息的類型或形式會影響網評信息的說服效果。首先，對於評價特定產品的信息和評價特定服務的信息，對於服務的點評信息可能對消費者的態度及消費行為產生更大的影響（Murray and Schlacter, 1990）；其次，從表達方式（包括評價內容、語調和措辭）的角度看，客觀事實（描述）型的網路口碑比主觀評價型的網路口碑對消費者的購買決策具有更大的影響力。這是因為客觀表達方式的評論內容通常以更為客觀的方式反應商品質量，因而要比主觀表達方式的評論內容更具有說服力。

格奧思和伊帕諾提思（Ghose and Ipeirotis）等人的研究結果表明：平均句子長度較短的評論的有用性更低。在線評論內容的平均句子長度（常用評論中單詞總數除以句子數來表示）可以反應評論信息量及消費者對評論的客觀性感知。有研究顯示，在線書評的平均長度與產品銷售量有關，這說明網路口碑的內容越多，包含的信息越充分，信息的質量也就越高，因此更容易得到消費者的信任。另外，在線評論文本內容可細分為評論標題和評論正文兩部分，評論標題的有用性影響著消費者是否進一步閱讀評論正文。

7. 網路口碑的時效性

鄭小平（2008）研究認為，評論的時效性對消費者購買決策影響不大。但以前發表的評論容易未被看到而被忽略，進一步的原因可能還包括兩個方面：評論已超出商品的熱門聚焦期，人們對該商品的興趣、注意力以及信息搜索行為頻度已呈下降趨勢，這樣，較晚發表的評論更少有機會被搜索和被看到；一些發表時間較早的評論雖然沒有超出商品的聚焦期，但由於商品評論數量激增，信息的嚴重過載使評論閱讀者無法閱讀全部評論，只能閱讀最近發表的一些評論，進而導致早期評論在商品發布后期不能被看到和評價。

（五）網路口碑的外部環境因素

1. 產品類型

相關研究發現，對於不同類別的產品，消費者在搜索信息的數量、花費的時

間、採用的方式、搜索的頻次等方面差異很大。尼爾松（Nelson）對體驗產品、搜索產品進行的比對研究表明，由於體驗產品在消費之前難以確認產品的質量，因此體驗產品的消費者與搜索產品相比會更加依賴於別人的推薦（包括口碑）。貝（Bei）的研究發現：消費者在購買體驗產品時更頻繁地使用網路信息，更容易受到網路口碑的影響，且更傾向於從其他消費者或第三方那裡獲得信息。與之相反，在購買搜索產品時，消費者則傾向於使用零售商及製造商的網頁。

帕克和漢（Park and Han，2009）的研究結果表明，無論對於體驗產品還是搜索產品，負向在線評論對消費者購買決策的影響效應均大於正向在線評論；體驗產品負向評論的影響大於搜索產品負向評論的影響；搜索產品正向評論的影響大於體驗產品正向評論的影響。

森和萊曼（Sen and Lerman，2007）研究發現，對於實用型商品，負向口碑比正向口碑更具有影響力；而對於享樂型商品，儘管負向口碑更被關注，但負向口碑對其決策的影響力不如正向口碑。情感一致性理論可以解釋享樂型和實用性兩類商品在不同評價傾向時的評論有用性差異。這個理論認為，當潛在消費者評判商品的體驗屬性時，往往對與自己心情一致的屬性信息給予更大權重。當消費者閱讀享樂型商品的評論時往往懷著正向的預期和心情（希望選擇一種使其心情愉悅的商品），而負向評論與消費者當時正向的心理預期恰恰相反，因此負向信息對消費者決策的影響減弱。另外，從效用的角度考慮，實用型商品購買的主要目標是效用最大化，而用於效用判斷的商品屬性標準都是明確、可感知、客觀的，因此人們可以依賴他人的口碑反饋來瞭解商品屬性；而對享樂型商品的評價則複雜得多，消費者追求的目標是使獲得某種更高層次價值的預期最大化，實現何種價值以及對價值的預期在個體消費者之間存在重大差異，很難有公認的判別標準。既然一些人對享樂型商品的負向評價不一定被其他人認可，而評論閱讀者對這類商品的預期往往又傾向於正面，因而可能導致享樂型商品的負向評論對人們決策的參考價值減弱。

2. 網站的聲譽和性質

對於京東商城之類的 B2C 網購商城，其聲譽主要體現在京東公司及其營運網站的品牌本身的聲譽，品牌往往是品質和擔保的象徵，優秀的品牌往往提供優質的產品和令人滿意的服務。對於淘寶網之類的 C2C 交易平臺，其聲譽則體現為淘寶網的整體聲譽和在淘寶開店的賣家的個體聲譽，主要是過去行為的記錄。就大部分 C2C 電子商務平臺（如淘寶、易趣、拍拍等）而言，簡單的信譽評價

系統發揮了一定的作用，提供諸如交易評價、商家信用等級等必要信息，在一定程度上幫助潛在消費者判斷商家的可信度。當消費者與某個商家沒有交易經歷時，消費者更加看重商家的聲譽。當商家期望未來有更多的交易並擔心消費者投訴時，這些反饋信息可以影響商家的行為，促使商家在交易中誠實守信。在線聲譽系統在保障網上交易安全、防範網路詐欺、建立良好信任關係和提高市場效率等方面發揮了積極作用。大量研究表明，商家的聲譽是影響消費者對商家產生信任的關鍵因素。

研究發現，網站的類型是影響網路口碑說服效果的重要因素。在商業網站（如亞馬遜）、具有商業性質的第三方網站（如淘寶網）、非商業性質的第三方網站（如大眾點評網）這三種不同類型的網站中，非商業性質的第三方網站不以促進產品和服務的銷售為目的，消費者購物時會更多地參考這種獨立網站的推薦。非商業網站提供對於產品和服務的評價並允許消費者互動，具有更大的可靠性、相關性和移情性，對於消費者決策有較大幫助；商業性質的第三方網站僅提供信息，一般不能輔助消費者完成購買決策。

網路口碑傳播能夠為企業提供正式渠道無法獲得的寶貴的客戶反饋信息，企業可以通過對消費者購後口碑內容的分析改進產品質量，改善服務，及時評估商品的市場反應，據此制定和調整商品生產、分銷及行銷策略。網路口碑讓企業更難控制傳播的內容，因此，企業在重視產品和質量的同時，必須加強對負面口碑的有效管理。企業應當搭建網上社區，開通網上溝通熱線，鼓勵消費者交流與投訴，並有效處理消費者的問題。美國知名的電子商務網站亞馬遜（www.amazon.com）近年來削減了電視和印刷廣告的預算，因為它們相信在線評論可以更好地起到宣傳作用。

第四節　移動互聯網與消費心理

現在幾乎每個人都擁有一部智能手機，這也就意味著大多數人都將成為無線互聯網終端的使用者，移動互聯網也將不斷地融入消費者的日常生活，並深刻地影響消費者行為。在中國，消費者與手機幾乎是形影不離，消費者可以在手機平臺上利用各種「碎片化」時間進行購買活動，手機開始成為許多消費者日常購買的工具，購物網站也常利用價格優惠措施來培養消費者的移動購物習慣。消費者可以用手機掃描商品條形碼或二維碼，查看商品詳情，兌換優惠券，並進行移

動支付和購買。例如,「碼上閃」智能手機具備了條形碼比價購物、網上商城比價、手機淘寶購物、購物搜索、二維碼應用等多種實用功能,可以輕鬆識別條形碼、二維碼（QR 碼、DM 碼等）,並顯示商品其他詳細信息。「碼上閃」還有一個有意思的功能,讓用戶可以查看附近的人近期用手機購買的商品信息,也就是「大家在掃什麼」。圖 10-9 是「碼上閃」的手機屏幕截圖:

圖 10-9　「碼上閃」的手機屏幕截圖

小案例:韓國地鐵站開虛擬超市 乘客可用手機拍照購物

很多上班族經過一天辛苦的工作后,都沒有時間和精力去超市購物了。為此,樂購（tesco）在韓國的地鐵站內開通了虛擬超市,在地鐵站臺門的兩側,巨大的廣告版上印製了超市的各種商品,乘客利用手機拍下所需商品的 QR 碼,放入手機「購物車」內,結算過的商品將在一天之內送達客戶家中,既省時又省力。如圖 10-10 所示:

圖 10-10　韓國消費者在地鐵站內網購商品

資料來源：韓國地鐵站開虛擬超市，乘客可用手機拍照購物［N］．深圳特區報，2011-07-13．

在現場購買中，與手機支付相關聯的是手機比價功能，它利用帶有照相功能的智能手機掃描條形碼或二維碼，通過移動互聯網很方便地瞭解到商品在各大超市、商場、網上商城的價格比較信息，真正做到貨比三家、理性購物。常見的比價軟件包括：一淘火眼、拍照購、條碼購、快拍二維碼、我查查，以及國外應用較多的手機條碼掃描軟件包括 Stickybits、BarcodeHero 等。

圖 10-11 是「條碼購」的軟件截圖：

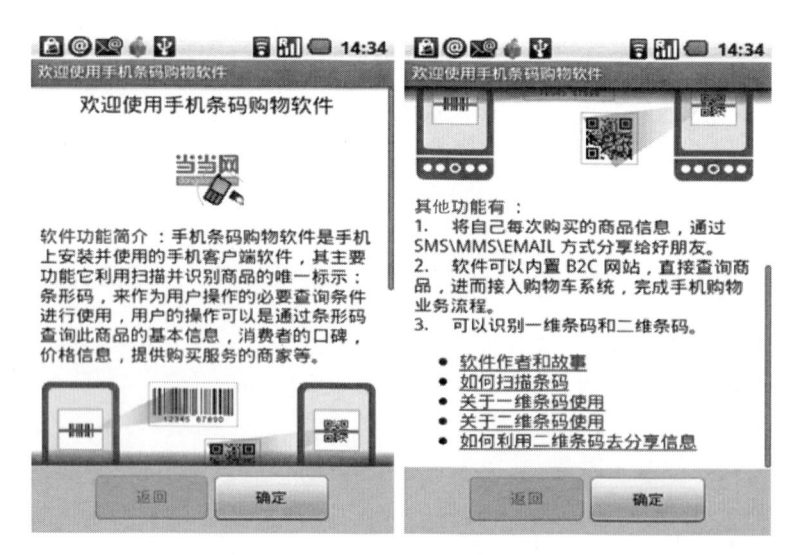

圖 10-11　「條碼購」的手機截圖

圖 10-12 是「我查查」的比價界面：

我查查：照一照，全知道
德芙原粒杏仁巧克 ☆☆
E-MART 易买得 ￥24.20 纠错
H 世纪联华 ￥25.80 纠错
多 好又多 ￥25.90 纠错
Au 欧尚 ￥26.70 纠错
1号店 ￥27.50 购买
WAL·MART 沃尔玛 ￥27.80 纠错
QMS 吉买盛 ￥27.80 纠错

圖 10-12 「我查查」的手機比價截圖

例如，消費者可以利用京東商城的「拍照購」（或「條碼購」）在書店、超市、電器賣場隨手拍攝一個商品，即可查到該商品在京東商城的價格，實現「貨比三家」，然后用手機網購京東商城的商品，享受更低的優惠價格。同時，還使得國美、蘇寧等家電賣場變成了京東的實體店，而價格比它們便宜很多，非常經濟地幫助消費者實現了「線下體驗，線上購買」。據說國內某巨型家電連鎖體系的門店，還曾經為了防範京東這個手機應用軟件，下令撕掉所有產品的條形碼。亞馬遜也曾推出一款手機比價軟件 Price Check，消費者在實體店通過掃描商品的條形碼，不僅能查詢到該商品在網點的售價，還能直接進入亞馬遜購買。而讓傳統零售商抵觸情緒達到極致的是，亞馬遜向在任何實體店裡掃描任何商品的消費者提供 5% 的折扣優惠。

另外，物聯網也正在快步進入家庭，越來越多的商品融進了 WiFi 功能，成為可以用手機 APP 進行控制的智能商品，如智能空調、智能廚具、智能燈泡等，也輻射到運動監測、個人護理等更廣泛的領域。例如，智能牙刷通過藍牙與智能手機連接，可以實現刷牙時間、位置提醒，也可根據用戶刷牙的數據生成分析圖表，估算出口腔健康情況。這些都顯示出以智能手機為載體的移動網路消費正在成為新的消費時尚。

一、情景感知服務與消費心理

情景感知服務是移動商務中的一種服務模式。簡單來說，用戶所處環境、周

圍情況、用戶個人信息及使用歷史和偏好，都被稱為情景，根據情景向用戶提供動態的個性化服務，就是情景感知服務。它是實現移動服務中「個性化」服務的最關鍵因素，也是移動服務的未來發展趨勢。

表徵某個實體的任何信息都可稱之為「情景」，該實體可以是與用戶及應用的相互作用有關的人、地點或物體，也可以是該用戶或者該應用本身。但某些特定的情景比其他情景更加重要，例如位置、身分、時間以及行為。因為這些情景能更準確地描繪某一特定實體，它們不僅僅傳達了關於誰、什麼時候、在哪裡、干了什麼的信息，而且也是其他相關信息的來源。例如，知道了一個人的身分，我們可以獲得他的其他相關信息，如手機號碼、住址、郵箱地址、生日、人脈關係等；知道了某一實體的位置，我們可以知道附近有哪些其他實體以及他們有何行為等。

初期的情景感知服務包括現在已經較為成熟的基於位置的服務（Location Based Service，LBS），例如手機定位以及電子導航服務，其對情景的感知主要集中在地理信息方面。LBS 中最重要的是「S」所代表的「Service」，也就是 LBS 究竟能在網路平臺上提供怎樣的服務來不斷改善消費者的消費體驗。而情景感知服務目前的發展重點和今後的發展方向則不僅局限於地理情景。首先，在用戶授權的前提下，感知的情景更加多元化，包括地點、環境、用戶的搜索習慣、用戶的消費記錄和評價等；其次，服務將更加趨向於主動服務，而非回應式服務。最簡單的例子就是，手機屏幕可以根據周圍的光線自動調節亮度。而某些手機應用（例如大眾點評、校內手機端插件等），可以根據手機的定位信息，向用戶推送附近商店的打折信息以及附近好友的狀態等，這些就是更加成熟和複雜的情景感知服務。所以，LBS 需要考慮的是進一步加強定位式和即時性的消費服務，通過精準行銷將潛在的消費者吸引到合適的地方，刺激其消費。

情景感知服務還是一種新興的服務，與用戶已經習慣的傳統的通信、聯絡或搜索有很大的區別，而用戶的歷史使用習慣，會形成路徑依賴。大部分用戶對情景感知的服務還比較陌生，或是只停留在「知道」的階段，而且，很多人仍然把移動設備僅僅當成通信工具。情景感知服務與用戶熟悉的服務有很多區別，比如移動性已經不再是服務的唯一特徵，情景感知服務不再局限於用戶通過移動設備獲取網路服務，而是突出其情境性，即時、主動、動態地感知並回應用戶的個性化需求，提供個性化服務，而這些對部分用戶來說還很陌生，需要一定的時間來讓用戶接受並培養新的消費習慣和使用習慣，打破路徑依賴。另外，不同的移

動終端用戶、不同的使用情景以及不同的角色，都會對服務有不同的特定需求，這些需求決定了用戶是否會接受某產品或者某項服務。情景感知服務的成功與否取決於用戶是否能夠接受。由於情景感知服務的用戶個性化特質，就需要對用戶行為進行深入的分析。此外，情境感知服務在其他方面也存在一些問題，例如安全性、用戶隱私、穩定性、費用的產生與收取等，這些都可能影響用戶對情景感知服務的使用和接受。

二、SoLoMo與消費行為

（一）SoLoMo的含義

2011年北美創業投資教父約翰·杜爾（John Doerr）創造性地提出了「SoLoMo」的概念。其中，「Social」（社交）是以Facebook、微信、QQ群、人人網以及新浪微博等為代表的社交類網站；「Local」（本地化）是指智能手機中的LBS（基於位置的服務）應用，如Foursquare、街旁、玩轉四方、谷歌縱橫等；「Mobile」（移動）是指各種App移動服務。「SoLoMo」是一種將LBS、SNS與電子商務結合在一起的模式，它推動了在移動終端的基礎上憑藉位置信息建立新的社交王國，即「確定地理位置」＋「提供服務信息」的商業模式。尤其體現在服務消費方面的巨大影響，也就是說O2O（Online To Offline）這種「線上購買支付，線下享受服務」的模式將成為「SoLoMo」概念的最佳表現形式。例如，利用手機，我們可以知道自己附近有哪些社交網站上的朋友，周圍有哪些吃喝玩樂的場所，同時可以向大家發起一個聚會的倡議並預訂或團購相關的服務，然後大家可以通過Google地圖或GPS導航找到最便捷的路線並到達聚會地點。另外，商家也可以通過「SoLoMo」，將消費者訂製的服務送到其要求的地方，例如，一群消費者相約在公園聊天，通過應用LBS，找到附近的星巴克，通過手機訂貨並移動支付，星巴克員工即刻送來咖啡。可見，雖然便利品（以及奢侈品）更適合傳統的實體店銷售，但「SoLoMo」對於臨時產生慾望的衝動型購買也可以發揮很好的滿足作用。

真實的「位置」作為人類社會非常重要的社交屬性之一，成了聯結虛擬與現實的重要節點。由於精確的位置維度參考和LBS網路平臺的特色服務，信息價值得到極大提升。LBS突破了虛擬社交網路難於與現實社會結合起來的問題，依靠地理位置和共同興趣而形成的彈性網路自動與現實關係對應，影響了用戶在現實生活中的消費行為，也為SNS提供更廣闊的應用空間。人人網的「人人報

到」、第一視頻鄰訊的「切客」，就將 LBS 與社交屬性很好地結合起來，並帶到了手機這一移動終端上。而國外的「Foursquare」（簡稱 4sq）無疑是最有名的「Check in」應用，消費者打開手機的網路連線功能，就可以透過 3G 或是 GPS 偵測各自的地理位置，瞭解周圍的商家信息，並通過 Twitter、Facebook 等流行的社交網路平臺把自己的位置發布出去，以方便人們進行交友、傳遞資訊、吃喝玩樂等活動，同時 4sq 也是記錄人們活動的工具。例如，當某消費者在某一個地點（如百貨公司、餐廳、咖啡廳）連上 4sq，就可以登入（check in）該地點一次。登入一個地點（也就是造訪該地點）越多次，就越能在 4sq「升等」，獲得一些地位、頭銜。譬如，常常到處跑的消費者可能就會獲得一個「冒險家」的徽章；常常光顧某餐廳的消費者，可能發現自己變成該餐廳的「市長」。消費者還可以把其在 Twitter、Facebook 上面的好友拉進來，看看他們現在當上了哪個店家的「市長」。也可以看看自己最常去的地方，「市長」是哪位，大家在該地點的留言是什麼（譬如稱讚某個餐廳的菜好吃，或是那家店員臉很臭），從中多認識幾位志同道合的朋友。

小案例：康師傅每日 C，報到贏取新品贈飲

　　為了推廣金橘檸檬的新口味飲料，2011 年 6 月康師傅每日 C 通過「人人報到」和「新浪微領地」兩大 LBS 服務在全國 16 個城市展開了「鮮享新味」報到贏贈飲活動。手機用戶只需在全國 39 個試飲點報到，就能憑活動徽章參與換領。一旦報到成功，就會發送新鮮事告知其好友。短短 12 天，在超過 10,000 次的報到中，成功到線下換領贈飲的比例達 90% 以上。其中 60% 的報到來自於人人網。

　　無獨有偶，招商銀行攜手人人網推出的社交信用卡——人人信用卡也受到了年輕網路用戶的熱烈追捧。消費者「報到」（「Check in」）時就會收到萬家簽約商家對於人人信用卡的優惠消費訊息，而刷卡消費的消費者還能通過手機編輯發送新鮮事與人人好友分享消費樂趣，並獲得額外的消費積分。

　　資料來源：呂育苗. 品牌情定 SoLoMo [J]. 成功行銷，2011（8）.

　　「SoLoMo」還有利於口碑傳播，口碑傳播者的社交關係與現實消費行為可以增強其他消費者的信任感。拉斯維加斯的購物中心「Miracle Mile Shops」，還將 4sq 中在這個地方簽到最多的消費者以及消費者的點評定期投放在廣場大屏幕

上，從而推動了口碑的形成和聚合。

儘管從目前來看，「SoLoMo」還只是一種移動互聯網的發展方向，具體的商業操作模式或對消費者心理與行為的影響還沒有更全面、更深入的研究，但至少可以看到，本地化、精準化、開放性、社交化、移動化、游戲化等是「SoLoMo」背景下移動電子商務的重要特點。例如，「美麗說」「愛物網」「蘑菇街」的分享式購物實現了購物社交化；「航班管家」不僅可以查詢航班、機票等信息，還會告訴客戶有無 SNS 好友也定了這個航班，附近哪裡有一家與之合作的、能提供優惠券的咖啡店，從而實現了社交移動化、行銷位置化；「糯米網」將商戶主頁系統與人人網的公共主頁系統全面打通，實現了團購社交化。

（二）SoLoMo 背景下的消費者購買行為過程

這一購買行為過程大體與傳統購買行為相似，但又將 SoLoMo 背景下的社會、移動與位置等各種因素相融合，體現了線上購買、線下消費的特點。這個過程從消費者產生需求開始，經歷信息檢索、線上交易與線下消費，到享受服務后的線上評價與分享為止，是一個循環往復的過程，表現出「總在購物」（Always Are Shopping）而不是「去購物」（Go Shopping）的移動消費特點。

1. 需求產生階段

持有智能手機的用戶可能會受到各種內外部環境的刺激而產生購買需求。可能是消費者內心主動產生的需求，也可能是基於外界刺激而被動產生的需求，如商家的促銷活動廣告。商家根據用戶簽到的地理位置信息可對經過的用戶推送廣告或者根據持有的用戶信息發送短信廣告。需求的產生也可能源於在線評論或用戶生成信息 UGC（User Generated Content），體現出網上社交因素的影響力。而移動因素的影響則無處不在，消費者隨時在網上檢索到的優惠信息就可能誘發購買需求。需求匹配、便利性、新穎性等是吸引消費者產生興趣引發需求階段的主要體驗因素。

2. 信息檢索階段

這個階段的消費者要研究與確認自己需要的商品或服務，他們會借助智能手機或平板電腦幫助自己確定目標商品及其所在的位置。可以通過登錄網站查詢商品的價格、適用性、功效等，也可以在社交網路上查看該商品的信息，以確定是否是自己心儀的商品。一旦確定所需，該階段消費者即可下單購買。

消費者一方面可以與特定網上商家進行信息溝通——互動性的體現，以判斷信息來源與內容的可信性，體驗商家的誠信度；另一方面可以諮詢網上社區成員的意見，借助於社交網路好友的推薦——網路的社會性；還可以查看已經購買者

對網上商品的評論——UGC，三方面的信息相互參照，可以得出有意義的結論，進而指導下一步的行動。格利（Gilly，1998）等認為信息來源的特性如信息來源者的專業水平、意見領袖；搜尋者與來源者的同質性；口碑搜尋者本身的特性如專業水平、口碑偏好等三個因素會影響口碑信息接收者的購買決策。因此，品牌、口碑、好友的推薦、商家的承諾、評級等是消費者是否信任所檢索的信息、影響購買決策的要素。

  3. 線上交易階段

  對於商品或服務的線上交易主要是指線上購買，含線上支付。消費者在確定購買決策后即決定實施購買行為，支付是重要的實施行為。可使用的支付手段包括線上與線下支付，其中利用手機支付是 SoLoMo 帶給移動用戶的新體驗，消費者隨時隨地進行便捷支付，能夠把握住商家優惠促銷的時機，及時做出購買，享受折扣或忠誠計劃的回饋。

  與網站的互動成為這個階段體驗網上服務質量好壞的基準。首先，交易的時間地點不限——移動與位置因素的影響力，體現交易的便利與快捷，有助於形成良好的體驗；其次，網站質量如頁面設計、連結質量、支付平臺質量如手機 APP 的功能等是交易順利完成的保障。與商家的網上溝通是否順利，網上支付是否便利、可信等是影響這個階段消費者體驗的重要因素。

  4. 線下消費階段

  當消費者支付貨款之后即等待商品的提供或服務的享用，至此已經形成了對商品或服務的預期。消費者體驗商家的交貨與服務，是線下消費的時段，感受交貨是否及時、商品服務是否符合預期，如實際體驗 O2O（Online to Offline）下的本地服務，感受商家承諾履行的情況。

  這個階段是商家與消費者線下即時互動的重要階段，傳統的服務質量要素是決定消費體驗的重要因素，而與移動及社會性因素關係不大。但享受線上訂購、線下消費的服務類商品與位置因素相關，如餐飲，需要消費者到手機定位選擇的附近商家體驗飯菜的美味。

  5. 線上評價與分享階段

  基於移動要素即智能手機或平板電腦的應用，使得評價與體驗的分享可以在線下消費的同時實現，也可以在消費后的任何時間內實現，這取決於移動用戶的使用習慣。消費者可以利用 LBS 網路平臺，隨時簽到，上傳消費體驗到交友空間，或者分享到購買網站，即 UGC，以供其他消費者借鑑。口碑的傳播通過這種渠道即能實現，商家也可以在這個時刻同時發布優惠信息影響其后續的消費決策。

參考文獻

［1］J. 布萊恩. 消費者行為學精要［M］. 於亞斌，鄭麗，霍燕，譯. 北京：中信出版社，2003.

［2］邁克爾·R. 所羅門. 消費者行為學［M］. 張瑩，付強，等，譯. 北京：經濟科學出版社，1998.

［3］福克塞爾，等. 市場行銷中的消費者心理學［M］. 裴利芳，等，譯. 北京：機械工業出版社，2001.

［4］德爾·I. 霍金斯，羅格·J. 貝斯特，肯尼思·A. 科尼. 消費者行為學［M］. 符國群，等，譯. 北京：機械工業出版社，2001.

［5］符國群. 消費者行為學［M］. 北京：高等教育出版社，2001.

［6］李東進. 消費者行為學［M］. 北京：經濟科學出版社，2001.

［7］王長徵. 消費者行為學［M］. 武漢：武漢大學出版社，2003.

［8］徐萍. 消費心理學教程［M］. 上海：上海財經大學出版社，2001.

［9］司金鑾. 消費心理學［M］. 北京：中國商業出版社，2004.

［10］李品媛. 銷售心理學［M］. 大連：東北財經大學出版社，2005.

［11］江林. 消費者行為學［M］. 北京：首都經濟貿易大學出版社，2002.

［12］沈蕾. 消費者行為學理論與實務［M］. 北京：中國人民大學出版社，2013.

［13］陳碩堅，範潔. 透明社會——大數據行銷攻略［M］. 北京：機械工業出版社，2015.

國家圖書館出版品預行編目(CIP)資料

消費心理學 / 周斌. -- 第二版.
-- 臺北市：崧燁文化，2018.07

面；　公分

ISBN 978-957-681-308-5(平裝)

1. 消費心理學

496.34　　　107010937

書　名：消費心理學
作　者：周斌
發行人：黃振庭
出版者：崧燁文化事業有限公司
發行者：崧燁文化事業有限公司
E-mail：sonbookservice@gmail.com
粉絲頁　　　　　網址：
地址：台北市中正區重慶南路一段六十一號八樓815室
8F.-815, No.61, Sec. 1, Chongqing S. Rd., Zhongzheng Dist., Taipei City 100, Taiwan (R.O.C.)
電　話：(02)2370-3310　傳　真：(02) 2370-3210
總經銷：紅螞蟻圖書有限公司
地址：台北市內湖區舊宗路二段121巷19號
電話：02-2795-3656　傳真：02-2795-4100　網址：
印　刷：京峯彩色印刷有限公司（京峰數位）

　　本書版權為西南財經大學出版社所有授權崧博出版事業股份有限公司獨家發行電子書繁體字版。若有其他相關權利需授權請與西南財經大學出版社聯繫，經本公司授權後方得行使相關權利。

定價：550 元
發行日期：2018 年 7 月第二版
◎ 本書以POD印製發行